Jost A. Studer · Jan Laue · Martin G. Koller

Bodendynamik

Jost A. Studer · Jan Laue · Martin G. Koller

Bodendynamik

Grundlagen, Kennziffern, Probleme und Lösungsansätze

3., völlig neu bearbeitete Auflage

Mit 221 Abbildungen und 29 Tabellen

Springer

Dr. Jost A. Studer
Studer Engineering
Thujastraße 4
8038 Zürich
Schweiz

studer@studer-engineering.ch

Dr. Jan Laue
ETH Zürich (Institut für Geotechnik)
Wolfgang-Pauli-Straße 15
8093 Zürich
Schweiz

jan.laue@igt.baug.ethz.ch

Dr. Martin G. Koller
Résonance Ingénieur-Conseils SA
Rue Jacques Grosselin 21
1227 Carouge GE
Schweiz

Bibliografische Information der Deutschen Nationalbibliothek
Die Deutsche Nationalbibliothek verzeichnet diese Publikation in der Deutschen Nationalbibliografie; detaillierte bibliografische Daten sind im Internet über http://dnb.d-nb.de abrufbar.

ISBN 978-3-540-29624-9 3. Auflage Springer Berlin Heidelberg New York
ISBN 3-540-62446-5 2. Auflage Springer Berlin Heidelberg New York

Springer ist ein Unternehmen von Springer Science+Business Media

springer.de

Satz: Fotosatz-Service Köhler GmbH, Würzburg
Herstellung: LE-TEX Jelonek, Schmidt & Vöckler GbR, Leipzig
Einbandgestaltung: WMXDesign, Heidelberg

Gedruckt auf säurefreiem Papier 68/3180/YL – 5 4 3 2 1 0

Vorwort zur 3. Auflage

Bodendynamische Problemstellungen sind in den frühen dreißiger Jahren durch den Bau von Fundamenten für Großmaschinen speziell im thermischen Kraftwerkbau erstmals bekannt geworden. Die eigentliche Entwicklung der Bodendynamik begann aber erst nach dem Zweiten Weltkrieg mit dem Bau von militärischen Schutzräumen in den fünfziger und sechziger Jahren in den USA. Weitere Impulse brachten in den sechziger und siebziger Jahren Fragen der Erdbebensicherheit wichtiger Bauwerke wie Kernkraftwerke, Hochhäuser und Dämme. Die Fundation großer Offshore-Oelförderplattformen verlangt sorgfältige Untersuchungen des Langzeitverhaltens feinkörniger Sedimente unter Wechsellasten. Das zunehmende Bewusstsein über die Gefährdung durch Naturgefahren führt zur Zeit dazu, dass im Bereich Erdbeben verbesserte Kriterien für Anwendungen bei der Mikrozonierung (Gefährdungskarten für eine erdbebengerechte Orts- und Regionalplanung) entwickelt werden. All diese Entwicklungen und Entwicklungsschübe bewirkten nicht nur ein starkes Anwachsen der Kenntnisse, sondern ermöglichten die Entwicklung der Bodendynamik zu einem dynamischen selbständigen Fachgebiet.

Das vorliegende Buch stellt eine Einführung in die Grundlagen der modernen Bodendynamik im nichtmilitärischen Bereich dar. Es richtet sich einerseits an den Studenten des Bauingenieurwesens, andererseits an den praktisch tätigen Ingenieur, der seine Kenntnisse im Selbststudium im Bereich Bodendynamik vertiefen möchte. Tabellen und Diagramme sollen helfen, das Buch in der Praxis auch als Nachschlagwerk gebrauchen zu können.

Die vorliegende revidierte und stark erweiterte Neuauflage berücksichtigt, die seit dem Erscheinen der zweiten Auflage erzielten neuen Erkenntnisse, namentlich in den Bereichen Bodenkennziffern, Erschütterungen, der Verformungsentwicklung bei dynamisch belasteten Bauwerken und des geotechnischen Erdbebeningenieurwesens. Wenn auch die Entwicklung der Bodendynamik nicht mehr so stürmisch wie in den 70er und 80er Jahren erfolgt, hat in den letzten 10 Jahren doch eine z. T. beachtliche Vertiefung und Absicherung der verschiedenen Wissensgebiete stattgefunden.

Das Buch gliedert sich in sieben Kapitel. Die Einführung zeigt die wesentlichen Unterschiede zwischen klassischer Bodenmechanik und Bodendynamik.

Das zweite Kapitel behandelt die Grundlagen der Schwingungslehre am Beispiel des einfachen Einmassenschwingers. Das Modell des Einmassenschwingers ermöglicht einerseits die Darstellung aller wichtigen Begriffe der Schwingungslehre und andererseits die direkte Abschätzung verschiedener bodendynamischer Fragestellungen, namentlich bei Maschinenfundamenten. Auf die Behandlung von Mehrmassenschwingersystemen wurde bewusst verzichtet. Diese unterscheiden sich von Einmassenschwingern nur durch eine aufwändigere mathematische Beschreibung.

Das dritte Kapitel stellt die ein- und dreidimensionale Wellenausbreitung dar. Speziell wird auf die Unterschiede zwischen den theoretischen Lösungen der Elastizitätstheorie und der Wellenausbreitung in einem realen Boden hingewiesen.

Im vierten, vollständig neu bearbeiteten Kapitel werden die Bodenkennziffern für Lockergesteine und Fels so dargestellt, wie sie für heutige dynamische Berechnungen in der Praxis verwendet werden. Die zu ihrer Bestimmung notwendigen Feld- und Laborversuche sowie die dazugehörigen Auswertungsmethoden werden in den wesentlichen Grundzügen behandelt. Speziell werden neue wirtschaftlich sehr attraktive geophysikalische Untersuchungsmethoden betrachtet. Die Deformations- und Festigkeitseigenschaften von verschiedenen Böden sind zur Verwendung bei Vordimensionierungsaufgaben getrennt dargestellt.

Im fünften Kapitel werden die in der Praxis am häufigsten auftretenden Erschütterungsprobleme behandelt. Dies sind die Ausbreitung von Einzelquellen (z.B. Sprengungen) und linearen Quellen (z.B. Verkehr) sowie die Beurteilung bezüglich der Schadenwirkung auf Bauwerke. Weiter werden die Belästigung von Menschen durch fühlbare Erschütterungen und Körperschall besprochen. Maßnahmen zur Reduktion der Erschütterungen werden vorgestellt.

Das ebenfalls neu konzipierte und erweiterte Kapitel sechs behandelt in zwei Abschnitten aktiv belastete Fundamente. Im ersten Abschnitt werden, ohne umfangreiche Ableitungen, die klassischen Theorien wie auch die Berechnungsmethode mit Impedanzfunktionen zur Berechnung von Maschinenfundamenten dargestellt. Kurven und Tabellen erlauben die Lösung der meisten einfachen Fundationsprobleme. Die Auslegekriterien für ein modernes Maschinenfundament werden diskutiert. Der neue zweite Abschnitt behandelt die Frage der Ermüdung bzw. der Verformungsentwicklung bei dynamischen Beanspruchungen, die sowohl bei der Beurteilung der Tragsicherheit wie auch der Gebrauchstauglichkeit beachtet werden muss. Hier werden die allgemeinen Grundlagen dargestellt und die aktuelle Umsetzung für verschiedene Bauwerke und Belastungen diskutiert.

Eine Einführung in die geotechnischen Probleme des Erdbebeningenieurwesens bringt das letzte Kapitel. Die wichtigsten Begriffe werden eingeführt und die Grundlagen zur Beurteilung des Einflusses der lokalen Geologie auf die Erdbebenerschütterungen dargestellt. Die Grundlagen einer modernen Gefährdungsanalyse (deterministisch und probabilistisch), wie sie für Talsperren, Kernkraftwerke und andere wichtige Bauwerke verwendet wird, werden im Hinblick auf die Anwendung durch Bauingenieure dargestellt. Anschließend wird der Problemkreis Wechselwirkung zwischen Boden und Bauwerk, zur Auslegung wichtiger Infrastrukturanlagen und die Erdbebenbemessung von Fundationen, Hängen und Staudämmen, behandelt. Abschließend wird ausführlicher auf die geodynamischen Aspekte bei der Mikrozonierung eingegangen.

Das vorliegende Buch entstand auf der Grundlage der Vorlesung „Bodendynamik“ an der Eidgenössischen Technischen Hochschule in Zürich. Es verarbeitet die Erfahrungen der Autoren sowohl als in der Forschung tätige Wissenschafter wie auch als in der Praxis tätige Ingenieure. Viele Kollegen und Mitarbeiter an der ETH und im Ingenieurbüro haben durch Anregungen und konstruktive Kritik zum Gelingen dieses Buches beigetragen. Ihnen sei an dieser Stelle herzlich gedankt. Speziellen Dank gebührt Herrn G. Rutishauser dipl. Bau-Ing. ETH/SIA für seine Unterstützung bei der Revision des Kapitels Erschütterungen und Herrn H.G. Schmidt für seine Vorarbeiten für das Kapitel Akkumulation der Verformungen sowie Herrn Dr. D. Mayer-Rosa, langjähriger Leiter des Schweizerischen Erdbebendienstes, für die kritische Durchsicht des Kapitels Erdbeben. Besonders danken die Autoren Herrn R. Panduri, dipl. Bau-Ing. ETH, für die sorgfältige Durchsicht des Manuskriptes und für die Mitwirkung bei der Beschaffung von Unterlagen sowie Frau M. Amberg für die Erstellung der Reinzeichnungen.

Neuer Mitautor ist Dr. Jan Laue, welcher die Gruppe für Bodendynamik am Institut für Geotechnik der ETH Zürich (bei Frau Prof. S. Springman) leitet und zusammen mit Dr. Jost Studer die dazugehörige Vorlesung hält.

Zürich, Genf, im Frühjahr 2007

Jost A. Studer, Jan Laue
Martin G. Koller

Inhaltsverzeichnis

Symbolverzeichnis

A	Amplitude
a	Beschleunigung
a_0	Dimensionslose Frequenz
a_D	Beschleunigung auf der Dammkrone
a_G	Beschleunigung des Gleitkörpers
a_c	kritische Beschleunigung
a_g	Bodenbeschleunigung
$\overline{B}$	Massenverhältnis: beim Einmassenschwinger: $\overline{B} = mk/c^2$, beim Fundament: vgl. Tab. 6.1
b	Breite
c	Dämpfungskoeffizient (viskose Dämpfung)
c	Verkittung
c_c	kritische Dämpfung, $c_c = 2m\omega_n$
c_{hyst}	Dämpfungskoeffizient bei hysteretischer Dämpfung
c'	Kohäsion
CRR	Cyclic Resistance Ratio
CSR	Cyclic Stress Ratio
D	Dämpfungsverhältnis, $D = c/c_c$
D_r	Relative Dichte
dB	Dezibel
E	Elastizitätsmodul
E_t	Tangenten-Elastizitätsmodul
e	Porenziffer
e	Exzentrizität
eVDV	estimated VDV
F	Querschnittsfläche
f_D	Dämpfungskraft
f_F	Federkraft
f_I	Trägheitskraft
f_L	Eigenfrequenz der Longitudinalschwingungen
f_n	Eigenfrequenz, n-te
f_T	Eigenfrequenz der Torsionsschwingungen
G	Gewicht

G	Schubmodul
G_{max}	Schubmodul bei kleinen Dehnungen, maximaler Schubmodul
g	Erdbeschleunigung, $g = 9{,}807\ m/s^2$
H, h	Schichtmächtigkeit, Höhe
$\bar{h}$	Schlankheitsgrad bei Boden-Bauwerk-Interaktion
$I(kN)$	Trägheitskraft
$I\ (m^4)$	Trägheitsmoment
I_0	polares Trägheitsmoment der Endscheibe vom RC-Versuch
i_c	kritischer Einfallswinkel
I_i	Trägheitsmoment bezüglich der Achse i
I_{MM}	Modified-Mercalli Intensität
I_P	Plastizitätsindex
K	Kompressionsmodul
K	Dynamische Steifigkeit (Impedanzfunktion)
k	Federsteifigkeit
k	Durchlässigkeitsbeiwert
K_0	Ruhedruckbeiwert
K_2	Proportionalitätsfaktor für den G-Modul von Böden
K_c	Konsolidationsverhältnis, $Kc = \sigma_{1c} / \sigma_{3c}$
K_L	Kompressionsmodul Luft
K_W	Kompressionsmodul Wasser
l	Länge
L_R	Rayleighwellenlänge
M	Magnitude
M	Masse des Zylinders beim RC-Versuch
M	Steigung der Fließlinie beim Cam-Clay-Modell
M_0	Masse der Endscheibe beim RC-Versuch
M_0	Seismisches Moment
M_L	Lokal-Magnitude (in Kalifornien Richter-Magnitude)
M_s	Oberflächenwellen-Magnitude
M_w	Moment-Magnitude
M_z, M_y	Torsions- oder Kippanregung
m	Masse
m	Massenverhältnis bei Boden-Bauwerk-Interaktion
m_b	Raumwellen-Magnitude
N	Anzahl
N	Normalkraft
N_c	Anzahl Zyklen
OCR	Überkonsolidationsgrad
P, p	Belastung
P_0, p_0	Belastungsamplitude
p	$0.5\ (\sigma_v + \sigma_h)$
q	$0.5\ (\sigma_v - \sigma_h)$
r	Radius, Distanz
r_0	Radius eines dynamisch äquivalenten Kreisfundamentes
r_d	Reduktionsfaktor

S	Schwerpunkt
s	Standardabweichung
$\overline{S}$	Steifigkeitsverhältnis bei Boden-Bauwerk-Interaktion
S_r	Sättigungsgrad
s_u	undrainierte Scherfestigkeit
T	Tangentialkraft
T	Schwingdauer
T_0	Grundschwingdauer
t	Zeit
t_d	Stoßdauer
t_d	Laufzeit der direkten Welle
t_g	geologisches Alter
t_h	Laufzeit der refraktierten Welle
t_r	Laufzeit der reflektierten Welle
t_r	Reflektionszeit
u	Porenwasserdruck
u	Verschiebung
V	dynamischer Verstärkungsfaktor
VDV	Vibration Dose Value
V_R	Kraftübertragungsfunktion
v	Geschwindigkeit, Wellengeschwindigkeit, Partikelgeschwindigkeit
v_L	Ausbreitungsgeschwindigkeit der Longitudinalwellen
v_P	Ausbreitungsgeschwindigkeit der P-Wellen
v_R	Ausbreitungsgeschwindigkeit der Rayleighwellen
v_{ref}	Referenzwert für Partikelgeschwindigkeit
v_S	Ausbreitungsgeschwindigkeit der Schwerwellen
v_T	Ausbreitungsgeschwindigkeit der Torsionswellen
W	Gewicht
x_{st}	statische Einsenkung
β	Frequenzverhältnis, $\beta = \omega / \omega_n$ (β beim RC-Versuch: $\beta = \lambda_n l / v$)
γ	Schubdehnung
γ	Raumgewicht
$\dot{\gamma}$	Dehnungsgeschwindigkeit
ε	Dehnung
$\bar{\varepsilon}$	Volumetrische Dehnung
η	Rotation um y-Achse (beim Maschinenfundament)
θ	Rotation um z-Achse (beim Maschinenfundament)

θ	Phasenverschiebung (beim Einmassenschwinger)
θ	Drehwinkel (beim RC-Versuch)
λ	Lamé-Konstante
λ_n	Wellenlänge, n-te
ν	Poissonzahl
ϕ	Reibungswinkel
ϕ_{max}	Reibungswinkel, maximaler
ϕ_{cr}	Reibungswinkel, kritischer
ρ	Dichte
σ	totale Spannung
σ'	effektive Spannung
σ_c	Konsolidationsdruck
σ_{dp}	Zyklische Deviatorspannung
σ_h	Horizontalspannung
σ_m	mittlere Hauptspannung $\sigma_m = 1/3\ (\sigma_1 + \sigma_2 + \sigma_3)$
σ_v	Vertikalspannung
σ_x	Normalspannung in x-Richtung
τ	Zeit
τ	Schubspannung
τ_h	horizontale Schubspannung
ω	Kreisfrequenz der harmonischen Anregung
ω_D	Eigenkreisfrequenz, gedämpft
ω_n	Eigenkreisfrequenz, ungedämpft
$\bar{\omega}$	Rotation
$'$	effektiv (für Spannungen)

Subscripts

0	Anfangswert
1, 2, 3	Richtungen der Hauptspannungen und -dehnungen
x, y, z	Richtungen des kartesischen Koordinatensystems
η, θ	Rotation um y- bzw. z-Achse
Feld	Feldwert
h	Horizontalwert
Lab	Laborwert
m	Mittelwert
max	Maximalwert
S	Festkörper
t	Tangentialwert
tot	Totalwert
Triax	Wert aus Triaxialversuchen
v	Vertikalwert
W	Wasser

Im Buch verwendete Abkürzungen

Es werden verschiedene Publikations- und Organisationsbezeichnungen wiederholt verwendet, weshalb Abkürzungen eingesetzt werden. Die Abkürzungen bedeuten:

ASCE	American Society of Civil Engineers
BSSA	Bulletin of the Seismological Society of America
BWG	Bundesamt für Wasser und Geologie (Schweiz)
DIN	Deutsches Institut für Normung
EERC	Earthquake Engineering Research Center, University of California, Berkeley
EPRI	Electric Power Research Institute (US Firmenvereinigung)
ICOLD	International Commission of Large Dams (Internationale Talsperrenkommission)
IGB/IGT	Institut für Geotechnik, ETH Zurich
KTA	Kerntechnischer Ausschuss (Deutsche Behörde)
NGI	Norges Geotekniske Institut
NRC	Nuclear Regulatory Commission (US Behörde)
SN	Schweizer Norm
UCB	University of California, Berkeley
VDI	Vereinigung Deutscher Ingenieure

KAPITEL 1

Einführung

1.1 Bodendynamische Problemstellungen

Bodendynamische Problemstellungen treten in den verschiedensten Bereichen der Bautechnik auf. Tabelle 1.1 gibt einen Überblick über die wichtigsten Gebiete. Sie stellt einen ansehnlichen Problemkatalog dar, der noch erweitert werden könnte. Während einige der Problemstellungen bereits gut erforscht sind und allseits anerkannte Methoden zur Problemlösung erarbeitet worden sind, sind die Kenntnisse in anderen Gebieten rudimentär und eher empirisch. Die Höhe des Kenntnisstandes in einem Gebiet spiegelt im Allgemeinen dessen wirtschaftliche oder sicherheitspolitische Bedeutung seit dem Aufkommen der Bodendynamik wieder. Die Forschungsschwerpunkte liegen zurzeit im Bereich Erdbebeningenieurwesen, Fundationen unter Wechsellasten (Offshore-Plattformen und gewisse Gebiete der Verkehrstechnik) sowie im Grundlagenbereich dynamischer Bodenmodelle (konstitutive Gesetze).

Wesentlich zum Fortschritt in der Bodendynamik haben die immer leistungsfähigeren Computer und die Fortschritte in der Messtechnik beigetragen. Ohne Computer wären die meisten dynamischen Berechnungen nicht möglich. Moderne Computer ermöglichen auch die Entwicklung und Anwendung von Materialmodellen, die das Verhalten von Boden und Fels wirklichkeitsgerechter wiedergeben können. In diesem Bereich sind die größten Fortschritte in den nächsten Jahren zu erwarten.

Zur Illustration der Notwendigkeit bodendynamischer Untersuchungen seien zwei Beispiele angeführt:

- Ohne dynamische Untersuchungen ist es unmöglich, ein Maschinenfundament so auszubilden, dass das einwandfreie Funktionieren der Maschine gewährleistet ist und dass die Abstrahlung der Erschütterungen auf die Umgebung im zulässigen Rahmen bleibt.
- Auch bei Dammbauten ist man auf dynamische Berechnungen angewiesen. Schadenfälle haben gezeigt, dass die Erdbebensicherheit nur mittels bodendynamischer Methoden realistisch ermittelt werden kann.

Tabelle 1.1. Wichtigste bodendynamische Problemstellungen und Arbeitsgebiete

Bereich	Wesentliche Problemstellungen
Fundationen, die dynamischen Lasten ausgesetzt sind	• Fundamentausbildung • Vermeiden unzulässiger Deformationen und Setzungen • Aktive und passive Vibrationsisolierungen • Ausbildung der Fundation von Offshore-Ölförderplattformen, bzw. Windanlagen
Erdbeben-ingenieurwesen	• Einfluss der lokalen Geologie und Topographie auf die Bebenintensität • Lineares und nicht lineares Deformations- und Festigkeitsverhalten des Untergrundes bei einem Erdbeben (inkl. Böschungsstabilität) • Bemessungsbeben • Erdbebengerechtes Ausbilden von Fundationen, Stützkonstruktionen und Dämmen • Wechselwirkung zwischen Boden und Bauwerk • Mikrozonierung
Verkehrstechnik	• Befahrbarkeit natürlicher Böden (Bau-, Forst-, Landwirtschaftsbetrieb, Militär) • Dynamik von Fahrbahndecken, Dimensionierung von Flugpisten, Straßen etc. • Geleiselagerung von Hochgeschwindigkeitsbahnen (z. B. Feste Fahrbahn) • Dynamik des Fahrzeug-Boden-Systems
Umweltschutz	• Ausbreitung von Erschütterungen • Reduktion von Erschütterungen
Bauvorgänge	• Aushub und Abbau; z. B. wirtschaftliches oder erschütterungsarmes Sprengen • Rammen und Ziehen von Pfählen und Spundwänden • Verdichten von Boden und Schüttungen (Schlag, Vibrationen)
Bodenerkundung	• Bestimmung des Schichtaufbaus des Untergrundes • Bestimmung der Materialkennwerte von Boden und Fels in situ und im Labor
Schutzbauprobleme	• Übertragung von starken Erschütterungen und Stoßwellen in Boden und Fels • Deformations- und Festigkeitsverhalten von Boden und Fels unter Stoßbelastung • Ausbildung von Schutzbauten • Eindringen von Geschossen in den Boden

1.2 Unterschied zwischen Bodendynamik und klassischer Bodenmechanik

Es stellt sich immer wieder die Frage, wodurch sich Bodendynamik und klassische Bodenmechanik unterscheiden. Grundsätzliche Unterschiede sind nur wenige vorhanden. Der augenfälligste Unterschied liegt sicher darin, dass die Trägheitskräfte berücksichtigt werden müssen. Dadurch wird der numerische Aufwand einer Berechnung wesentlich vergrößert. Dynamische Beanspruchungen erzeugen Wellen, die sich vom Ort der Beanspruchung weg im Boden ausbreiten. Dies führt dazu, dass die Größe des Einflussbereiches von Lasten und Deformationen in der Bodendynamik nicht gleich ist wie in der Bodenmechanik. Während für eine Setzungsberechnung (klassisches Boussinesqproblem) die Größe des berücksichtigten Bodenkörpers nicht besonders kritisch ist, ist für die Untersuchung des dynamischen Verhaltens des gleichen Fundamentes (dynamisches Boussinesqproblem) ein wesentlich größerer Bodenkörper zu berücksichtigen. Durch Einführen von energieabsorbierenden Elementen am Rand des berücksichtigten Bereiches ist zu sorgen, dass die Abstrahlung von Wellen in den Raum simuliert werden kann. Fehlen energieabsorbierende Ränder im Modell, so werden die durch das schwingende Fundament erzeugten Wellen an den Rändern reflektiert, wodurch das Resultat der dynamischen Berechnung verfälscht wird. Im Fall der statischen Setzungsberechnung ist der zu berücksichtigende Bodenkörper etwa dreimal so tief wie der Fundamentdurchmesser zu wählen, bei einer dynamischen Berechnung sollte die Tiefe 5 bis 10-mal den Durchmesser betragen.

Während bei klassischen bodenmechanischen Problemstellungen der Belastungsverlauf im Allgemeinen leicht zu bestimmen ist, sind die Belastungsverläufe bei dynamischen Problemen meist sehr komplex. Unter einer zyklischen Belastung können Phänomene auftreten, die bei monoton anwachsender Belastung unbekannt sind. Entgegen früherer Auffassungen ist im tiefen Frequenzbereich (d.h. bis wenige Decaherz) der Einfluss der Belastungsgeschwindigkeit auf die mechanischen Bodeneigenschaften von untergeordneter Bedeutung. In diesem Frequenzbereich ist der Einfluss der Dehnung wichtiger. Bei vielen in der Praxis auftretenden Problemen ist dieser tiefe Frequenzbereich maßgebend.

Da der Einfluss der einzelnen Parameter bei bodendynamischen Berechnungen schwieriger als bei klassischen bodenmechanischen Problemen abzuschätzen ist, ist einerseits eine besonders sorgfältige Modellbildung namentich der geologischen Verhältnisse wichtig, andererseits ist mittels Parameterstudien abzuklären, inwieweit die Berechnung auf einzelne Parameteränderungen empfindlich reagiert. Trägheitskräfte, Wellenausbreitung und komplexe Belastungsverläufe bei zyklischer Belastung sind die wesentlichsten Unterschiede. Grundsätzlich gilt aber, dass die Bodendynamik ein Teil der Bodenmechanik ist. Deshalb gelten auch grundsätzlich die gleichen Prinzipien. Insbesondere gilt das Gesetz der effektiven Spannungen (totale Spannungen = effektive Spannungen + Porenwasserspannungen). Allerdings ist zu beachten, dass Porenwasserspannungen bei raschen Belastungen auch bei durchlässigen, üblicherweise drainierten Böden – z.B. einem sandigen Kies – auftreten können. Wieweit bei einem dynamischen Problem ein gesättigter Boden als drainiert betrachtet werden darf, hängt neben der Durchlässigkeit auch von der Belastungsgeschwindigkeit ab. So können in der Bodendynamik Phänomene auftreten, die in der normalen Bodenmechanik unbekannt sind. Grundsätzlich können solche Erscheinungen aber oft mit klassischen bodenmechanischen Überlegungen erklärt werden.

1.3 Elemente bodendynamischer Untersuchungen

Der erste Schritt einer bodendynamischen Untersuchung stellt die Analyse der Problemstellung dar. Eine Besonderheit in der Bodendynamik ist, dass die Lasten wie z. B. Kräfte infolge einer Explosion, Erdbebenanregung etc. oft schwierig zu erfassen und zu quantifizieren sind. Überlegungen über den notwendigen Genauigkeitsgrad der gesuchten Resultate sind deshalb bereits in der Konzeptphase unumgänglich. Frühzeitig ist zu überlegen, was zu tun ist, wenn beispielsweise Deformationen nicht mit der notwendigen Genauigkeit berechnet werden können. Sofern die Umstände es ermöglichen, ist das Problem mit Hilfe geeigneter konstruktiver Maßnahmen zu umgehen.

Eines der wichtigsten Elemente einer bodendynamischen Untersuchung ist das Bestimmen repräsentativer Bodenkennziffern. Auch hier gilt es, von den Erfahrungen und Gesetzen der klassischen Bodenmechanik auszugehen. Hinzu kommen aber noch spezifisch bodendynamische Aspekte. Viele Kennziffern sind von der Belastungsamplitude, zum Teil auch von der Belastungsgeschwindigkeit oder Belastungsfrequenz, abhängig. Wie stark diese Abhängigkeit ist, ist anfänglich oft nicht bekannt. Aus diesem Grunde werden viele Materialuntersuchungen mit denjenigen Belastungsgeschwindigkeiten durchgeführt, die bei der zu untersuchenden Problemstellung auftreten. Dies bedingt spezielle Messtechniken. In der Bodendynamik war elektrisches und elektronisches Messen von Anfang an unumgänglich. Aus diesem Grunde ist die Bodendynamik ein Wegbereiter moderner Messmethoden in der Bodenmechanik geworden. Immer gilt es aber zu beachten, dass nicht die Elektronik allein, sondern das System Boden-Aufnehmer-Elektronik für die Messgenauigkeit maßgebend ist. Bei dynamischen Porenwasserdruckmessungen ist es z. B. wesentlich, sich zu vergewissern, dass die Messung infolge mikroskopisch kleiner Lufteinschlüsse in Filterplatten und Messzellen nicht verfälscht wird.

Ein weiteres wichtiges Element ist die mathematische Modellbildung. Es gilt zu prüfen, welches die wesentlichen Einflussfaktoren sind. Dabei muss die Global-Modellbildung auf den Kenntnisstand einzelner Modellcharakteristiken – z. B. der Materialkennziffern – Rücksicht nehmen. Es ist sinnlos, eine komplexe und aufwändige Berechnung durchzuführen, wenn Bodenkennziffern nur rudimentär vorhanden sind. Berechnungsverfahren und Kenntnis der Eingabegrößen müssen aufeinander abgestimmt sein. Dieser Grundsatz wird heute wegen der leicht erhältlichen Computerprogramme gern vergessen.

Nach erfolgreich durchgeführter Berechnung gilt es, die erhaltenen Resultate zu überprüfen; sind sie plausibel und realistisch? Wie sind sie zu beurteilen und wie wirken sie sich auf den Entwurf aus? Bei der Bearbeitung bodendynamischer Problemstellungen ist der Ingenieur also nicht nur Rechenknecht. Er ist Ingenieur und Konstrukteur gleichzeitig, der die Problemstellung analysieren, berechnen und beurteilen muß. Deshalb ist die Bodendynamik ein gutes Schulungsmittel in der Ingenieurausbildung.

1.4
Hinweis für den Gebrauch des Buches

Die vorliegende Einführung in die Bodendynamik ist ein Lehrbuch. Deshalb sind im Wesentlichen nur Methoden ausgewählt und dargestellt, die in der Praxis bereits erprobt und auch anerkannt sind. Obwohl das Buch nur einige ausgewählte Anwendungsgebiete darstellt, lassen sich die meisten Aussagen auch auf andere Anwendungen der Bodendynamik sinngemäß übertragen. Die Erklärungen sind jeweils so kurz wie möglich gehalten. Trotzdem sollte der Leser, der nicht spezialisiert ist, den theoretischen Herleitungen folgen können.

KAPITEL 2

Grundlagen der Schwingungslehre

Für die Lösung von Problemen im Bereich der Bodendynamik haben die elementaren Berechnungsmethoden der Dynamik trotz oder vielleicht gerade wegen des äußerst komplexen Verhaltens des Bodens eine große Bedeutung. Oft gelingt es, durch Reduktion des Problems auf ein System mit einigen konzentrierten Massen sowie Feder- und Dämpfungselementen oder gar auf einen Einmassenschwinger, für die Praxis befriedigende Resultate zu erhalten. Es gilt zu bedenken, dass unsere Kenntnisse des Bodens mit vielen Unsicherheiten behaftet sind. Der Boden ist ein nicht homogenes und nicht elastisches Material, so dass auch aus diesem Grunde eine Vereinfachung in der Modellbildung notwendig ist. Nicht zuletzt sind Handrechnungen mittels einfacher Modelle für die richtige Wahl einer etwaigen Computerberechnung und für die Beurteilung der Computerresultate unerlässlich.

Der Modellbildung kommt in der Bodendynamik, wie in allen übrigen Ingenieurgebieten, eine große Bedeutung zu. Durch Bilden eines Modells wird die Wirklichkeit so vereinfacht, dass sie einer Berechnung zugänglich wird. Die so erhaltenen Resultate gelten für das gewählte Modell und dementsprechend sind die Abweichungen des Modells von der Wirklichkeit bei der Interpretation der Resultate zu berücksichtigen.

In den folgenden Abschnitten werden die für die Bodendynamik wichtigsten Grundlagen der Schwingungslehre anhand des Einmassenschwingers dargestellt. Dieses klassische Element der Schwingungslehre wurde nicht zuletzt deshalb gewählt, weil es unmittelbar als vereinfachendes Berechnungsmodell für zahlreiche Problemstellungen verwendet werden kann.

2.1 Bewegungsdifferenzialgleichung

Zur Einführung betrachten wir ein einfaches System, bestehend aus einer konzentrierten Masse und einem Feder- und Dämpfungselement (Bild 2.1 a); letzteres modelliert eine geschwindigkeitsproportionale, sogenannte viskose Dämpfung. Ein solches System lässt sich z. B. als Modell für eine elastisch gelagerte Maschine (als Masse) verwenden, wobei die Federsteifigkeit k und der Dämpfungskoeffizient c aus den Spezifikationen der verwendeten elastischen Lagerung entnommen werden können. Das gleiche Modell kann verwendet werden, um eine Maschine, die fest mit dem Fundamentblock verbunden ist,

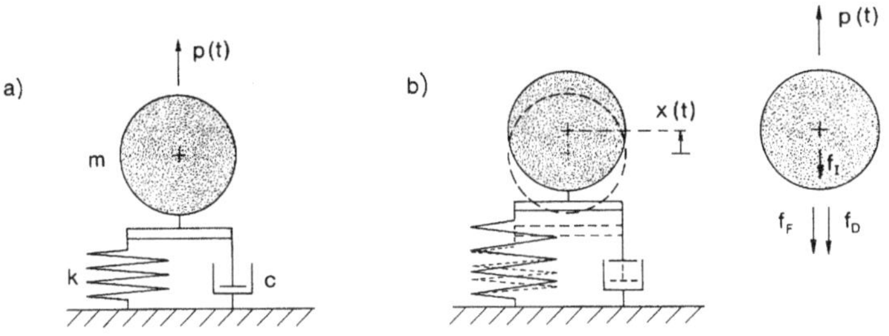

Bild 2.1. Einmassenschwinger; **a** Ruhelage; Masse m, Federsteifigkeit k, Dämpfungskoeffizient c; **b** Ausgelenkte Lage mit den angreifenden Kräften p(t), f_I, f_D und f_F

zu modellieren, wobei m der Masse von Maschine und Fundament entspricht, während der Boden die Funktion des Feder- und Dämpfungselementes übernimmt.

Die Bewegung der Masse m unter der dynamischen Beanspruchung p(t) ist durch eine gewöhnliche Differenzialgleichung gegeben, die aufgrund der an der Masse m angreifenden Kräfte hergeleitet werden kann. Bild 2.1b zeigt die an der Masse m angreifenden Kräfte: die äußere (zeitlich variierende) Last p(t), die Trägheitskraft f_I, die Dämpfungskraft f_D und die Federkraft f_F. Die dynamische Gleichgewichtsbedingung lautet somit

$$f_I + f_D + f_F = p(t). \tag{2.1}$$

Die Trägheits-, Dämpfungs- und Federkräfte können durch folgende Größen ausgedrückt werden: $f_I = m\ddot{x}$, $f_D = c\dot{x}$ und $f_F = kx$. Werden diese Größen in (2.1) eingesetzt, ergibt sich die bekannte Bewegungsdifferenzialgleichung des Einmassenschwingers

$$m\ddot{x} + c\dot{x} + kx = p(t). \tag{2.2}$$

2.2 Eigenschwingung

Wird die Masse gemäß Bild 2.2 aus einer ausgelenkten Lage losgelassen, so schwingt sie je nach Dämpfung für kürzere oder längere Zeit weiter. Bei einem System ohne Dämpfung führt die Masse m eine Schwingung mit einer kons-

Bild 2.2. Eigenschwingung:
— ungedämpftes System
--- gedämpftes System

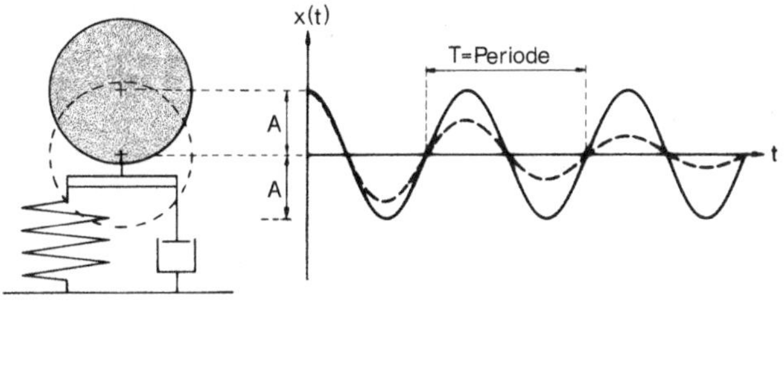

tanten Amplitude A aus, während beim gedämpften System die Amplitude mit der Zeit abklingt. Den zeitlichen Verlauf der Verschiebung x(t) erhält man durch Lösen der Bewegungsgleichung (2.2), wobei p(t) gleich Null zu setzen ist, da bei der Eigenschwingung keine äußere Kraft angreift.

Die Lösung der Differenzialgleichung

$$m\ddot{x} + c\dot{x} + kx = 0 \tag{2.3}$$

erhält man mit dem Ansatz

$$x(t) = Ce^{rt}, \tag{2.4}$$

welcher in (2.3) eingesetzt das charakteristische Polynom

$$mr^2 + cr + k = 0, \tag{2.5a}$$

bzw. nach Division durch m und mit der Abkürzung $\omega_n^2 = k/m$

$$r^2 + \frac{c}{m} r + \omega_n^2 = 0 \tag{2.5b}$$

ergibt. Die Lösung von (2.5b) und damit die Art der Bewegung des Einmassenschwingers hängt vom Wert c in (2.5b), d.h. von der Dämpfung des Systems, ab. Für ω_n siehe Erklärung zur Gleichung (2.9).

2.2.1
Ungedämpfter Einmassenschwinger

Ist das System in Bild 2.2 ungedämpft, d.h. c = 0, so lautet die Lösung von (2.5b)

$$r = \pm i\omega_n, \tag{2.6}$$

und die Lösung von (2.3) erhält man durch Einsetzen von (2.6) in (2.4) zu

$$x(t) = C_1 e^{i\omega_n t} + C_2 e^{-i\omega_n t} \tag{2.7}$$

oder umgeformt (mit Hilfe der Eulerschen Gleichungen)

$$x(t) = B_1 \sin \omega_n t + B_2 \cos \omega_n t. \tag{2.8}$$

Zum besseren Verständnis der in (2.7) und auch im Folgenden häufig verwendeten polaren komplexen Schreibweise sei ihre Bedeutung kurz erläutert: Ein Punkt, der wie in Bild 2.3a eine Kreisbewegung ausführt, hat (in polarer komplexer Schreibweise) die Koordinaten $z = Ae^{i\omega t}$, wobei A dem Radius und θ bzw. ωt dem Winkel entspricht; ω ist die Winkelgeschwindigkeit. Die Projektion dieser Bewegung auf die reale Achse (Re) ergibt die in Bild 2.3b dargestellte harmonische Schwingung. Demzufolge lässt sich eine harmonische Schwingung immer auch als eine Kreisbewegung in der komplexen Zahlenebene darstellen, was wesentliche Vorteile bei der Berechnung von harmonischen Schwingungen mit sich bringt.

Die Ausdrücke (2.7) und (2.8) sind in Bild 2.3c und d graphisch dargestellt. Setzt man (2.7) in allgemeine Anfangsbedingungen ein, so zeigt sich, dass als C_1 und C_2 immer konjugiert komplexe Vektoren resultieren, und wie

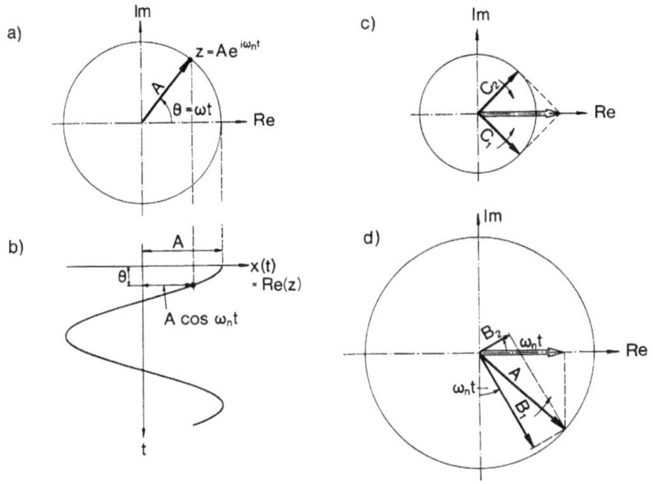

Bild 2.3. Darstellung der harmonischen Bewegung; **a** in der komplexen Zahlenebene und **b** als Zeitfunktion; **c** Darstellung von (2.7); **d** Darstellung von (2.8)

aus den Exponentialtermen von (2.7) ersichtlich, rotieren diese Vektoren gegenläufig. Durch die Summation von C_1 und C_2 verschwindet damit der imaginäre Teil, und es bleibt ein harmonisch variierender reeller Teil übrig. Die Gleichung (2.8) lässt sich als zwei Vektoren B_1 und B_2 (Bild 2.3d) darstellen. Ihre Projektion auf die reelle Achse ergibt die in (2.8) enthaltenen Summanden. Die beiden Vektoren B_1 und B_2 lassen sich vektoriell zum Vektor A zusammenfassen, dessen Projektion auf die reelle Achse die gleiche harmonische Schwingung ergibt wie in Bild 2.3c.

Die Masse m in Bild 2.2 führt somit eine harmonische Bewegung mit konstanter Amplitude und mit einer Winkelgeschwindigkeit von ω_n (in rad/s) aus. Winkelgeschwindigkeit ω_n (i.a. Eigenkreisfrequenz genannt), Eigenfrequenz f_n und Schwingdauer T berechnen sich wie folgt:

$$\omega_n = \sqrt{\frac{k}{m}}; \; f_n = \frac{\omega_n}{2\pi}; \; T = \frac{1}{f_n} = \frac{2\pi}{\omega_n}. \tag{2.9}$$

Die Integrationskonstanten B_1 und B_2 in (2.8) und damit die Amplitude der Schwingung ergeben sich aus den Anfangsbedingungen. Mit $x_o = x(t=0)$ und $\dot{x}_o = \dot{x}(t=0)$ lässt sich (2.8) in der Form

$$x(t) = \frac{\dot{x}_o}{\omega_n} \sin \omega_n t + x_o \cos \omega_n t \tag{2.10}$$

schreiben. Die Amplitude A ergibt sich, als absoluter Betrag, wie man in Bild 2.3d sieht, durch Vektoraddition von B_1 und B_2 bzw. $(\dot{x}_o/\omega_n)$ und x_o zu

$$A = \left[x_o^2 + \left(\frac{\dot{x}_o}{\omega_n}\right)^2\right]^{1/2}. \tag{2.11}$$

2.2.2
Gedämpfter Einmassenschwinger

Ist das System in Bild 2.2 gedämpft, so lautet die Lösung für (2.5b)

$$r = -\frac{c}{2m} \pm \sqrt{\left(\frac{c}{2m}\right)^2 - \omega_n^2}. \tag{2.12}$$

Der Wert unter der Wurzel kann je nach Größe des Terms c null, positiv oder negativ sein, und entsprechend ergeben sich drei typische Lösungen für r in (2.5) bzw. für x(t) in (2.4):

- kritisch gedämpft: $c/2m = \omega_n$
- überkritisch gedämpft: $c/2m > \omega_n$
- unterkritisch gedämpft: $c/2m < \omega_n$

$c = 2m\omega_n$ wird als kritische Dämpfung (c_c) bezeichnet. Einmassenschwinger mit $c < c_c$ führen beim Ausschwingversuch (Bild 2.2) eine zeitlich exponentiell abklingende, pseudoharmonische Schwingung aus, während Systeme mit $c \geqq c_c$ ohne Schwingung aperiodisch in die Nullage zurückkehren; die kritische Dämpfung c_c entspricht damit dem Übergang zwischen zwei qualitativ unterschiedlichen Verhaltensweisen. Der Bewegungsverlauf bei verschiedenen Dämpfungen ist in Bild 2.4 dargestellt.

In den uns interessierenden Fällen ist die Dämpfung zumeist kleiner als die kritische Dämpfung, und die Lösung für r lautet somit

$$r = -D\omega_n \pm \sqrt{(D\omega_n)^2 - \omega_n^2} = -D\omega_n \pm i\omega_n\sqrt{1 - D^2}. \tag{2.13}$$

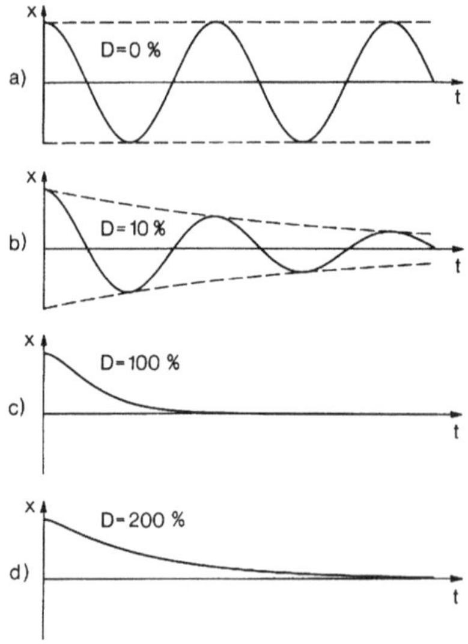

ungedämpft:
$x(t) = B_1 \sin \omega_n t + B_2 \cos \omega_n t$
$\omega_n = \sqrt{k/m}$ $c = 0$

unterkritisch gedämpft:
$x(t) = e^{-D\omega_n t}(B_1 \sin \omega_D t + B_2 \cos \omega_D t)$
$\omega_D = \omega_n \sqrt{1 - D^2}$ $c = 2m\,\omega_n D < c_c$

kritisch gedämpft:
$x(t) = C_1 e^{-\omega_n t} + C_2 e^{\omega_n t}$
$\omega_n = \sqrt{k/m}$ $c = 2m\,\omega_n = c_c$

überkritisch gedämpft:
$x(t) = e^{-D\omega_n t}(B_1 \sinh \hat{\omega} t + B_2 \cosh \hat{\omega} t)$
$\hat{\omega} = \omega_n \sqrt{D^2 - 1}$ $c > c_c$

Bild 2.4. Bewegungsverlauf bei verschiedenen Dämpfungen

Tabelle 2.1. Einfluss der Dämpfung auf die Eigenfrequenz

Dämpfungsverhältnis D	1%	5%	10%	20%	30%
ω_D/ω_n	0,9999	0,998	0,995	0,98	0,95

Anstelle des Dämpfungskoeffizienten c wurde in (2.13) das Dämpfungsverhältnis D, welches die Dämpfung in Prozenten der kritischen Dämpfung c_c angibt, eingesetzt. D ist definiert als

$$D = \frac{c}{c_c} = \frac{c}{2m\omega_n}. \tag{2.14}$$

Mit einer weiteren Abkürzung für die gedämpfte Eigenkreisfrequenz

$$\omega_D = \omega_n \sqrt{1 - D^2}, \tag{2.15}$$

vereinfacht sich (2.13) zu

$$r = -D\omega_n \pm i\omega_D. \tag{2.16}$$

Die Lösung von (2.3) ergibt sich durch Einsetzen von (2.16) in (2.4) zu

$$x(t) = e^{-D\omega_n t}\left(C_1 e^{i\omega_D t} + C_2 e^{-i\omega_D t}\right) \tag{2.17}$$

bzw.

$$x(t) = e^{-D\omega_n t}\left(B_1 \sin \omega_D t + B_2 \cos \omega_D t\right). \tag{2.18}$$

Die Bewegung nach (2.17) bzw. (2.18) ist für D = 10% in Bild 2.4b dargestellt. Für Dämpfungsverhältnisse kleiner als 20% ist die Frequenz der gedämpften Schwingung nur unwesentlich geringer als die der ungedämpften Schwingung (vgl. Tabelle 2.1). Im Allgemeinen darf deshalb für $D < 20\%$ mit der ungedämpften Eigenfrequenz gerechnet werden.

2.3 Harmonische Anregung

Die harmonische Anregung, wie sie z. B. bei Maschinen mit rotierenden Teilen vorkommt, stellt auch als Grundlage für andere, unregelmäßige Belastungen einen wichtigen Belastungsfall in der Dynamik dar. In der Praxis werden zwei Fälle unterschieden:

$p(t) = p_o \sin \omega t$	Kraftkonstante Anregung und
$p(t) = a\omega^2 \sin \omega t$	Quadratische Anregung

Ist das System in Bild 2.1 durch eine harmonische Last $p(t) = p_o \sin \omega t$ belastet (p_o ist die Amplitude, ω die Kreisfrequenz der harmonischen Belastung), so lautet die Differenzialgleichung (2.2)

$$m\ddot{x} + c\dot{x} + kx = p_o \sin \omega t. \tag{2.19}$$

2.3.1 Ungedämpfter Einmassenschwinger

Die Gleichung (2.19) vereinfacht sich für das ungedämpfte System zu

$$m\ddot{x} + kx = p_o \sin \omega t. \tag{2.20}$$

Die Lösung von (2.20) setzt sich aus einem homogenen (x_h) und einem partikulären (x_p) Teil zusammen. Die homogene Lösung haben wir bereits für die Eigenschwingung hergeleitet (vgl. (2.8)); sie lautet

$$x_h = B_1 \sin \omega_n t + B_2 \cos \omega_n t. \tag{2.21}$$

Für die partikuläre Lösung ist es naheliegend, einen Ansatz mit einer harmonischen Funktion zu verwenden:

$$x_p = C \sin \omega t. \tag{2.22}$$

Wir setzen (2.22) in (2.20) ein und erhalten für die Konstante C

$$C = \frac{p_o}{k - m\,\omega^2} = \frac{p_o}{k}\left(\frac{1}{1-\beta^2}\right), \tag{2.23}$$

wobei β das Verhältnis zwischen Erregerfrequenz ω und Eigenfrequenz ω_n darstellt, d.h.:

$$\beta = \omega / \omega_n. \tag{2.24}$$

Die allgemeine Lösung von (2.20) erhält man schließlich durch Addition der homogenen und partikulären Lösung:

$$\begin{aligned} x(t) &= x_h + x_p \\ &= B_1 \sin \omega_n t + B_2 \cos \omega_n t + \frac{p_o}{k}\frac{1}{1-\beta^2}\sin \omega t. \end{aligned} \tag{2.25}$$

Die Bedeutung der einzelnen Terme lässt sich am besten an einem System, das aus der Ruhelage heraus durch eine harmonische Belastung $p(t) = p_o \sin \omega t$ angeregt wird, aufzeigen. Die Konstanten B_1 und B_2 berechnen sich aus den Anfangsbedingungen $x(t=0) = 0$ und $\dot{x}(t=0) = 0$. Man erhält folgende Bewegungsgleichung:

$$x(t) = \underbrace{\frac{p_o}{k}}_{①}\underbrace{\frac{1}{1-\beta^2}}_{②}(\underbrace{\sin \omega t}_{③} - \underbrace{\beta \sin \omega_n t}_{④}). \tag{2.26}$$

Die einzelnen Terme haben dabei folgende Bedeutung:

① Einsenkung unter einer statischen Last p_o
② Verstärkungsfaktor: stellt die Vergrößerung der Einsenkung infolge harmonisch wirkender Kraft dar; ist eine Funktion von $\beta = \omega / \omega_n$
③ Bewegungskomponente mit der gleichen Frequenz wie Erregerfrequenz ω
④ Bewegungskomponente mit Eigenfrequenz (klingt bei Dämpfung ab, transienter Anteil)

2.3.2
Gedämpfter Einmassenschwinger

Für das gedämpfte System gilt

$$m\ddot{x} + c\dot{x} + kx = p_o \sin \omega t\,. \tag{2.19}$$

Da sich dieser Fall mit der komplexen Schreibweise wesentlich einfacher berechnen lässt, wird im Folgenden die komplexe Schreibweise verwendet; (Gleichung 2.19) lautet dann

$$m\ddot{x} + c\dot{x} + kx = p_o e^{i\omega t}. \tag{2.27}$$

Die Lösung für (2.27) setzt sich wiederum aus einem homogenen und einem partikulären Anteil zusammen. Der homogene Anteil, der die Eigenschwingung darstellt, klingt infolge Dämpfung mit der Zeit ab, so dass man sich sehr oft auf den partikulären Anteil, der die stationäre Lösung darstellt, beschränken kann. Der Ansatz für diese stationäre Lösung lautet

$$x(t) = Be^{i(\omega t - \theta)} \tag{2.28}$$

(2.28) in (2.27) eingesetzt ergibt

$$B = \frac{p_o\, e^{i\theta}}{-m\omega^2 + ci\,\omega + k}, \tag{2.29}$$

und damit lautet die Bewegungsgleichung

$$x(t) = \frac{p_o e^{i\omega t}}{k - m\,\omega^2 + ci\,\omega}, \tag{2.30}$$

bzw. mit $\beta = \omega/\omega_n$ und $D = c/2m\,\omega_n$

$$x(t) = \frac{p_o e^{i\omega t}}{k\,[1 - \beta^2 + i2D\beta]}\,. \tag{2.31}$$

Durch Erweitern mit $(1 - \beta^2 - i2D\beta)$ erhält man schließlich

$$x(t) = \frac{p_o}{k}\, e^{i\omega t} \frac{1 - \beta^2 - i2D\beta}{(1 - \beta^2)^2 + (2D\beta)^2} \tag{2.32}$$

und damit eine Form, die sich für eine anschauliche Darstellung der Bewegungsgleichung sehr gut eignet. In Bild 2.5 ist die Bewegung x(t) zum Zeitpunkt $t = 0$ durch die zwei rotierenden Vektoren

$$\frac{p_o}{k}\, e^{i\omega t} \frac{1 - \beta^2}{(1 - \beta^2)^2 + (2D\beta)^2} \quad \text{und} \quad \frac{p_o}{k}\, e^{i\omega t} \frac{-i2D\beta}{(1 - \beta^2)^2 + (2D\beta)^2}$$

dargestellt. Der resultierende Vektor hat den Betrag

$$A = \frac{p_o}{k} \frac{1}{\sqrt{(1 - \beta^2)^2 + (2D\beta)^2}} \tag{2.33a}$$

und ist um einen Winkel

$$\theta = \text{arc tg}\left(\frac{2D\beta}{1 - \beta^2}\right), \quad 0 \leqq \theta \leqq 180°, \tag{2.33b}$$

gegenüber der Belastung $p_o e^{i\omega t}$ phasenverschoben.

Bild 2.5. Darstellung der stationären Schwingung (Gleichung 2.32)

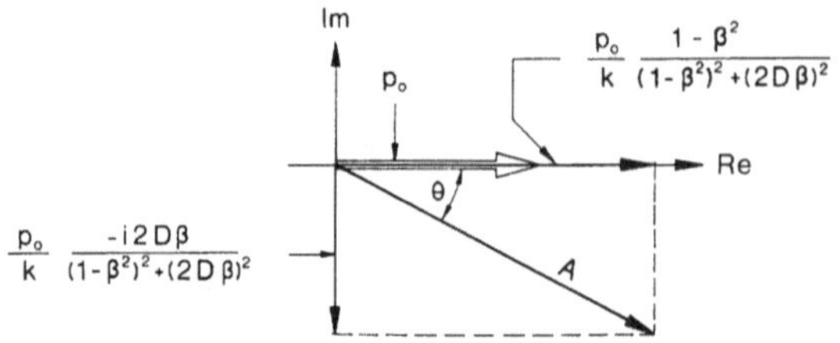

Das Verhältnis zwischen der Schwingungsamplitude A und der statischen Einsenkung (x_{st}) unter p_o wird als Verstärkungsfaktor V bezeichnet und berechnet sich nach (2.33 a) zu

$$V = \frac{A}{x_{st}} = \frac{A}{p_o/k} = \frac{1}{\sqrt{(1-\beta^2)^2 + (2D\beta)^2}} . \tag{2.34}$$

In Bild 2.6a ist der Verstärkungsfaktor V und die Phasenverschiebung θ in Funktion des Frequenzverhältnisses β für verschiedene Dämpfungsverhältnisse D dargestellt. Diese sogenannten Resonanzkurven erlauben eine rasche Bestimmung der Amplitude bzw. des gefährlichen Frequenzbereichs. Für Systeme mit geringer Dämpfung tritt bei einem Frequenzverhältnis nahe bei eins, d.h. wenn die Erregerfrequenz in der Nähe der Eigenfrequenz liegt, eine maximale Verstärkung und damit Resonanz auf. Der Verstärkungsfaktor bei Resonanz ist, wie man aus (2.34) berechnen kann, umgekehrt proportional zum Dämpfungsverhältnis, d.h.

$$V_{\beta=1} = \frac{1}{2D} . \tag{2.35}$$

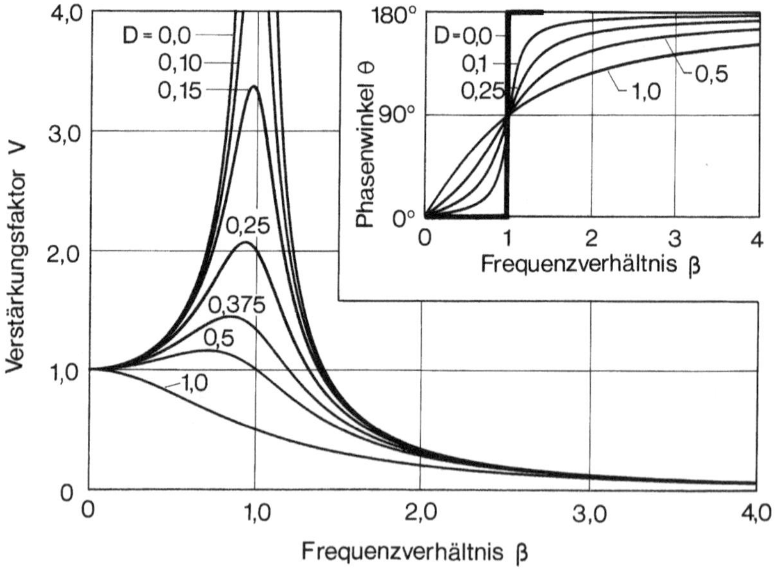

Bild 2.6a. Resonanzkurven und Phasenverschiebung für verschiedene Dämpfungsverhältnisse D

Bild 2.6b. Resonanzkurven für verschiedene Massenverhältnisse $\bar{B}$

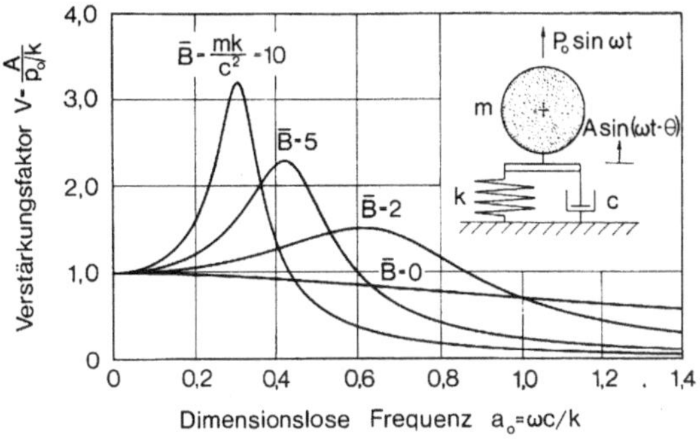

Für die meisten praktischen Anwendungen ist es vorteilhafter, anstelle der vorgängig behandelten klassischen Darstellungen, Resonanzkurven mit expliziter Darstellung der Massen und Federsteifigkeiten zu verwenden, denn diese Größen lassen sich am ehesten beeinflussen. Eine solche Darstellung erhält man, indem man aufgrund von (2.30) den Verstärkungsfaktor

$$V = \frac{A}{p_o/k} = \frac{k}{\sqrt{(k - m\,\omega^2)^2 + (c\,\omega)^2}} \tag{2.36}$$

berechnet und die dimensionslose Frequenz $a_o = \omega c/k$ sowie das Massenverhältnis $\bar{B} = mk/c^2$ einführt. (2.36) lautet dann

$$V = \frac{1}{\sqrt{(1 - \bar{B}\;a_o^2)^2 + a_o^2}} \tag{2.37}$$

und kann wie in Bild 2.6b dargestellt werden. Bild 2.6a und Bild 2.6b sind gleichwertige Darstellungen des Verstärkungsfaktors V.

2.3.3
Gedämpfter Einmassenschwinger mit quadratischer Anregung

Häufige Ursache für Vibrationen sind Maschinen mit Unwucht. Dabei handelt es sich nicht um eine harmonische Anregung mit konstanter Amplitude, sondern um eine Anregung, deren Amplitude mit dem Quadrat der Anregungsfrequenz zunimmt. In Bild 2.7 ist das Modell einer Maschine mit Unwucht dargestellt. Wir beschränken uns im folgenden auf die vertikale Schwingung.

Die Unwucht ist als eine exzentrische Masse m dargestellt, die mit einer Winkelgeschwindigkeit ω rotiert. M ist die Masse der gesamten Maschine, d.h. inklu-

Bild 2.7. Modell einer Maschine mit Unwucht

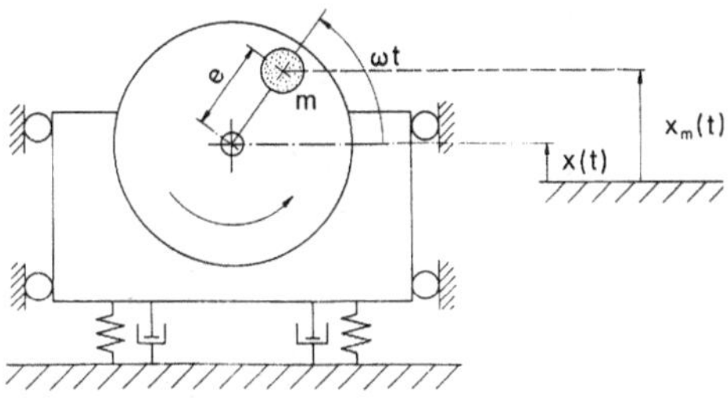

sive Masse m. Wählt man als x(t) die Verschiebung der Maschine aus der Gleichgewichtslage, so ergibt sich die Verschiebung der exzentrischen Masse m zu

$$x_m = x + e \sin \omega t\,. \tag{2.38}$$

Die Bewegungsdifferenzialgleichung lautet somit

$$(M - m)\ddot{x} + m \frac{d^2}{d\,t^2}(x + e \sin \omega t) + c\dot{x} + kx = 0, \tag{2.39}$$

was sich umformen lässt zu

$$M\ddot{x} + c\dot{x} + kx = (m e \omega^2) \sin \omega t. \tag{2.40}$$

Diese Gleichung ist identisch mit (2.19) im vorhergehenden Abschnitt, wobei p_0 durch die frequenzabhängige Belastung ($me\omega^2$) ersetzt ist. Die Lösung für die quadratische Anregung erhält man, indem man in (2.32) und (2.33 a) p_0 mit ($me\omega^2$) ersetzt. Die stationäre Lösung lautet dann

$$x(t) = \frac{me\omega^2}{k} e^{i\omega t} \frac{1 - \beta^2 - i2D\beta}{(1 - \beta^2)^2 + (2D\beta)^2}\,. \tag{2.41}$$

Die Amplitude beträgt

$$A = \frac{me\omega^2}{k} \frac{1}{\sqrt{(1 - \beta^2)^2 + (2D\beta)^2}}, \tag{2.42}$$

oder in dimensionsloser Form, einem Verstärkungsfaktor entsprechend (Bild 2.8).

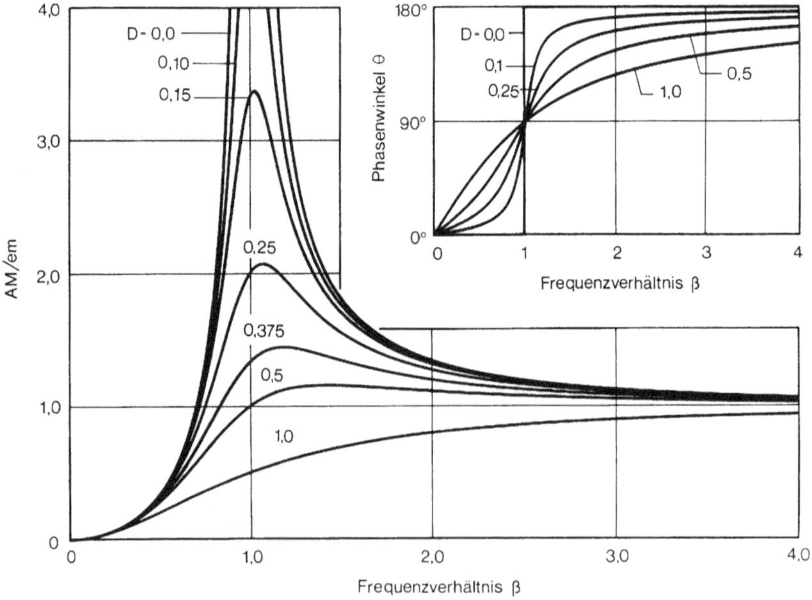

Bild 2.8. Resonanzkurven und Phasenverschiebung bei der quadratischen Anregung

Tabelle 2.2. Zusammenstellung der wichtigsten Formeln des Einmassenschwingers

Eigenkreisfrequenz (ungedämpft)	$\omega_n = \sqrt{k/m}$
Eigenfrequenz (ungedämpft)	$f_n = \omega_n/2\pi$
Schwingdauer	$T = 1/f_n$
Kritische Dämpfung	$c_c = 2m\,\omega_n$
Dämpfungsverhältnis	$D = c/c_c$
Eigenkreisfrequenz (unterkritisch gedämpft)	$\omega_D = \omega_n\sqrt{1-D^2}$
Frequenzverhältnis	$\beta = \omega/\omega_n$
Statische Einsenkung	$x_{st} = p_o/k$
Verstärkungsfaktor	$V = [(1-\beta^2)^2 + (2D\beta)^2]^{-1/2}$
Kraftkonstante Anregung	**Quadratische Anregung**
$p(t) = p_o \sin\omega t$	$p(t) = me\,\omega^2 \sin\omega t$
Amplitude bei Frequenzverhältnis β	
$A = x_{st}V$	$A = (m/M)\,e\beta^2 V$
Frequenz bei maximaler Amplitude	
$f_m = f_n\sqrt{1-2D^2}$	$f_m = f_n\dfrac{1}{\sqrt{1-2D^2}}$
Maximale Amplitude	
$A_m = x_{st}\dfrac{1}{2D\sqrt{1-D^2}}$	$A_m = \dfrac{me}{M}\dfrac{1}{2D\sqrt{1-D^2}}$

$$\frac{AM}{em} = \frac{\beta^2}{\sqrt{(1-\beta^2)^2 + (2D\beta)^2}} = \beta^2 V. \tag{2.43}$$

Die Phasenverschiebung ist gleich wie bei der kraftkonstanten Anregung.

2.3.4 Zusammenfassung der wichtigsten Formeln

In Tabelle 2.2 sind die wichtigsten Formeln für den harmonisch belasteten Einmassenschwinger zusammengestellt. Die Herleitung der Formeln ist in den vorangegangenen Abschnitten enthalten. Die Gleichung für die Frequenz bei maximaler Amplitude erhält man, indem man den Ausdruck für den Verstärkungsfaktor V nach β ableitet und gleich null setzt.

2.4 Schwingungsisolation

Generell lassen sich zwei Arten von Problemstellungen unterscheiden:

- Maschinen, die Schwingungen erzeugen, welche für die Umgebung unerwünscht sind und deshalb durch ein geeignetes Masse-Feder-Dämpfersystem zu isolieren sind, und
- schwingungsempfindliche Geräte, die so zu installieren sind, dass „keine“ Erschütterungen von der Unterlage auf das Gerät übertragen werden.

a) Die erste Problemstellung ist in Bild 2.9a dargestellt. Eine rotierende Maschine erzeugt eine vertikale harmonische Kraft $p_o e^{i\omega t}$. Die vertikale Bewegung berechnet sich mit (2.32) zu

$$x(t) = \frac{p_o}{k} e^{i\omega t} \frac{1-\beta^2 - i2D\beta}{(1-\beta^2)^2 + (2D\beta)^2} = \frac{p_o}{k} V e^{i(\omega t - \theta)}, \tag{2.44}$$

wobei β in (2.24) und der Verstärkungsfaktor V in (2.34) definiert sind. Die Kräfte, die auf die Unterlage übertragen werden, sind (k: resultierende Federkonstante aller vertikalen Federn):

1. Federkraft $\quad R_F = kx(t) = p_o V e^{i(\omega t - \theta)}$ (2.44a)

2. Dämpferkraft $\quad R_D = c\dot{x}(t) = \frac{i p_o c\omega}{k} V e^{i(\omega t - \theta)}$ (2.44b)

Da maximale Feder- und Dämpferkraft offensichtlich um $\pi/2$ phasenverschoben sind, folgt die resultierende Amplitude R_m (= maximale Reaktionskraft) aus

$$\begin{aligned} R_{max} &= \sqrt{|R_F|^2 + |R_D|^2} = p_o V \sqrt{1 + (c\,\omega/k)^2} \\ &= p_o V \sqrt{1 + (2\,D\,\beta)^2}. \end{aligned} \tag{2.45}$$

Für eine quadratische Anregung lautet (2.45)

$$R_{max} = me\,\omega^2 V \sqrt{1 + (2D\beta)^2}. \tag{2.46}$$

Das Verhältnis zwischen maximaler Reaktionskraft (R_{max}) und Amplitude der harmonischen Anregung, die sogenannte Kraftübertragungsfunktion V_R, berechnet sich zu

$$V_R = \frac{R_{max}}{p_o} = \frac{R_{max}}{me\,\omega^2} = V\sqrt{1 + (2D\beta)^2}. \tag{2.47}$$

In Bild 2.10 ist die Kraftübertragungsfunktion für verschiedene Dämpfungsverhältnisse dargestellt. Man erkennt, dass die Dämpfung nur solange einen positiven Effekt hat, als die Erregerfrequenz kleiner ist als $\sqrt{2}$ mal die Eigenfrequenz.

b) Der zweite Typ von Schwingungsisolation ist im Bild 2.9b dargestellt. Die Masse m ist durch ein Feder-Dämpfersystem von der vertikal schwingen-

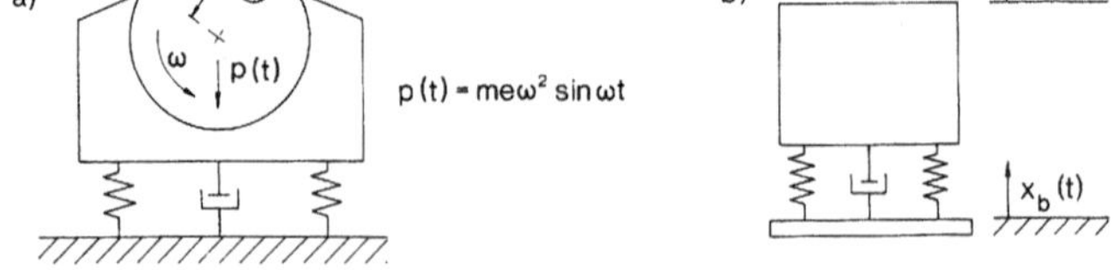

Bild 2.9. Einmassenschwinger-Modell für zwei verschiedene Isolationstypen:
a bei Anregung durch die Maschine selbst
b bei Anregung durch die Unterlage

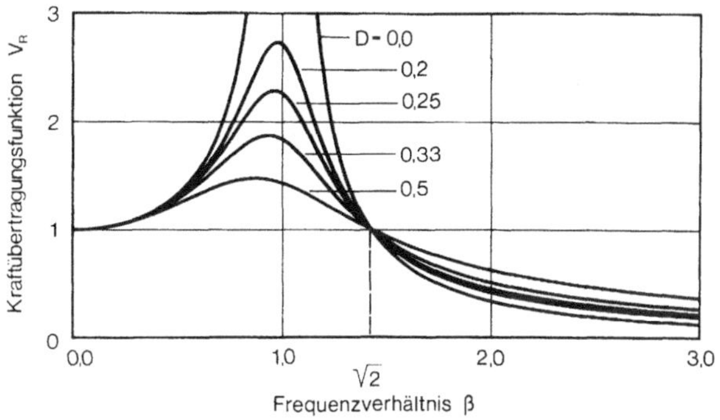

Bild 2.10. Kraftübertragungsfunktion für verschiedene Dämpfungsverhältnisse D

den Unterlage isoliert. $x(t)$ ist die Bewegung der Masse, $x_b(t)$ die Bewegung der Unterlage. Die Differenzialgleichung dieses Systems lautet

$$m\ddot{x} + c(\dot{x} - \dot{x}_b) + k(x - x_b) = 0. \tag{2.48}$$

Es ist zu beachten, dass die Trägheitskräfte proportional zur absoluten Beschleunigung ($\ddot{x}$) sind, während sich Dämpfungs- und Federkräfte proportional zur Relativbewegung ($x-x_b$) verhalten. Für eine harmonische Auflagerbewegung, d. h. für

$$x_b = x_{bo}\,e^{i\omega t} \text{ und } \dot{x}_b = i\,\omega\,x_{bo}\,e^{i\omega t} \tag{2.49}$$

lautet (2.48)

$$m\ddot{x} + c\dot{x} + kx = x_{bo}(k + i\,c\,\omega)\,e^{i\omega t} \tag{2.50}$$

und ist somit identisch mit (2.27), wobei p_o durch $x_{bo}(k + i\,c\,\omega)$ ersetzt ist. Die Schwingungsamplitude beträgt somit

$$\begin{aligned} A &= \left| \frac{x_{bo}\,(k + i\,c\,\omega)}{k} \right| V \\ &= |x_{bo}\,(1 + i\,2\,D\,\beta)|\,V = x_{bo}\,V\,\sqrt{1 + (2\,D\,\beta)^2}. \end{aligned} \tag{2.51}$$

Wird nun die Übertragungsfunktion definiert als das Verhältnis zwischen Bewegungsamplitude der Masse m zur Bewegungsamplitude der Unterlage, d. h.

$$A/x_{bo} = V\,\sqrt{1 + (2\,D\,\beta)^2}, \tag{2.52}$$

so erhält man dieselbe Übertragungsfunktion wie in (2.47). Bild 2.10 dient somit zur Bestimmung der Wirkung eines Schwingungs-Isolationssystem für beide Typen von Isolationsproblemen.

2.5 Stoßartige Belastung

Ein weiterer Spezialfall einer dynamischen Belastung ist die stoßartige Belastung, wie sie z. B. beim Aufprall von Fahrzeugen, bei Explosionen oder bei Fundamenten von Stanzmaschinen vorkommt. Eine solche Belastung besteht aus einem einzelnen Hauptstoß von relativ kurzer Dauer (t_d: Stoßdauer). Bei

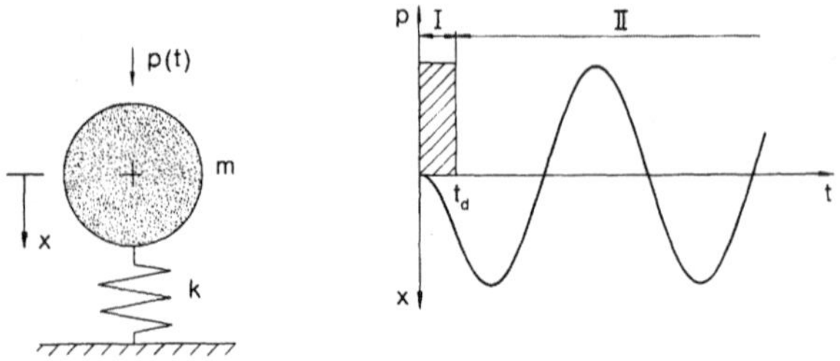

Bild 2.11. Bewegungsverlauf bei stoßartiger Belastung

schwach gedämpften Schwingern, wie sie in der Praxis häufig vorkommen, bleibt die Dämpfung oft von untergeordneter Bedeutung, da die maximale Deformation in sehr kurzer Zeit auftritt, bevor die Dämpfung viel Energie absorbieren kann. Deshalb soll hier nur der ungedämpfte Fall beschrieben werden.

2.5.1 Rechteckförmiger Stoß

Betrachten wir einen Einmassenschwinger, der durch einen rechteckförmigen Stoß gemäß Bild 2.11 belastet ist. Der Bewegungsablauf wird bei diesem Problem vorteilhaft in zwei Phasen unterteilt, die Belastungsphase (I) und die Ausschwingphase (II).

Phase I: Die plötzlich aufgebrachte Last bleibt, im Sinne einer Vereinfachung, während der ganzen Phase konstant und beträgt p_o. Die allgemeine Lösung erhält man als Kombination der homogenen Lösung (2.8) und der partikulären Lösung. Letztere ist die statische Einsenkung, die p_o erzeugen würde, d.h.

$$x_{st} = p_o/k. \tag{2.53}$$

Die allgemeine Lösung lautet somit

$$x(t) = B_1 \sin \omega_n t + B_2 \cos \omega_n t + p_o/k \tag{2.54}$$

und mit Berücksichtigung der Anfangsbedingungen $x(t = 0) = \dot{x}(t = 0) = 0$ erhält man für $0 < t < t_d$.

$$x(t) = \frac{p_o}{k}(1 - \cos \omega_n t). \tag{2.55}$$

Phase II: Die Bewegung ist hier eine Eigenschwingung und somit gegeben durch (2.8) bzw. (2.10). Mit $t' = t - t_d$ gilt

$$x(t') = B_1 \sin \omega_n t' + B_2 \cos \omega_n t' \tag{2.56}$$

bzw.

$$x(t') = \frac{\dot{x}_o}{\omega_n} \sin \omega_n t' + x_o \cos \omega_n t', \tag{2.57}$$

wobei sich die Integrationskonstanten aus der Verschiebung und der Geschwindigkeit am Ende der Phase I berechnen.

2.5.2
Stoß-Antwortspektren

Im Allgemeinen interessiert man sich in erster Linie für die maximale Verschiebung, die eine Stoßbelastung verursacht und weniger für den zeitlichen Verlauf der Bewegung. Da der Verstärkungsfaktor für die maximale Verschiebung nur eine Funktion des Verhältnisses von Impulsdauer zu Eigenschwingdauer des Systems, d.h. t_d/T ist, lässt sich die maximale Deformation in Form eines Stoß-Antwortspektrums darstellen. Bild 2.12 zeigt die Verschiebungs-Antwortspektren für verschiedene Arten von Stoßbelastungen. Im Allgemeinen erlauben solche Kurven eine rasche Bestimmung der maximalen Reaktion eines einfachen Systems auf eine Stoßbelastung.

2.6
Allgemeine Belastung

Eine allgemeine Belastung kann man sich, wie in Bild 2.13 dargestellt, als eine Sequenz von infinitesimal kurzen, rechteckförmigen Impulsbelastungen vorstellen. Mit τ wird der Zeitpunkt des betrachteten Impulses bezeichnet und mit t der Zeitpunkt, für den die Deformation berechnet wird. Jeder einzelne Impuls erzeugt eine harmonische Schwingung, wie wir es im vorangegangenen Abschnitt bei der Stoßbelastung gesehen haben. Den gesamten Bewegungsverlauf erhält man schließlich durch eine Superposition aller Einzelschwingungen.

Die Wirkung eines einzelnen Impulses $p(\tau)d\tau$ erhalten wir mit Hilfe von (2.57), wobei zu berücksichtigen ist, dass wegen der infinitesimal kurzen Dauer des Impulses (Dirac-Stoß), die Anfangsverschiebung x_o gleich null ist. (2.57) lautet somit

$$dx(t) = \frac{\dot{x}_o}{\omega_n} \sin(\omega_n(t-\tau)). \qquad (2.58)$$

Die Anfangsbedingung für die Geschwindigkeit, d.h. die Geschwindigkeit am Ende des Impulses $p(\tau)d\tau$ erhalten wir mit Hilfe des 2. Newton'schen Gesetzes

$$m\frac{d\dot{x}}{d\tau} = p, \qquad (2.59)$$

oder umgeformt

$$d\dot{x} = \frac{1}{m} p\, d\tau. \qquad (2.60)$$

$d\dot{x}$ stellt die Geschwindigkeitsänderung dar, die durch den Impuls hervorgerufen wird und liefert somit die Anfangsbedingung der Geschwindigkeit für die vom Impuls $p(\tau)d\tau$ erzeugte freie Schwingung. (2.58) lautet somit

$$dx(t) = \frac{p(\tau)\,d\tau}{m\,\omega_n} \sin(\omega_n(t-\tau)). \qquad (2.61)$$

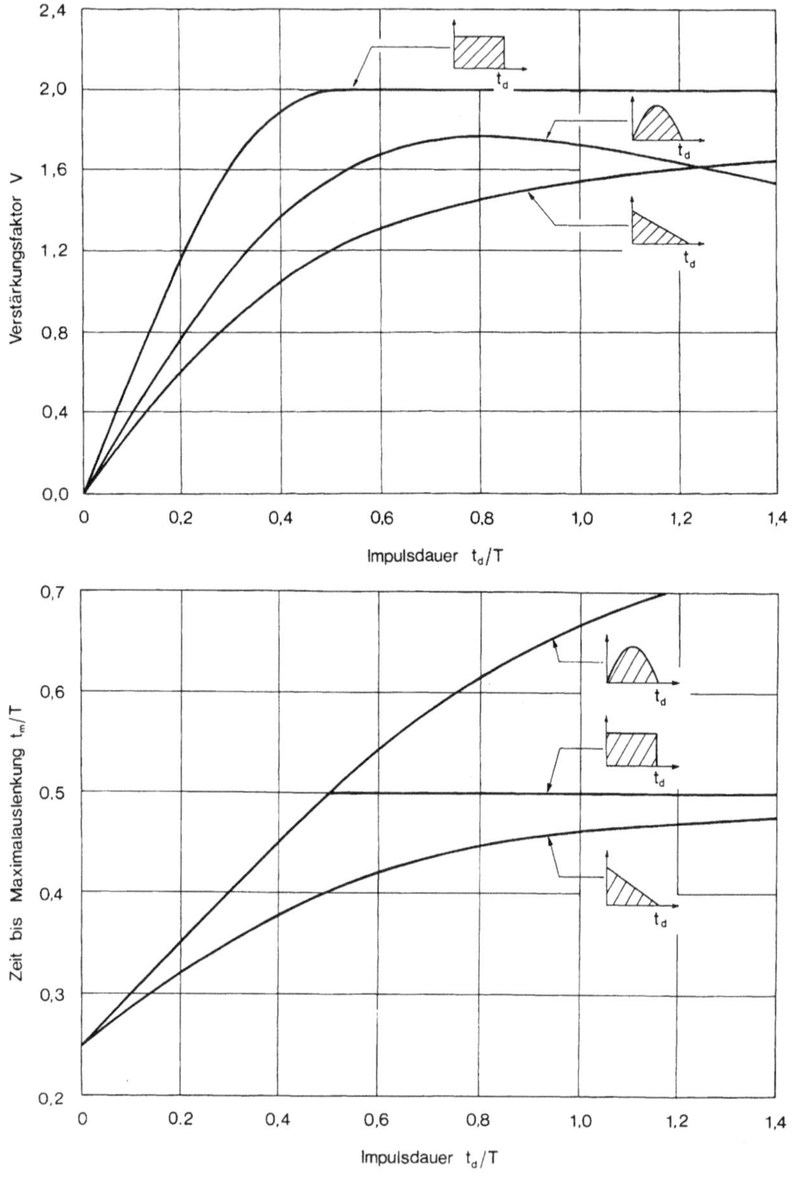

Bild 2.12. Stoßantwortspektren des elastischen Einmassenschwingers

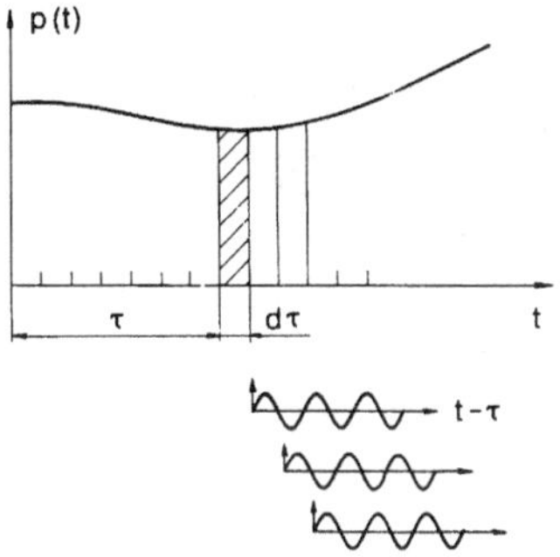

Bild 2.13. Zerlegung der allgemeinen Belastung in einzelne Impulse

Die effektive Schwingung, d.h. die von der Gesamtheit der Impulse erzeugte Schwingung, erhält man durch Integration von (2.61) über alle $d\tau$, d.h.

$$x(t) = \frac{1}{m\,\omega_n} \int_0^t p(\tau)\,\sin(\omega_n(t-\tau))\,d\tau. \tag{2.62}$$

Diese Gleichung enthält das sogenannte Faltungs- oder Duhamel-Integral.

(2.62) wurde für den nicht gedämpften Einmassenschwinger hergeleitet. Die entsprechende Gleichung für das gedämpfte System lautet:

$$x(t) = \frac{1}{m\,\omega_D} \int_0^t p(\tau)\,e^{-D\omega_n(t-\tau)}\,\sin(\omega_D(t-\tau))\,d\tau. \tag{2.63}$$

Die Lösung der Gleichung (2.2) für einen Dirac-Stoß heißt die "Green-Funktion" oder "Greensche Funktion" dieser Differenzialgleichung. Es sei an dieser Stelle auf Kapitel 7.3.5 verwiesen (Methode der empirischen Green-Funktionen).

Numerische Auswertung des Duhamel-Integrals

Für praktische Anwendungen wird das Duhamel-Integral meist mit numerischen Methoden ausgewertet. Zu diesem Zweck wird (2.62) unter Verwendung der trigonometrischen Identität, $\sin(\omega t - \omega\tau) = \sin\omega t\cos\omega\tau - \cos\omega t\sin\omega\tau$, umgeformt zu

$$x(t) = A'(t)\sin\omega_n t - B'(t)\cos\omega_n t, \tag{2.64}$$

mit
$$A'(t) = \frac{1}{m\,\omega_n}\int_0^t p(\tau)\cos\omega_n\tau\,d\tau$$

$$B'(t) = \frac{1}{m\,\omega_n}\int_0^t p(\tau)\sin\omega_n\tau\,d\tau,$$

Die Auswertung des Duhamel-Integrals erfordert somit die numerische Berechnung der Integrale A′ und B′, was z. B. mit der Simpson-Methode durchgeführt werden kann.

Für gedämpfte Systeme lauten die entsprechenden Gleichungen:

$$x(t) = A'(t)\sin\omega_D t - B'(t)\cos\omega_D t, \tag{2.65}$$

mit $$A'(t) = \frac{1}{m\omega_D}\int_0^t p(\tau)\frac{e^{D\omega_n\tau}}{e^{D\omega_n t}}\cos(\omega_D\tau)\,d\tau,$$

$$B'(t) = \frac{1}{m\omega_D}\int_0^t p(\tau)\frac{e^{D\omega_n\tau}}{e^{D\omega_n t}}\sin(\omega_D\tau)\,d\tau.$$

2.7 Nichtlineare Systeme

In den vorangegangenen Abschnitten sind nur linear-elastische Systeme betrachtet worden, d. h. es wurde angenommen, dass die Federkraft eine lineare Funktion der Verschiebung ist. In zahlreichen praktischen Fällen ist diese Funktion jedoch weder linear noch elastisch. Solche Systeme können mit Hilfe einer numerischen Methode erfasst werden, bei der die Bewegung schrittweise für einzelne Zeitintervalle berechnet wird. Innerhalb eines Zeitintervalls wird lineares Verhalten angenommen. Das nicht-lineare Verhalten wird berücksichtigt, indem am Ende jedes Zeitschrittes eine neue Federsteifigkeit berechnet wird, die dem aktuellen Deformationszustand entspricht.

Betrachten wir einen Einmassenschwinger mit nicht-linearen Feder- und Dämpfungseigenschaften unter einer beliebigen Belastung gemäß Bild 2.14. Wie beim elastischen Einmassenschwinger muss auch hier die Gleichgewichtsbedingung (2.1) zu jedem Zeitpunkt erfüllt sein, d. h.

$$f_I(t) + f_D(t) + f_F(t) = p(t). \tag{2.66}$$

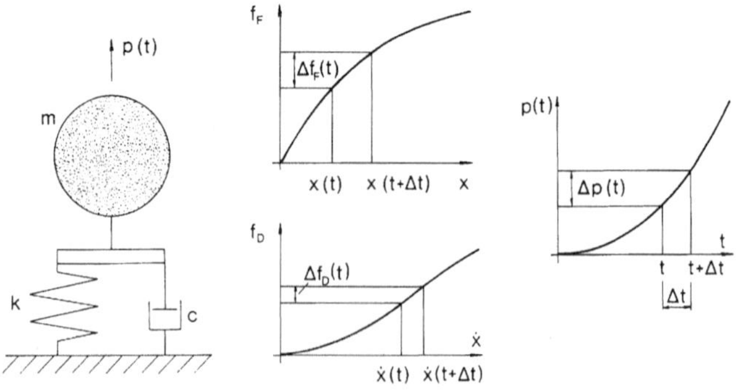

Bild 2.14. Nichtlinearer Einmassenschwinger

Für ein Zeitintervall Δt später lautet diese Gleichung

$$f_I(t+\Delta t) + f_D(t+\Delta t) + f_F(t+\Delta t) = p(t+\Delta t). \tag{2.67}$$

Subtrahieren wir (2.66) von (2.67), so erhalten wir die inkrementelle Form der Bewegungsgleichung

$$\Delta f_I(t) + \Delta f_D(t) + \Delta f_F(t) = \Delta p(t), \tag{2.68}$$

welche umgeformt werden kann zu

$$m\,\Delta\ddot{x}(t) + c(t)\,\Delta\dot{x}(t) + k(t)\,\Delta x(t) = \Delta p(t). \tag{2.69}$$

Dabei bedeuten $c(t)$ und $k(t)$ die mittleren Dämpfungs- und Steifigkeitswerte, die während des Zeitintervalls Δt vorliegen. Um Iterationen für die Bestimmung von $c(t)$ und $k(t)$ zu vermeiden, werden bei praktischen Anwendungen meistens die Dämpfungs- und Steifigkeitswerte, die dem Anfang des Zeitintervalls entsprechen, verwendet.

Für die numerische Auswertung von (2.68) existieren verschiedene Methoden. Im Folgenden wird ein einfaches Verfahren, das jedoch sehr gute Resultate liefert, dargestellt. Das Verfahren entspricht der Newmark-Methode mit $\beta = {}^1/_6$ (vgl. z.B. Bathe und Wilson, 1976). Grundlegende Annahme bei dieser Methode ist, dass die Beschleunigung während des Zeitintervalls linear verläuft. Damit ergibt sich für die Geschwindigkeit und Verschiebung eine quadratische bzw. kubische Funktion, wie in Bild 2.15 dargestellt.

Am Ende des Zeitintervalls Δt ergeben sich folgende Geschwindigkeits- bzw. Verschiebungsinkremente:

$$\Delta\dot{x}(t) = \ddot{x}(t)\,\Delta t + {}^1/_2\,\Delta\ddot{x}(t)\,\Delta t, \tag{2.70}$$

$$\Delta x(t) = \dot{x}(t)\,\Delta t + {}^1/_2\,\ddot{x}(t)\,\Delta t^2 + {}^1/_6\,\Delta\ddot{x}(t)\,\Delta t^2. \tag{2.71}$$

Für die Auswertung von (2.69) benötigt man die inkrementelle Geschwindigkeit ($\Delta\dot{x}$) und Beschleunigung ($\Delta\ddot{x}$) als Funktion der inkrementellen Verschiebung (Δx). Indem (2.71) nach $\Delta\ddot{x}(t)$ aufgelöst und in (2.70) eingesetzt wird, erhält man

Bild 2.15. Bewegungsverlauf während eines Zeitintervalls, bei Annahme einer linearen Beschleunigung

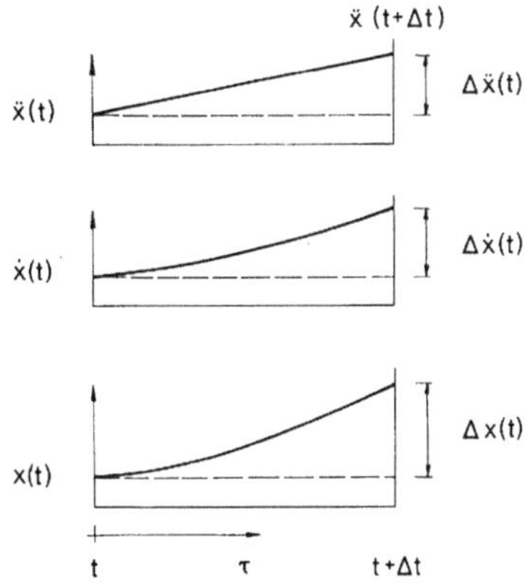

$$\Delta\ddot{x}(t) = \frac{6}{\Delta t^2}\left(\Delta x(t) - \dot{x}(t)\,\Delta t - {}^1\!/_2\,\ddot{x}(t)\,\Delta t^2\right), \tag{2.72}$$

$$\Delta\dot{x}(t) = \frac{3}{\Delta t}\left(\Delta x(t) - \dot{x}(t)\,\Delta t - {}^1\!/_6\,\ddot{x}(t)\,\Delta t^2\right). \tag{2.73}$$

Diese Gleichungen in (2.69) eingesetzt ergeben schließlich

$$m\left[\frac{6}{\Delta t^2}\left(\Delta x - \dot{x}\Delta t - {}^1\!/_2\,\ddot{x}\Delta t^2\right)\right] + c\left[\frac{3}{\Delta t}\left(\Delta x - \dot{x}\Delta t - {}^1\!/_6\,\ddot{x}\Delta t^2\right)\right] \tag{2.74}$$
$$+ k\,\Delta x = \Delta p.$$

Indem nun alle Summanden mit den bekannten Anfangsbedingungen auf die rechte Seite genommen werden, erhält man

$$\tilde{k}\,\Delta x(t) = \Delta\tilde{p}(t), \tag{2.75}$$

wobei

$$\tilde{k} = k(t) + \frac{6m}{\Delta t^2} + \frac{3c}{\Delta t}, \tag{2.76}$$

$$\Delta\tilde{p} = \Delta p(t) + \frac{6m}{\Delta t}\left[\dot{x}(t) + {}^1\!/_2\,\ddot{x}(t)\,\Delta t\right] + 3c\left[\dot{x}(t) + {}^1\!/_6\,\ddot{x}(t)\,\Delta t\right]. \tag{2.77}$$

Man sieht, dass (2.75) die Form einer statischen Last-Verformungsbeziehung hat. Der dynamische Effekt ist dadurch berücksichtigt, dass die Trägheits- und Dämpfungskräfte im Last- und Steifigkeitsterm ($\Delta\tilde{p}$ bzw. $\tilde{k}$) enthalten sind.

Das Verschiebungsinkrement $\Delta x(t)$ ergibt sich somit aus (2.75); dieser Wert, in (2.73) eingesetzt, liefert $\Delta\dot{x}(t)$. Durch Addition von $\Delta x(t)$ und $\Delta\dot{x}(t)$ zur Verschiebung bzw. Geschwindigkeit am Anfang des Zeitschrittes erhalten wir die Anfangsbedingung für den nächsten Zeitschritt. Die Anfangsbedingung für die Beschleunigung berechnet sich am besten aus

$$\ddot{x}(t) = \frac{1}{m}\left[p(t) - f_D(t) - f_F(t)\right], \tag{2.78}$$

wobei f_D bzw. f_F z.B. durch Diagramme wie in Bild 2.14 gegeben sind.

Die Berechnung für den nicht-linearen Einmassenschwinger erfolgt somit nach folgendem Schema:

1. Gegeben: Anfangsbedingungen $x(t)$, $\dot{x}(t)$
2. Berechne: $\ddot{x}(t) = [p(t) - f_D(t) - f_F(t)]\,(1/m)$
3. Berechne: $\tilde{k}(t)$; $\Delta\tilde{p}(t)$
4. Berechne: $\Delta x(t) = \Delta\tilde{p}(t)/\tilde{k}(t)$
5. Berechne: $x(t + \Delta t) = x(t) + \Delta x(t)$
6. Berechne: $\Delta\dot{x}(t)$; $\dot{x}(t + \Delta t) = \dot{x}(t) + \Delta\dot{x}(t)$
7. Berechne: $\ddot{x}(t + \Delta t) = [p(t + \Delta t) - f_D(t + \Delta t) - f_F(t + \Delta t)]\,(1/m)$
8. Zurück zu Punkt 3.

Wie bei jeder numerischen Integration hängt auch bei dem hier gezeigten Verfahren die Genauigkeit von der Wahl der Intervall-Länge ab. Im Allgemeinen ergibt eine Intervall-Länge unter 1/20 T (T = Schwingdauer) für Abschätzungen ausreichende Resultate.

2.8 Dämpfungsarten

In den vorangegangenen Kapiteln wurde vorausgesetzt, dass sich die Dämpfungskraft proportional zur Geschwindigkeit verhält. Diese Annahme trifft allerdings selten zu; im Gegenteil, oft ist die Dämpfung nicht proportional zur Geschwindigkeit. Jedoch gelingt es sehr oft, eine äquivalente geschwindigkeitsproportionale Dämpfung zu ermitteln, so dass der bis anhin verwendete einfache Ansatz trotzdem als Näherung brauchbar ist.

Es lassen sich folgende drei Dämpfungsarten unterscheiden:

- Viskose (geschwindigkeitsproportionale) Dämpfung (vgl. (2.82)),
- Hysteretische Dämpfung (vgl. (2.83)),
- Coulomb-Dämpfung (vgl. (2.84)).

Der klassische Fall der viskosen Dämpfung findet sich beim hydraulischen Dämpfer, wie er z. B. im Fahrzeugbau verwendet wird. Die Annahme einer geschwindigkeitsproportionalen Dämpfung führt beim Einmassenschwinger zur bekannten Differenzialgleichung

$$m\ddot{x} + c\dot{x} + kx = p(t). \tag{2.79}$$

Die stationäre harmonische Schwingung eines solchen Einmassenschwingers wird beschrieben durch

$$x(t) = A\,e^{i\omega t}, \tag{2.80}$$

woraus sich Feder- und Dämpfungskraft wie folgt berechnen:

$$f_F = kx(t) = kA\,e^{i\omega t}, \tag{2.81}$$

$$f_D = c\dot{x}(t) = i\,\omega c\,A\,e^{i\omega t}. \tag{2.82}$$

Die Dämpfungskraft (f_D) ist, wie man anhand von (2.82) erkennt, proportional zur Frequenz ω und wegen des Faktors i gegenüber der Federkraft (f_F) um 90 Grad phasenverschoben.

Bei der hysteretischen Dämpfung ist die Dämpfungskraft f_D nicht proportional zur Frequenz, sondern zur Federkraft f_F. Diese Dämpfungsart ist typisch für Bodenproben unter zyklischer Belastung, da hier die Dämpfung in erster Linie durch plastische Deformationen zustande kommt. Die Dämpfung nimmt nur unwesentlich mit steigender Anregungsfrequenz zu, hingegen wächst sie proportional zur Dehnungsamplitude bzw. zur Federkraft. Der Ansatz für die hysteretische Dämpfung kann aus (2.82) abgeleitet werden: Anstelle von ωc, welches eine Dämpfungskraft proportional zu ω ergibt, wird kc_{hyst} eingeführt, womit man eine Dämpfungskraft, die proportional zur Federkraft ist, erhält. Die Dämpfungskraft f_D für die hysteretische Dämpfung beträgt somit

$$f_D = i\,k\,c_{hyst}\,A\,e^{i\omega t} = i\,k\,c_{hyst}\,x(t). \tag{2.83}$$

Bei der Coulomb-Dämpfung (auch Reibungsdämpfung genannt) ist die Dämpfungskraft konstant, und zwar proportional zur Normalkraft N auf die Gleitfläche, d.h.

$$|f_D| = \mu\,|N|. \tag{2.84}$$

Die Richtung der Dämpfungskraft ist der Bewegungsrichtung entgegengesetzt. Dieses Dämpfungsmodell wird z.B. bei der dynamischen Böschungsstabilitätsberechnung (vgl. Kap. 7.7) verwendet.

KAPITEL 3

Wellenausbreitung

Störungen, wie sie z. B. von Erdbeben, Explosionen oder von vibrierenden Maschinen hervorgerufen werden, pflanzen sich im Boden als Wellen fort. Solange es sich dabei um Störungen mit kleinen Dehnungen handelt, verhält sich der Boden weitgehend wie ein elastisches Medium und kann mit der elastischen Wellentheorie erfasst werden. Bei größeren Deformationen, wie sie z. B. bei Erdbeben oder Explosionen auftreten, zeigt der Boden stark nicht-lineares Materialverhalten. Berechnungsmethoden, die das nicht-lineare Verhalten des Bodens unter dynamischer Belastung berücksichtigen, sind noch weitgehend im Entwicklungsstadium und werden deshalb in der Praxis erst beschränkt angewendet und erprobt. Diese Methoden sind zudem recht komplex, so dass man meist auf die Elastizitätstheorie zurückgreift. Es ist allerdings immer zu überprüfen, wie weit deren Voraussetzungen noch zutreffen.

Die wichtigsten Wellentypen sind P- und S-Wellen, beides Raumwellen, sowie Rayleigh- und Love-Wellen, beides eine Art Oberflächenwellen. Im Bild 3.1 ist das physikalische Aussehen dieser verschiedenen Wellentypen dargestellt. P-Wellen, auch Kompressionswellen genannt, entstehen z. B. bei einer Explosion in einem unterirdischen Hohlraum. Der plötzliche Druckanstieg wird auf das Felsmaterial übertragen, so dass sich eine komprimierte Zone kugelförmig ausbreitet. Die Felspartikel schwingen dabei in Richtung der Wellenausbreitung. Dieser Wellentyp hat die höchste Wellenausbreitungsgeschwindigkeit und wird deshalb stets zuerst registriert.

Bei den S-Wellen, auch Scherwellen genannt, bewegen sich die Partikel, außer im Nahfeld einer Quelle, quer zur Wellenfortpflanzungsrichtung. Sie entstehen (neben anderen Wellentypen) bei einem Scherbruch, wie er z. B. bei einem Erdbeben vorkommt. Oft wird zwischen horizontal (SH) und vertikal (SV) polarisierten Scherwellen unterschieden. Physikalisch gesehen handelt es sich um genau den gleichen Wellentyp; ein Unterschied ergibt sich jedoch bei der Reflexion an einer horizontalen Schichtgrenze, bei welcher SH-Wellen ausschließlich als SH-Wellen reflektiert und refraktiert werden, während bei SV-Wellen in diesem Fall sowohl SV- wie auch zusätzlich P-Wellen entstehen.

Rayleigh-Wellen sind mit Wasserwellen vergleichbar, wobei die Partikelbewegung allerdings in umgekehrtem Umlaufsinn verläuft. Love-Wellen sind horizontal polarisierte Scherwellen. Sie entstehen durch Mehrfachreflexion an Schichtgrenzen.

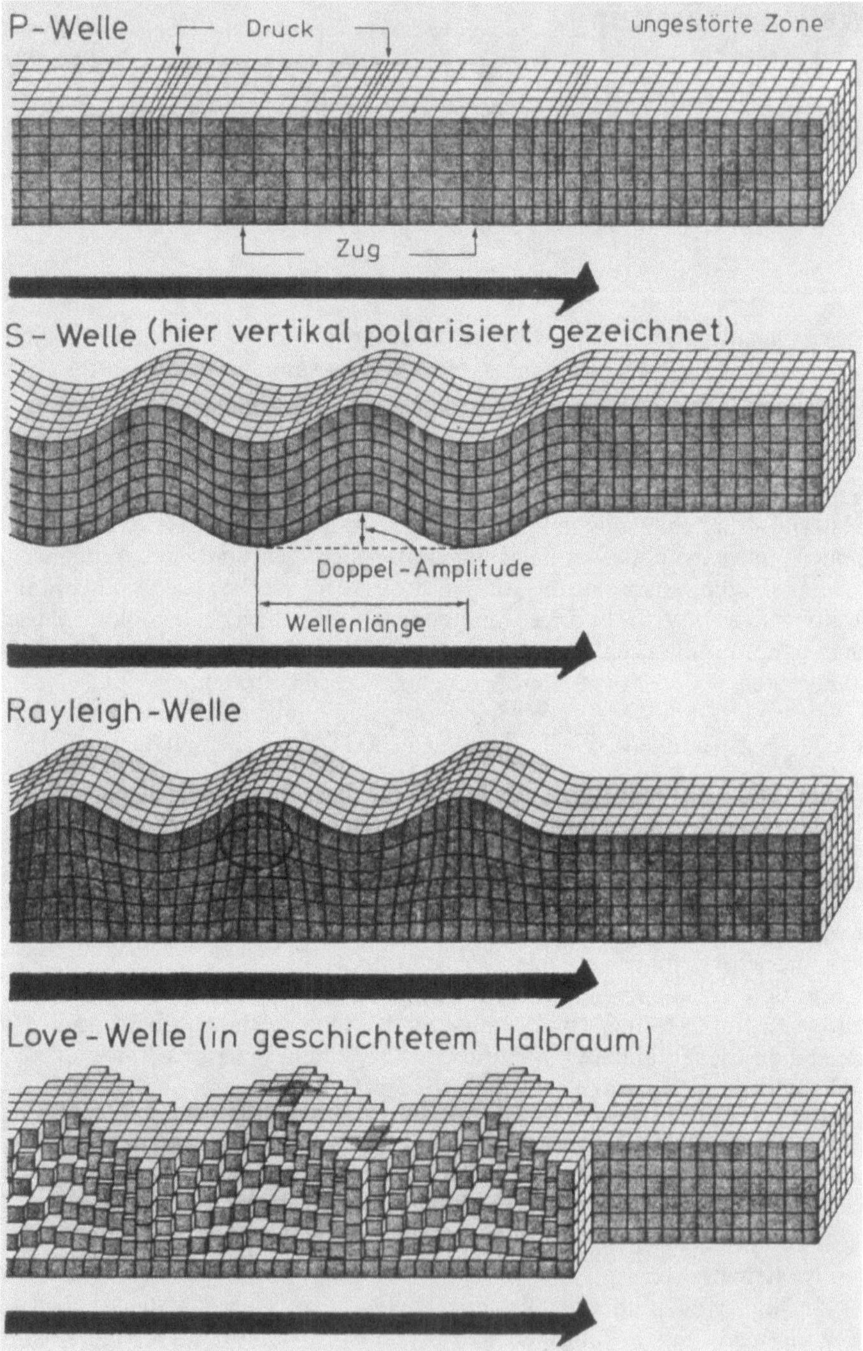

Bild 3.1. Darstellung der verschiedenen Wellentypen

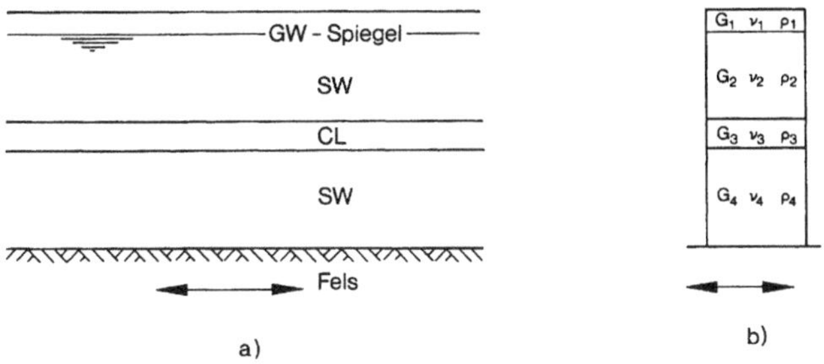

Bild 3.2. Schubträger als Modell eines horizontal geschichteten Bodens mit horizontaler Erdbebenanregung; **a** geschichteter Boden; **b** Modell

3.1 Eindimensionale Wellenausbreitung

Der im Kapitel 2 behandelte Einmassenschwinger ist für zahlreiche Probleme der Bodendynamik (z. B. Maschinenfundemente) ein effizientes und oft genügend genaues Modell. Das wirkliche Verhalten des Bodens entspricht aber eher einem kontinuierlichen System mit verteilter Masse und Steifigkeit. Betrachten wir z. B. das Bodenprofil in Bild 3.2: bei einer horizontalen Erdbebenerschütterung des Felsuntergrundes werden Scherwellen vertikal nach oben wandern und an der Oberfläche eine, zumeist verstärkte, Bodenerschütterung hervorrufen. Da im einfachen Fall jede einzelne Bodensäule dieselbe Bewegung ausführt wie die benachbarten Säulen, lässt sich dieses Problem auf die Berechnung einer einzigen Säule (Bild 3.2 b) reduzieren. Als Modell für diese Bodensäule eignet sich der Schubträger, der in den folgenden Abschnitten näher betrachtet werden soll.

3.1.1 Schubträger

Betrachten wir einen einfachen Schubträger der Länge l, wie er in Bild 3.3 dargestellt ist. An einem einzelnen Element der Länge dx greifen an den Schnitt-

Bild 3.3. Einfacher Schubträger

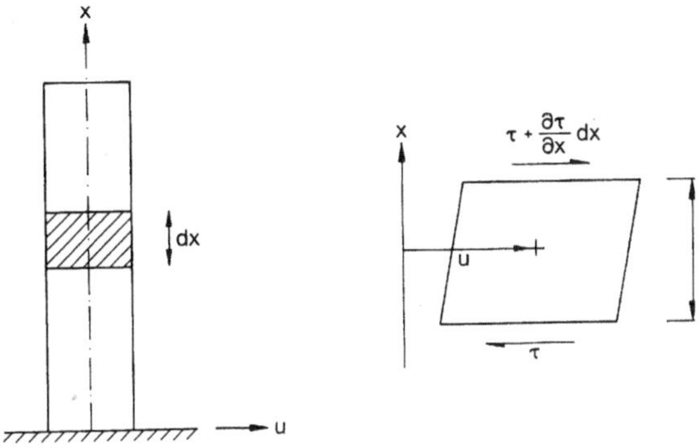

flächen Scherspannungen (τ) und als Volumenkraft die Trägheitskraft an. Nach dem Prinzip von d'Alembert, d.h. mit ma = Σ K gilt

$$\rho \, dx \, F \frac{\partial^2 u}{\partial t^2} = (\tau + \frac{\partial \tau}{\partial x} dx - \tau) \, F, \tag{3.1}$$

oder vereinfacht

$$\rho \frac{\partial^2 u}{\partial t^2} = \frac{\partial \tau}{\partial x}, \tag{3.2}$$

mit ρ = Dichte
F = Querschnittsfläche
u = Verschiebung quer zur x-Achse.

Für den ungedämpften Fall ist die Schubspannung τ proportional zur Schubverzerrung γ, d.h.

$$\tau = G \, \gamma = G \frac{\partial u}{\partial x}. \tag{3.3}$$

Damit erhält man durch einsetzen in (3.2)

$$\rho \frac{\partial^2 u}{\partial t^2} = G \frac{\partial^2 u}{\partial x^2}. \tag{3.4a}$$

Das dynamische Verhalten des Schubträgers wird somit durch die partielle Differenzialgleichung (3.4a) beschrieben. Mit der Abkürzung $v_S^2 = G/\rho$ ergibt sich aus (3.4a) die allgemeine Wellengleichung

$$\frac{\partial^2 u}{\partial t^2} = v_S^2 \frac{\partial^2 u}{\partial x^2}, \tag{3.4b}$$

wobei v_S, wie im folgenden Abschnitt gezeigt wird, die Scherwellengeschwindigkeit ist.

Neben dem Schubträger gibt es noch zahlreiche weitere Systeme, deren Bewegung durch die Wellengleichung (3.4 b) beschrieben wird. So z.B.:

- Longitudinalwellen in einem dünnen Stab ohne behinderte Seitendehnung; hier sind der G-Modul in (3.4 a) durch den E-Modul und u, die Verschiebung quer zur Stabachse, durch die Verschiebung längs der Stabachse zu ersetzen. Die Ausbreitungsgeschwindigkeit dieser Wellen beträgt $v_L = \sqrt{E/\rho}$.
- Torsionsschwingungen in einem Stab. Hier werden die Masse m durch das polare Massenträgheitsmoment, die Schubsteifigkeit G durch die Torsionssteifigkeit und u durch die Verdrehung des Stabes ersetzt. Die Wellengeschwindigkeit v_T ist hier gleich wie beim Schubträger: $v_T = \sqrt{G/\rho}$.

Ist die Wellengeschwindigkeit in einem elastischen Material bekannt, so können daraus die elastischen Module berechnet werden, d.h.

$$E = \rho \, v_L^2 \tag{3.5 a}$$
$$G = \rho \, v_S^2 \tag{3.5 b}$$
$$G_T = \rho \, v_T^2. \tag{3.5 c}$$

Für einfache symmetrische Systeme sind G und G_T identisch.

3.1.2 Allgemeine Wellengleichung

Lösung mittels Variablenseparation

Die Lösung von (3.4b) erhält man durch Separation der Variablen, d.h. mit der Annahme, dass die Lösung für (3.4b) als Produkt einer Funktion von x allein und einer Funktion von t allein existiert, d.h.

$$u(x,t) = X(x)\,T(t). \tag{3.6}$$

Durch partielles Ableiten von (3.6) nach x bzw. nach t ergibt sich

$$\frac{\partial^2 u}{\partial x^2} = X''\,T \text{ und } \frac{\partial^2 u}{\partial t^2} = X\,\ddot{T}, \tag{3.7}$$

und durch Einsetzen von (3.7) in die Wellengleichung (3.4b) erhalten wir

$$X\,\ddot{T} = v^2 X''\,T \quad \text{oder} \quad \frac{\ddot{T}}{T} = v^2 \frac{X''}{X} \tag{3.8a, b}$$

als notwendige Bedingung, so dass $u(x,t) = X(x)\,T(t)$ eine Lösung ist. Die linke Seite von (3.8b) ist eine Funktion von t, die rechte Seite eine Funktion von x allein; somit muss jede Seite gleich einer Konstanten (hier mit η bezeichnet) sein, und es gilt

$$\frac{\ddot{T}}{T} = v^2 \frac{X''}{X} = \eta. \tag{3.9}$$

Von den drei Möglichkeiten, $\eta > 0$, $\eta = 0$ und $\eta < 0$, kommt nur die letzte in Frage, da sich nur so eine periodische Bewegung ergibt. Somit können wir $\eta = -\lambda^2$ setzen und erhalten

$$X'' + \frac{\lambda^2}{v^2} X = 0 \rightarrow X(x) = A\cos\frac{\lambda}{v}x + B\sin\frac{\lambda}{v}x, \tag{3.10a}$$

$$\ddot{T} + \lambda^2 T = 0 \rightarrow T(t) = C\cos\lambda t + D\sin\lambda t. \tag{3.10b}$$

Die allgemeine Lösung lautet schließlich

$$\begin{aligned} u(x,t) &= X(x)\,T(t) = \\ &= \left(A\cos\frac{\lambda}{v}x + B\sin\frac{\lambda}{v}x\right)(C\cos\lambda t + D\sin\lambda t) \end{aligned} \tag{3.11}$$

und stellt eine Schwingungsbewegung mit der Kreisfrequenz λ dar. Die Werte für A, B, C, D und λ werden durch die Rand- und Anfangsbedingungen bestimmt. Für den Fall des Schubträgers mit einem eingespannten und einem freien Ende, wie er in Bild 3.3 vorliegt, gelten folgende Randbedingungen:

$$u(0,t) = 0 \quad \text{und} \quad \tau(l,t) = G\left.\frac{\partial u}{\partial x}\right|_{l,t} = 0, \tag{3.12a, b}$$

das heißt, die Verschiebungen am eingespannten Ende und die Schubspannungen am freien Ende sind gleich null. Durch Einsetzen der ersten Randbedingung (3.12 a) in (3.11) erhält man

$$A\,(C\cos\lambda t + D\sin\lambda t) = 0, \tag{3.13}$$

woraus folgt, dass A = 0. Mit der zweiten Randbedingung (3.12 b) und (3.3) erhält man

$$\frac{\lambda}{v}\,B\cos\frac{\lambda l}{v}\,(C\cos\lambda t + D\sin\lambda t) = 0, \tag{3.14}$$

woraus wir schließen, dass

$$\cos\frac{\lambda l}{v} = 0 \quad \text{und somit} \quad \frac{\lambda l}{v} = \frac{(2n-1)\,\pi}{2}\,;\ n = 1, 2, 3, \ldots \text{ ist.} \tag{3.15}$$

Die Eigenkreisfrequenz λ_n (entspricht beim Einmassenschwinger ω_n) ergibt sich schließlich zu

$$\lambda_n = \frac{(2n-1)\,\pi v}{2l}\,;\ n = 1, 2, 3, \ldots \tag{3.16}$$

Es existieren theoretisch unendlich viele Eigenkreisfrequenzen λ und Eigenformen, doch wird man sich bei praktischen Problemen auf einige wenige beschränken. Die Lösung für die n-te Eigenform lautet nach (3.11)

$$u_n(x, t) = \sin\left(\frac{\lambda_n}{v}x\right)(C_n\cos\lambda_n t + D_n\sin\lambda_n t). \tag{3.17}$$

Die Konstante B ist hier in C_n und D_n enthalten. Der erste Faktor in (3.17) beschreibt den geometrischen Verlauf der n-ten Eigenform, ohne jedoch die Amplitude festzulegen. Die ersten drei Eigenformen des einseitig eingespannten Schubträgers sind in Bild 3.4 dargestellt. Der zweite Faktor gibt die Amplitude der einzelnen Eigenformen an. Die allgemeine Lösung erhält man schließlich durch Summation der theoretisch unendlichen Anzahl Eigenformen u_n, d.h.

$$u\,(x, t) = \sum_{n=1}^{\infty} \sin\left(\frac{\lambda_n}{v}x\right)(C_n\cos\lambda_n t + D_n\sin\lambda_n t). \tag{3.18}$$

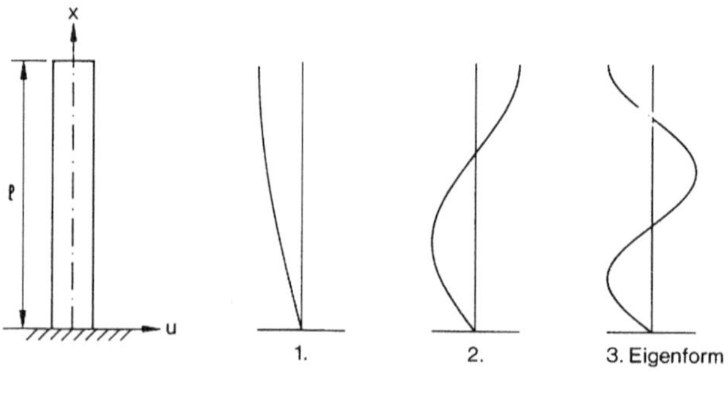

Bild 3.4. Eigenformen beim einfachen Schubträger

D'Alembert-Lösung

Im vorangegangenen Abschnitt wurde die Lösung der partiellen Differenzialgleichung (3.4b) mittels Separation der Variablen gezeigt. Daneben existiert eine weitere, sehr elegante Lösungsmethode, die als d'Alembert-Lösung bekannt ist. Sie kann vor allem dort vorteilhaft eingesetzt werden, wo es um stoßartige Belastungen wie z. B. bei der Berechnung von Rammpfählen geht.

Für eine Funktion f, für die eine zweite Ableitung existiert, gilt nach der Kettenregel (f' bedeutet Ableitung nach dem gesamten Argument in der Klammer)

$$\frac{\partial f}{\partial t}(x - vt) = -vf'(x - vt); \quad \frac{\partial f}{\partial x}(x - vt) = f'(x - vt) \tag{3.19}$$

$$\frac{\partial^2 f}{\partial t^2}(x - vt) = v^2 f''(x - vt); \quad \frac{\partial^2 f}{\partial x^2}(x - vt) = f''(x - vt) \tag{3.20}$$

Vergleicht man (3.20) mit (3.4b), so erkennt man leicht, dass $u = f(x - vt)$ eine Lösung der Wellengleichung

$$\frac{\partial^2 u}{\partial t^2} = v_S^2 \frac{\partial^2 u}{\partial x^2}, \tag{3.4b}$$

darstellt. Gleiches gilt für eine ebenfalls zweifach differenzierbare Funktion $g(x + vt)$. Da (3.4b) eine lineare Gleichung ist, folgt, dass die Summe

$$u = f(x - vt) + g(x + vt) \tag{3.21}$$

ebenfalls eine Lösung darstellt und zwar, wie man zeigen kann, die vollständige Lösung von (3.4b). Diese Form der Lösung der Wellengleichung ist besonders geeignet, um die Bedeutung des Parameters v_S bzw. v_L und v_T in (3.4b) zu erkennen.

Betrachten wir z. B. die Ausbreitung von Längswellen in einem unendlich langen Stab (Bild 3.5 zeigt die Auslenkungen, aus Darstellungsgründen in Querrichtung aufgezeichnet). Man stelle sich vor, dem Stab werde eine Störung in Form einer Längsverschiebung u (x) aufgezwungen, und er werde

Bild 3.5. Wellenausbreitung im Stab

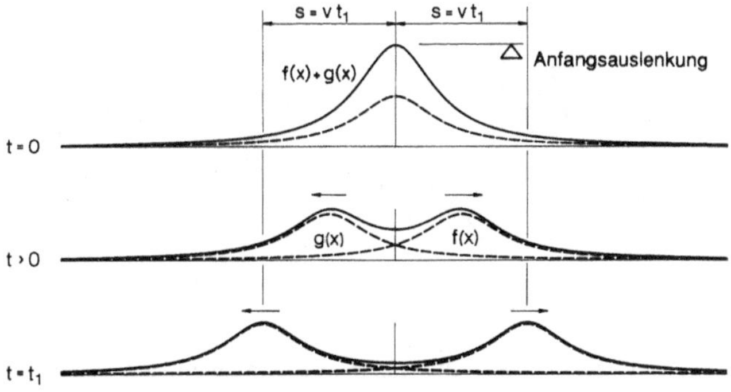

dann zur Zeit $t = 0$ aus der Ruhe heraus losgelassen. Die Störung wird sich sofort in beide Richtungen auszubreiten beginnen, so dass sie bis zum Zeitpunkt $t = t_1$ beidseitig die Wegstrecke s zurückgelegt hat. Dieser Vorgang wird mathematisch durch (3.21) beschrieben: zur Zeit $t = 0$ gilt $u = f(x) + g(x)$, d.h. die Störung in Bild 3.5 oben setzt sich zusammen aus den beiden Funktionen $f(x)$ und $g(x)$. Zu einem späteren Zeitpunkt t_1 lautet (3.21) $u = f(x - vt_1) + g(x + vt_1)$. Die Funktion $f(x - vt_1)$ hat den gleichen Verlauf wie $f(x)$, sie ist jedoch um die Distanz vt_1 nach rechts verschoben. Die Form der Auslenkung bleibt somit erhalten, doch wandert sie in einem Zeitintervall t_1 eine Distanz $s = vt_1$, d.h. mit einer Wellengeschwindig v nach rechts. In analoger Weise definiert $g(x + vt)$ eine Welle, die mit einer Geschwindigkeit v nach links wandert.

Reflexionen am Stabende

Die Wellenausbreitung in einem Stab mit endlicher Länge ist gleich wie beim soeben behandelten unendlich ausgedehnten Stab, doch sind die an den Enden reflektierten Wellen zu berücksichtigen. Am eingespannten Ende muss die Verschiebung immer gleich null bleiben; diese Bedingung wird erfüllt, wenn man sich als Gedankenmodell eine zweite Störung mit umgekehrtem Vorzeichen in gegenläufiger Richtung vorstellt (Bild 3.6a). Bei der Überlagerung dieser beiden Wellen bleibt die Verschiebung am eingespannten Ende gleich null, während sich die Spannungen verdoppeln. Umgekehrt muss beim freien Ende die Spannung stets gleich null bleiben. In diesem Falle hat man eine zweite Störung mit gleichem Vorzeichen einzuführen (Bild 3.6b). Die Verschiebungen verdoppeln sich, und die Spannungen bleiben gleich null. Auf einen Stab unter Stoßbelastung (z.B. Pfähle beim Rammen) übertragen bedeutet dies, dass beim eingespannten Ende (Pfahlspitze auf Fels) eine Druckwelle wiederum als Druckwelle, beim freien Ende (Pfahlspitze in weichem Boden oder Pfahlkopf) eine Druckwelle jedoch als Zugwelle reflektiert wird.

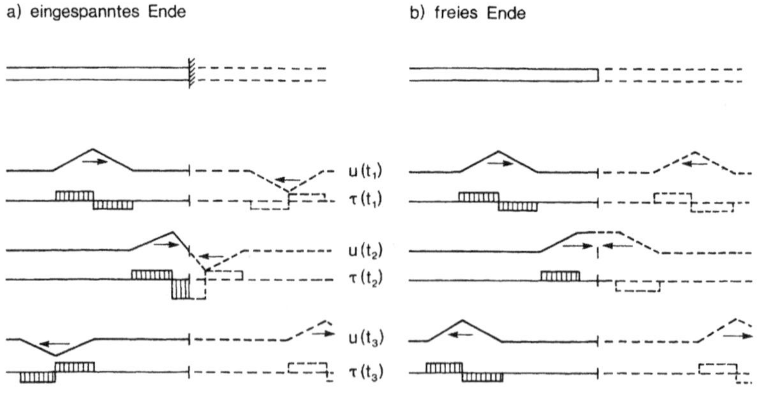

Bild 3.6. Reflexion von Wellen am eingespannten und am freien Ende

Partikelgeschwindigkeit

Im vorangegangenen Abschnitt wurde mit v die Wellenfortpflanzungsgeschwindigkeit, d.h. die Geschwindigkeit, mit der sich eine Störung ausbreitet, bezeichnet. Diese Geschwindigkeit ist von der Partikelgeschwindigkeit $\dot{u}$ (der Geschwindigkeit, die ein Partikel erreicht, welches von der Störung erfasst wird) zu unterscheiden.

Die Partikelgeschwindigkeit in einem Stab, dessen Ende durch einen rechteckförmigen Stoß belastet wird (Bild 3.7), berechnet sich wie folgt: Während der Stoßdauer t_d wandert die Wellenfront die Strecke $x_d = v_L t_d$, und dieser Stababschnitt x_d verkürzt sich unter der Wirkung von σ_x. Die Verkürzung beträgt

$$u = \frac{\sigma_x}{E} x_d = \frac{\sigma_x}{E} v_L t_d. \tag{3.22}$$

Das Stabende verschiebt sich während der Stoßdauer t_d um u (Bild 3.7); die zugehörige Geschwindigkeit, d.h. die Partikelgeschwindigkeit, beträgt

$$\dot{u} = \frac{u}{t_d} = \frac{\sigma_x}{E} v_L. \tag{3.23}$$

Während diese Störung dem Stab entlang wandert, erreicht jeder Punkt des Stabes kurzzeitig diese Partikelgeschwindigkeit $\dot{u}$. Es ist zu beachten, dass die Partikelgeschwindigkeit $\dot{u}$ eine Funktion der Materialeigenschaften und der Stärke des Stoßes (σ_x) ist, während die Wellenfortpflanzungsgeschwindigkeit v (bzw. v_L, v_S, v_T) nur eine Funktion der Materialeigenschaften allein ist (vgl. (3.5)).

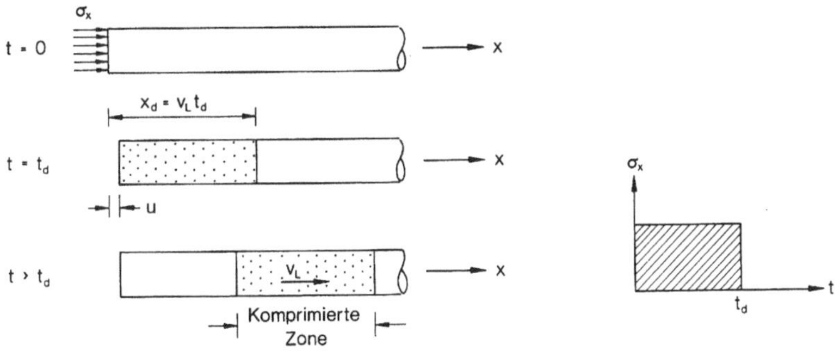

Bild 3.7. Wellengeschwindigkeit und Partikelgeschwindigkeit

3.1.3 Anwendungsbeispiel

Die Bestimmung des E- und G-Moduls erfolgt mit dem Resonant-Column-Versuch (RC-Versuch) (vgl. Kap. 4.6.1). Eine zylindrische Bodenprobe wird einmal longitudinal und einmal tordierend angeregt, wobei die zugehörigen Eigenfrequenzen bestimmt werden. Aus diesen Eigenfrequenzen lassen sich nun E- und G-Modul sowie die Poissonzahl ν berechnen. l ist die Länge der Bodenprobe, und f_L und f_T sind die im RC-Versuch bestimmten Eigenfrequenzen der ersten Longitudinal- bzw. Torsionsschwingung. Aus (3.16) entnehmen wir

$$\lambda_1 = \frac{\pi\, v}{2\, l}, \tag{3.24}$$

woraus sich die Wellengeschwindigkeit v berechnet zu

$$v = \frac{2\, l\, \lambda_1}{\pi}, \tag{3.25}$$

bzw. mit $f = \lambda_1 / 2\pi$

$v_L = 4\, l\, f_L$ für Longitudinalwellen
$v_T = 4\, l\, f_T$ für Torsionswellen.

Den E- bzw. G-Modul erhält man mit 3.5 a und c schließlich zu

$$E = \rho\, v_L^2 = 16\, l^2\, f_L^2\, \rho \tag{3.26}$$

$$G = \rho\, v_T^2 = 16\, l^2\, f_T^2\, \rho. \tag{3.27}$$

Beim RC-System mit Endscheibe ist bei der Formulierung der Randbedingungen am freien Ende die Masse M_o bzw. das polare Trägheitsmoment I_o der Endscheibe zu berücksichtigen. Die Spannungen am freien Ende des Stabes sind nicht mehr gleich null, sondern proportional zur Beschleunigung und Masse M_o. Für die Longitudinalschwingungen lauten die Spannungen am Stabende

$$\sigma_l = \frac{P}{F} = -\frac{M_o \ddot{u}}{F} = -\frac{M_o}{F}\frac{\partial^2 u}{\partial t^2}, \tag{3.28}$$

womit sich für das System in Bild 3.8 b folgende Randbedingungen ergeben:

$$u(0, t) = 0 \tag{3.29}$$

$$\sigma(l, t) = E\frac{\partial u}{\partial x} = -\frac{M_o}{F}\frac{\partial^2 u}{\partial t^2}. \tag{3.30}$$

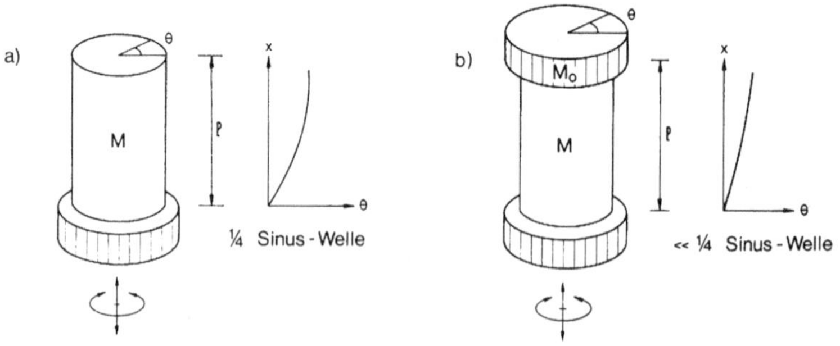

Bild 3.8. Resonant-Column-Test: (**a**) ohne, (**b**) mit starrer Endscheibe mit zugehöriger Verdrehung in der Grundfrequenz

Diese Randbedingungen sind in (3.11) einzusetzen. Die erste Randbedingung ergibt A = 0, die zweite Randbedingung

$$E\frac{\partial u}{\partial x} = E\frac{\lambda}{v}\cos\left(\frac{\lambda l}{v}\right)(C\cos\lambda t + D\sin\lambda t) \tag{3.31}$$

sowie

$$-\frac{M_0}{F}\frac{\partial^2 u}{\partial t^2} = \frac{M_0}{F}\lambda^2\sin\left(\frac{\lambda l}{v}\right)(C\cos\lambda t + D\sin\lambda t) \tag{3.32}$$

und damit

$$E\,F\frac{\lambda}{v}\cos\frac{\lambda l}{v} = M_0\,\lambda^2\sin\frac{\lambda l}{v}\,. \tag{3.33}$$

(3.33) lässt sich mit $E = \rho v^2$ umformen zu

$$\frac{F\,l\,\rho}{M_0} = \frac{\lambda l}{v}\tan\frac{\lambda l}{v}\,. \tag{3.34}$$

Die linke Seite von (3.34) stellt das Verhältnis zwischen der Masse der Bodenprobe (M) zur Masse der Endscheibe (M_0) dar. Mit einer weiteren Abkürzung $\beta = \lambda\, l/v$ vereinfacht sich (3.34) zu

$$M/M_0 = \beta\tan\beta. \tag{3.35}$$

(3.35) löst man am einfachsten, indem man eine Kurve mit β als Funktion von M/M_0 wie in Bild 3.9 verwendet und daraus den Wert für β zur Berechnung der Wellengeschwindigkeit entnimmt. Der E-Modul berechnet sich schließlich aus

$$E = \rho v_L^2 = \rho\left(\frac{\lambda_L l}{\beta}\right)^2 = \rho\left(2\,\pi f_L\frac{l}{\beta}\right)^2\,. \tag{3.36}$$

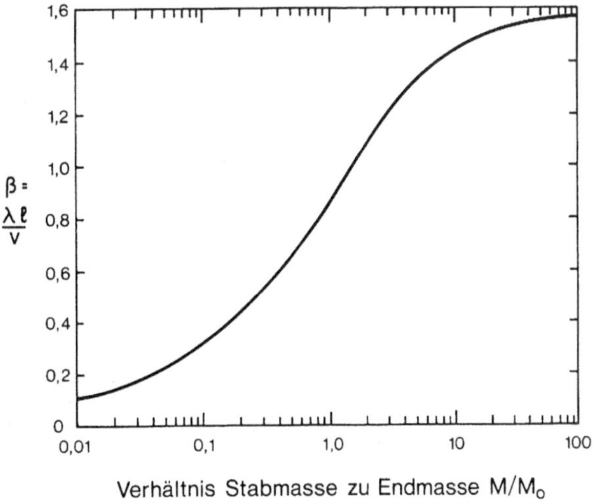

Bild 3.9. Graphische Lösung für (3.35)

Für die Bestimmung des G-Moduls aus der Torsionsschwingung verwendet man anstelle von M/M_0 das Verhältnis des polaren Trägheitsmomentes der Probe zu demjenigen der Endplatte I/I_0 und berechnet G aus

$$G = \rho\, v_T^2 = \rho \left(\frac{\lambda_T l}{\beta} \right)^2 = \rho \left(2\, \pi\, f_T \frac{l}{\beta} \right)^2 . \tag{3.37}$$

3.2 Wellenausbreitung im elastischen Raum

3.2.1 Herleitung der Bewegungsgleichung

Bei der Herleitung der Bewegungsgleichung für ein elastisches Medium geht man prinzipiell gleich vor wie bei der Herleitung der Wellengleichung für den Schubträger in Kap. 3.1. Allerdings sind die dabei auftretenden mathematischen Formulierungen komplizierter. Im vorliegenden Abschnitt sollen nur die wichtigsten Schritte dieser Herleitung zusammengestellt werden, da dieses Thema andernorts (z. B. Richart et al., 1979) ausführlich beschrieben ist.

Die Berechnung gliedert sich in folgende vier Schritte:

1. Summation der Kräfte
2. Anwendung des 2. Newton'schen Gesetzes
3. Einführung der Spannungs-Dehnungsbeziehungen (Hooke'sches Gesetz)
4. Kombination von 2 und 3 ergibt die Bewegungsgleichungen.

1. Die Summe der Kräfte in x-Richtung an einem räumlichen Element (Bild 3.10) beträgt

$$\left(\sigma_x + \frac{\partial \sigma_x}{\partial x} \Delta_x \right) \Delta y\, \Delta z - \sigma_x\, \Delta y\, \Delta z + \left(\tau_{xy} + \frac{\partial \tau_{xy}}{\partial y} \Delta y \right) \Delta x\, \Delta z$$
$$- \tau_{xy}\, \Delta x\, \Delta z + \left(\tau_{xz} + \frac{\partial \tau_{xz}}{\partial z} \Delta z \right) \Delta x\, \Delta y - \tau_{xz}\, \Delta x\, \Delta y. \tag{3.38}$$

Analoge Beziehungen gelten für die y- und z-Richtungen.

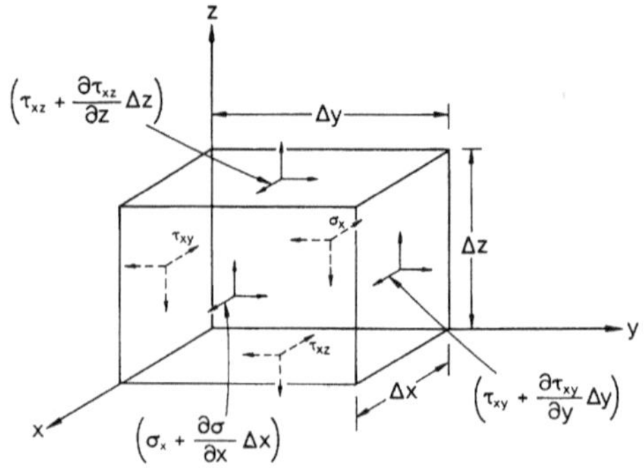

Bild 3.10. Spannungen an einem Element im elastischen Medium

2. Das Newton'sche Gesetz in x-Richtung ergibt

$$\left(\frac{\partial \sigma_x}{\partial x} + \frac{\partial \tau_{xy}}{\partial y} + \frac{\partial \tau_{xz}}{\partial z}\right) \Delta x \, \Delta y \, \Delta z = \rho \, (\Delta x \, \Delta y \, \Delta z) \frac{\partial^2 u}{\partial t^2}, \tag{3.39}$$

so dass die Bewegungsgleichungen für alle drei Richtungen wie folgt geschrieben werden können:

$$\begin{aligned} \rho \frac{\partial^2 u}{\partial t^2} &= \frac{\partial \sigma_x}{\partial x} + \frac{\partial \tau_{xy}}{\partial y} + \frac{\partial \tau_{xz}}{\partial z} \\ \rho \frac{\partial^2 v}{\partial t^2} &= \frac{\partial \tau_{yx}}{\partial x} + \frac{\partial \sigma_y}{\partial y} + \frac{\partial \tau_{yz}}{\partial z} \\ \rho \frac{\partial^2 w}{\partial t^2} &= \frac{\partial \tau_{zx}}{\partial x} + \frac{\partial \tau_{zy}}{\partial y} + \frac{\partial \sigma_z}{\partial z}, \end{aligned} \tag{3.40}$$

wobei u, v, und w die Verschiebungen in x-, y- und z-Richtung darstellen.

3. Um die rechte Seite von (3.40) in Form von Verschiebungen auszudrücken, verwenden wir als Spannungs-Dehnungsbeziehungen das verallgemeinerte Hooke'sche Gesetz in der Form:

$$\begin{aligned} \sigma_x &= \lambda \bar{\varepsilon} + 2G\varepsilon_x & \qquad \tau_{xy} &= \tau_{yx} = G\gamma_{xy} \\ \sigma_y &= \lambda \bar{\varepsilon} + 2G\varepsilon_y & \qquad \tau_{yz} &= \tau_{zy} = G\gamma_{yz} \\ \sigma_z &= \lambda \bar{\varepsilon} + 2G\varepsilon_z & \qquad \tau_{zx} &= \tau_{xz} = G\gamma_{zx} \end{aligned} \tag{3.41}$$

$$G = \frac{E}{2\,(1+\nu)} \qquad \lambda = \frac{\nu E}{(1+\nu)\,(1-2\nu)} \tag{3.42}$$

$$\bar{\varepsilon} = \varepsilon_x + \varepsilon_y + \varepsilon_z$$

mit λ = Lamé-Konstante und $\bar{\varepsilon}$ = volumetrische Dehnung.

Des Weiteren werden folgende Beziehungen zwischen den Verzerrungen bzw. Rotationen und den Verschiebungen verwendet:

$$\begin{aligned} \varepsilon_x &= \frac{\partial u}{\partial x} & \qquad \gamma_{xy} &= \frac{\partial v}{\partial x} + \frac{\partial u}{\partial y} & \qquad 2\bar{\omega}_x &= \frac{\partial w}{\partial y} - \frac{\partial v}{\partial z} \\ \varepsilon_y &= \frac{\partial v}{\partial y} & \qquad \gamma_{yz} &= \frac{\partial w}{\partial y} + \frac{\partial v}{\partial z} & \qquad 2\bar{\omega}_y &= \frac{\partial u}{\partial z} - \frac{\partial w}{\partial x} \\ \varepsilon_z &= \frac{\partial w}{\partial z} & \qquad \gamma_{zx} &= \frac{\partial u}{\partial z} + \frac{\partial w}{\partial x} & \qquad 2\bar{\omega}_z &= \frac{\partial v}{\partial x} - \frac{\partial u}{\partial y} \end{aligned} \tag{3.43}$$

wobei $\bar{\omega}_x$ die Rotation um die x-Achse ($\bar{\omega}_y$ um die y-Achse, $\bar{\omega}_z$ um die z-Achse) darstellt.

4. Setzt man in der rechten Seite von (3.40) die Ausdrücke von (3.41) und (3.43) ein, so erhält man

$$\rho \frac{\partial^2 u}{\partial \tau^2} = (\lambda + G) \frac{\partial \bar{\varepsilon}}{\partial x} + G\nabla^2 u \tag{3.44a}$$

$$\rho \frac{\partial^2 v}{\partial \tau^2} = (\lambda + G)\frac{\partial \bar{\varepsilon}}{\partial y} + G\nabla^2 v \tag{3.44b}$$

$$\rho \frac{\partial^2 w}{\partial \tau^2} = (\lambda + G)\frac{\partial \bar{\varepsilon}}{\partial z} + G\nabla^2 w, \tag{3.44c}$$

wobei ∇^2, der Laplace-Operator, definiert ist als

$$\nabla^2 = \frac{\partial^2}{\partial x^2} + \frac{\partial^2}{\partial y^2} + \frac{\partial^2}{\partial z^2}. \tag{3.45}$$

3.2.2 Lösungen der dreidimensionalen Bewegungsgleichung

Für die Bewegungsgleichung im elastischen Medium (3.44) lassen sich zwei Lösungen herleiten: Die erste Lösung beschreibt die Ausbreitung der Kompressionswellen, während die zweite Lösung die Ausbreitung der Scherwellen darstellt. Die Lösung für die Kompressionswellen erhält man durch Ableiten von (3.44) nach x, y bzw. z mit anschließender Addition aller drei Komponenten. Damit ergibt sich

$$\rho \frac{\partial^2 \bar{\varepsilon}}{\partial t^2} = (\lambda + 2\,G)\,\nabla^2\,\bar{\varepsilon}, \tag{3.46a}$$

oder

$$\frac{\partial^2 \bar{\varepsilon}}{\partial t^2} = v_P^2\,\nabla^2\,\bar{\varepsilon}. \tag{3.46b}$$

Dies entspricht genau der Form der allgemeinen Wellengleichung, wobei die Ausbreitungsgeschwindigkeit der Kompressionswellen gegeben ist durch

$$v_P = \sqrt{\frac{\lambda + 2G}{\rho}}. \tag{3.47}$$

Die zweite Lösung der Bewegungsgleichung erhält man durch Ableitung von (3.44b) nach z und (3.44c) nach y und Elimination von $\bar{\varepsilon}$ durch Subtraktion dieser zwei Gleichungen. Dadurch erhält man

$$\rho \frac{\partial^2}{\partial t^2}\left(\frac{\partial w}{\partial y} - \frac{\partial v}{\partial z}\right) = G\nabla^2\left(\frac{\partial w}{\partial y} - \frac{\partial v}{\partial z}\right) \tag{3.48a}$$

und mit den Definitionen für die Rotation in (3.43)

$$\rho \frac{\partial^2 \bar{\omega}_x}{\partial t^2} = G\,\nabla^2\,\bar{\omega}_x \tag{3.48b}$$

oder

$$\frac{\partial^2 \bar{\omega}_x}{\partial t^2} = v_S^2\,\nabla^2\,\bar{\omega}_x. \tag{3.48c}$$

Analoge Ausdrücke erhält man für $\bar{\omega}_y$ und $\bar{\omega}_z$. (3.48) beschreibt die Ausbreitung der Scherwellen im elastischen Medium, wobei die Wellengeschwindigkeit gegeben ist durch

$$v_S = \sqrt{\frac{G}{\rho}}. \tag{3.49}$$

In einem unendlichen elastischen Medium existieren somit zwei Arten von Wellen mit verschiedenen Partikelbewegungen und unterschiedlichen Wellenausbreitungsgeschwindigkeiten:

- Primärwellen (P-Wellen), auch Kompression- bzw. Druckwellen genannt, bei denen die Partikel in Wellenfortpflanzungsrichtung schwingen, und
- Sekundärwellen (S-Wellen), auch Scherwellen genannt, bei denen die Partikel in ebenen Wellen quer zur Wellenfortpflanzungsrichtung schwingen (bei nicht-ebenen S-Wellen kann die Partikelgeschwindigkeit auch einen Anteil in Wellenfortpflanzungsrichtung aufweisen, was oft übersehen wird).

Die entsprechenden Ausbreitungsgeschwindigkeiten betragen

$$v_P = \sqrt{\frac{\lambda + 2\,G}{\rho}} = \sqrt{\frac{1-\nu}{(1+\nu)\,(1-2\,\nu)}}\sqrt{\frac{E}{\rho}} \tag{3.47}$$

$$v_S = \sqrt{\frac{G}{\rho}}. \tag{3.49}$$

Die P- und S-Wellen des elastischen Mediums haben ihre eindimensionale Gegenstücke in den Longitudinalwellen und Scherwellen des Stabes. Die Partikelbewegungen sind analog, aber die Wellengeschwindigkeiten sind verschieden. Im Stab gilt $v_P = \sqrt{E/\rho}$, im unendlichen Medium jedoch $v_P = \sqrt{(\lambda + 2\,G)/\rho}$. Dies bedeutet, dass die P-Welle im unendlichen Raum schneller läuft als im Stab, da im Raum die Querdehnung behindert ist. Die S-Welle hat in beiden Medien die gleiche Ausbreitungsgeschwindigkeit.

3.3 Wellenausbreitung im elastischen Halbraum

3.3.1 Rayleigh-Wellen

Im unendlichen Raum existieren, wie wir gesehen haben, zwei Wellentypen. Im elastischen Halbraum findet sich eine weitere Lösung für die Bewegungsgleichung. Dieser Wellentyp wurde von Rayleigh (1885) erstmals untersucht und wird deshalb Rayleigh-Welle genannt (R-Welle, vgl. Bild 3.1). Es handelt sich um eine Oberflächenwelle, deren Einfluss mit der Tiefe rasch abklingt. Bezüglich der Herleitung sei auf Richart et al. (1979) verwiesen. Bild 3.11 zeigt den Zusammenhang zwischen v_P, v_S und v_R in Abhängigkeit der Poissonzahl ν im unendlichen elastischen Halbraum.

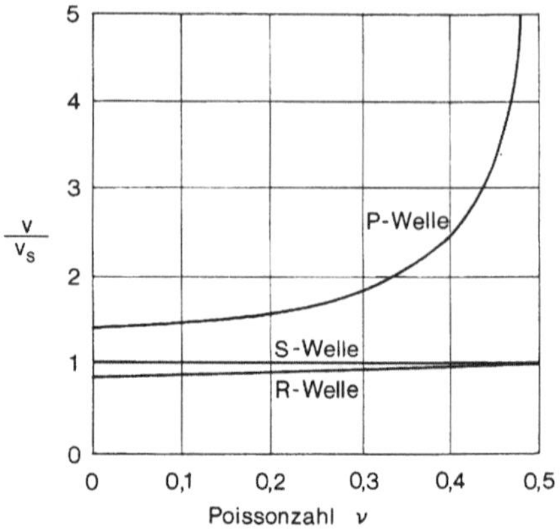

Bild 3.11. Vergleich der P-, S- und R-Wellenausbreitungsgeschwindigkeiten in Funktion der Poissonzahl ν (aus Richart et al., 1979): $\nu \rightarrow 0{,}5$ entspricht dem Übergang zu einem ideal inkompressiblen Medium, weshalb die P-Wellengeschwindigkeit nach unendlich strebt. Bei einer idealen Flüssigkeit, für die ebenfalls $\nu \rightarrow 0{,}5$ gilt, ist zwar v_P endlich, dafür aber $v_S = 0$, womit v_P/v_S wiederum unendlich wird

Es zeigt sich, dass v_R maximal 10 % kleiner als v_S sein kann. Für Lockergestein gilt näherungsweise

$$v_R \approx 0{,}97\ v_S. \tag{3.50}$$

Das Verschiebungsfeld, wie es bei Rayleighwellen auftritt, ist in Bild 3.12 dargestellt. Es zeigt die Abhängigkeit der Amplitude in Funktion der mit der Wellenlänge normalisierten Tiefe und der Poissonzahl ν, sowohl für die verti-

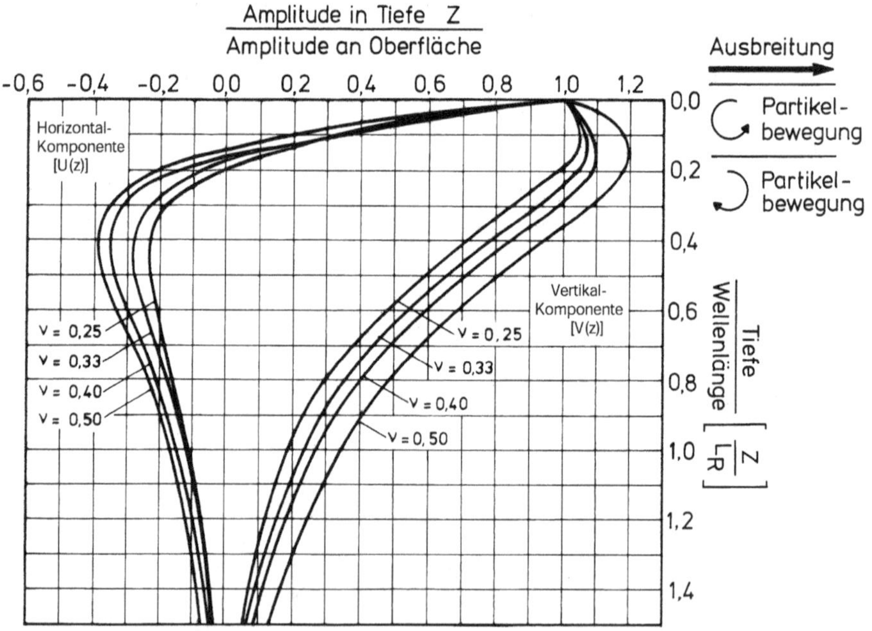

Bild 3.12. Normalisierte Amplituden in Abhängigkeit der Tiefe für Rayleigh-Wellen (nach Richart et al. 1979)

kale wie auch für die horizontale Komponente der Bewegung. In der Tiefe, die etwa einer Wellenlänge entspricht, ist die Amplitude auf unter 30 % gesunken. Das Diagramm zeigt deutlich, dass die Rayleighwelle eine typische Oberflächenwelle ist. Die ganze Energie ist in den oberflächennahen Schichten (Dicke ≅ Wellenlänge) gespeichert. Hochfrequente Wellen, d.h. Wellen mit kleiner Wellenlänge, wandern sehr nahe an der Oberfläche. Tieffrequente Wellen, d.h. Wellen mit großer Wellenlänge, reichen bis in größere Tiefen.

Bei Erdbeben treten Rayleigh-Wellen mit Wellenlängen von einigen Kilometern auf. Sie werden hauptsächlich von den Gesteinen der oberen Erdkruste beeinflusst. Rayleigh-Wellen, die durch Maschinen an der Erdoberfläche erzeugt werden, besitzen oft Wellenlängen von wenigen Metern bis Dekametern. Diese sind deshalb nur von den Eigenschaften der obersten Lockergesteinsschichten abhängig.

3.3.2 Wellen im geschichteten Halbraum

Im geschichteten elastischen Halbraum treten an den Schichtgrenzen Reflexionen (vgl. auch Kap. 4.6) auf. Dadurch wird das Wellenbild stark verkompliziert. Kehrt eine reflektierte Welle an die Oberfläche zurück, so trifft sie an die Schichtgrenze „Boden-Luft“, wo sie total reflektiert wird. Durch mehrfache totale Reflexion in der obersten Schicht kann ein zweiter Typus von Oberflächenwellen, die sog. Love-Welle, entstehen. Die Love-Welle ist, wie in Bild 3.1 dargestellt, eine horizontal polarisierte Scherwelle, die in der obersten Schicht wandert. Eine Love-Welle kann nur dann entstehen, wenn die oberste Schicht eine kleinere Scherwellengeschwindigkeit aufweist als die darunterliegende. Die Ausbreitungsgeschwindigkeit der Love-Welle liegt zwischen den Scherwellengeschwindigkeiten der angrenzenden Schichten.

3.4 Wellenausbreitung in nicht idealen Verhältnissen

In der Natur ist der Boden geschichtet und besitzt nicht isotrope Eigenschaften. Der Boden ist zudem als Dreiphasensystem, bestehend aus Korngerüst, Porenwasser und Porenluft, zu betrachten. Dies führt zu viel komplizierteren Wellenbildern als sie im elastischen Halbraum auftreten. Das Porenwasser und die Porenluft beeinflussen zudem das Verhalten verschiedener Wellentypen verschieden stark.

3.4.1 Einfluss der Schichtung auf das Wellenbild

Durch die Schichtung werden die Wellen teilweise reflektiert oder refraktiert (vgl. Kap. 4.6). Werden solche Wellenbilder an der Oberfläche durch Geophone aufgenommen, so entsteht aus einer einfachen Anregung bei der Quelle ein sehr kompliziertes Wellenbild. Aus verschiedenen solchen Wellenbildern kann ein Baugrundmodell erstellt werden, was erlaubt, (auch geneigte) Schichten

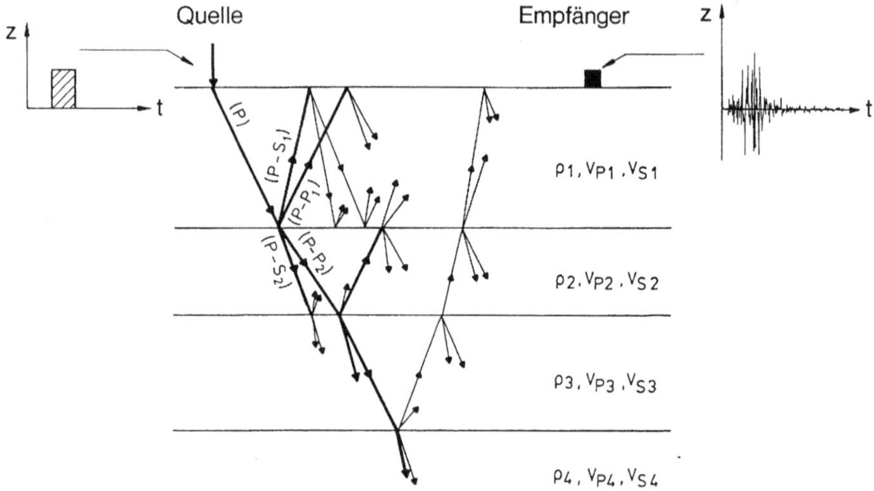

Bild 3.13. Mehrfache Wellenreflexion und Refraktion im geschichteten Halbraum

verschiedener Steifigkeiten ohne direkte Aufschlüsse festzustellen. Diese seismische Prospektion wird von Spezialfirmen ausgeführt. Bild 3.13 gibt einen Einblick in das Wellenbild eines geschichteten Halbraumes.

3.4.2 Wellenausbreitung in Gemischen von Wasser und Festsubstanz

Die Ausbreitungsgeschwindigkeit einer Druckwelle im Wasser von 10 °C beträgt 1450 m/s. Setzt man diesen Wert in die Gleichung für die Ausbreitung von Druckwellen in Gasen oder Flüssigkeiten ein, d.h. in

$$v_W = \sqrt{K_W/\rho_W}, \tag{3.51}$$

so erhält man für den Kompressionsmodul K_W den Wert $2{,}1 \cdot 10^6$ kN/m². Der Kompressionsmodul von Lockergestein liegt in der Größenordnung von 10^4 bis 10^5 kN/m². Somit ist Wasser im Vergleich zu Böden praktisch inkompressibel. Dies ist bei der Messung von P-Wellen in gesättigten Böden zu beachten, da dort leicht die Wellenausbreitungsgeschwindigkeit von Wasser anstelle derjenigen des Korngerüstes gemessen wird.

Festkörper in einer Flüssigkeit können die Ausbreitungsgeschwindigkeit der Kompressionswellen beeinflussen, da durch die Festkörper sowohl die Dichte als auch die Kompressibilität der Flüssigkeit verändert wird. Die Dichte des Gemisches aus Festkörper und Flüssigkeit beträgt

$$\rho_{tot} = \frac{\rho_S + \rho_W e}{1 + e}, \tag{3.52}$$

wobei ρ_S und ρ_W die Dichte der Festsubstanz bzw. des Wassers und e die Porenzahl bezeichnen. Die Kompressibilität des Gemisches setzt sich aus der

Kompressibilität der beiden Komponenten zusammen und berechnet sich mit der Gleichung

$$\frac{1}{K}=\frac{1}{K_W}\,\frac{e}{1+e}+\frac{1}{K_S}\,\frac{1}{1+e} \tag{3.53}$$

mit K = Kompressionsmodul des Gemisches
K_W = Kompressionsmodul des Wassers und
K_S = Kompressionsmodul der Festsubstanz.

(3.53) ist als Wood'sche Gleichung (Wood, 1930) bekannt. Die Wellengeschwindigkeit des Gemisches aus Festsubstanz und Wasser beträgt

$$v_{mix}=\sqrt{K/\rho_{tot}}\,. \tag{3.54}$$

In der Praxis zeigt sich, dass diese Geschwindigkeit sogar größer als die Ausbreitungsgeschwindigkeit im reinen Wasser ist.

Mit (3.53) lässt sich auch der Einfluss einer geringen Menge Luft im Wasser auf die Wellenausbreitungsgeschwindigkeit im Wasser-Luft-Gemisch berechnen. Mit V_L und V_W als Volumenanteil der Luft bzw. des Wassers und V als Gesamtvolumen gilt $(e/(1+e)) = V_W/V$ und $(1/(1+e)) = V_L/V$. Damit kann (3.53) umgeformt werden zu

$$K=\frac{K_L K_W V}{K_L V_W + K_W V_L}=\frac{K_W}{\frac{V_W}{V}+\frac{K_W V_L}{K_L V}}\,. \tag{3.55}$$

Bei einem Luftanteil von nur 0,1% d.h. mit $V_L/V = 0{,}001$ und dementsprechend $V_W/V = 0{,}999$, sowie mit $K_L = 1{,}4 \cdot 10^2\ \mathrm{kN/m^2}$ (= Kompressionsmodul von Luft bei Atmosphärendruck) und $K_W = 2{,}1 \cdot 10^6\ \mathrm{kN/m^2}$ (= Kompressionsmodul von Wasser) lautet (3.55)

$$K=\frac{K_W}{0{,}999+14900\cdot 0{,}001}=\frac{K_W}{15{,}9}\,.$$

Man sieht, dass bereits ein geringer Luftanteil genügt, um den Kompressionsmodul um einen Faktor 16 zu reduzieren. Die P-Wellen-Ausbreitungsgeschwindigkeit reduziert sich dabei um einen Faktor 4 (vgl. (3.54)). Als Beispiel ist in Bild 3.14 die Abhängigkeit des Kompressionsmoduls K in einem Oedometer vom Sättigungsgrad S_r dargestellt. Zusätzlich zum Steifigkeitsunterschied zwischen Wasser und dem Korngerüst wird auch unterschieden, ob die Porenluft im Porenwasser gelöst werden kann oder nicht. Die Grenzwertkurven werden sowohl für einen grobkörnigen Schotter (Kiessand) mit hoher Lagerungsdichte, als auch für feinkörnigen, locker gelagerten Seebodenlehm (siltiger Ton) berechnet. Die den Berechnungen zugrundegelegten Bodenkennziffern sind ebenfalls in Bild 3.14 angegeben.

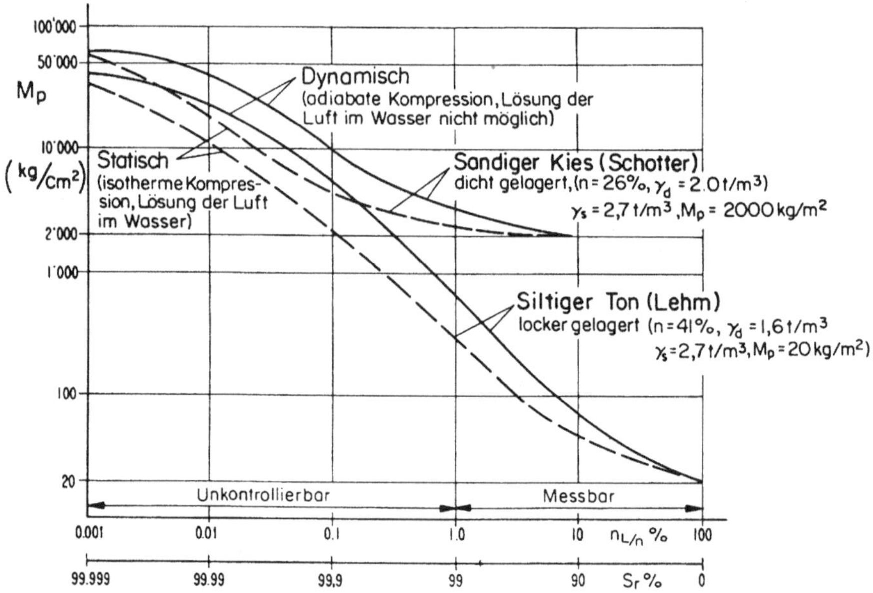

Bild 3.14. Abhängigkeit des Kompressionsmodul K zweier Lockergesteinsböden vom Sättigungsgrad S_r (aus Handbuch der Waffenwirkungen, 1964)

3.4.3 Wellenausbreitung in porösen, gesättigten Materialien

Die obigen Ausführungen beziehen sich auf die Ausbreitung von Kompressionswellen in Gemischen aus Flüssigkeit, Festsubstanz und Luft. Eine bessere Beschreibung für die Ausbreitung von Wellen in Böden erhält man, indem man eine poröse Festsubstanz mit luft- oder wassergefüllten Poren betrachtet. Die Flüssigkeit kann sich dabei frei in den Poren bewegen.

Dieses Problem wurde von Biot (1956) untersucht. Er leitete die dreidimensionale Wellenausbreitung von Scher- und Kompressionswellen in flüssigkeitsgesättigten porösen Materialien her. Für die Herleitung dieser Gleichungen sei auf die ursprüngliche Literatur (Biot 1956) oder auf Richart et al. (1979) verwiesen. Hier sollen nur die wichtigsten Resultate zusammengefasst werden.

Die Gleichung für die Scherwellen in porösen, gesättigten und elastischen Materialien lautet

$$G\nabla^2\bar{\omega} = \left(\bar{\rho} + \frac{\rho^* \rho_A}{\rho^* + \rho_A}\right)\frac{\partial^2\bar{\omega}}{\partial t^2}\,, \tag{3.56}$$

mit $\bar{\rho}$ = Dichte der elastischen Struktur
ρ^* = Dichte der Flüssigkeit und
ρ_A = Dichte einer zusätzlichen fiktiven Masse, welche die Koppelung zwischen Flüssigkeit und Struktur berücksichtigt.

Die Ausbreitungsgeschwindigkeit der Scherwelle lautet somit

$$v_S = \left[\frac{G}{\bar{\rho} + \dfrac{\rho^* \rho_A}{\rho^* + \rho_A}} \right]^{1/2}, \tag{3.57}$$

was der Wellengeschwindigkeit der Scherwellen in der elastischen Struktur entspricht. Da die Flüssigkeit keine Scherwellen überträgt, besteht die einzige Koppelung zwischen der Festsubstanz und der Flüssigkeit in der Relativbewegung zwischen Flüssigkeit und Festsubstanz. Diese wird durch die zusätzliche fiktive Masse ρ_A berücksichtigt. In einem Boden hängt ρ_A von der Korngröße und der Durchlässigkeit ab. Als erste Näherung kann im Nenner in (3.57) die Dichte des gesättigten Bodens eingeführt werden.

Da das Korngerüst und die Flüssigkeit stark verschiedene Kompressionsmoduln aufweisen, bilden sich im gesättigten Boden zwei Kompressionswellen. Die eine wird durch die Flüssigkeit, die andere durch das Korngerüst übertragen. Die beiden Wellen sind nicht unabhängig voneinander, sondern durch die Steifigkeit der Flüssigkeit und des Korngerüstes sowie durch die Relativbewegung zwischen Flüssigkeit und Korngerüst gekoppelt. Die zuerst ankommende Kompressionswelle ist diejenige, die durch die Flüssigkeit übertragen wird. Die Wellengeschwindigkeit der Kompressionswelle in der Flüssigkeit im Korngerüst ist etwas höher als die Wellengeschwindigkeit in der reinen Flüssigkeit.

3.4.4 Einfluss des Grundwasserspiegels

Das Vorhandensein von Grundwasser hat verschiedene Einflüsse auf die Wellenausbreitungscharakteristik im Boden. Einerseits hat das Grundwasser einen Einfluss auf den Überlagerungsdruck σ_v' und dieser beeinflusst, wie in Kap. 4.2 gezeigt wird, die Wellenausbreitungsgeschwindigkeit. Andererseits, was von größerer Bedeutung ist, wird durch das Grundwasser ein an sich homogener Baugrund zu einem geschichteten System mit allen Auswirkungen der Wellenreflexion und -refraktion. Der Baugrund über dem Grundwasserspiegel überträgt Wellen durch das Korngerüst, während unterhalb des Grundwasserspiegels Wellen sowohl durch das Korngerüst als auch durch das Porenwasser übertragen werden.

Bei Messungen der Wellenausbreitungsgeschwindigkeiten ist deshalb bei oberflächennahem Grundwasserspiegel darauf zu achten, dass wirklich die P-Wellengeschwindigkeit des Korngerüstes gemessen wird und nicht diejenige des Porenwassers. Messverfahren, die auf der Ankunftszeit von Scherwellen beruhen, sind aus diesem Grunde vorzuziehen, da das Wasser im gesättigten Boden keine Scherwellen übertragen kann. Dies ist einer der Hauptgründe, weshalb bei vielen bodendynamischen Problemen der Schubmodul G anstelle des Elastizitätsmoduls E als Materialparameter verwendet wird.

3.4.5 Wellenausbreitungsgeschwindigkeit in wichtigen Böden und Gesteinsarten

In Tabelle 3.1 sind einige Richtwerte für die P- und S-Wellen-Geschwindigkeit häufiger Boden- und Gesteinsarten aufgeführt.

Tabelle 3.1. Richtwerte von P- und S-Wellen-Geschwindigkeiten einiger wichtiger Boden- und Gesteinsarten

Bodenart	v_p (m/s)	v_s (m/s)
Lockergesteine		
Deckschichten, locker gelagert, verwittert		
nicht gesättigt (Tiefe 3 bis 6 m)	200 ... 800	110 ... 480
Schotter (Kiessand), nicht gesättigt	400 ... 800	220 ... 450
Schotter, grundwassergesättigt	1300 ... 2000	400 ... 600
verkitteter Schotter	1800 ... 2500	1000 ... 1500
Seebodenlehm, nicht vollständig gesättigt	700 ... 1300	290 ... 540
Seebodenlehm, gesättigt	1300 ... 1800	390 ... 530
Gehängelehm, nicht gesättigt	300 ... 1000	120 ... 400
Moränen	1200 ... 2400	500 ... 1150
Löss	300 ... 600	150 ... 300
Fels		
Molasse-Mergel und Molasse-Sandstein, weich, verwittert	900 ... 1800	520 ... 1050
Mergel, nicht verwittert	1800 ... 3200	1000 ... 1900
Molasse-Sandstein, hart	1800 ... 3500	1100 ... 2200
Nagelfluh	1000 ... 4000	600 ... 2500
Schiefer	1800 ... 5000	1100 ... 3100
Kalk	3000 ... 6000	1800 ... 3700
Gneis	3000 ... 5500	1900 ... 3500
Granit	4000 ... 6000	2500 ... 3900

Dynamische Bodenkennziffern

4.1 Bodenmodelle

Boden ist, außer bei sehr kleinen Deformationen, ein nicht-lineares elastoplastisches Material. Die Beziehungen zwischen Spannungen und Dehnungen sind daher wesentlich komplizierter als bei künstlichen Baustoffen, wie z.B. Stahl oder Beton. Bereits bei einer einfachen monotonen Belastung ergeben sich bei Böden recht komplizierte, nicht-lineare Spannungs-Dehnungskurven in der Form von Bild 4.1a. Der Verlauf dieser Kurven hängt von einer Vielzahl von Parametern, wie z.B. mittlere Hauptspannung, Porenziffer, Spannungsgeschichte, Bodenstruktur ab.

Wesentlich komplizierter sind die Verhältnisse bei einer dynamischen zyklischen Belastung (siehe Bild 4.1b): Belastungs- und Entlastungsphase weisen verschiedene Steifigkeiten auf. Dazu kommt, dass die Steifigkeit von der Amplitude der Belastung, der Anzahl Lastwechsel, der Belastungsfrequenz und von weiteren Faktoren beeinflusst wird. Einen Überblick über den Kenntnisstand mit vielen Referenzen geben u. a. Gazetas (1991) oder Niemunis (2005). Im folgenden Abschnitt sollen die wichtigsten Einflussparameter für das Verhalten des Bodens unter zyklischer Belastung zusammengestellt werden.

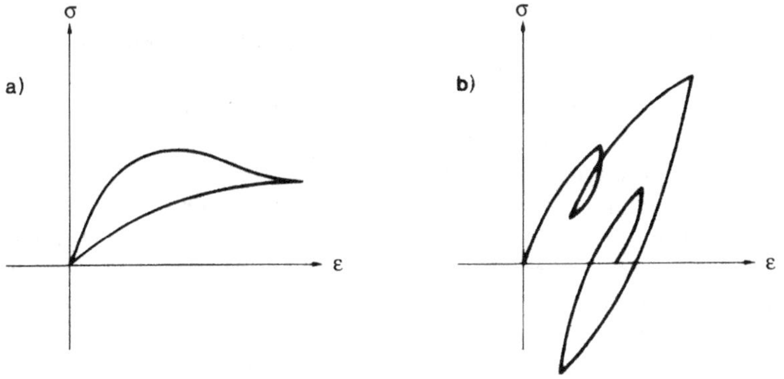

Bild 4.1. Schematisches Spannungs-Dehnungsdiagramm für: **a** monotone und **b** zyklische Belastung

4.1.1
Einflussparameter

Die wichtigsten Parameter, die das Verhalten von Böden bestimmen, lassen sich in drei Gruppen aufteilen. Zunächst sind die Parameter der zu betrachtenden dynamischen Belastung zu nennen:

- effektive mittlere Hauptspannung σ_m'
- Schubdehnungsamplitude γ
- Spannungsmaxima der dynamischen Belastung und Direktivität
- Anzahl der Belastungszyklen N
- Belastungsfrequenz.

Zu den wichtigen Zustandsgrößen und mechanischen Parameter, die das dynamische Verhalten beeinflussen, gehören:

- Porenziffer e
- Sättigungsgrad S_r
- maximaler und kritischer Reibungswinkel Φ_{max}, Φ_{cr}
- Kohäsion c′ und undrainerte Scherfestigkeit s_u
- Kornverteilung und Kornform
- Permeabilität k.

Die oben genannten Zustandsgrößen hängen direkt von der Genese und der Spannungsgeschichte des Bodens ab, deren wesentliche Einflussgrößen sind:

- Überkonsolidierungsgrad OCR
- Belastungsgeschichte
- Zeiteffekte, Verwitterung.

Der Boden ist, wie obige Liste zeigt, ein äußerst komplexes Material. Es wird nie möglich sein, alle Einflussparameter zu berücksichtigen, sondern es müssen gewisse Idealisierungen eingeführt werden, um den Boden rechnerisch zu erfassen. Es sind aber auch nicht alle Parameter für alle Fragestellungen von gleicher Bedeutung; einige haben nur einen untergeordneten Einfluss und können in einer Berechnung in der Praxis ohne weiteres weggelassen werden, während andere unbedingt berücksichtigt werden müssen. Welche Parameter eine wichtige Rolle spielen, hängt vom Bodentyp, von der Belastungsart sowie der Aufgabenstellung ab. Das heißt, ob es sich um einen granularen oder um einen tonigen Boden handelt, ob sich die Deformationen im kleinen, nahezu elastischen Deformationsbereich oder im bruchnahen Deformationsbereich abspielen, sowie auch ob der Boden unter der interessierenden Belastung ein drainiertes oder undrainiertes Verhalten aufweist oder ob vorhandenes Wasser das Verhalten des Bodens maßgebend beeinflusst.

Bei trockenem Sand z.B. interessiert im kleinen Dehnungsbereich und bei mittleren Anregungsfrequenzen in erster Linie der Schubmodul, und dieser hängt, wie zahlreiche Versuche gezeigt haben, praktisch nur von der mittleren Hauptspannung σ'_m und von der Lagerungsdichte (ausgedrückt als Porenziffer e oder als relative Dichte D_r) ab. Alle übrigen Parameter dürfen in der Regel vernachlässigt werden.

Das Wesentliche bei der Berechnung des Verhaltens eines Bodens unter dynamischer Belastung ist die Wahl eines geeigneten Bodenmodelles, das die für die aktuelle Anwendung relevanten Parameter berücksichtigt. In der klassischen Bodendynamik wird zwischen Bodenmodellen für Deformationsuntersuchungen und solchen für Festigkeitsuntersuchungen unterschieden. Die neuere Entwicklung geht aber in Richtung integrierter Modelle, den sogenannten konstitutiven Gesetzen (constitutive laws). Eine gute Darstellung der Möglichkeiten und Grenzen der verbreiteten Stoffmodelle mit vielen Beispielen und Referenzen findet man unter anderem bei Duncan (1994) oder Potts und Zdravkovic (2004). Für einzelne Fragestellungen gibt es vielversprechende weitergehende Entwicklungen, die ihren Eingang in die praktische Arbeit jedoch noch finden müssen. Als Beispiele seien hier die Arbeiten von Beaty und Byrnes (2002), Niemunis (2005), Park und Byrnes (2004), Li (2004) und Wichtmann (2005) genannt.

4.1.2
Elastische und elasto-plastische Bodenmodelle

Das Deformationsverhalten des Bodens lässt sich grundsätzlich auf zwei Arten berechnen: mittels eines elastischen oder eines elasto-plastischen Modells. Beim elastischen Modell gelten die bekannten Spannungs-Dehnungs-Beziehungen, wie sie zum Beispiel beim Stahl verwendet werden, d.h. $\varepsilon_1 = 1/E\,(\sigma_1 - \nu\sigma_2 - \nu\sigma_3)$ usw. Allerdings muss, da der Boden ein nicht-lineares Verhalten zeigt (vgl. Bild 4.1a), ein spannungs- bzw. dehnungsabhängiger E- und G-Modul verwendet werden. Ein weitverbreitetes Bodenmodell nach diesem Muster ist das Modell von Duncan-Chang (1970). Es beruht auf der Beobachtung, dass beim Triaxialversuch die Spannungs-Dehnungskurve durch eine Hyperbel approximiert werden kann. Bild 4.2a zeigt eine solche Kurve, die in der Form

$$\sigma = \frac{\varepsilon}{b + a\,\varepsilon}, \tag{4.1a}$$

$$\frac{\varepsilon}{\sigma} = b + a\,\varepsilon \tag{4.1b}$$

beschrieben werden kann.

In der transformierten Form von (4.1b) entspricht diese Funktion einer Geraden (vgl. Bild 4.2b). Diese Darstellung erlaubt, mittels linearer Regression die Hyperbel-Parameter a und b aufgrund von Triaxialversuchsresultaten zu bestimmen.

Ebenfalls zur Gruppe der elastischen Bodenmodelle gehört die Methode der linear-äquivalenten Bodenkennziffern. Diese Methode wird, da sie für dynamische Berechnungen des Bodens bis heute in der Praxis immer noch große praktische Bedeutung hat, in Kap. 4.2 ausführlich behandelt.

Bei elasto-plastischen Modellen wird die Deformation in einen elastischen und in einen plastischen Anteil aufgeteilt. Das Problem liegt darin, festzulegen, bei welcher Kombination von Spannungen (σ_1, σ_2, σ_3) ein Bodenelement sich noch elastisch verhält (generell auch nicht-linear-elastisch), wann plastische Deformation einsetzt und wie das Verhalten im plastischen Bereich aussieht. Anschaulich lässt sich diese Problematik für den einfachen elastisch-plastischen Fall gemäß Bild 4.3 in einem dreidimensionalen Koordinatensystem mit den Hauptspannungen als Achsen darstellen.

Jeder Punkt in diesem sog. Hauptspannungsraum entspricht einem bestimmten Spannungszustand. Punkt A in Bild 4.3 liegt auf der Raumdiagonalen; er entspricht einem Bodenelement, bei dem alle drei Hauptspannungen gleich groß sind, was einem hydrostatischen Zustand entspricht. Aus diesem Grund wird diese Diagonale auch hydrostatische Achse genannt. Punkt A liegt innerhalb der Fließfläche; eine hydrostatische Belastung von Null zum Punkt A hat einen Spannungsweg, der immer innerhalb der Fließflächen liegt und deshalb elastisch ist. Sobald der Spannungsweg die Fließgrenze berührt (z.B. Punkt B), treten plastische Deformationen auf.

Die Aufgabe des Bodenmodells ist es nun, die Form dieser Fließfläche zu definieren, die Gesetzmäßigkeit d.h. Größe und Richtung der plastischen Deformation festzulegen und gegebenenfalls die Veränderung der Form der Fließfläche, welche durch plastische Deformationen hervorgerufen werden kann, zu berücksichtigen. Diese Veränderung der Form der Fließfläche ist typisch für das Verhalten von Böden. Bei einer erstmaligen hydrostatischen Belastung setzen ab einer bestimmten Größe plastische Deformationen ein (entspricht Punkt C in Bild 4.3); wird die Belastung erhöht (von C auf D) befindet sich das Material im plastischen Bereich. Wird diese Belastung später wiederholt, so tritt plastisches Verhalten erst bei einer höheren Belastung, d.h. ab D auf. Die Fließfläche ist vergrößert worden.

Die Fließfläche kann sich je nach Material und Belastung vergrößern oder verkleinern, sie kann Translationen im Spannungsraum durchführen oder eine Kombination von all diesen Möglichkeiten erfahren. Die in der Praxis

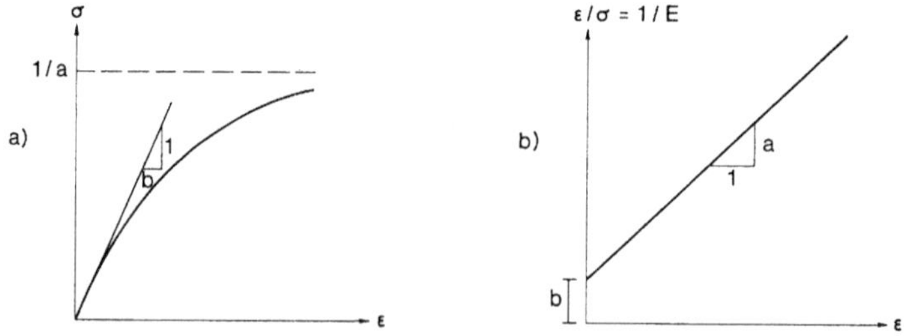

Bild 4.2. Hyperbolisches Spannungs-Dehnungsgesetz: **a** in natürlichen und **b** in transformierten Koordinaten

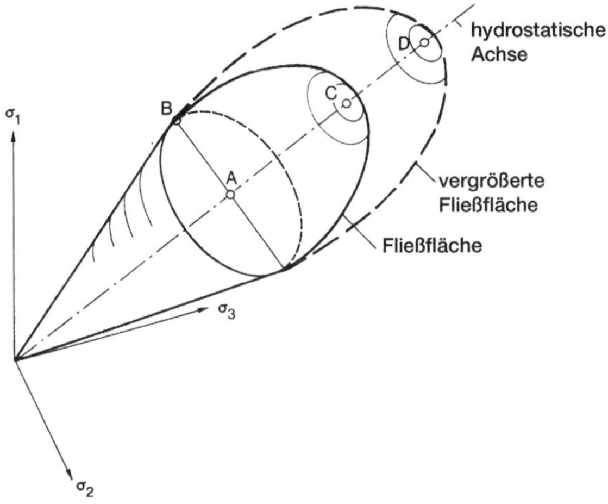

Bild 4.3. Fließflächen im Hauptspannungsraum

verwendeten Bodenmodelle können allerdings dieses komplexe Verhalten nur begrenzt nachbilden. Zumeist stellen diese Modelle einen Spezialfall des allgemeinen Falles dar.

Eine andere Darstellungsform und damit Betrachtungsweise der elastoplastischen Materialgesetze stellen die Stoffgesetze auf der Basis des „Cam Clay“ Modells dar. Dieses ist in Bild 4.4 im p'-q Raum dargestellt. Die Grenzzustandslinie mit der Steigung 1/M führt in der Regel durch den Ursprung und verläuft nur bei echter Kohäsion wie in der Abb. 4.4 dargestellt. Da es häufig zu Missverständnissen kommt, soll hier noch auf unterschiedliche Definitionen hingewiesen werden, die es zu beachten gibt. Diese Definitionen beruhen darauf, ob es sich um eine zweidimensionale Betrachtung handelt oder ob ein dreidimensionaler Zustand betrachtet wird.

Im zweidimensionalen Zustand werden p' und q wie folgt definiert:

$$p' = (\sigma_1 + \sigma_3) / 2 \quad (4.2a)$$
$$q = (\sigma_1 - \sigma_3) / 2, \quad (4.2b)$$

mit p': mittlere effektive Spannung und q: Deviatorspannung (Schubspannung).

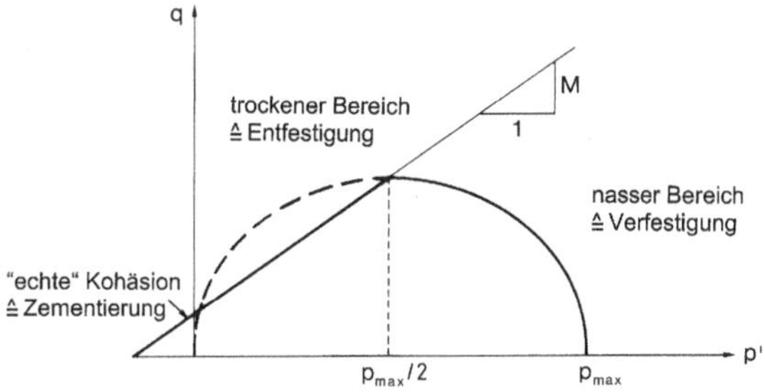

Bild 4.4. Cam-Clay-Modell mit elliptischer Fließfläche, Grenzzustandslinie mit Zuganteil

Diese Definitionen werden in der Regel im deutschsprachigen oder amerikanischen Raum verwendet.

Im englischen Raum und insbesondere bei der Verwendung von Stoffgesetzen, die auf dem Konzept der Grenzzustandslinien (Critical State Line) aufbauen, werden p' und q anders definiert. Im triaxialen Zustand ergeben sie sich zu

$$p' = (\sigma_1 + 2\,\sigma_3)\,/\,3 \tag{4.2c}$$
$$q = (\sigma_1 - \sigma_3) \tag{4.2d}$$

Diese Betrachtung ist die für den triaxialen Zustand zusammengefasste Version der Spannungen im elastischen Halbraum, die sich aus der Definition der Invarianten in der allgemeinen Form ergibt (Wood, 2002 4.2e; 4.2f), wobei zusätzlich als dritte Invariante der Lode Winkel verwendet wird, auf dessen Darstellung hier verzichtet wird (vgl. Potts und Zdravkovich, 1999):

$$p' = \sigma_1 + \sigma_2 + \sigma_3\,/3 \tag{4.2e}$$
$$q = [(\sigma_1' - \sigma_2')^2 + (\sigma_1' - \sigma_3')^2 + (\sigma_2' - \sigma_3')^2]^{1/2}\,/\,\sqrt{2} \tag{4.2f}$$

In Bild 4.4 entspricht die hydrostatische Achse des Bildes 4.3 daher der Achse p'. Die Fließfläche setzt sich aus drei Bereichen zusammen, die durch die „Critical State Gerade", der Bruchgerade des kritischen Reibungswinkels, getrennt werden. In normal konsolidierten Böden entspricht die Bruchgerade der Fließfläche. Der „nasse" Bereich kennzeichnet den Bereich der plastischen Verformungen, in denen eine Verfestigung des Materials bei Erreichen der Fließfläche erfolgt. Bereiche auf der „trockenen" Seite führen zu einer Entfestigung und damit zu einem potenziellen schlagartigen Versagen. Der dritte Bereich kennzeichnet eine aufnehmbare Zugkraft, welche nur bei einer echten Zementierung des Bodens gegeben ist (vgl. Schofield, 2002). In der Regel wird daher in der Modellierung dieser Bereich nicht berücksichtigt, und die Fließfläche führt auf den Nullpunkt zurück.

Für eine detaillierte Behandlung der fortgeschritteneren Stoffgesetze wird auf die weiterführende Literatur verwiesen. Für den Bereich der Dynamik erscheinen jedoch Ansätze zur Stoffmodellierung auf der Basis von Mehrflächenmodellen (z. B. Whittle, 1993, Stallebrass und Taylor, 1997) vielversprechend. Die explizite Modellierung einzelner Einflussgrößen (z. B. durch definierten Einbau in Schnittstellen klassischer Stoffgesetze in verbreiteten Programmsystemen) erlaubt die Anwendung der numerischen Methoden auch für sehr komplexe Fragestellungen. Für die letztgenannten Variationen sei auf die existierende Literatur verwiesen (z. B. Niemunis, 2002). Die Mehrflächenmodelle basieren im Wesentlichen darauf, dass innerhalb der Fließfläche, die ein ideal plastisches Verhalten vorgibt, weitere Grenzflächen existieren, die in Abhängigkeit der Belastung innerhalb der außenliegenden Fließfläche ihre Lage verändern können. Diese Grenzflächen trennen dabei Bereiche mit linear-elastischem, nicht-linear elastischem und sogar plastischem Verhalten, die keine Veränderung der äußeren Fließgrenze hervorrufen. Somit erlauben sie eine größere Variation in der Beschreibung des Materialverhaltens, welche gerade bei Fragen der Bodendynamik zum Erreichen realistischer Berechnungsergebnisse von entscheidender Bedeutung sein kann.

Wesentliche Impulse sind in Zukunft von der weiteren Entwicklung solcher Bodenmodelle und deren Einführung in die Praxis zu erwarten. Es ist jedoch darauf hinzuweisen, dass alle diese Bodenmodelle infolge ihrer Komplexität meist wenig anschaulich und schwer überprüfbar sind. Aus diesem Grunde werden die klassischen, einfachen Methoden auch in Zukunft ihre Bedeutung behalten.

4.1.3 Deformationsverhalten – Bruchverhalten

Üblicherweise wird beim Boden wie bei anderen Baustoffen, zwischen Deformationsuntersuchungen und Festigkeitsuntersuchungen unterschieden. Entsprechend unterscheiden sich sowohl die Versuchsmethoden wie auch die interessierenden Materialkennziffern.

Im ersten Fall, d.h. beim Deformationsverhalten, interessieren wir uns vor allem für das eigentliche Schwingverhalten unter dynamischen Lasten sowie die Akkumulation der Verformungen bei sich wiederholender Belastung. Zur Erfassung des Schwingungsverhaltens ist in erster Linie die Kenntnis der Deformationsmodule (G-Modul, E-Modul) und der Dämpfung sowie deren Abhängigkeit von der Dehnungsamplitude, von der Anzahl Belastungszyklen usw. erforderlich. Die Versuche, die zur Bestimmung dieser Parameter durchzuführen sind, bewegen sich typischerweise im kleinen bis mittleren Dehnungsbereich, was sehr hohe Anforderungen an die Messgenauigkeit stellt. Mit Feldversuchen lassen sich diese Parameter relativ gut bestimmen, während man im Labor immer das Problem der Probenstörung hat, worauf gerade die Deformationsmodule sehr empfindlich reagieren. In Kap. 4.2 sind die Deformationskennziffern von Sand, Kies-Sand, Ton und Fels zusammengestellt.

Die Akkumulation von Verformungen ist vor allem bei größeren Schwingungsamplituden im Verhältnis zur mittleren Hauptspannung und bei sehr langandauernden Belastungen von Bedeutung. Hier sind insbesondere die Arten der Verformungen zu unterscheiden. Bei reiner volumetrischer Verformung ist eine Verdichtung des Bodens und eine damit zusammenhängende Veränderung des Materialverhaltens zur linearen Elastizität zu erwarten. Bei vorherrschender Scherbeanspruchung kann sich eine Akkumulation von Verformungen bis in einen Bruchzustand hinein entwickeln. Diese Phänomene werden im Folgenden im Kapitel 4.3 diskutiert.

Beim Bruchverhalten geht es um die Bestimmung der Festigkeit, zum Teil ähnlich wie bei den konventionellen Bodenuntersuchungen. Bei dynamischer Belastung kommt dazu, dass der Einfluss der Anzahl Belastungszyklen bzw. des Belastungsverlaufs auf die Scherfestigkeit, der Anstieg des Porenwasserdruckes infolge zyklischer Belastung usw. zu berücksichtigen sind. Im Feld sind solche Versuche schwierig durchzuführen, da die erforderlichen Energien sehr hoch und die dabei auftretenden Erschütterungen unter Umständen nicht tolerierbar sind. Laborversuche sind hier besser geeignet, doch gilt auch hier, dass die Randbedingungen im Labor und die Probenstörung bei der Probenvorbereitung die Resultate beeinträchtigen.

4.2 Linear äquivalente Bodenkennziffern

Wird ein Bodenelement durch eine harmonische Belastung beansprucht, so ergibt sich ein Spannungs-Dehnungs-Diagramm wie in Bild 4.5b. Für jede Periode der Sinusschwingung bildet sich eine Hysterese-Schleife. Je größer die Lastamplitude, desto kleiner wird der Winkel AOB (in Bild 4.5b), d.h. der mittlere Schubmodul (Sekantenmodul) nimmt mit wachsender Dehnungsamplitude ab.

Die Hysterese in Bild 4.5b stellt auch den Energieverlust pro Zyklus dar. Dieser Energieverlust kann einer äquivalenten viskosen Dämpfung gleichgesetzt werden. Mit zunehmender Dehnungsamplitude nimmt beim Boden der Schubmodul ab, während die Dämpfung ansteigt. Der Schubmodul und die äquivalente viskose Dämpfung lassen sich als Kurven in der Form von Bild 4.6 darstellen.

Die dynamische Berechnung nach der Methode der linear-äquivalenten Bodenkennziffern verwendet einen iterativen Prozess, um das nicht-lineare Verhalten des Bodens näherungsweise zu berücksichtigen. Die Berechnung beginnt mit der Annahme eines bestimmten Wertes für Schubmodul und Dämpfung. Mit diesen Werten wird mit einer linearen, dynamischen Berechnung die Reaktion des Bodens auf die dynamische Beanspruchung bestimmt. Aufgrund der so berechneten mittleren Dehnungen wird für jedes Element ein neuer Schubmodul und ein neuer Dämpfungskoeffizient bestimmt. Mit den neuen Werten wird die Berechnung wiederholt, bis der Unterschied zwischen den angenommenen und berechneten Werten klein genug ist. Bei nicht allzu großen Deformationen ist diese Methode für Ingenieuranwendungen im Allgemeinen

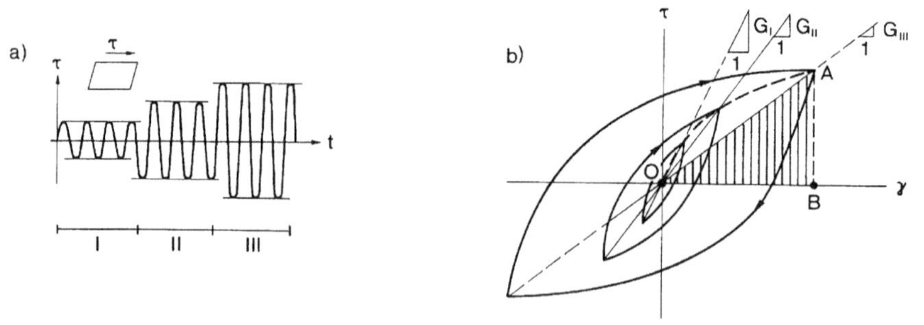

Bild 4.5. Zyklische Belastung: **a** Belastungsverlauf; **b** Hysterese-Schleifen bei den verschiedenen Amplituden

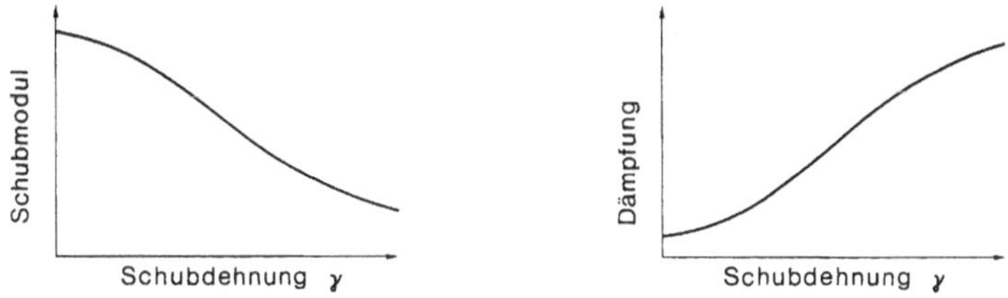

Bild 4.6. G-Modul und Dämpfung in Funktion der Schubdehnung

gut geeignet. Vergleiche mit echten nichtlinearen Berechnungen haben gezeigt, dass die Berechnung mit linear äquivalenten Bodenkennziffern die maximalen Spannungen um etwa 25 % überschätzt, die maximalen Deformationen jedoch um etwa 50 % (Roesset, 1984) unterschätzt. Neben diesen Abweichungen ist ein weiterer Nachteil der Berechnung mit linear-äquivalenten Bodenkennziffern, dass sich keine bleibenden Deformationen ermitteln lassen.

Dieses Kapitel behandelt linear-äquivalente Bodenkennziffern, aus Darstellungsgründen in „historischer Reihenfolge". Ausgehend von den ersten Untersuchungen von Hardin und Richart (1963) werden in den Kapiteln 4.2.1 bis 4.2.4, anlehnend an die klassische Darstellung von Seed und Idriss (1970), Schubmodule und Dämpfungsverhältnisse von Sand, Kies-Sand, Ton und kompaktem Fels diskutiert. Auf neuere Untersuchungen, namentlich des Einflusses des Plastizitätsindexes, geht Kapitel 4.2.3 ein. Damit kann gezeigt werden, dass Steifigkeits- und Dämpfungsverhalten kohäsionsloser und kohäsiver Böden kontinuierlich ineinander übergehen, wie aus physikalischen Gründen erwartet wird.

Die Werte für die linear-äquivalenten Schubmodule und die Dämpfung, d.h. der Verlauf der Kurven in Bild 4.6, lassen sich mit Versuchen, wie sie in Kap. 4.5 und 4.6 ausführlich beschrieben sind, bestimmen. Als erste Näherung lassen sich auch Korrelationen aus der Fachliteratur, die im allgemeinen aufgrund von großen Versuchsserien hergeleitet worden sind, verwenden.

Für Sand haben Hardin und Richart (1963) aufgrund von Resonant-Column-Versuchen folgende Beziehungen für G bei kleinen Dehnungsamplituden ermittelt:

Für rundkörnigen Sand: $$G_{max} = \frac{7000\,(2{,}17 - e)^2}{1 + e}\,(\sigma_m')^{0{,}5} \quad [\mathrm{kN/m^2}], \tag{4.3}$$

für gebrochenen Sand: $$G_{max} = \frac{3260\,(2{,}97 - e)^2}{1 + e}\,(\sigma_m')^{0{,}5} \quad [\mathrm{kN/m^2}], \tag{4.4}$$

mit e = Porenziffer,
σ_m' = Effektive mittlere Hauptspannung.

Diese einfache Darstellung des G-Moduls als Funktion der Porenziffer e und der mittleren Hauptspannung σ_m' ist möglich, weil der G-Modul von Sand praktisch nur von e und σ_m' abhängig ist und alle übrigen in Kap. 4.1.1 aufgeführten Parameter nur eine untergeordnete Rolle spielen. Bei kohäsiven Böden spielt zusätzlich die Spannungsgeschichte eine wichtige Rolle. Hardin und Black (1968) verallgemeinerten (4.4) zu

$$G_{max} = A\, f(e)\, \sigma_m{}^n \tag{4.5}$$

und modifizierten die Gleichung, um den Überkonsolidationsgrad (OCR-Wert) zu berücksichtigen. Sie berechneten den G-Modul bei kleinen Dehnungen zu

$$G_{max} = 3260\, \frac{(2{,}97 - e)^2}{1 + e}\, (OCR)^a (\sigma_m')^{0{,}5}\ [kN/m^2]. \tag{4.5a}$$

Der Parameter a hängt vom Plastizitätsindex I_p ab; die Werte für a sind in Tabelle 4.1 enthalten.

Die Werte von G_{max} in (4.3) bis (4.5) gelten nur für kleine Dehnungsamplituden. Im Allgemeinen betrachtet man Schubdehnungsamplituden unter 10^{-3}% als kleine Schubdehnungen.

Bei zunehmender Schubdehnung nimmt der Schubmodul ab. Um den G- oder E-Modul bei größeren Dehnungen zu bestimmen, kann das hyperbolische Gesetz in Kap. 4.1.2 verwendet werden. Zusammen mit dem Bruchkriterium von Mohr-Coulomb lässt sich der E- oder G-Modul als Funktion des Anfangsmoduls G_{max} und der Schubdehnung berechnen. Zur Vereinfachung der Schreibweise wird in der anschließenden Herleitung keine spezielle Bezeichnung zur Unterscheidung zwischen effektiver und totaler Spannung verwendet, da ausschließlich effektive Spannungen verwendet werden.

Leitet man (4.1) nach ε ab, so erhält man

$$\frac{\partial \sigma}{\partial \varepsilon} = \frac{b}{(b + a\,\varepsilon)^2} = \frac{1}{b}\,(1 - a\,\sigma)^2, \tag{4.6}$$

und da $\partial\sigma/\partial\varepsilon = E_t$ (= Tangentenmodul), $1/b = E_i = E_{max}$ und $1/a = \sigma_{max}$, ergibt sich damit der Tangentenmodul E_t als Funktion des Anfangsmoduls E_{max}, der maximalen Spannung σ_{max} und der Spannung selbst in der Form

$$E_t = E_{max} \left(1 - \frac{\sigma}{\sigma_{max}}\right)^2. \tag{4.7}$$

Dabei entspricht σ der Deviatorspannung $\sigma_1 - \sigma_3$ und σ_{max} der theoretischen maximalen Deviatorspannung $(\sigma_1 - \sigma_3)_{max}$ (= Asymptote 1/a in Bild 4.2a). Im Allgemeinen liegt die effektive Bruchspannung $(\sigma_1 - \sigma_3)_u$ wegen Dilatanz etwas tiefer als $(\sigma_1 - \sigma_3)_{max}$ und kann somit ausgedrückt werden als

$$(\sigma_1 - \sigma_3)_u = R_f\,(\sigma_1 - \sigma_3)_{max}\,, \tag{4.8}$$

Tabelle 4.1. Werte von a in (4.5)

I_p	0	20%	40%	60%	80%	100%
a	0	0,18	0,30	0,41	0,48	0,50

wobei R_f zwischen 0.7 und 0.9 liegt. (4.7) lautet somit

$$E_t = E_{max}\left(1 - \frac{\sigma_1 - \sigma_3}{(\sigma_1 - \sigma_3)_u} R_f\right)^2. \tag{4.9}$$

Für ein Mohr-Coulomb-Material, wie es ein Lockergestein darstellt, gilt im Bruchzustand

$$(\sigma_1 - \sigma_3)_u = \frac{2\,\sigma_3 \sin\phi + 2\,c\cos\phi}{1 - \sin\phi}. \tag{4.10}$$

Der Quotient in (4.9) zwischen der vorhandenen Deviatorspannung $(\sigma_1 - \sigma_3)$ und der Bruchspannung $(\sigma_1 - \sigma_3)_u$ lautet dann

$$\frac{\sigma_1 - \sigma_3}{(\sigma_1 - \sigma_3)_u} = \frac{(1 - \sin\phi)(\sigma_1 - \sigma_3)}{2\,\sigma_3 \sin\phi + 2\,c\cos\phi}, \tag{4.11}$$

womit der Tangentenmodul E_t ausgedrückt werden kann als

$$E_t = E_{max}\left[1 - R_f \frac{(1 - \sin\phi)(\sigma_1 - \sigma_3)}{2\,\sigma_3 \sin\phi + 2\,c\cos\phi}\right]^2. \tag{4.12}$$

In gleicher Weise kann das hyperbolische Gesetz verwendet werden, um den Schubmodul G_t als Funktion der Schubdehnung zu bestimmen. Die Herleitung ist analog zu derjenigen des E-Moduls und führt zu

$$G_t = G_{max}\left[1 - R_f \frac{(1 - \sin\phi)(\sigma_1 - \sigma_3)}{2\,\sigma_3 \sin\phi + 2\,c\cos\phi}\right]^2. \tag{4.13}$$

Es ist anzumerken, dass die maximale Schubspannung in (4.10) als Funktion der Hauptspannungen angegeben ist. Da für praktische Problemstellungen zumeist nur die Vertikalspannung σ_v, der Ruhedruckbeiwert K_0 und die vom Erdbeben erzeugte Schubspannung τ auf einer horizontalen Ebene gegeben sind, sei hier noch die maximale Schubspannung τ_{max} als Funktion von σ_v und K_0 dargestellt, d.h.

$$\tau_{max} = \left\{\left[\left(\frac{1 + K_0}{2}\right)\sigma_v \sin\phi + c\cos\phi\right]^2 - \left[\frac{1 - K_0}{2}\sigma_v\right]^2\right\}^{1/2}. \tag{4.14}$$

Für linear-äquivalente Kennziffern wird nicht der Tangentenmodul wie in (4.12) und (4.13), sondern der Sekantenmodul verwendet. Diesen erhält man, indem man das hyperbolische Gesetz (4.2) für den G-Modul formuliert:

$$\frac{\gamma}{\tau} = b + a\,\gamma \quad \text{oder} \quad \frac{1}{G} = \frac{1}{G_{max}} + \frac{\gamma}{\tau_{max}}. \tag{4.15}$$

Dadurch erhält man:

$$G = \frac{G_{max}}{1 + \gamma/\gamma_r} \quad \text{mit} \quad \gamma_r = \tau_{max}/G_{max}. \tag{4.16}$$

Durch Einsetzen von (4.14) in (4.16) erhält man den G-Modul als Funktion des Anfangsmoduls G_{max}, der Schubdehnung γ und des Überlagerungsdruckes σ_v.

Für die Dämpfung sind ebenfalls Formeln aus den Versuchsresultaten abgeleitet worden. Der Dämpfungskoeffizient D (in % der kritischen Dämpfung) lässt sich nach Seed und Idriss (1970) in Form von (4.17) angeben:

$$D = \frac{D_{max}\,\gamma/\gamma_r}{1+\gamma/\gamma_r} \quad [\%]. \tag{4.17}$$

D_{max}, die Dämpfung bei sehr großen Dehnungen, wird mit folgenden empirisch bestimmten Formeln berechnet:

Sand:

$$D_{max} = D_1 - 1{,}5 \log N \ \ (D \text{ in } \%) \tag{4.18}$$

$D_1 = 33$, für trockenen Sand

$D_1 = 28$, für gesättigten Sand

N = Anzahl Zyklen

Kohäsive Böden (gesättigt):

$$D_{max} = 31 - (0{,}3 + 0{,}003\, f)\,(\sigma_m')^{0,5} + 1{,}5(f^{0,5}) - 1{,}5 \log N \ \ (D \text{ in } \%) \tag{4.19}$$

f = Frequenz der Belastungsschwingung

σ_m' = eff. mittlere Spannung in kN/m^2

Die in diesem und den nachfolgenden Kapiteln zusammengestellten Formeln erlauben eine einfache Abschätzung der Deformationsmodule und der Dämpfung für verschiedene Dehnungen. Sie sind gut geeignet für überschlägige Berechnungen. Für genaue Untersuchungen müssen diese Parameter allerdings durch Versuche am interessierenden Bodenmaterial speziell bestimmt werden. Der Verlauf der aus Versuchen erhaltenen Kurven wird ähnlich sein wie in Bild 4.6.

4.2.1 Sand

Schubmodul

In Kap. 4.1.1 sind die verschiedenen Einflussfaktoren für das Deformationsverhalten des Bodens zusammengestellt worden. Um nun die relative Wichtigkeit der verschiedenen Parameter für den G-Modul von Sand zu erkennen, schreibt man G vorteilhaft in der Form

$$G = 220\, K_2\, (\sigma_m')^{0,5} \quad [kN/m^2], \tag{4.20}$$

(Vorsicht, Formel dimensionsbehaftet!)

d.h. G wird als Funktion der mittleren Hauptspannung σ_m' und als Funktion aller übrigen Einflussparameter (zusammengefasst in K_2) dargestellt. Der Faktor 220 in (4.20) wurde lediglich deshalb eingeführt, damit sich für K_2 handliche Zahlenwerte ergeben; dieser Faktor betrug ursprünglich, d.h. für die Formeln in amerikanischen Einheiten, 1000. Obige Schreibweise erlaubt es, die Bedeutung der verschiedenen Parameter durch ihren Einfluss auf K_2 darzustellen.

In Bild 4.7 ist der Einfluss von ϕ', σ_v', e und K_0 auf den Faktor K_2 dargestellt. Man erkennt dabei folgendes:

- Im kleinen Dehnungsbereich ($\gamma < 10^{-3}$ %) hängt K_2 nur von der Porenziffer e ab.
- Im mittleren Dehnungsbereich ($\gamma = 10^{-3}$ bis 10^{-1} %) wird K_2 nur wenig von ϕ' und K_0 beeinflusst. Auch der Einfluss der Vertikalspannung (σ_v'), soweit er nicht bereits im Faktor $(\sigma_m')^{0,5}$ enthalten ist, ist relativ klein. Der Haupteinfluss kommt immer noch von der Porenziffer e.
- Bei sehr großen Dehnungen ($\gamma > 10^{-1}$ %) sind die Werte von K_2 praktisch unabhängig von ϕ', e und K_0.

Für praktische Anwendungen kann man somit annehmen, dass K_2 allein von der Porenziffer e und von der Dehnungsamplitude γ abhängt, d.h.

$$K_2 = f(e, \gamma).$$

Anstelle von e (Porenziffer) wird oft D_r (relative Dichte) als Maß der Lagerungsdichte verwendet. D_r berechnet sich mit

$$D_r = \frac{e_{max} - e}{e_{max} - e_{min}} \cdot 100 \quad [\%] \tag{4.21a}$$

oder

$$D_r = \frac{\gamma_d - \gamma_{d\,min}}{\gamma_{d\,max} - \gamma_{d\,min}} \frac{\gamma_{d\,max}}{\gamma_d} \cdot 100 \quad [\%] \tag{4.21b}$$

wobei γ_d = Trockenraumgewicht der Probe,
$\gamma_{d,\,min}$ = Trockenraumgewicht in lockerster Lagerung,
$\gamma_{d,\,max}$ = Trockenraumgewicht in dichtester Lagerung.

In Bild 4.8 sind die Resultate verschiedener Autoren zusammengestellt. Die Werte gelten für Sande mit $D_r = 40$ %, bzw. $D_r = 75$ %. Sie sind verschiedenster Herkunft und haben unterschiedliche Kornverteilungen und Kornformen. Zum Teil sind sie mit verschiedenen Methoden und Geräten bestimmt worden, was die recht große Streuung erklärt. Zu diesen Werten könnte eine große Zahl weiterer Versuchsresultate gezeichnet werden. Alle ergeben den gleichen Trend. Aufgrund der Kurven in Bild 4.8a und 4.8b wurde durch Extrapolation und Interpolation die Kurvenschar in Bild 4.9a ermittelt (Seed und Idriss, 1970). Dieses Diagramm stellt eine typische Kurvenschar für K_2 für Sand dar. Man muss sich aber im Klaren sein, dass ein einzelner Sand von diesen Kurven stark abweichen kann. Das Bild 4.60 zeigt eindeutig, dass die Resultate verschiedener Versuche bei einem bestimmten Material gut reproduzierbar sind und dass der Schubmodul von der Wurzel der mittleren Hauptspannung σ_m' abhängig ist. Verschiedene Untersuchungen an Sanden spezieller Herkunft, wie z.B. aus der Kupfergewinnung, zeigen, dass das generelle Verhalten des

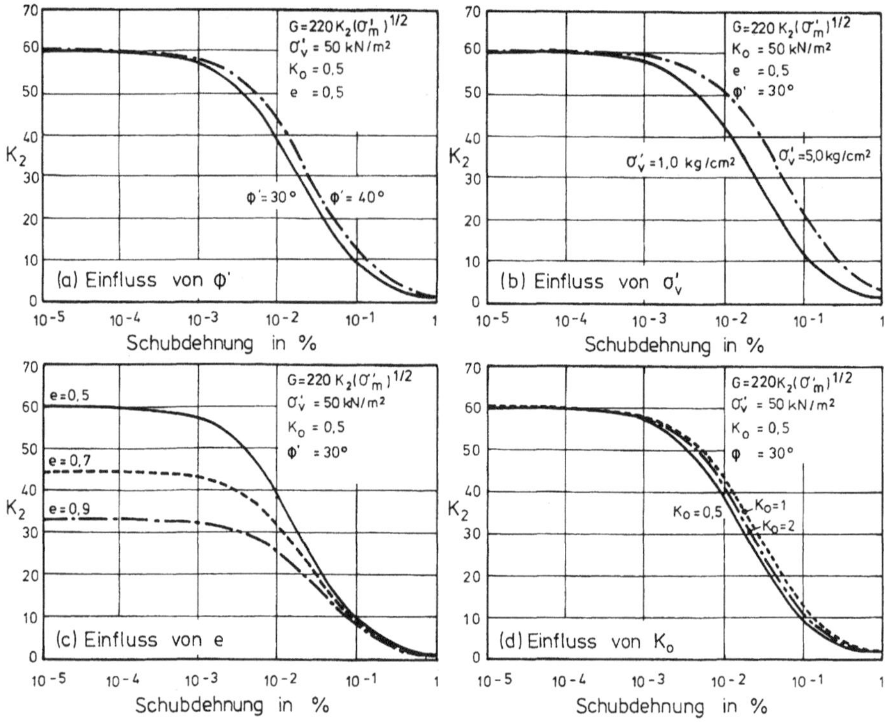

Bild 4.7. Einfluss verschiedener Parameter auf die Schubmoduln bei Sanden (nach Seed und Idriss, 1970)

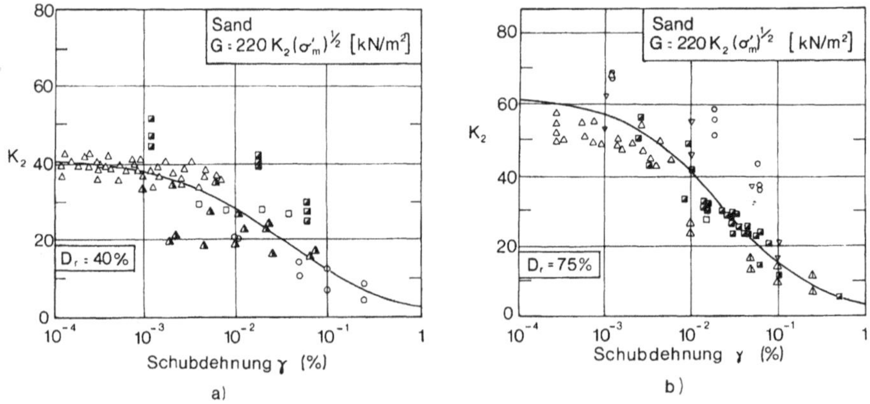

Bild 4.8. K_2 als Funktion von γ; **a** für $D_r = 40\,\%$, **b** für $D_r = 75\,\%$

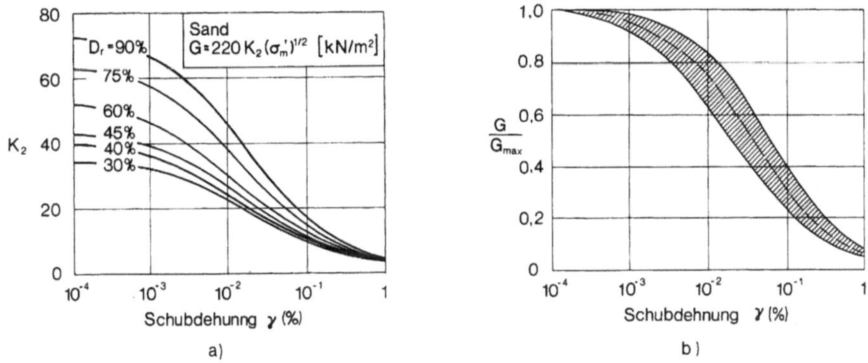

Bild 4.9. Schubdehnungsdiagramme: **a** K_2 als Funktion von γ für verschiedene D_r; **b** Streubereich des G-Moduls in Abhängigkeit der Schubdehnung

Schubmoduls und der Dämpfung analog zu natürlichen Materialien ist, die Werte aber stark davon abweichen können. Dies kann auf die unterschiedlichen Eigenschaften der Körner und der Bodenstruktur zurückgeführt werden (vgl. z.B. Rojas-Gonzalez et al., 1985).

Werden die Kurven von Bild 4.9a mit G_{max} (Schubmodul bei Dehnung $\gamma = 10^{-4}\%$) normiert, so erhält man das in Bild 4.9b dargestellte typische Streuband. Die Mittellinie dieses Streubandes stellt die Abhängigkeit des Schubmoduls des Sandes von der Schubdehnung dar. Dieser Verlauf wird in vielen Computerprogrammen verwendet.

Die vorangehenden Untersuchungen zeigen die Verhältnisse von Erdbebenanalysen mit einer geringen Anzahl von Lastwechseln. Bei Maschinenfundamenten, Fundationen von Verkehrsträgern wie auch bei Offshore-Windanlagen oder Offshore-Anlagen der Ölindustrie ist zum Teil mit einer wesentlich größeren Anzahl von Lastzyklen und anderen Belastungsgrößen (Dehnungen) zu rechnen, was die Materialkennziffern beeinflusst.

Die Bilder 4.10 und 4.11 zeigen die Entwicklung der Steifigkeit für Sand bei sehr kleinen Dehnungen im Bereich zwischen $\gamma = 10^{-6}$ und $\gamma = 10^{-3}$ bei unterschiedlicher Anzahl von Belastungszyklen. Neben dem Einfluss der Belastungsgeschichte (der nach ca. 100000 Zyklen den Schubmodul bezogen auf G_{max} um 5% bei $\gamma = 10^{-6}$ (oder 10^{-4} %) bis hin zu 20% bei $\gamma = 10^{-5}$ reduzieren kann) fällt weiter auf, dass bei einer Dehnung von $\gamma = 10^{-4}$ um ca. 20% höhere maximale Steifigkeiten erreicht werden können. Interessanterweise geht die Differenz, die sich aus dem Einfluss der Belastungszyklen ergibt, mit zunehmender Dehnung wieder zurück. Einen ähnlichen Einfluss auf die Lage der Kurven des Schubmoduls und der Dämpfung hat eine durch eine statische Belastung hervorgerufene Vorbelastung (Bild 4.12).

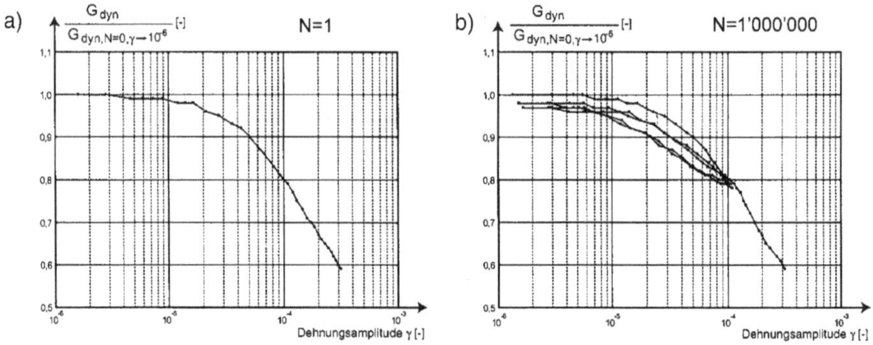

Bild 4.10. Veränderung des dynamischen Schubmoduls bei a) N = 1, b) N = 1 000 000 (Wichtmann und Triantafyllidis, 2005)

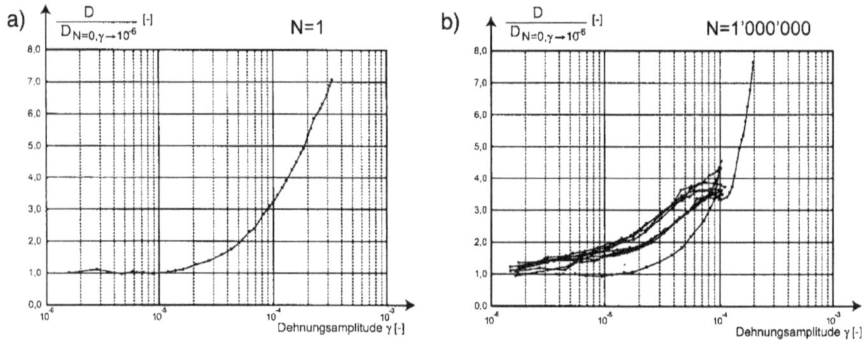

Bild 4.11. Veränderung des Dämpfungsmaßes bei a) N = 1, b) N = 1 000 000, (Wichtmann und Triantafyllidis, 2005)

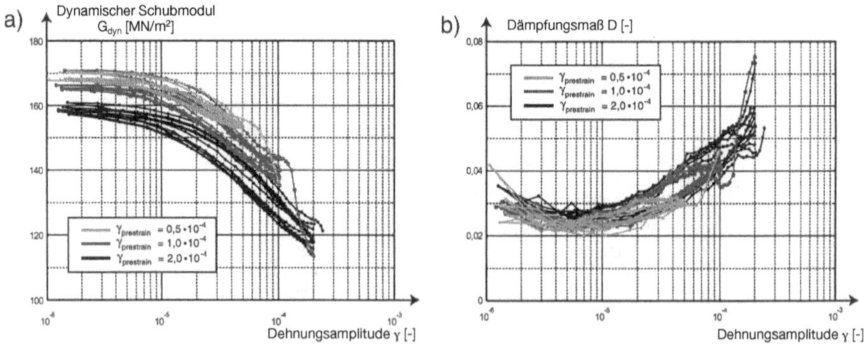

Bild 4.12. a) Dynamischer Schubmodul und b) Dämpfungsmaß in einem Versuch mit nacheinander aufgebrachter Vorbelastung $\gamma_{prestrain} = 0.5.\ 10^{-4}$, $\gamma_{prestrain} = 1.0.\ 10^{-4}$ und $\gamma_{prestrain} = 2.0\ 10^{-4}$ mit jeweils ca. 3 Millionen Zyklen (Wichtmann und Triantafyllidis, 2005)

Dämpfung

In gleicher Art und Weise wird die Materialdämpfung behandelt. Hardin und Drnevich (1970) fanden, dass

- Schubdehnung,
- effektive mittlere Hauptspannung σ_m',
- Porenziffer e,
- Anzahl Zyklen N

die Dämpfung am stärksten beeinflussen. Der Einfluss von Korngröße, Sättigungsgrad, Reibungswinkel etc. ist relativ klein.

In Bild 4.13 sind wiederum der Einfluss von ϕ', e, K_0, S_r auf die nach Hardin und Drnevich berechnete Dämpfung dargestellt. Deutlich ist der relativ kleine Einfluss dieser Größen erkennbar.

Der Einfluss der Anzahl Belastungszyklen (4.19) wird mit zunehmender Anzahl Schwingungen kleiner. Nimmt man z.B. für Erdbeben eine Zyklenzahl zwischen 5 und 30 als repräsentativ an, so erkennt man aus (4.19), dass in diesem Bereich der Einfluss der Zyklen nicht mehr groß ist. Man darf sich in diesem Bereich im Falle von Erdbeben oder lang andauernden Erschütterungen mit einer mittleren Zyklenzahl zur Berechnung der Dämpfung begnügen. Der Einfluss der Vertikalspannung ist nur im kleinen Spannungsbereich, das heißt nahe dem ersten Meter Boden der Geländeoberfläche relativ groß. In größerer Tiefe wird er zunehmend kleiner. Aus diesem Grunde wird die Spannungsabhängigkeit meist vernachlässigt.

In Bild 4.14 sind verschiedene Versuchsresultate für Sande zusammengestellt. Deutlich ist die relativ große Streuung erkennbar. Sie kommt wiederum zur Hauptsache davon, dass die Versuchsresultate verschiedener Autoren an verschiedenen Sanden und aus unterschiedlichen Versuchen im gleichen Diagramm aufgetragen sind. Das Bild zeigt, dass eine generelle Abhängigkeit der Dämpfung D von der Schubdehnung vorhanden ist. Man wird für genauere Untersuchungen die Dämpfung für einen speziellen Sand experimentell bestimmen müssen.

4.2.2 Kies-Sand

Es ist naheliegend, für Kies-Sand eine ähnliche Abhängigkeit des Schubmoduls von der Schubdehnung anzunehmen, wie sie für Sand existiert. Kies-Sand ist jedoch wesentlich steifer, so dass im Allgemeinen mit wesentlich größeren K_2-Werten zu rechnen ist. Oft bewegen sich die K_2-Werte im Bereich von 100 bis 140; bei ausgesprochen dichten, gut abgestuften Kies-Sanden sind aber auch Werte bis etwa 200 möglich. Bild 4.15 zeigt typische Kurven für verschiedene Kies-Sande mit beträchtlichen Steifigkeitsunterschieden, bedingt im Wesentlichen durch die Kornverteilung. Für die Dämpfung können die gleichen

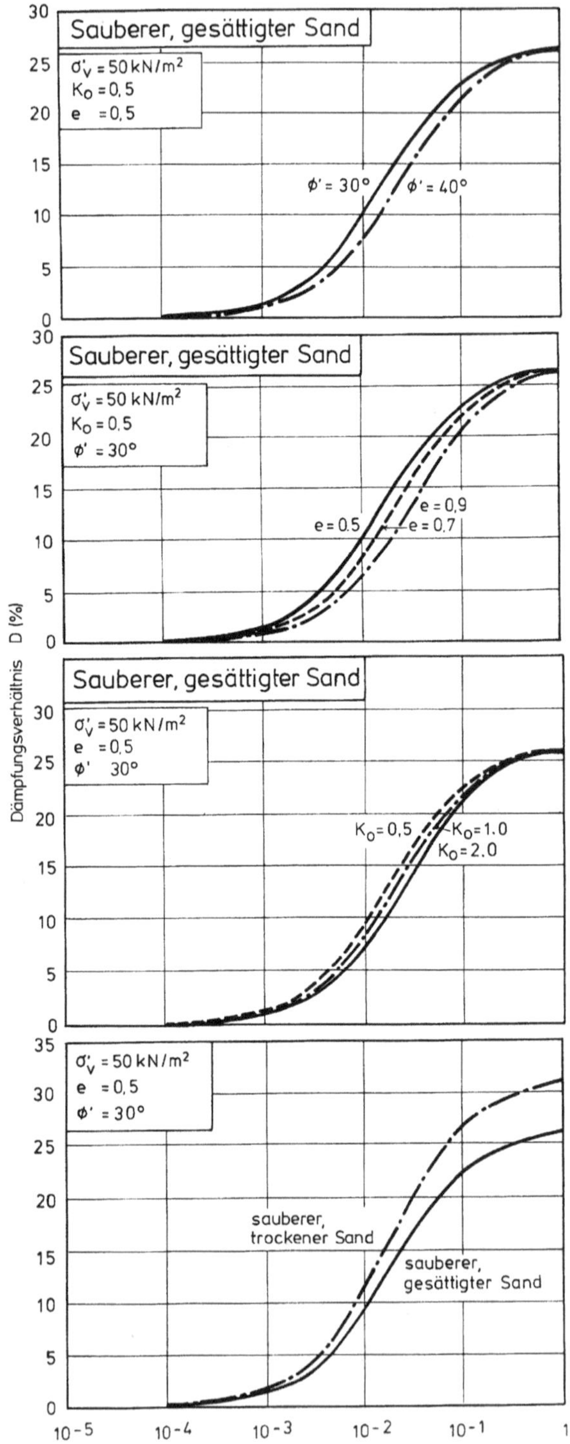

Bild 4.13. Einfluss verschiedener Parameter auf die Dämpfungsverhältnisse D bei Sand

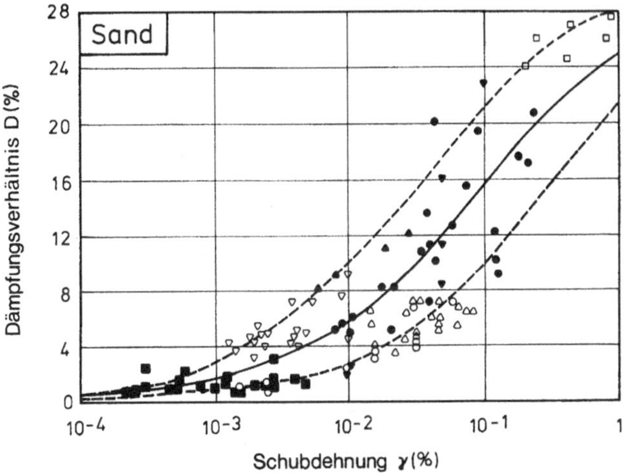

Bild 4.14. Dämpfungsverhältnis D für Sand; Mittelwert und Streuband (nach Seed und Idriss, 1970)

Zusammenhänge wie für Sand (Bild 4.14) verwendet werden. Verschiedene weitere Untersuchungen (z. B. Gazetas, 1989) bestätigen dies. Einen Überblick über die geotechnischen Kennziffern (statisch und dynamisch) gibt Charles (1989), obwohl hier noch einmal darauf hingewiesen werden soll, dass insbesondere die Abhängigkeit der Steifigkeit von der Dehnung im Einzelfall für bedeutende Objekte untersucht werden sollte.

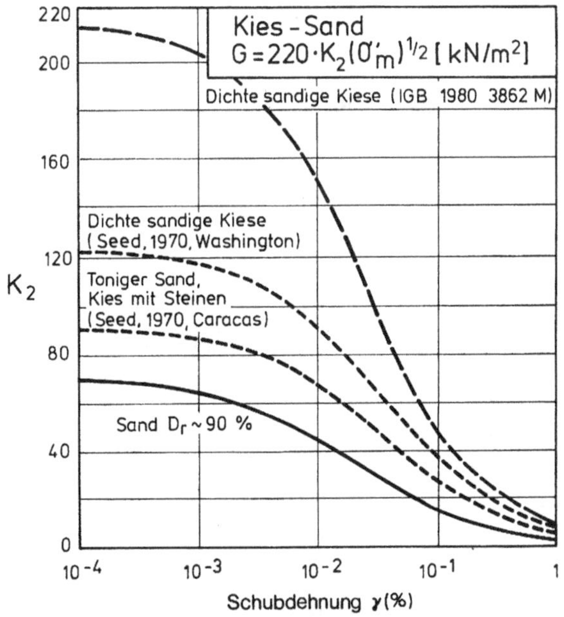

Bild 4.15. Typische Schubmodule G für Kies-Sande

4.2.3 Tonige Böden

Schubmodul

Da die Steifigkeit eines Tones mit zunehmender undrainierter Scherfestigkeit s_u zunimmt, ist es naheliegend, G/s_u in Funktion der Schubdehnung γ aufzuzeichnen. Bild 4.16 zeigt diese Korrelation. Deutlich ist ein Abfall des normalisierten Schubmoduls mit der Schubdehnung erkennbar. Bild 4.17 zeigt, dass genaue Lage und Steilheit des Abfalls von den Eigenschaften des einzelnen Tons abhängen.

Die Unterschiede von Resultaten aus Laborversuchen und denjenigen aus Feldversuchen sind meist sehr groß. Bei Laborversuchen ruft die Probenherstellung offensichtlich sehr große Störungen in der untersuchten Probe hervor. Gründe für die Abweichungen liegen unter anderem auch im Zeiteffekt. Diese

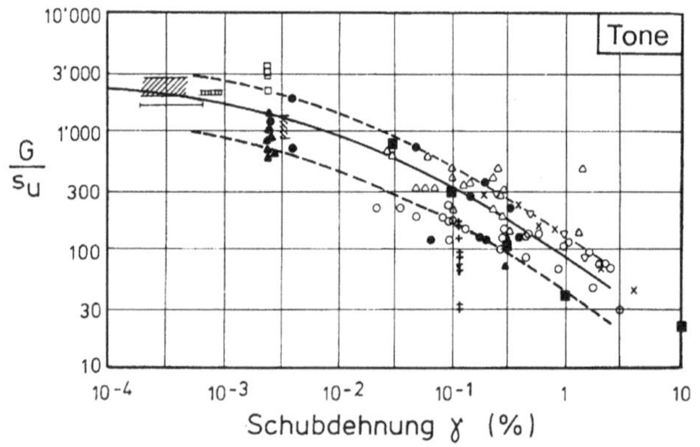

Bild 4.16. In-situ Schubmodule für gesättigte Tone (nach Seed und Idriss, 1970)

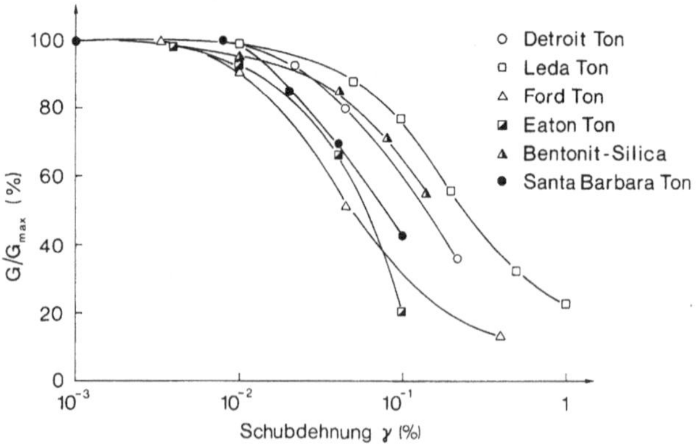

Bild 4.17. Schubmodul als Funktion der Schubdehnung (nach Anderson, 1974)

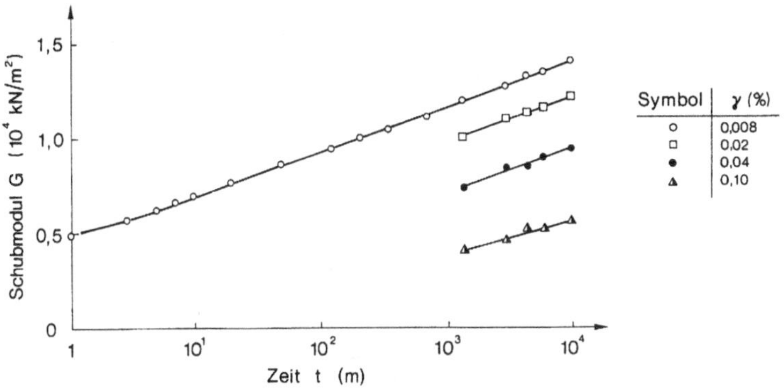

Bild 4.18. Schubmodul als Funktion der Zeit für Santa-Barbara-Ton (σ_c=0,44 bar) (nach Anderson, 1974)

Zeiteffekte ergeben sich aus einem unterschiedlich langen und im Wesentlichen unkontrollierten Prozess der Entlastung einer Probe zwischen Entnahme und Versuch sowie Einflüssen durch den Transport wie auch der Probenaufbereitung. Auch weisen Tonproben, die über längere Zeit konsolidieren, bevor sie untersucht werden, wesentlich höhere Schubmodule (G) auf (vgl. Bild 4.18).

Historisch gesehen wurden Schubmodule und Dämpfungsverhältnisse für kohäsionslose und kohäsive Böden getrennt behandelt. Neuere Untersuchungen zeigen einen kontinuierlichen Übergang zwischen diesen beiden Bodentypen, was aus physikalischen Gründen auch zu erwarten ist.

Die Einflüsse verschiedener Parameter auf die Größe des Schubmoduls granularer und toniger Böden sind in Tabelle 4.2 zusammengestellt. Tabelle 4.3 zeigt den Einfluss verschiedener Parameter auf den Verlauf von G/G_{max}.

Tabelle 4.2. Einfluss verschiedener Parameter auf den maximalen Schubmodul G_{max} (nach Kramer, 1996)

Zunahme der Einflussfaktoren	G_{max}
effektiver Überlagerungsdruck σ'_m	steigt mit σ'_m
Porenziffer e	fällt mit e
geologisches Alter t_g	steigt mit t_g
Verkittung c	steigt mit c
Überkonsolidationsverhältnis OCR	steigt mit OCR
Plastizitätsindex I_p	steigt mit I_p wenn OCR > 1 bleibt ungeführ konstant wenn OCR = 1
Dehnungsgeschwindigkeit $\dot{\gamma}$	kein Effekt bei nicht plastischem Boden steigt mit $\dot{\gamma}$ bei plastischem Boden
Anzahl Lastwechsel N	fällt nach N Wechsel bei hohem γ_c, geht aber nach Erholungszeit auf Wert zurück steigt mit N bei Sand

Tabelle 4.3. Einfluss verschiedener Parameter auf G/G_{max} (nach Kramer, 1996)

Zunahme der Einflussfaktoren	G/G_{max}
effektiver Überlagerungsdruck σ'_m	steigt mit σ'_m; steigt geringer mit steigendem I_p
Porenziffer e	steigt mit e
geologisches Alter t_g	kann mit t_g steigen
Verkittung c	kann mit c steigen
Überkonsolidationsverhältnis OCR	kein Einfluss
Plastizitätsindex I_p	steigt mit I_p
Zyklische Dehnung γ_c	verkleinert sich mit wachsendem γ_c
Dehnungsgeschwindigkeit $\dot{\gamma}$	G steigt mit $\dot{\gamma}$; wenn G und G_{max} bei gleichem γ gemessen wurden, kein Einfluss auf G/G_{max}
Anzahl Lastwechsel N	bei Ton und hohem γ_c fällt nach N Wechsel (G_{max} vor N Wechsel gemessen)
	bei Sand steigt mit N unter drainierten Verhältnissen und fällt unter undrainierten Verhältnissen

Dass der Verlauf des Schubmoduls in Abhängigkeit der Schubdehnung bei feinkörnigen Böden stark vom Plastizitätsindex abhängt, ist aus Bild 4.19 deutlich ersichtlich. Die Kurve für $I_p = 0$ in Bild 4.19 entspricht dabei weitgehend der mittleren Kurve von Bild 4.9b für Sand.

Der Einfluss des Spannungszustandes und des Plastizitätsindexes wurde von Ishibashi und Zhang (1993) wie folgt ermittelt:

$$\frac{G}{G_{max}} = K(\gamma, I_p)\,(\sigma')^{m(\gamma, I_p) - m_0} \tag{4.22}$$

wobei

$$K(\gamma, I_p) = 0{,}5\left\{1 + \tanh\left[\ln\left(\frac{0{,}000102 + n(I_p)}{\gamma}\right)^{0{,}492}\right]\right\}$$

$$m(\gamma, I_p) - m_0 = 0{,}272\left\{1 - \tanh\left[\ln\left(\frac{0{,}000556}{\gamma}\right)^{0{,}4}\right]\right\}\exp(-0{,}0145 I_p^{1{,}3})$$

$$n(I_p) = \begin{cases} 0{,}0 & \text{für } I_p = 0 \\ 3{,}37 \times 10^{-6}\, I_p^{1{,}404} & \text{für } 0 < I_p \le 15 \\ 7{,}0 \times 10^{-7}\, I_p^{1{,}976} & \text{für } 15 < I_p \le 70 \\ 2{,}7 \times 10^{-5}\, I_p^{1{,}115} & \text{für } I_p > 70 \end{cases}$$

Die Beziehungen (4.22) für einen granularen ($I_p = 0$) und einen tonigen Boden ($I_p = 50$) zeigt Bild 4.20.

Der Einfluss der Anzahl der Lastwechsel auf den Verlauf des Schubmoduls ist aus Bild 4.23 ersichtlich. Deutlich erkennbar ist, dass sich der Schubmodul mit steigender Anzahl Lastwechsel bei konstanter Dehnungsamplitude verkleinert.

In Bild 4.21 sind unterschiedliche Ansätze zur Beschreibung der maximalen Steifigkeit in Abhängigkeit des Spannungszustandes σ_c für Silte mit Plastizitätsindizes bis zu 40 dargestellt. Im Unterschied zu granularen Böden

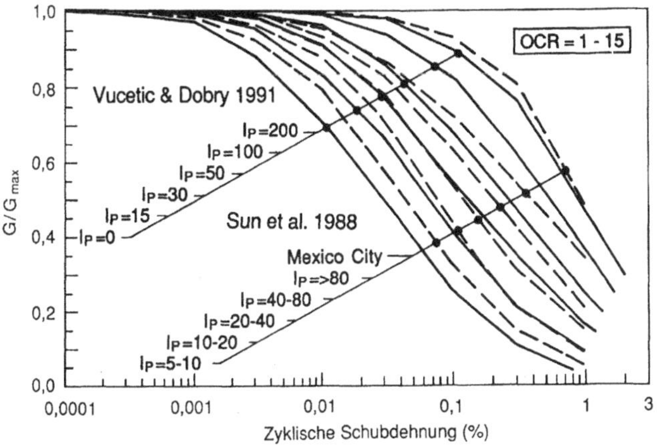

Bild 4.19. Normierter Schubmodul in Funktion der Schubdehnung für verschiedene Plastizitätsindizes

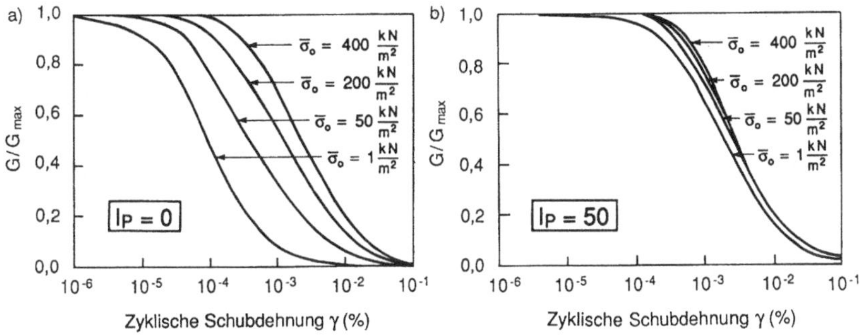

Bild 4.20. Einfluss des mittleren Spannungszustandes auf den Verlauf des Schubmoduls für einen, **a** kohäsionslosen ($I_p = 0$) und einen **b** kohäsiven Boden ($I_p = 50$) (nach Ishibashi, 1992)

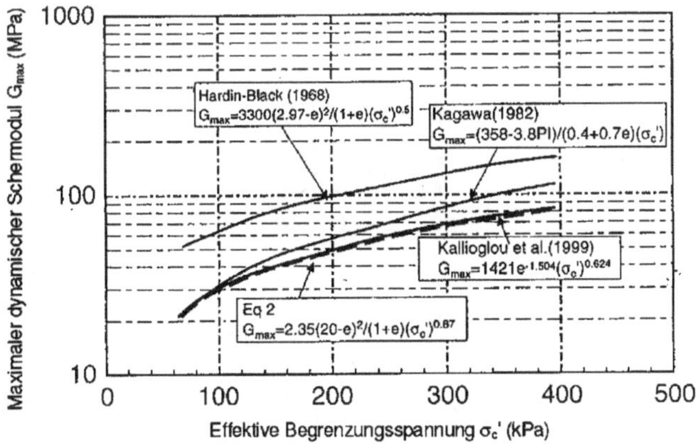

Bild 4.21. Vergleich verschiedener Ansätze zur Beschreibung der maximalen Steifigkeit G_{max} von Silten (Okur und Ansal, 2004)

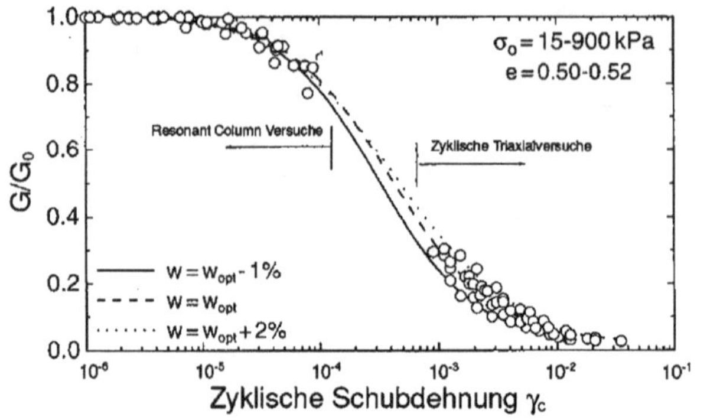

Bild 4.22. Einfluss des Wassergehaltes auf den Schubmodul (Xenaki und Athanasopoulos, 2004)

hat der Spannungszustand bei feinkörnigen Böden einen nicht zu vernachlässigenden Einfluss auf die maximale Steifigkeit. Ebenso verdeutlicht Bild 4.21, dass bei der Beschreibung realer Böden die Genese der Böden wie auch die Spannungsgeschichte und Zusammensetzung von großer Bedeutung ist. Daher sollte soweit möglich eine angesetzte Funktion durch Untersuchungen bestätigt werden bzw. sollten Untersuchungen an möglichst ungestörten Proben zu einer individuellen lokal gültigen Formulierung der Steifigkeitsfunktion führen. Der Einfluss des Wassergehaltes auf die Aussagen von verschiedenen Versuchen findet sich in Bild 4.22. Während sich der Schubmodul dabei unempfindlich gegen eine leichte Variation des Wassergehaltes zeigt, haben schon sehr kleine Änderungen im Wassergehalt Auswirkungen auf das Dämpfungsmaß (Xenaki und Athanasopoulos, 2004).

Bild 4.23. Einfluss der Lastwechsel auf den Verlauf des Schubmoduls in Funktion der Schubdehnung für plas-tische Böden (nach Vucetic und Dobry, 1991)

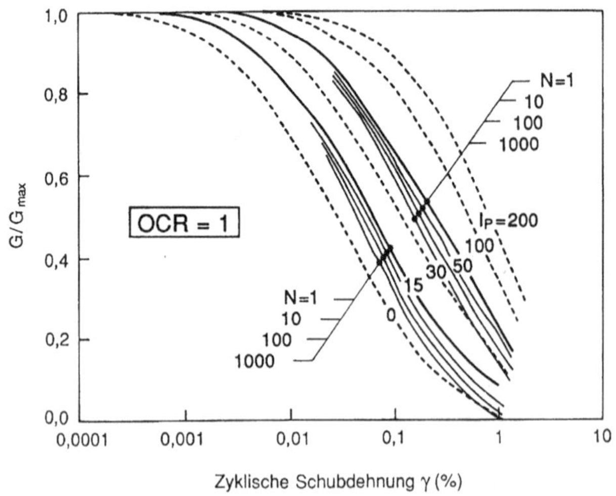

Dämpfung

Eine der frühesten Darstellungen des Dämpfungsverhältnisses von Tonen in Abhängigkeit der Schubdehnung ist in Bild 4.24 zu sehen. Die große Streuung der Resultate rührt wie bei den Bildern 4.8 und 4.14 daher, dass Resultate verschiedener Materialtypen im gleichen Bild dargestellt sind. Deutlich ist eine Zunahme der Dämpfung mit zunehmender Schubdehnung erkennbar.

Dass auch bei kleinsten Dehnungen, bei denen sich ein Boden „linear-elastisch“ verhält, stets eine minimale Materialdämpfung vorhanden ist, wird auch durch Untersuchungen bestätigt, die sich mit dem Verformungsverhalten bei großer Anzahl von Belastungszyklen befassen.

Bild 4.25 zeigt den Einfluss des Plastizitätsindexes auf den Verlauf der Dämpfung. Die Kurve für $I_p = 0$ entspricht dabei weitgehend der klassischen

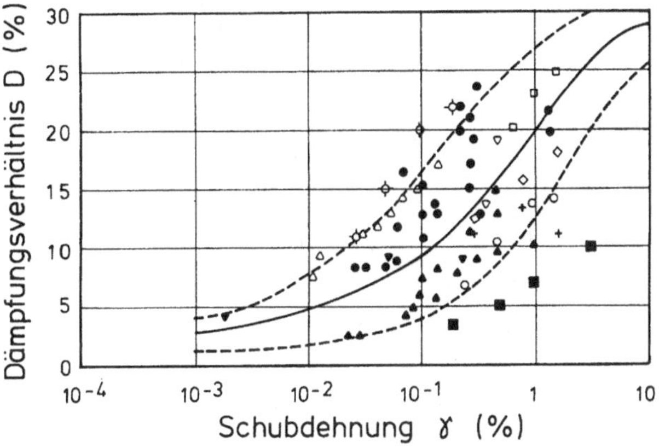

Bild 4.24. Dämpfungsverhältnis D für Ton; Mittelwert und Streuband (nach Seed und Idriss, 1970)

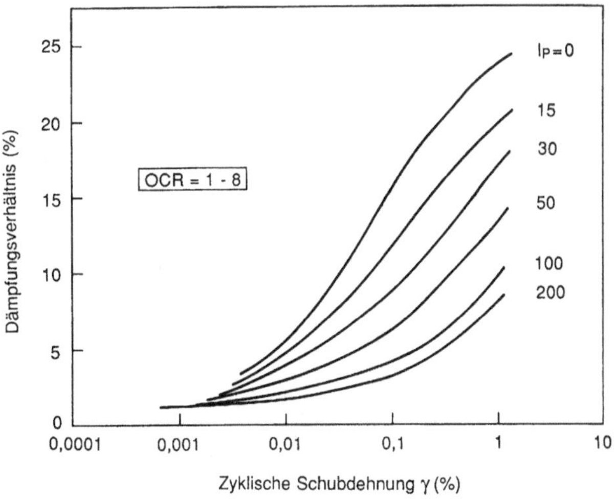

Bild 4.25. Dämpfungsverhältnis in Funktion von Plastizitätsindex I_p und Schubdehnung (aus Vucetic und Dobry, 1991)

Tabelle 4.4. Einfluss verschiedener Parameter auf das Dämpfungverhältnis D (nach Kramer, 1996)

Zunahme der Einflussfaktoren	Dämpfungsverhältnis D
effektiver Überlagerungsdruck σ'_m	fällt mit σ'_m; fällt geringer mit steigendem I_p
Porenziffer e	fällt mit e
geologisches Alter t_g	fällt mit t_g
Verkittung c	kann mit c fallen
Überkonsolidationsverhältnis OCR	kein Einfluss
Plastizitätsindex I_p	fällt mit I_p
Zyklische Schubdehnung γ_c	steigt mit γ_c
Dehnungsgeschwindigkeit $\dot{\gamma}$	konstant oder steigt eventuell mit $\dot{\gamma}$
Anzahl Lastwechsel N	nicht signifikant

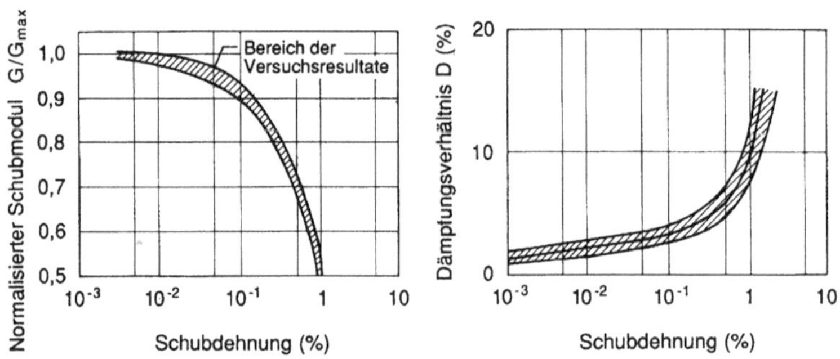

Bild 4.26. Dehnungsabhängigkeit von Schubmodul und Dämpfungsverhältnis für „Mexiko-City-Ton“ (nach Leon et al., 1974 und Romo und Jaime, 1986)

Kurve von Seed für Sand. Wie bereits in Kapitel 4.2.2 dargestellt, können deshalb die Kurven in Bild 4.25 auch für grobkörnigere Böden verwendet werden.

Die Einflüsse verschiedener Faktoren auf das Dämpfungsverhältnis D sind in Tabelle 4.4 zusammengestellt.

Ishibashi und Zhang (1993) entwickelten eine empirische Beziehung für kohäsionslose und kohäsive Böden unter Verwendung von Gleichung (4.22):

$$D = 0{,}333 \frac{1 + \exp(-0{,}0145\, I_p^{1,3})}{2} \left[0{,}586 \left(\frac{G}{G_{max}} \right)^2 - 1{,}547 \frac{G}{G_{max}} + 1 \right]. \qquad (4.23)$$

Dass sowohl die Resultate für die Schubmodule wie auch für die Dämpfung bei einheitlichem Material eine geringe Streuung aufweisen, ist aus Bild 4.26 für „Mexiko-City-Ton“ ersichtlich.

4.2.4
Fels

Schubmodul

Die Deformationseigenschaften von Fels hängen einerseits von den Eigenschaften der Felsmatrix und andererseits von denjenigen der Klüfte mit ihrem Füllmaterial ab. Dies ist bei der Modellbildung unbedingt zu berücksichtigen. Im Folgenden beschränken wir uns auf die Felsmatrix.

Beim Fels spielt der Verwitterungszustand eine wichtige Rolle. Im Labor wird zumeist der homogene Fels untersucht. Beim homogenen Fels, auch beim verwitterten, nimmt der Schubmodul mit zunehmender Dehnung weniger stark ab als bei einem Lockergestein. Erst bei größeren Schubdehnungen macht sich ein starker Abfall bemerkbar (Bild 4.27). Die Verwitterung von Fels bewirkt eine Abnahme des Schubmoduls mit der Dehnung, die bei sehr starker Verwitterung in die Größenordnung eines dichtgelagerten Lockergesteines übergehen kann. So zeigt etwa kompakter Sandstein höherer Festigkeit ein Verhalten ähnlich gesundem Fels, während kompakter Sandstein mittlerer Festigkeit sich im Verhalten dem verwitterten Fels nähert (vgl. Thompson et al., 1985). Eine gute Übersicht über Untersuchungsergebnisse mit vielen Literaturhinweisen geben Tatsuoka et al. (1995).

Bild 4.27. Schubmodul von Fels im Vergleich zu Schubmodul von Sand (Seed et al., 1986)

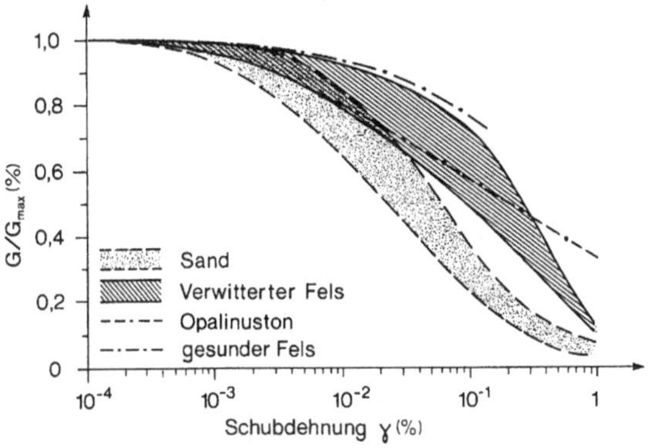

Bild 4.28. Dämpfung von Fels im Vergleich mit der Dämpfung von Sand (Seed et al., 1986)

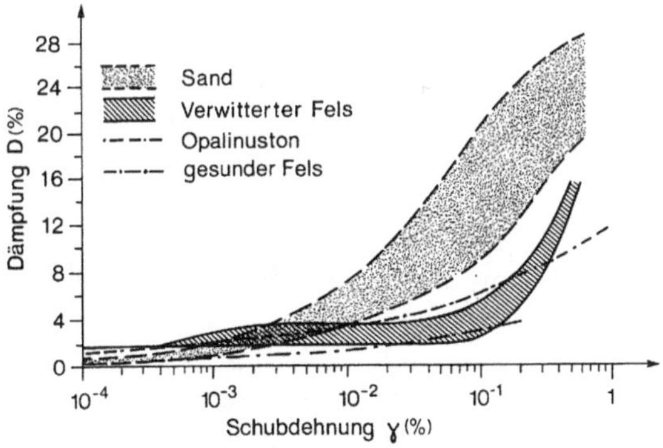

Dämpfung

Die Dämpfung im Fels ist für einen relativ großen Dehnungsbereich ($\gamma = 10^{-4}$ bis 10^{-1} %) konstant und beträgt nur etwa 1 bis 5% (Bild 4.28). Sie ist also im mittleren Dehnungsbereich wesentlich kleiner als bei einem Lockergestein. Erst im Bereich größerer Dehnungen ist mit einem stärkeren Anstieg der Dämpfung zu rechnen. Dieser Anstieg der Dämpfung ist ein Hinweis auf die Zerstörung der Struktur der Felsmatrix (Risse) bei größeren Dehnungen.

4.2.5 Abschließende Bemerkungen zu linear äquivalenten Bodenkennziffern

Wie bereits in den vorhergehenden Abschnitten beschrieben, gehen ältere Untersuchungen von unterschiedlichen Verhaltensweisen bei granularen und feinkörnigen Böden aus. Untersuchungen haben sich daher früher auf reine Tone und granulare Materialien beschränkt. Neuere Untersuchungen mit einer größeren Bandbreite an Untersuchungsmöglichkeiten und einer verbesserten Messtechnik haben jedoch gezeigt, dass eine Veränderung der Kornverteilung im Wesentlichen eine Verschiebung der Kurven in beiden Achsen (normierte Steifigkeit wie auch Dehnung) erzeugt. So beginnt zum Beispiel bei feinkörnigen, normal konsolidierten Böden eine signifikante Steifigkeitsabnahme bereits ab einer Schubdehnung von 10^{-5}, während bei Felsmaterialien erheblich höhere Dehnungen zur Erzwingung der Steifigkeitsabnahme nötig sind. Granulare Sedimente, welche nicht den Gezeiten und damit einer Verdichtung durch Bewegung ausgesetzt sind, verhalten sich analog zu normal oder nur gering konsolidierten Tonen. Sie reagieren bereits auf kleinste Dehnungsunterschiede sensitiv (vgl. Vaid, 1994). Der Einfluss der Belastungszyklen und der Plastizitätszahl (vgl. Bilder 4.10 bis 4.12, 4.20 und 4.23) verdeutlicht dies weiter.

4.3 Festigkeits- und Verformungseigenschaften unter dynamischer Belastung

4.3.1 Übersicht

Unter dynamischer Belastung zeigen die meisten Materialien ein anderes Bruchverhalten als unter einfacher monotoner statischer Belastung. Einerseits nimmt die Bruchfestigkeit wegen der höheren Belastungsgeschwindigkeit zu, andererseits ergibt sich durch die zahlreichen Belastungszyklen eine Art Ermüdung, die zu einer Reduktion der Festigkeit führt. Bei wassergesättigtem sandigem und siltigem Material tritt zusätzlich ein spezieller Effekt auf, der mit dem Begriff Bodenverflüssigung umschrieben wird. Dieser Effekt hängt mit der besonderen Struktur des Bodens zusammen, der einen mehrphasigen Aufbau, bestehend aus Korngerüst, Wasser und gegebenenfalls Luft, aufweist. Erschütterungen bewirken eine teilweise nur mikroskopisch kleine Verdichtung des Bodens. Diese Volumenverkleinerung führt zu einem Porenwasserdruckanstieg, der infolge der relativ großen Belastungsgeschwindigkeit durch Abströmen nur ungenügend abgebaut werden kann. Durch sukzessive Belastungszyklen steigt der Porenwasserdruck weiter an, wodurch die effektiven Spannungen abgebaut werden. Schließlich geht die Scherfestigkeit verloren und die Körner können im Extremfall sozusagen im Porenwasser schwimmen. (Die Bodenverflüssigung wird im Kapitel 4.8 näher beschrieben.)

Eine solche Verflüssigung ist natürlich nur in Böden möglich, in denen das Wasser nur langsam wegdrainieren kann, d. h. in sandigen und siltigen Böden. Grobkörnige, durchlässige Materialien wie Kies und Schotter, in denen sich das Porenwasser relativ unbehindert bewegen kann, und in kohäsiven Böden, in denen ein Teil des Wassers an die einzelnen Tonpartikel gebunden ist, sind in dieser Beziehung weniger stark gefährdet. Bodenverflüssigung ist sowohl infolge Scher- wie auch infolge Druckbelastung möglich. Im Boden werden Volumenänderungen jedoch leichter durch Schubspannungen als durch Druckspannungen erzeugt.

Unter zyklischer Beanspruchung kann ein Boden infolge folgender Ursachen versagen:

- Vollständiger Verlust der Scherfestigkeit; der Boden verhält sich vorübergehend wie eine Flüssigkeit (Verflüssigung).
- Bei jedem Belastungszyklus entsteht ein vorübergehender Verlust der Scherfestigkeit. Es treten dabei größere Verformungen auf. Die verbleibende statische Scherfestigkeit ist jedoch nicht wesentlich tiefer als vorher. Eine Ausnahme stellt die Überschreitung der maximalen Scherfestigkeit und der dazugehörigen Verformung dar, bei der ein Abfall auf die kritische Scherfestigkeit erfolgen kann.
- Scherbruch wie unter statischer Last, wobei die Scherfestigkeit wegen der vorangegangenen zyklischen Belastung bzw. der durch die Belastung erzwungenen Verformungen reduziert sein kann. Bei reiner volumetrischer Verformung kann es aufgrund der verbesserten Verzahnung der Einzelkörner sogar zu einer Erhöhung der Festigkeit kommen.

Welche dieser Versagensformen eintritt, hängt einerseits vom Boden (granular – feinkörniger Boden) und dessen Durchlässigkeit, anderseits von der Belastungsart (Scher- oder Druckbelastung, Belastung mit und ohne Nulldurchgang), der Dauer der Belastung und der Lastamplitude ab. Der Zusammenhang zwischen den unterschiedlichen Tendenzen kann Bild 4.29 entnommen werden.

4.3.2 Entwicklung von Verformungen

Den in Bild 4.29 dargestellten Verhaltensweisen lassen sich die in Bild 4.30 in einer prinzipiellen Darstellung abgebildeten Verformungsentwicklungen zu-

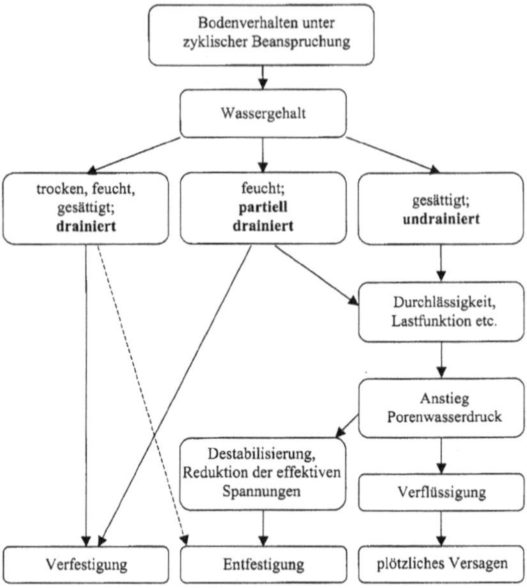

Bild 4.29. Prinzipielles Festigkeits- und Deformationsverhalten bei zyklischer oder dynamischer Belastung von Böden

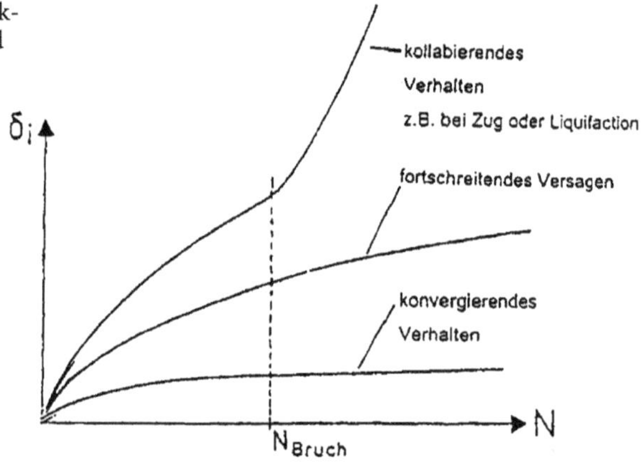

Bild 4.30. Verformungsentwicklungen nach Goldscheider und Gudehus (1975)

ordnen. In Abhängigkeit der verschiedenen Einflussgrößen (Belastungsart, Ausgangszustand und Belastungsgeschichte) zeigt sich eine zunehmende Verformung mit zunehmender Belastungsdauer. Diese Verformungszunahme kann abklingen (konvergierendes Verhalten) oder fortschreiten, wobei bei letzterem Verhalten entweder kein Grenzwert erreicht wird oder es zu einer Entfestigung führen kann, welche je nach Beanspruchungsart zu einem kollabierenden schlagartigen Versagen führt.

Bei der Bearbeitung von praktischen Bauaufgaben wird die Verformungsentwicklung neben den schon genannten Einflussgrößen vor allem auch durch die Mechanismen beherrscht, die unter einer Fundation durch eine Belastung hervorgerufen werden. Hierbei sind vor allem volumetrische Verformungen (z.B. durch Zusammendrückung) und deviatorische Verformungen (Scherverformungen) zu unterscheiden. Bei praktischen Fragestellungen werden die unterschiedlichen Mechanismen in der Regel überlagert, so dass eine Kombination der Verformungsanteile auftritt.

Die reine volumetrische Verformungsentwicklung unter zyklischer Belastung kann z.B. mit einem Ödometerversuch untersucht werden, bei dem eine Bodenprobe einer Belastung unterworfen wird, ohne dass seitliche Verformungen zugelassen werden (behinderte Seitendehnung). In Bild 4.31 sind solche Versuchsergebnisse dargestellt.

Bild 4.31 zeigt exemplarisch die Verformungsentwicklung im Sand bei gleich bleibender Größe der Spannung σ_1 unter Variation unterschiedlicher zyklischer Lastgrößen $\Delta\sigma_1/\sigma_1$. Auffallend ist, dass sich selbst bei den kleinsten hier dargestellten Lastamplituden noch eine stetige Zunahme der Verformungen einstellt. Bei der Auswertung eines solchen Versuches muss auch der Maßstab der dargestellten Zyklen berücksichtigt werden. Würde auf den logarithmischen Maßstab verzichtet, wäre deutlich ein konvergierendes Verhalten für kleine Belastungsgrößen auszumachen. Die im logarithmischen Maßstab zu identifizierende Zunahme der Verformung ist auf eine lastbedingte Änderung der Kornmatrix zurückzuführen. Die Untersuchung in einem zyklischen Ödometer ist jedoch eine sehr starke Vereinfachung und ist daher bei der Übertragung auf praktische Fragestellungen nur bedingt einsetzbar. Andererseits zeigt sich auch unter idealer volumetrischer Verformung bereits eine stetige Verformungsentwicklung im logarithmischen Maßstab. Da selbst bei rein statisch wirkender Kompression eine Abrasion und insbesondere eine Kornzertrümmerung eintritt (Fukumoto, 1992 oder z.B. Robertson und Bolton, 1997), ergibt sich für zyklische Belastungen aufgrund möglicher Ermüdungserscheinungen, dass für diese Kornzertrümmerung nicht zwingend ein Lastanstieg

Bild 4.31. Verformungsentwicklung (reine Vertikalverformung in einem zyklischen Ödometerversuch bei unterschiedlichen Belastungsgrößen in Abhängigkeit der logarithmisch dargestellten Anzahl der Belastungszyklen (Mallwitz, 1992)

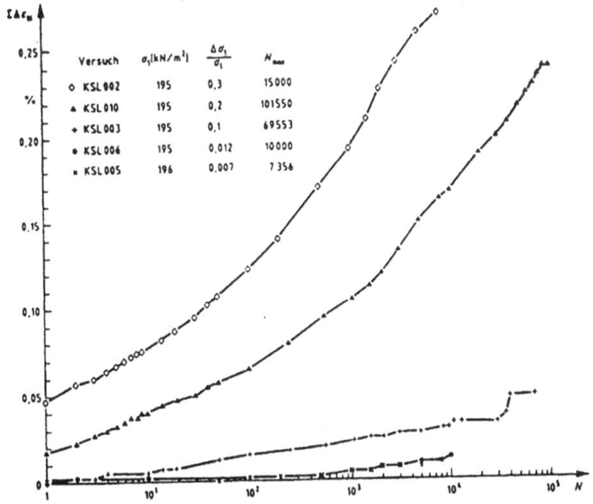

erforderlich ist. Daher ist selbst bei idealen Zuständen, wie sie eine reine oedometrische Belastung darstellt, bereits mit größeren Verformungen zu rechnen als bei einer vergleichbaren statischen Belastung.

Im Unterschied zu einer volumetrischen Verformung kann eine Scherbeanspruchung nicht nur zu einem konvergierenden Verhalten bzw. im maximalen Fall zu einem fortschreitenden Versagen, sondern auch zu einem kollabierenden Verhalten führen, wie in Bild 4.32 veranschaulicht wird. Die dargestellten Untersuchungen zeigen zunächst für einen einfachen Scherversuch eine Reduktion der Verformungen mit zunehmender Anzahl von Lastzyklen. Nach Eintrag einer gewissen Anzahl von Belastungszyklen ergibt sich ein erneuter Zuwachs der inkrementellen Verformungen, wobei dies dazu führt, dass sich im weiteren Verlauf (hier bereits nach 23 Belastungszyklen) ein Bruch einstellt.

Der in Bild 4.32 dargestellte Fall stellt einen Extremfall der Belastung dar. Die zyklische Belastung beträgt etwa 95% der statischen Bruchlast. Die statische Bruchlast ist wiederum die maximale Last und liegt oberhalb der Belastung, die sich mit der Restscherfestigkeit bestimmen lässt. Im Unterschied zu einer volumetrischen Belastung ist bei einer deviatorischen Beanspruchung von einer erhöhten Verformungszunahme auszugehen.

Wie oben bereits diskutiert, wird sich in der Realität eine Kombination von Scher- und volumetrischer Verformung einstellen. Dies bedeutet, dass die in der Realität vorhandenen Spannungspfade auch in eventuellen Laboruntersuchungen nachgebildet werden müssen. Diese am realen Spannungspfad einzelner Bodenelemente orientierten Versuche werden mit Hilfe von komplexeren Versuchstechniken (Triaxialversuche oder Hohlzylinderversuche) und damit in der Regel von Forschungsanstalten durchgeführt. Die Versuchstechniken, wie auch die aus diesen Versuchstechniken bedingten Verhaltensweisen, werden im Kapitel 4.6 vorgestellt.

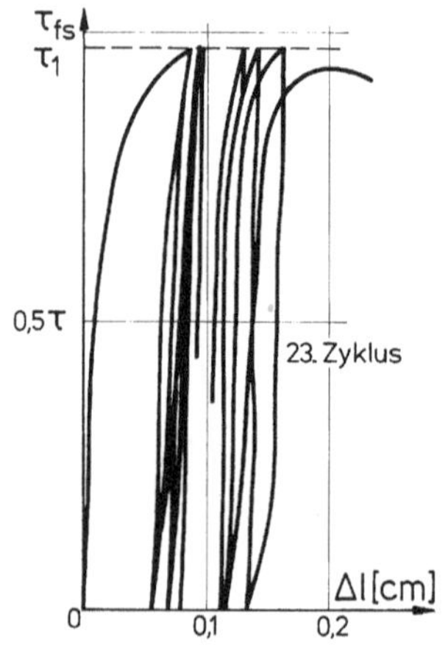

Bild 4.32. Ergebnis eines zyklischen Kastenscherversuches (Kysella & Firt, 1974)

Generell ist durch die Überlagerung der unterschiedlichen zur Verformung führenden Verhaltensweisen eine Verformungsentwicklung zu erwarten, die zwischen den beschriebenen Grenzen liegt. Hier soll nur auf die generellen Aspekte hingewiesen werden. Eine Zunahme der Verformungen im logarithmischen Maßstab ist für alle Bodenarten zu erwarten. Dieses liegt am sogenannten „Racheting Effekt" (vgl. Bild 4.33). Im Porenzahl-Druck-Diagramm

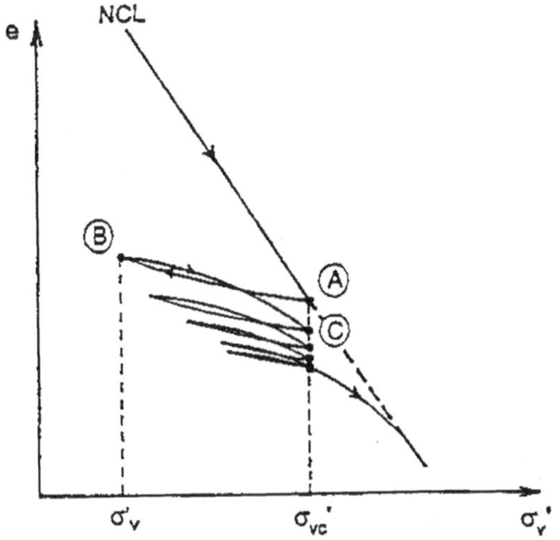

Bild 4.33. Logarithmische e-σ_v' Relationen aus Ödometer-Versuchen, „Ratcheting-Effekt"

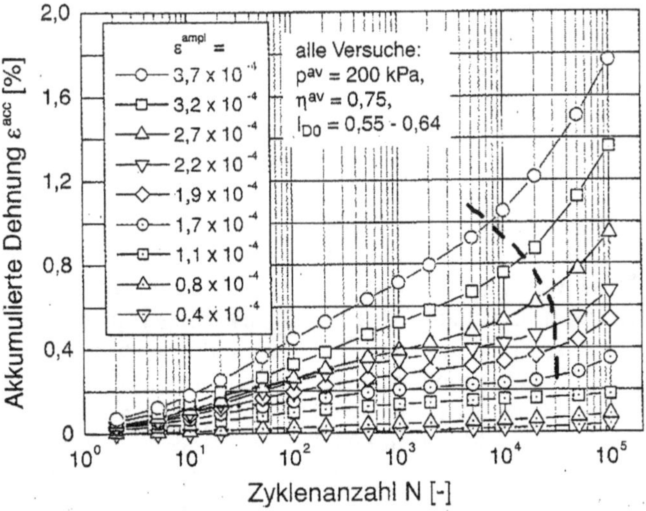

Bild 4.34. Zunahme der akkumulierten Dehnung ε^{acc} mit der Zyklenanzahl N in Versuchen mit unterschiedlichen Dehnungsamplituden ε^{ampl} (Wichtmann et al., 2005)

ergibt sich die Linie der Normalen Konsolidierung. Bei Anhalten der Belastung bei einer Belastung A und der Entlastung auf einen Wert B sollte bei einem elastischen Material sich bei der Wiederbelastung die Kurve bei dem Punkt A einstellen. In der Realität ergeben sich bei Erreichen des Ausgangsspannungszustandes jedoch größere Verformungen bzw. kleinere Porenziffern. Trotz scheinbarer Parallelität der Belastungs- und Entlastungslinien stellt sich daher mit jedem Lastzyklus ein kleiner Anteil von Verformungen ein, die sich akkumulieren. Dieser Anteil bleibt bei feinkörnigen Böden im logarithmischen Maßstab konstant. Bei granularen Böden (wie zum Beispiel Sanden oder Kiesen) stellt sich bei einer höheren Anzahl von Belastungszyklen ein Knick in der Verformungsentwicklung im logarithmischen Maßstab und damit eine Änderung der logarithmischen Verformungszunahmefunktion ein (Bild 4.34). Es ist zu vermuten, dass diese Veränderung in der Verformungszunahme von der Größe der bislang in die deviatorische Komponente eingeleiteten Verformung abhängig ist und damit mit dem Erreichen der Restscherfestigkeit bei statischen Untersuchungen verglichen werden kann. Diese Grenze ist im Bild 4.34 gestrichelt angedeutet.

4.4 Konzeption von Untersuchungsprogrammen

In Kapitel 4.2 und 4.3 sind Deformations- und Festigkeitseigenschaften der wichtigsten Bodentypen dargestellt. Diese Daten können für Abschätzungen verwendet werden. Für Untersuchungen, bei denen hohe Anforderungen an die Zuverlässigkeit der Resultate gestellt werden, sind zielgerichtete Untersuchungsprogramme auszuarbeiten. Solche Untersuchungsprogramme sind gemeinsam mit den übrigen geotechnischen Untersuchungen zu planen.

Es gilt einerseits einen Überblick über die geotechnischen und geologischen Verhältnisse zu erlangen und andererseits für die wichtigsten Elemente die entsprechenden Materialkennziffern zu bestimmen. Der erste Punkt fällt mit der allgemein üblichen Prospektion zusammen. Erst für den zweiten Punkt sind spezielle bodendynamische Untersuchungen notwendig. Wird also frühzeitig ein umfassendes Untersuchungskonzept erarbeitet, lassen sich oft Kosten sparen.

Bei der Konzeption der Programme ist auf eine der Problemstellung angepasste Kombination von Feld- und Laboruntersuchungen zu achten. Je nach Problemstellung wird der Schwerpunkt eher bei Feld- oder eher bei Laboruntersuchungen liegen. Namentlich bei der Beurteilung von Fundationen wird man sich stark, aber nicht ausschließlich, auf Felduntersuchungen abstützen, während für die Untersuchung von geschütteten Bauwerken, wie z. B. Dämme, Laborversuche die wichtigsten Resultate liefern werden.

Der finanzielle Aufwand, der in eine Bodenuntersuchung investiert werden soll, hängt einerseits von der Größe und den Kosten eines Projekts, anderseits von den Auswirkungen eines Versagens des Objekts ab. Bei kleinen Projekten mit geringen Folgewirkungen wird man sich möglicherweise auf relativ einfache Untersuchungsmethoden beschränken und Erfahrungen aus ähnlichen Projekten beiziehen. Für große Projekte und Projekte mit größeren Folgen beim Versagen sind umfassende Feld- und Laboruntersuchungen mit statischen und dynamischen Versuchen anzuordnen. Die statischen und dynamischen Untersuchungen sind miteinander zu konzipieren, da sie sich gegenseitig ergänzen.

Bei einer Berechnung sollen die Rechenkosten sowie der Aufwand zur Ermittlung von Eingabedaten wie Belastungsgrößen und Materialkennziffern aufeinander abgestimmt sein. Es ist sinnlos, umfangreiche Berechnungen durchzuführen und dabei z.B. Materialkennziffern nur auf Grund einer Literaturstudie zu wählen. Bohrkampagnen und Feldversuche sind recht teuer, ihre Kosten sind aber stets in Verbindung zu den ganzen Baukosten zu sehen. Die Kosten für die Untersuchungen können dadurch klein gehalten werden, dass man sich auf Untersuchungen beschränkt, deren Resultate in den weiteren Analysen wirklich benützt werden.

Aus versuchstechnischen Gründen ist es leider nicht möglich, mit einem einzigen Versuch das Verhalten eines Bodens vom Bereich sehr kleiner Dehnungen bis zu den Bruchdehnungen zu untersuchen. Dafür sind grundsätzlich zwei verschiedene Versuchstypen notwendig, deren Resultate miteinander kombiniert werden müssen. Der Vergleich der bei verschiedenen Problemstellungen auftretenden Dehnungsbereiche mit den bei verschiedenen Feld- und Laborversuchen erzeugbaren Dehnungsbereichen ist in Bild 4.35 dargestellt. Deutlich erkennbar ist, dass die meisten Feldversuche Resultate nur im Bereich kleiner Dehnungen liefern. Mittels Laborversuchen lässt sich hingegen der ganze Dehnungsbereich untersuchen. Welche dynamischen Bodenkennwerte mittels der verschiedenen Untersuchungsmethoden gemessen werden können, zeigt Tabelle 4.5. Dabei ist ersichtlich, dass bei Feldversuchen die Materialdämpfung und die zyklischen Festigkeitseigenschaften nicht oder nur

Tabelle 4.5. Dynamische Bodenkennwerte, welche mittels der verschiedenen Methoden bestimmt werden

	G-Modul	E-Modul	Dämpfung	Festigkeits-eigenschaften
Feldversuche:				
Reflexionsseismik	(×)	×		
Refraktionsseismik		×		
Crosshole-Seismik	×	×	(×)	
SASW	×	×	(×)	
Ausschwingversuche	×		(×)	
dyn. Plattenversuch		×	(×)	
Laborversuche:				
Ultraschall	×	×		
Resonant-Column	×	×	×	
Zykl. Scherversuch	×		×	×
Zykl. Triaxialversuch		×	×	×
Zykl. Torsionsversuch	×		×	×
Schütteltisch	×			×
Bender-Elemente	×			

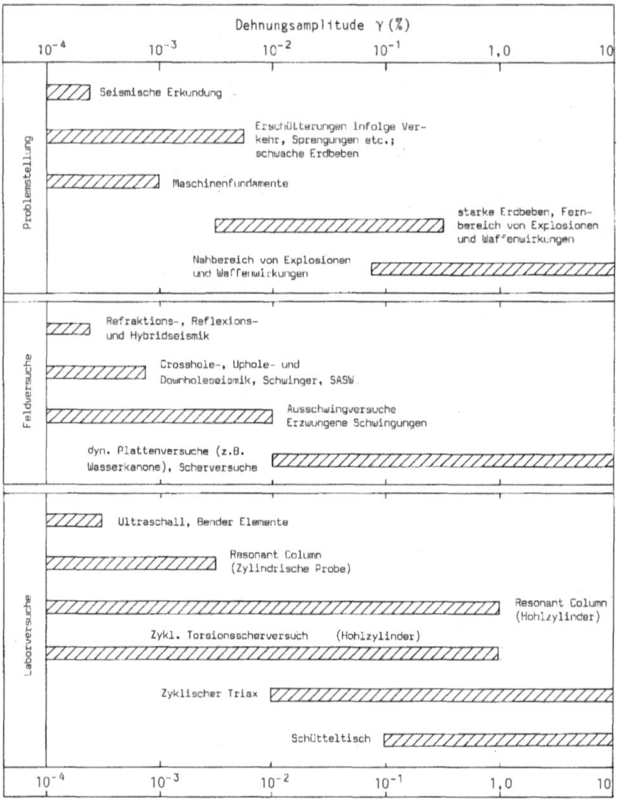

Bild 4.35. Dehnungsamplituden, wie sie bei verschiedenen Problemstellungen, Feld- und Laborversuchen auftreten

sehr ungenau gemessen werden können. Der Grund liegt im Falle der Dämpfung in der Überdeckung der Materialdämpfung durch die große geometrische Dämpfung.

Bei der Wahl geeigneter Versuchsmethoden ist auch auf eine einfache Handhabung zu achten. Wichtig ist, dass das beauftragte Versuchslabor über Erfahrung in der Durchführung solcher Untersuchungen verfügt.

Die Entwicklung der Elektronik und EDV der letzten 30 Jahre ermöglichte wesentliche Verbesserungen der Sensortechnik, der Versuchssteuerung, der Auswertetechnik und Auswertemöglichkeiten. Ein Überblick gibt z.B. Woods (1991).

4.5 Feldmethoden

Feldmethoden zur Bestimmung der bodendynamischen Kennziffern haben den großen Vorteil, dass sie Messungen am weitgehend ungestörten Baugrund erlauben. Der Boden wird nicht wie für Laboruntersuchungen aus seinem Verband gelöst, sondern kann ohne wesentliche Veränderungen des Spannungszustandes und der Randbedingungen untersucht werden. Überdies wird bei den Feldversuchen stets ein größerer Bereich des Baugrundes erfasst und nicht nur eine kleine Bodenprobe.

Die Bedeutung von Feldversuchen diskutieren Jamiolkowski et al. (1995). Die Autoren geben eine Vielzahl von Referenzen.

Feldmethoden zur Ermittlung dynamischer Bodenkenngrößen können in fünf Gruppen eingeteilt werden (vgl. auch Tabelle 4.6).

- Oberflächen-Geophysik
- Bohrloch-Geophysik
- Dynamische Eindringversuche
- Drucksondierungen (CPTU), seismische Drucksondierungen (SCPTU)
- Spezialversuche

Die beiden ersten Methoden basieren auf dem Prinzip der Wellenausbreitung und liefern deshalb Kennziffern, die auf sehr kleine Deformationen beschränkt sind. Die Dehnungen liegen meist im Bereich von 10^{-4}% und sind somit um einen Faktor 100 bis 1000 kleiner als die Dehnungen, welche z. B. bei einem mittleren oder starken Erdbeben auftreten.

Die beiden nächsten Gruppen umfassen schlagförmige oder weggesteuerte (kontinuierliche) Eindringversuche in Bohrlöchern. Sie erlauben lokale Kennwerte auf der jeweiligen Tiefenkote zu erfassen.

In der letzten Gruppe sind Versuche unterschiedlichen Typs – vom dynamischen Plattenversuch bis zur Geoelektrik – zusammengefasst.

Die Eigenschaften der verschiedenen Gruppen lassen sich wie folgt beschreiben (vgl. auch Tabelle 4.6; eine gute Übersicht über alle geophysikalischen Methoden gibt die Homepage der schweizerischen Geophysikalischen Kommission www.sgpk.ethz.ch):

Oberflächen-Geophysik

Diese Gruppe umfasst geophysikalische Erkundungsmethoden von der Oberfläche aus. Da keine Bohrlöcher erstellt werden müssen, sind sie verhältnismäßig kostengünstig und rasch durchgeführt. Die SASW (Spectral Analysis of Surface Waves) hat sich bezüglich der Kosten und Aussagemöglichkeiten als vielversprechende Methode entwickelt. Es ist damit zu rechnen, dass sich diese Methode als Standard zur Untersuchung des Schichtenaufbaus in den obersten 20 bis 50 Metern unter Geländeoberkante (siehe z. B. Olson Engineering, 2007) entwickelt. Allerdings ist ihre Aussagekraft und Aussagegenauigkeit ohne zusätzliche Bohraufschlüsse beschränkt. Mit neueren Auswertemethoden lässt sich die Zuverlässigkeit der Resultate wesentlich verbessern. Die Methoden sind am besten geeignet, den allgemeinen Schichtaufbau zu erfassen.

Bohrloch-Geophysik

Diese Gruppe umfasst unter anderem konventionelle Bohrloch-Seismik. Die meisten dieser Methoden sind für die Erdölprospektion entwickelt worden.

Tabelle 4.6. Übersicht über die wichtigsten dynamischen Feldversuche

Methode	Vorteile	Nachteile
Oberflächen-Geophysik	**• ohne große Emissionen** **• relativ kostengünstig, schnell** **• auf allen Böden möglich**	**• schwierige Interpretation** **• keine Proben**
• Reflexions-/Refraktions-Seismik, Hybridseismik		• umfangreiche Auswertung
• Schwinger (SASW)		• unendliche Interpretationsmögl.
Bohrloch-Geophysik	**• Probenentnahmen möglich**	**• relativ hohe Kosten** **• Störungen infolge Bohrung**
• Down- und Crosshole	• diskrete Werte v_S, v_P	
• Impuls-Crosshole	• v_S bei größerem γ	• spez. Ausrüstung
• Downhole Gamma	• ungestörte in situ Spannungen	• nukleare Quelle
• Tomographie	• 2-Dimensional	• spez. Ausrüstung
Dynamische Eindringversuche	**• große Datenbasis** **• einfache Ausrüstung**	**• nicht wiederholbar** **• mittlere Kosten**
• Dynamic-Cone-Penetration-Test DCPT	• einfache Prozedur	• keine Standards/extrem variierende Resultate
• SPT	• Proben erhältlich • größte Datenbasis	• variierende Ausrüstung • unregelmäßige Probenintervalle
• Becker-Hammer	• größer werdende Datenbasis • in Kies benutzbar	• Energie-Kalibrierung notwendig
Weggesteuerte Drucksondierungen	**• kontinuierlicher Datenverlauf** **• relativ preisgünstig** **• schnell** **• standardisiert/wiederholbar**	**• für einzelne Applikationen limitierte Datenbasis** **• keine Bodenproben** **• limitierte Tiefe in verfestigtem Untergrund**
• Piezocone (CPTU)	• Porenwasserdruck	• etwas langsamer als CPT
• Seismic Piezocone (SCPTU)	• kombiniert Downhole Seismik mit CPTU unter geringen Zusatzkosten	• Tiefe < 50 m
Andere In-situ-Tests	**• ergeben vielleicht spezielle Parameter**	**• limitierte Datenbasis** **• relativ hohe Kosten** **• kein Proben** **• hochentwickelte Ausrüstung**
• Dyn. Plattenversuch	• große „Drücke“	• keine Standards
• selbstbohrender Pressiometer (SBPM)	• ungestörte Bodenprobe • G und D bei größerem γ	• schwierige Interpretation

Legende: G: gut M: mäßig W: wenig –: nicht geeignet.

Tabelle 4.6 (Fortsetzung)

Anwendbarkeit zum Erfassen von ...

Bodentyp	Bodenverflüssigung	Elastizitätsmodul		Dämpfung	
	Seed-Methode	γ klein	γ groß	γ klein	γ groß
M	W	M	–	–	–
M	M	M	–	–	–
M	M	M	–	–	–
M	M	W	G	–	–
W	M	–	–	–	–
M	W	M	–	–	–
M	M	W	W	–	–
M-G	G	M	M	–	–
W	G	W	W	–	–
G	G	M	M	W	W
G	G	M	M	M	M
–	–	–	G	–	–
M	G	W	M	M	M

Sie erfordern meist teure Apparaturen und komplexe Auswertungsprogramme und werden deshalb für geotechnische Untersuchungen nur in Ausnahmefällen eingesetzt. Als Standardversuch hat sich jedoch die Crosshole-Technik durchgesetzt. Sie erlaubt zuverlässig in jeder Tiefenlage die Steifigkeit der jeweiligen Schicht zu ermitteln. Allerdings werden dazu zwei, besser drei Bohrlöcher benötigt, was einen Einfluss auf Zeit und Kosten hat. Die einfacheren Uphole- und Downhole-Techniken zeichnen sich durch eine geringere Genauigkeit aus. Ursprünglich war es nicht möglich, mit diesen Methoden Material-Dämpfungswerte zu ermitteln, denn die bei den kleinen Versuchsdehnungen geringe Materialdämpfung wird durch die viel größere geometrische Dämpfung überdeckt. Dadurch konnte die Materialdämpfung nicht genügend genau ermittelt werden. Mittlerweilen wurde von Redpath et al. (1982) eine Downhole-Prozedur entwickelt, um die Materialdämpfung zu bestimmen. Diese vielversprechenden Methoden benötigen jedoch noch weitere Entwicklungen, um praxistauglich zu werden.

Dynamische Eindringversuche (Dynamic Penetration Tests)

Bei diesen Methoden wird ein kegelförmiger Eindringkörper durch Schläge in den Untergrund getrieben. Über die Anzahl Schläge pro Eindringabschnitt lassen sich Materialkennziffern auf empirische Weise ableiten. Bekanntester Vertreter ist der Standard Penetration Test (SPT). Diese Versuche sind einfach durchzuführen und kostengünstig. Allerdings ist deren Reproduzierbarkeit beschränkt, zudem muss die Schlagenergie sorgfältig kalibriert werden. Die Resultate hängen ebenfalls stark von den Baugrundmaterialien ab. Bei ausgeprägt heterogenen Böden ergeben sich sehr große Streuungen.

Weggesteuerte (kontinuierliche) Drucksondierungen (Cone Penetration Tests, Logging Tests)

Diese Versuchstechnik ist in den letzten dreißig Jahren sehr stark entwickelt worden. Eine Sonde wird mit konstanter Geschwindigkeit in den Boden gedrückt. Spitzenwiderstand und Hülsenreibung werden beim CPT, und beim CPTU zusätzlich auch der Porenwasserdruck, kontinuierlich gemessen. Diese Versuche sind rasch und kostengünstig. Zudem ist die Reproduzierbarkeit der Resultate besser als bei den Schlagversuchen. In grobkörnigem oder zementiertem Boden sind die Versuche entweder nicht durchführbar oder die Resultate mit Unsicherheit behaftet. Die Auswerteprozeduren und Geräte werden laufend verbessert. So wird z. B. im Konus zusätzlich ein Geophon oder Beschleunigungsmesser eingebaut (SCPTU = seimic cone penetration test), wodurch gleichzeitig ein Downhole- oder ein Crosshole-Versuch gefahren werden kann. Campanella und Kokan (1993) zeigen, dass mit einem solchen Gerät auch auf das Dilatanzverhalten der Böden geschlossen werden kann.

Übrige In-situ-Versuche

Für spezielle Problemstellungen sind spezifische dynamische In-situ-Versuche entwickelt worden. Da diese Versuchstechniken in der Baupraxis relativ selten eingesetzt werden, sei hier auf die Spezialliteratur (z. B. Ebelhar, 1994, Thielen et al. 2005) verwiesen.

Die Vor-, Nachteile und Bewertungen der häufigsten Feldversuche sind in Tabelle 4.6 zusammengefasst. Die Eignung zum Ermitteln der einzelnen Bodenkennwerte (Bodentyp, Anfälligkeit auf Bodenverflüssigung, Steifigkeit, Dämpfung) ist ebenfalls berücksichtigt. Fettgedruckte Kommentare beziehen sich auf die ganze Gruppe. Die Eignung zum Ermitteln der einzelnen Bodenkenngrößen ist durch die Symbole „G" (gut), „M" (mäßig), „W" (wenig) und „-" (nicht geeignet) dargestellt. Sie basiert im Detail auf persönlicher Erfahrung mit den einzelnen Versuchen und wird von verschiedenen Spezialisten etwas unterschiedlich bewertet.

4.5.1 Reflexions-Seismik

Reflexionsseismik dient dem globalen Erfassen des Untergrundes. Alle Messungen werden an der Erdoberfläche durchgeführt. Das Vorgehen arbeitet nach dem gleichen Prinzip wie Echolot und Radar; es wird gemäß Bild 4.36 die Laufzeit t eines von der Quelle Q ausgehenden und am Beobachtungsobjekt reflektierten Wellenzuges gemessen und daraus die Entfernung H des Reflektors (z. B. Felsschicht) berechnet. Für konstante Ausbreitungsgeschwindigkeit v gilt

$$H = {}^1/_2\, v t\,. \tag{4.24}$$

Zur Berechnung der Tiefe muss man die Geschwindigkeit v kennen. Diese kann aus der Laufzeit t_d der direkten Wellen entlang der Distanz x (vgl. Bild 4.36) an der Oberfläche oder – für verschiedene Schichten – aus Bohrlochmessungen bestimmt werden. Die Laufzeit der direkten Welle beträgt

$$t_d = \frac{x}{v}\,. \tag{4.25}$$

Für den in Bild 4.36 eingezeichneten Strahl gilt: $(QA)^2 = H^2 + (x/2)^2$. Daraus berechnet sich die Reflexionszeit t_r zu

$$t_r = \frac{2\,Q\,A}{v_{P1}} = \frac{\sqrt{x^2 + 4\,H^2}}{v_{P1}}\,. \tag{4.26}$$

(4.26) stellt eine hyperbolische Beziehung zwischen x und t_r dar. In Bild 4.36b sind die Laufzeitkurven der direkten und der reflektierten Welle aufgetragen. Für kleine x geht t_r gegen $2\,H/v_{P1}$. Für große x nähert sich t_r asymptotisch t_d an.

Das Reflexionsverfahren wird häufig angewandt, weil dabei die Auswertung der Messdaten einfacher ist als bei den anderen seismischen Methoden. Die Messung erfordert hingegen einen größeren technischen Aufwand. Das Verfahren wird vor allem dort eingesetzt, wo keine Überlagerung des reflektierten Signals mit demjenigen der direkten Welle zu erwarten ist. Vor- und Nachteile sind in Tabelle 4.7 zusammengestellt.

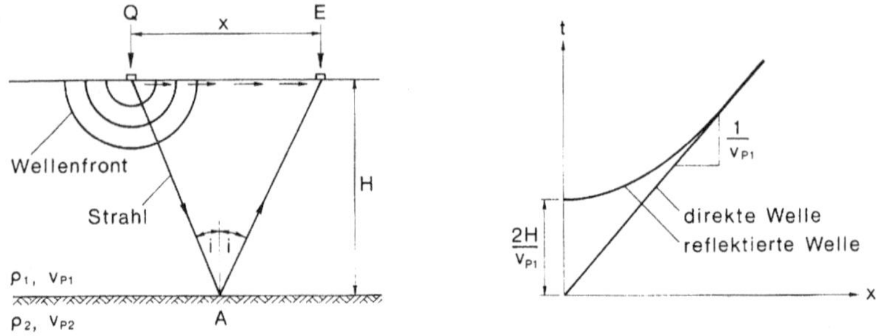

Bild 4.36. Reflexionsseismik; **a** Strahlengang, **b** Laufzeit-Diagramm für direkte und reflektierte Wellen

4.5.2 Refraktions-Seismik

Refraktionsseismik dient wie die Reflexionsseismik dem globalen Erfassen des Untergrundes. Dabei werden die Seismographen in wesentlich größeren Abständen von der Quelle aufgestellt als bei der Reflexionsseismik (vgl. Bild 4.37). Die Entstehung der Refraktionswelle lässt sich mit den Gesetzen der Optik erklären; Wellenzüge werden an der Schichtgrenze entsprechend dem Gesetz

$$\frac{\sin i_1}{\sin i_2} = \frac{v_1}{v_2} \tag{4.27}$$

gebrochen. Bei einem kritischen Einfallswinkel $i_c = \sin^{-1}(v_1/v_2)$ beträgt der Ausfallwinkel 90°, d.h. die Welle pflanzt sich entlang der Schichtgrenze fort. Durch diese Störung an der Schichtgrenze wird eine neue Wellenfront erzeugt, die unter einem Winkel i_c und mit einer Geschwindigkeit v_{P1} an die Oberfläche wandert (vgl. Bild 4.37).

Alle Aufnehmer an der Oberfläche in einem Abstand $x > 2\,H \tan i_c$ empfangen die refraktierte Welle. Bei den Aufnehmern nahe der Quelle wird die direkte Welle vor der refraktierten Welle ankommen, aber ab einer gewissen

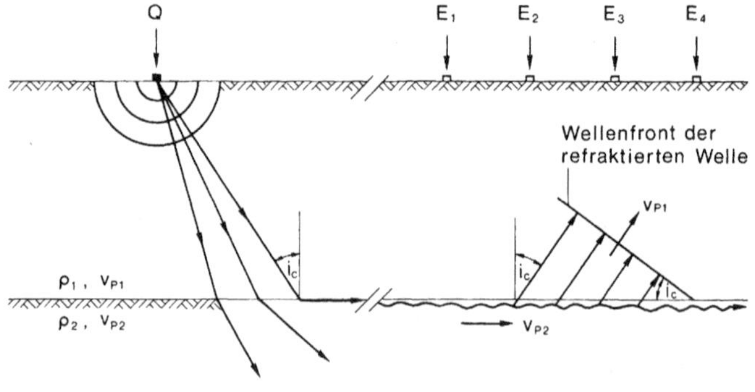

Bild 4.37. Entstehung der Refraktionswelle

Distanz zwischen Empfänger und Quelle wird die refraktierte Welle vor der direkten Welle ankommen, da sie während einer beträchtlichen Zeitspanne in der unteren Schicht mit der höheren Wellengeschwindigkeit wandert.

Die Laufzeit t_h für die refraktierte Welle berechnet sich wie folgt (vgl. Bild 4.38):

$$t_h = \frac{H}{v_{P1} \cos i_c} + \frac{1}{v_{P2}}(x - 2\,H \tan i_c) + \frac{H}{v_{P1} \cos i_c}, \tag{4.28}$$

oder

$$t_h = \frac{x}{v_{P2}} + 2\,H\left(\frac{1}{v_{P1} \cos i_c} - \frac{\tan i_c}{v_{P2}}\right). \tag{4.29}$$

Mit den Beziehungen

$$\sin i_c = \frac{v_{P1}}{v_{P2}};\ \cos i_c = \sqrt{1 - \frac{v_{P1}^2}{v_{P2}^2}} \tag{4.30}$$

lässt sich (4.29) reduzieren zu

$$t_h = \frac{x}{v_{P2}} + \frac{2\,H \cos i_c}{v_{P1}} = \frac{x}{v_{P2}} + 2\,H\sqrt{\frac{1}{v_{P1}^2} - \frac{1}{v_{P2}^2}}. \tag{4.31}$$

Dargestellt im Laufzeit-Diagramm (Bild 4.38) ergeben sich für t_d und t_h zwei Geraden mit der Neigung $1/v_{P1}$ bzw. $1/v_{P2}$. Der Schnittpunkt bei x_c ergibt die Distanz, ab welcher die Refraktionswelle als erste empfangen wird. x_c berechnet sich aus

$$t_d = t_h, \tag{4.32}$$

oder

$$\frac{x_c}{v_{P1}} = \frac{x_c}{v_{P2}} + \frac{2\,H \cos i_c}{v_{P1}}, \tag{4.33}$$

woraus sich

$$x_c = 2\,H\sqrt{\frac{v_{P2} + v_{P1}}{v_{P2} - v_{P1}}} \tag{4.34}$$

ergibt. Aufgelöst nach H erhält man schließlich

$$H = \frac{x_c}{2}\sqrt{\frac{v_{P2} - v_{P1}}{v_{P2} + v_{P1}}}. \tag{4.35}$$

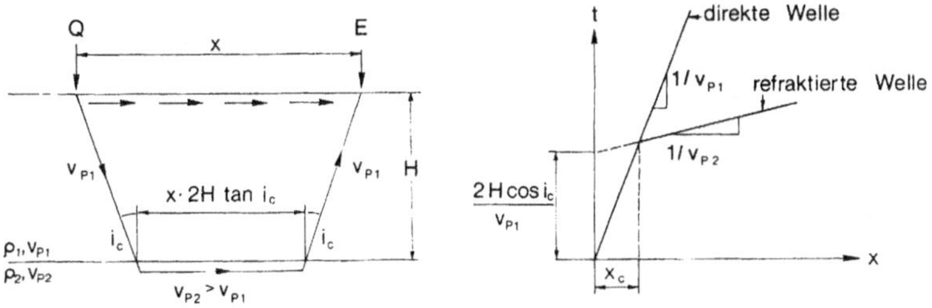

Bild 4.38. Strahlengang und Laufzeit-Diagramm der direkten und refraktierten Welle

Von einer Refraktionsmessung können somit drei wichtige Größen bestimmt werden: v_{P1}, v_{P2} und H. Die Refraktionsmessung kann auch für geneigte Schichten und für mehrschichtige Böden verwendet werden, sofern die höher gelegenen Schichten eine geringere Wellenausbreitungsgeschwindigkeit haben als die darunterliegenden. Grundsätzlich ist es auch möglich, mit Hilfe der Refraktions-Seismik S-Wellenprofile zu bestimmen. Das Problem besteht jedoch darin, S-Wellen genügenden Energieinhaltes zu erzeugen. Vor- und Nachteile sind in Tabelle 4.7 zusammengefasst.

4.5.3 Hybridseismik

Die jeweiligen Nachteile der Reflektions- und Refraktionsseismik lassen sich weitgehend durch eine Kombination deren Datensätze eliminieren (man spricht dabei von „Hybridseismik“). Die Methode empfiehlt sich in geologisch komplexen Situationen, wo der Impedanzsprung zwischen den einzelnen Schichten wenig ausgeprägt ist und wo auch die obersten Schichten von Interesse sind.

In solchen Situationen liefert die, in der Regel ungenaue Refraktionsseismik, bei der Anwendung von tauchwellentomographischer Auswerteverfahren präzisere Resultate in Tiefen von weniger als 30 Meter unter OK Terrain als die Reflexionsseismik.

Hochauflösende Reflexionsseismik eignet sich für die Erkundung von Schichtgrenzen, die in Schichten größer als 15 Meter unter OK Terrain liegen und eine unregelmäßige, nicht planare Topographie aufweisen.

Entscheidend für die Anwendung der Kombination beider Verfahren ist eine hohe Datendichte. Dies erfordert kleine Abstände der Empfängerstationen und eine ausreichend lange Messauslage. Eine nähere Beschreibung findet sich in (Frei, 2000).

4.5.4 Oberflächenwellenbasierende Methoden

Schwinger auf der Bodenoberfläche

Die ursprüngliche Versuchsanordnung dieser Untersuchungsmethode ist in Bild 4.39 dargestellt. Mit dem Schwinger wird ein stationäres Wellenfeld erzeugt. Mit transportablen, radial zum Vibrator angeordneten Geophonen können die Stellen maximaler Amplitude lokalisiert werden. Die kleinste Distanz zwischen zwei solchen Geophonen entspricht der Rayleighwellenlänge L_R. Für Böden mit einer Poissonzahl größer als 0.35 (d.h. für die meisten Böden) gilt näherungsweise

$$G = \rho\, v_s^2 \approx \rho\, f^2\, L_R^2 \qquad (4.36)$$

Tabelle 4.7. Vor- und Nachteile seismischer Methoden, modifiziert nach (Frei, 2000).

Verfahren		Methodik	Vorteile	Nachteile
Herkömmliche Refraktionsseismik		Die Ausbreitung der seismischen Energie geschieht vorwiegend subhorizontal entlang der Erdoberfläche (refraktierte Tauchwellen); Länge der Empfängerauslage: mindestens das Vierfache der Erkundungstiefe; Große Empfängerstationsabstände und große Anregungsabstände; Es werden nur die Laufzeiten der Ersteinsätze ausgewertet.	Kostengünstiges Verfahren für einfache Fragestellungen, z.B. horizontalem Zweischichtenfall; Geringe Investitionskosten; Oberflächennahe Erkundung möglich.	Auswertungsergebnis als subjektiv gefärbtes geologisches Modell; Schlechtes Auflösungsvermögen, d.h. bei komplexer Geologie ungeeignet; Geschwindigkeitsinversionen in der Regel nicht kartierbar; Erkundungstiefe beschränkt.
Hybride Seismik	**Refraktionsseismische Tauchwellentomographie**	Die Ausbreitung der seismischen Energie geschieht vorwiegend subhorizontal entlang der Erdoberfläche (refraktierte Tauchwellen); Länge der Empfängerauslage mindestens das Vierfache der Erkundungstiefe; Empfängerabstände in der Regel etwa 1/20 der Erkundungstiefe; Anregungsabstände nicht größer als das Dreifache der Empfängerabstände; Es werden nur die Laufzeiten der Ersteinsätze für die Ableitung des Geschwindigkeitsfeldes ausgewertet.	Das Geschwindigkeitsfeld wird kontinuierlich abgebildet; d.h. auch Geschwindigkeitsinversionen werden erfasst; Detaillierte Kartierung des oberflächennahen Tiefenbereichs; Datenakquisition ohne zusätzlichen Aufwand zusammen mit der Reflexionsseismik.	Erkundungstiefe beschränkt; Investitionskosten und Aufwand für die Datenakquisition vergleichbar mit der Reflexionsseismik; In größeren Tiefen herabgesetztes Auflösungsvermögen.
	Reflexionsseismik	Die Ausbreitung der seismischen Energie erfolgt subvertikal nach dem Echolotprinzip; Empfängerabstände in der Regel kleiner als 1/40 der Erkundungstiefe; Länge der Empfängerauslage etwa gleich groß wie die Erkundungstiefe; Schussabstände in der Regel nicht größer als das Doppelte der Empfängerabstände; Geologische Strukturen werden diskret im Raum abgetastet	Die EDV-Auswertung liefert direkt und ohne subjektiv gefärbte Einflüsse ein röntgenbildartiges Abbild der Untergrundstrukturen; Geeignet für die Erkundung größerer Tiefenbereiche; Generell das beste Auflösungsvermögen aller geophysikalischen Prospektionsmethoden.	Aufwändige Datenakquisition; Geschwindigkeitsinversionen nur mit Einschränkungen kartierbar; Oberflächennaher Tiefenbereich schlecht erfassbar; Je nach geologischer Komplexität aufwändige EDV-Auswertung.

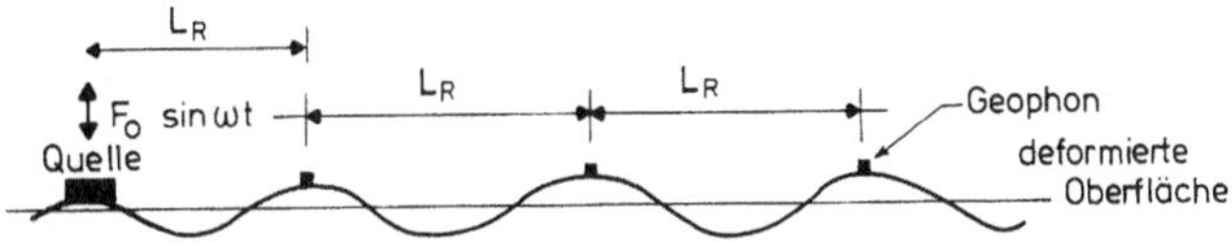

Bild 4.39. Vibrator auf der Bodenoberfläche

mit G = Schubmodul
ρ - Dichte
f = Oszillatorfrequenz = $\omega / 2\pi$
v_s = Scherwellengeschwindigkeit.

Es werden normalerweise verschiedene Messungen bei unterschiedlichen Vibratorfrequenzen und entsprechend variierten Geophondistanzen durchgeführt und daraus ein mittlerer Schubmodul berechnet.

Oberflächenwellen können nur bis zu einer gewissen von der Wellenlänge abhängigen Tiefe in den Boden eindringen (vgl. Bild 3.12). Die gemessene Wellengeschwindigkeit kann als Mittelwert über den oberflächennahen Bereich von etwa einer Rayleighwellenlänge Mächtigkeit betrachtet werden. Felduntersuchungen haben ergeben, dass die Wellengeschwindigkeit bei einer Tiefe von $L_R/2$ bei gleichförmig abgelagertem Material durch diesen Mittelwert gut approximiert wird. Somit lassen sich durch Variation der Frequenz (und damit der Wellenlänge) die Kennziffern in Abhängigkeit von der Tiefe berechnen. Diese einfache, ursprüngliche Methode wird heute nicht mehr angewandt und ist durch die nachfolgende SASW verdrängt worden.

Spectral Analysis of Surface Waves (SASW)

Streng genommen ist die SASW Methode keine in sich geschlossene Methode, sondern vereinigt verschiedene Elemente, welche die Phasengeschwindigkeit der Oberflächenwellen als Hauptquelle zur Ermittlung der Scherwellengeschwindigkeit im Bodenprofil verwenden. Die Methode ist relativ neu und benötigt (im Gegensatz zur Crosshole-Methode oder der Bohrloch-Geophysik) grundsätzlich keine Bohrung.

Sie wird idealerweise bei weitgehend ebenem Gelände, mit quasi horizontaler Schichtung des Untergrundes angewandt. Als Quelle werden üblicherweise Sprengstoff, Vibratoren, Schlag durch fallende Gewichte, etc. verwendet. Auf einer Profillänge von 50 bis 200 Meter werden 24 oder 48 Geophone als Empfänger ausgelegt. Bei der Interpretation wird davon ausgegangen, dass die identifizierten Reflektoren die geologische Schichtung repräsentieren. Für eine zuverlässige Interpretation der Daten ist deshalb, wie bei allen geophysikalischen Methoden, ein geologischer Aufschluss, z. B. eine Bohrung, von Vorteil.

Wie in Kapitel 3.3.1 erläutert, breiten sich Rayleigh-Wellen unterschiedlicher Frequenzen (und damit Wellenlängen) in einem unterschiedlichen Oberflächenbereich fort. Wenn die Steifigkeit des Untergrundes variiert, pflanzen sich deshalb unterschiedliche Frequenzen (d.h. Wellenlängen) mit unterschiedlicher Phasengeschwindigkeit fort. Diese frequenzspezifische Wellenausbreitung wird „Dispersion" genannt. Die Dispersion erlaubt es also, Bodenschichten unterschiedlicher Tiefenlage zu erkunden. Eine typische Dispersionskurve und das dazugehörige Scherwellenprofil zeigt Bild 4.40. Da im Gegensatz zum Crosshole-Versuch nicht nur eine einzelne Bodenschicht bei der Bestimmung der Wellengeschwindigkeit erfasst wird, ist die Genauigkeit der Wellengeschwindigkeit bei den SASW-Versuchen stets etwas geringer als diejenige bei den Crosshole-Tests. So ist beispielsweise eine dünne Schicht

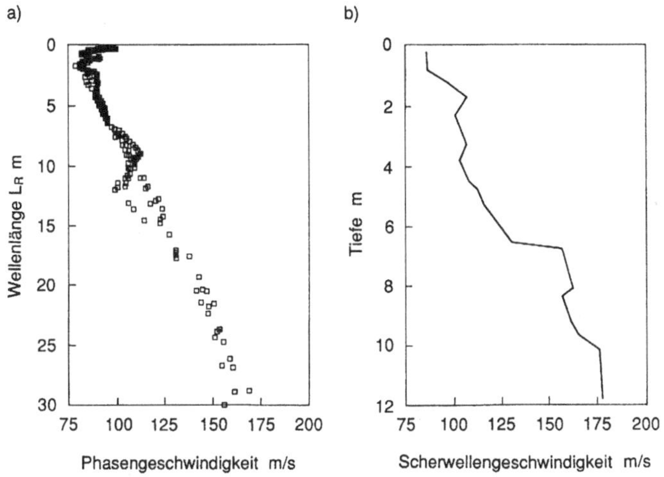

Bild 4.40. Auswertung des SASW-Versuches (aus Nazarian (1984)). **a** Typische Dispersionskurve. **b** aus der Dispersionskurve ermitteltes Scherwellengeschwindigkeitsprofil

zwischen zwei Schichten mit hohen Scherwellengeschwindigkeiten mit der SASW-Methode oft nicht erkennbar, besonders wenn diese tief gelegen ist (für die Grenzen bei der Crosshole-Seismik siehe Kapitel 4.6.5.).

Die SASW-Methode erlaubt es, rasch und kostengünstig für viele Problemstellungen der Bodendynamik ein Scherwellenprofil, und damit ein Schubmodulprofil zuverlässig zu bestimmen. Ebenso ist es damit möglich geworden, bis zu einem gewissen Grade Dämpfungswerte zu ermitteln (vgl. z.B. Abbiss und Viggiani, 1994).

4.5.5 Crosshole-Seismik

Die Crosshole-Methode wird zur Bestimmung der Wellengeschwindigkeit in Abhängigkeit der Tiefe verwendet. Wie der Name andeutet, werden die Wellenlaufzeiten zwischen zwei Bohrlöchern bestimmt. Bild 4.41 gibt einen schematischen Überblick. Es werden mindestens zwei, besser drei Bohrungen verwendet. Der Abstand der Bohrungen ist aufgrund der lokalen geotechnischen Situation zu wählen. Die Distanz soll so groß sein, dass einerseits die Wellenausbreitungsgeschwindigkeit gut messbar ist (zeitliche Auflösung), andererseits so kurz, dass diese Wellenausbreitungsgeschwindigkeit für jede Schicht bestimmt werden kann. Bei stark geschichteten Böden ist deshalb wegen refraktierten Wellen Vorsicht geboten. Die Bohrungen sind geologisch aufzunehmen und geotechnisch zu untersuchen. Erst damit können die Messresultate und der Schichtaufbau richtig interpretiert werden. Typische Bohrlochabstände sind 5 bis 12 m für geschichtete Böden und bis zu 30 m für relativ homogene Böden.

Bild 4.41. Schema der Crosshole-Seismik

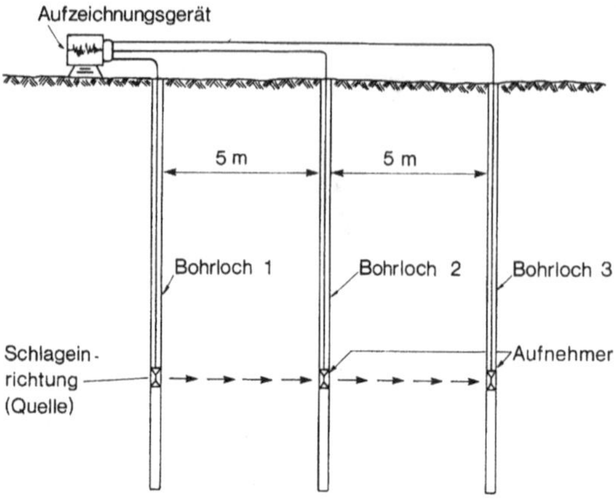

Am besten hat sich bewährt, die Löcher im Lockergestein mit dünnen PVC-Rohren zu verrohren und allfällige Hohlräume auszuinjizieren. Damit wird ein Übertragen der Wellen über die Verrohrung vermindert und eine gute Energieankoppelung erreicht. Da aus den Ankunftszeiten für P- und S-Wellen über die Distanz zum Aufnehmer im Bohrloch die Wellengeschwindigkeiten zu berechnen sind, ist eine genaue Vermessung des Bohrlochs – auch in die Tiefe – unumgänglich. Eine genaue Bestimmung von v ist wichtig, da die elastischen Module proportional zu v^2 sind. Zur Erzeugung der seismischen Wellen werden verschiedene Systeme wie Explosionen oder Schlageinrichtungen verwendet.

Die P-Welle ist die erste Welle, die beim Aufnehmer eintrifft und kann deshalb stets eindeutig und genau ermittelt werden. Für Ingenieuranwendungen ist jedoch die Bestimmung der Scherwellengeschwindigkeit von besonderem Interesse. Es sind deshalb Schlageinrichtungen, die Scherwellen unterschiedlicher Polarität erzeugen können, von großem Nutzen. Damit kann der Einsatz der S-Welle besser identifiziert werden.

Bild 4.42 zeigt ein typisches Seismogramm, wie es beispielsweise von einem Speicherkathodenstrahl-Oszillographen registriert wird. Die Signale für die

Bild 4.42. Typisches Seismogramm; ① Ankunft der S-Welle im Bohloch 2 ② Ankunft der S-Welle im Bohrloch 3

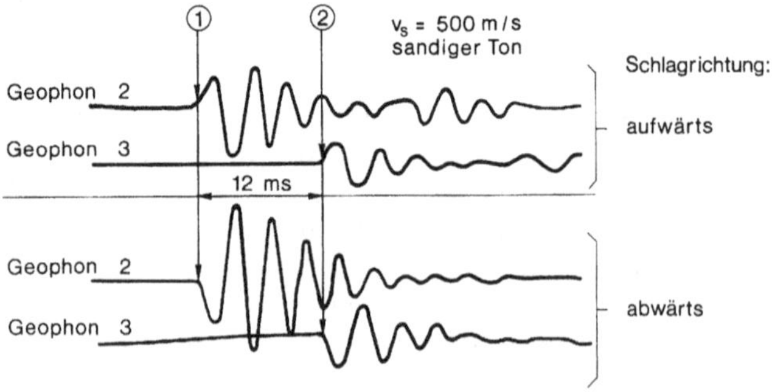

eine Polarisationsrichtung wurden auf der oberen Hälfte des Oszillographen aufgezeichnet, diejenigen für die Schläge mit umgekehrter Polarität auf der unteren Hälfte. Die Ankunft der S-Welle ist leicht erkennbar an der umgekehrten Polarität bei geänderter Schlagrichtung. Zur Verbesserung des Signal-/Rauschverhältnisses solcher Signale werden Registriereinrichtungen verwendet, die erlauben, die Signale mehrerer Schläge elektronisch zu überlagern (Signal-Enhancement). Dadurch können die Ersteinsätze hervorgehoben werden, auch wenn die Schlagquelle verhältnismäßig wenig Energie abgibt.

4.5.6 Downhole- und Uphole-Seismik

Die Versuchstechnik ist grundsätzlich dieselbe wie bei der Crosshole-Methode. Es wird jedoch nur ein Bohrloch benötigt, was die Untersuchung verbilligt. Verrohrung des Bohrlochs und Ausinjizierung der Hohlräume erfolgen gleich wie bei der Crosshole-Methode. Auch die Erzeugung, Triggerung und Registrierung des Signals ist grundsätzlich gleich. Auch hier ist es vorteilhaft, wenn an der Quelle Scherwellen erzeugt werden können. Im Unterschied zur Crosshole-Methode wird hingegen die Geschwindigkeit einer sich in vertikaler Richtung ausbreitenden Raumwelle gemessen. Dieser Wert stellt einen mittleren Wert für die durchlaufenen Schichten dar. Downhole- und Uphole-Seismik werden üblicherweise als Kontroll- und Zusatzuntersuchung bei Crosshole-Seismik eingesetzt.

Die Versuchsanordnung für die Downhole-Untersuchung ist in Bild 4.43a und b dargestellt. Der Aufnehmer (für eine oder alle drei räumlichen Komponenten) wird in der vorgewählten Tiefe in der gewünschten Orientierung festgekeilt. An der Oberfläche, in der Nähe der Bohrung, befindet sich die Schlagvorrichtung. Über ein Triggersignal wird die Laufzeit der Raumwellen von der Quelle zum Aufnehmer registriert. Die Messwerte können in Form von Laufzeit-Tiefendiagrammen dargestellt werden, wie im Beispiel von Bild 4.44.

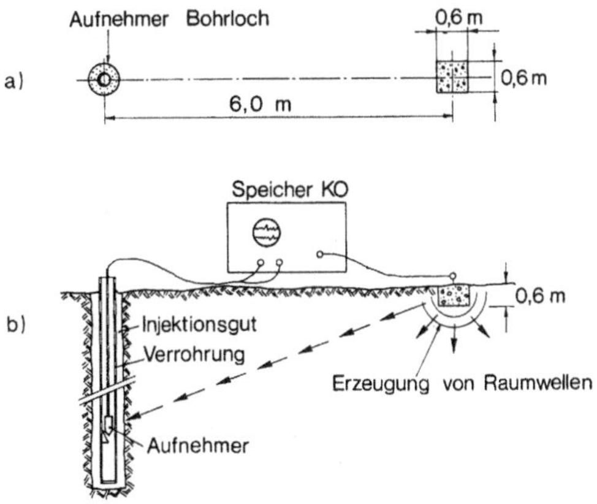

Bild 4.43. Schema der Downhole-Methode

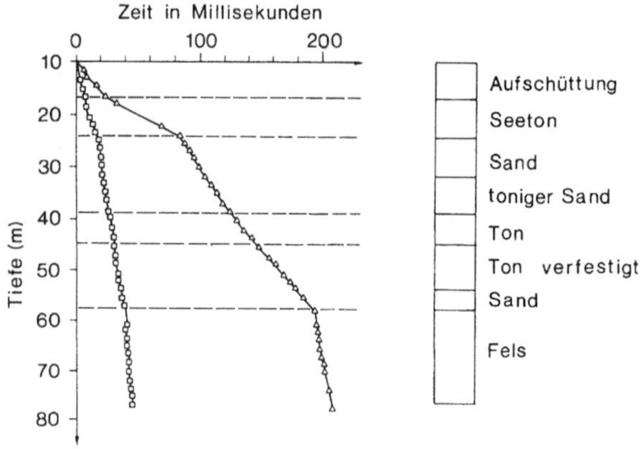

Bild 4.44. Beispiel einer Downhole-Auswertung; □ Ankunftszeit der P-Wellen, △ Ankunftszeit der S-Wellen (nach Schwarz und Musser, 1972)

Durch Vertauschen der Positionen von Aufnehmer und Quelle ergibt sich die bei Uphole-Untersuchungen verwendete Anordnung. Da sich die seismische Quelle wie bei der Crosshole-Methode im Bohrloch befindet, tritt wieder die Schwierigkeit auf, mit der Schlageinrichtung Scherwellen genügender Intensität zu erzeugen. Andererseits genügen an der Oberfläche als Aufnehmer einfache Geophone, so wie sie auch bei der Refraktionsmessung verwendet werden.

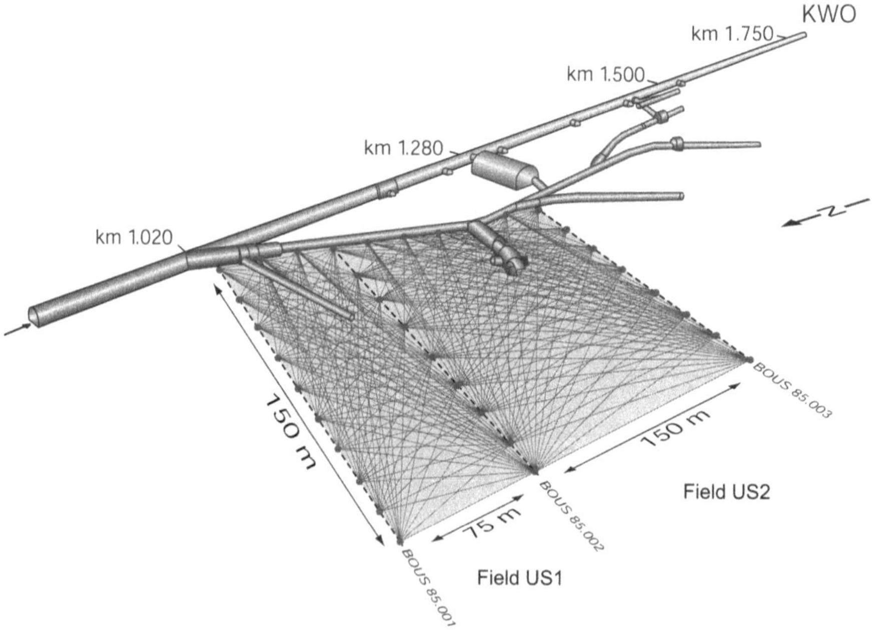

Bild 4.45. Seismische Tomographie, schematische Darstellung der Anordnung von Quellen und Empfängern, damit ganzes Untersuchungsgebiet durchschallt wird (Quellen und Empfänger sind beliebig vertauschbar); (Nagra, 1999)

Bei der Uphole-Technik kann auch mit mehreren, entlang eines Profils ausgelegten Geophonen gemessen werden. Vorteilhaft gegenüber der Refraktionsmethode ist, dass auch Schichten niederer Geschwindigkeit oder solche mit kleinem Geschwindigkeitskontrast erfasst werden können.

4.5.7 Seismische Tomographie

Crosshole, Down- und Uphole-Verfahren geben nur lineare Aufschlüsse des Untergrundes. Tomographie ist ein Verfahren, das erlaubt, ein Untersuchungsgebiet zweidimensional abzubilden. Die maßgebenden Daten werden durch Durchschallung (seismische Tomographie) bzw. Durchstrahlung (Radar-Tomographie) des Untersuchungsgebietes gewonnen. Durch geeignete Anordnung von Sendern und Empfängern ist sicherzustellen, dass das ganze Untersuchungsgebiet „durchleuchtet" wird (Bild 4.45). Mit Hilfe numerischer Verfahren wird anschließend die Verteilung der relevanten physikalischen Parameter berechnet. Bei der seismischen Tomographie ist dies die Verteilung der elastischen

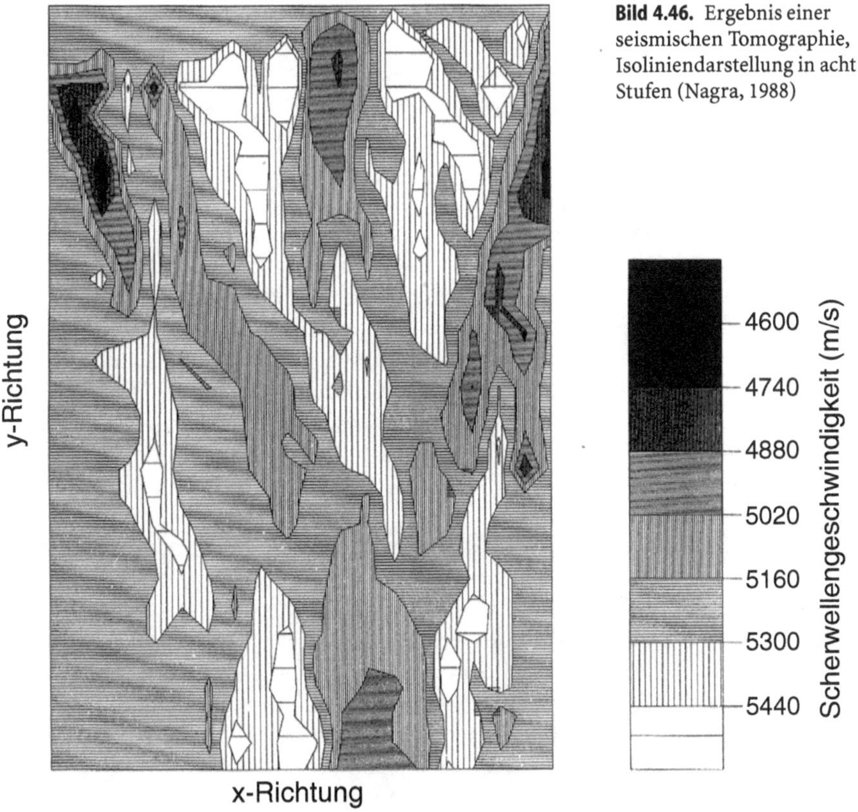

Bild 4.46. Ergebnis einer seismischen Tomographie, Isoliniendarstellung in acht Stufen (Nagra, 1988)

Parameter des Untergrundes. Damit lassen sich Störzonen ermitteln. Seismische Tomographie ist eine zuverlässige, aber aufwändige Methode, um einen detaillierten Überblick über den Aufbau des Untergrundes zu erhalten. Wesentlich sind kurze Empfängerstationsdistanzen und eine ausreichend lange Messlage. Die Durchführung und Auswertung verlangt Erfahrung. Sie wird sowohl von der Oberfläche wie auch untertags mittels Bohrlöchern durchgeführt. Bild 4.46 zeigt die Resultate einer seismischen Tomographie zur Überprüfung der Standorteignung eines Versuchstollens.

4.5.8 Wasserkanone (als Beispiel für selbst konzipierte Versuche)

Die hier vorgestellte Wasserkanone dient als Beispiel dafür, dass es auch beim heutigen Stand der Bodendynamik sinnvoll sein kann, zur Untersuchung spezieller Problemstellungen spezifische Untersuchungsmethoden und gar spezifische Versuchsgeräte zu entwickeln. Allerdings ist für solche Entwicklungen ein größerer zeitlicher und finanzieller Rahmen notwendig.

Zur Untersuchung von für die Schweiz repräsentativen Böden sowie von vergrabenen Bauwerken unter Stoßbelastung wurde 1966 bis 1968 an der Eidg. Techn. Hochschule in Zürich eine Wasserkanone entwickelt. Es handelt sich dabei um eine Art Minenwerfer, der Wasser anstelle eines Geschosses verschießt. Der Rückstoß wird zur Belastung des Bodens oder von Bauwerken verwendet. Das Gerät ist als Forschungsinstrument konzipiert, wurde aber auch zur Lösung praktischer Problemstellungen, wie z. B. für Untersuchungen bei Unterständen des Zivilschutzes und der Armee, herangezogen.

Der Aufbau des einfachen und robusten Gerätes ist in Bild 4.47 dargestellt. Es besteht aus einer Explosionskammer und einem darauf aufgeschraubten Rohr, das teilweise oder ganz mit Wasser gefüllt wird. Explosionskammer und Rohr sind durch eine Membrane getrennt. Nach der Zündung der Ladung baut sich in der Explosionskammer ein Gasdruck auf, der die Membrane zerreißt. Unter der Wirkung der sich expandierenden Gase wird die Wassersäule aus dem Rohr gestoßen und gleichzeitig die Kanone in entgegengesetzter Richtung auf die Unterlage gepresst. Der so erzeugte Rückstoß von bis zu 2200 kN wird zur Belastung des Bodens oder von Bauwerken ausgenützt. Der Gasdruckverlauf in der Sprengkammer und der Beschleunigungsverlauf der Wasserkanone werden gemessen.

Zum Bestimmen von Bodenkennziffern ist eine Modellvorstellung für den Boden und die Wasserkanone notwendig, die die Steifigkeitseigenschaften und die Dämpfung des Untergrundes erfasst. Die Kennziffern dieses Bodenmodelles können dann aus den Bewegungsmessungen an der Wasserkanone und dem Gasdruckverlauf in der Sprengkammer berechnet werden.

Die Wasserkanone ermöglichte erstmals Bodenkennziffern in situ im mittleren und großen Dehnungsbereich zu bestimmen. Die Bestimmung der Materialdämpfung ist bei einem solchen punktförmigen Versuch ungenau, da sie von einer großen geometrischen Dämpfung überlagert ist.

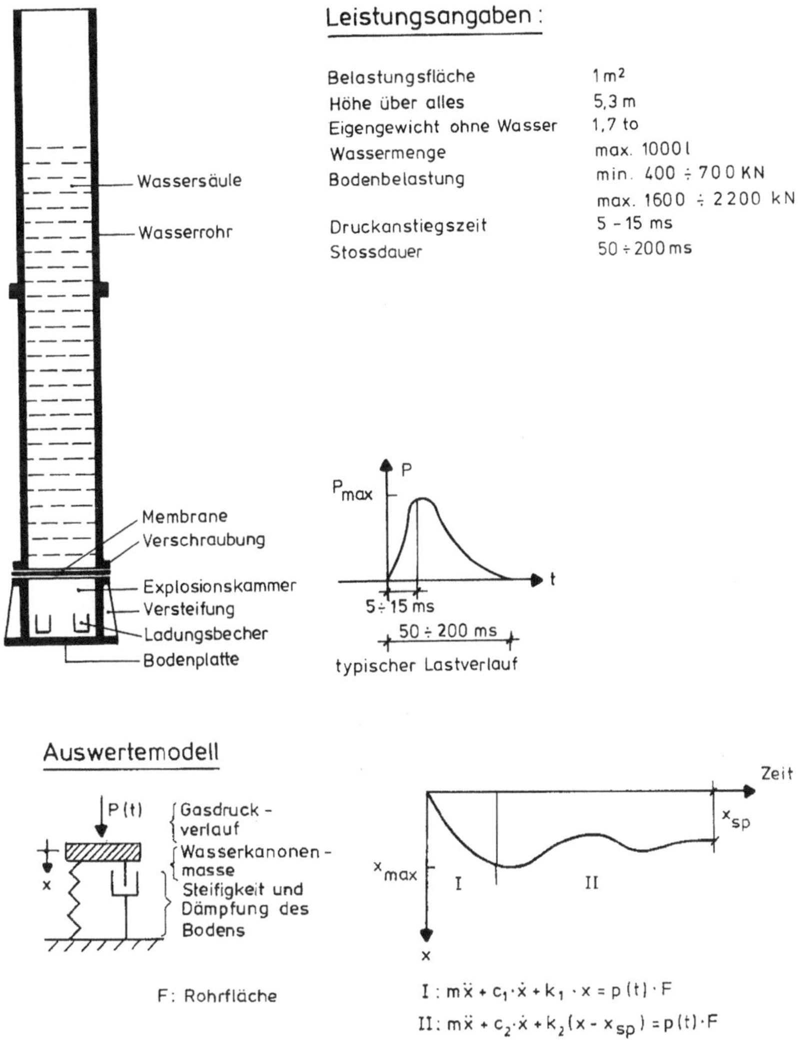

Bild 4.47. Schnitt und Daten der großen IGB-Wasserkanone

4.6 Laborversuche

Mit Laborversuchen wird beabsichtigt, die dynamischen Beanspruchungen im Baugrund unter kontrollierten Bedingungen - wie sie nur im Labor vorhanden sind - möglichst genau nachzubilden. Es wird allerdings nie möglich sein, eine ideale Versuchseinrichtung zu konstruieren, welche die Beanspruchung und die Randbedingungen in der Natur exakt wiedergibt. Die Vorteile der Laborversuche gegenüber den Feldversuchen liegen in erster Linie in den kontrollierten Randbedingungen, in der einfachen Wiederholbarkeit der Versuche, was vor allem für Parameterstudien wichtig ist, und in den gegenüber Feldversuchen geringeren Kosten. Dabei sind jedoch Nachteile wie Störung der Probe bei Entnahme und Einbau sowie die nicht naturgetreuen Randbedingungen in Kauf zu nehmen.

Die heute gebräuchlichsten dynamischen Laborversuche sind:

- Resonant-Column-Versuch
- Zyklischer Scherversuch
- Zyklischer Triaxialversuch
- Zyklischer Torsionsversuch am Voll- und Hohlzylinder

Zusätzlich stehen durch die enormen Entwicklungen in der Messtechnik weitere Versuchstechniken zur Verfügung, die in allen im Folgenden beschriebenen Versuchsmethoden eingesetzt werden können. Hier sind neben Ultraschall und geoelektrischen Methoden insbesondere der Einsatz von „Bender"-Elementen (vgl. z.B. Dyvik und Madshus, 1985) zu nennen.

4.6.1 Resonant-Column-Versuch

Der Resonant-Column-Versuch (RC-Versuch), heute ein Standardversuch zur Bestimmung der Deformationsmodule und der Dämpfung, beruht auf der eindimensionalen Wellenausbreitung (vgl. Kap. 3.2). Durch harmonische Anregung werden in der Bodenprobe Kompressions- oder Scherwellen erzeugt, woraus der E-Modul bzw. der Schubmodul bestimmt werden kann. Die Deformationsmodule werden aufgrund der Resonanzfrequenz und der geometrischen Abmessungen der Probe nach der Elastizitätstheorie bestimmt. Die Dämpfung lässt sich aus der Resonanzkurve, aus dem Verstärkungsfaktor bei Resonanz oder aus dem logarithmischen Dekrement berechnen.

Es existieren verschiedene Versionen des RC-Testgerätes mit unterschiedlichen Erregersystemen und unterschiedlichen Randbedingungen. Je nach Gerät ist die Auswertung des Versuches etwas unterschiedlich. Bild 4.48 zeigt eine Prinzip-Skizze des an der ETH Zürich entwickelten RC-Gerätes für große

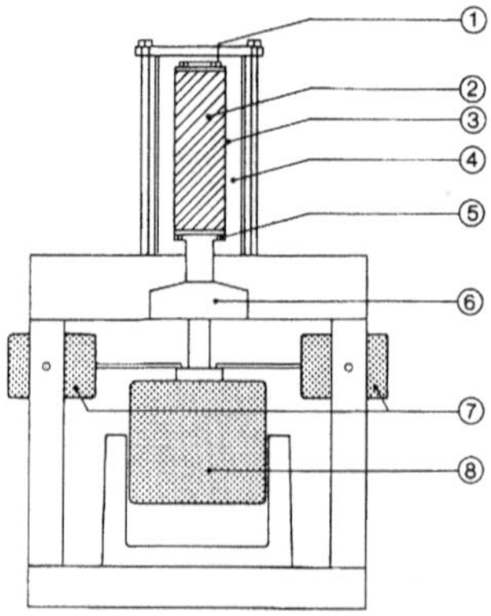

Bild 4.48. Am IGB (ETHZ) entwickeltes Resonant Column Testgerät.
① Obere Beschleunigungsaufnehmer, vertikal und horizontal
② Probe bis ∅ 15 cm, h = 45 cm
③ Gummihaut
④ Druckzelle
⑤ Unterer Beschleunigungsaufnehmer vertikal und horizontal
⑥ Luftkissen zur Kompensation des Zellendruckes
⑦ 2 Horizontalschwinger für Torsionsanregung
⑧ Vertikalschwinger

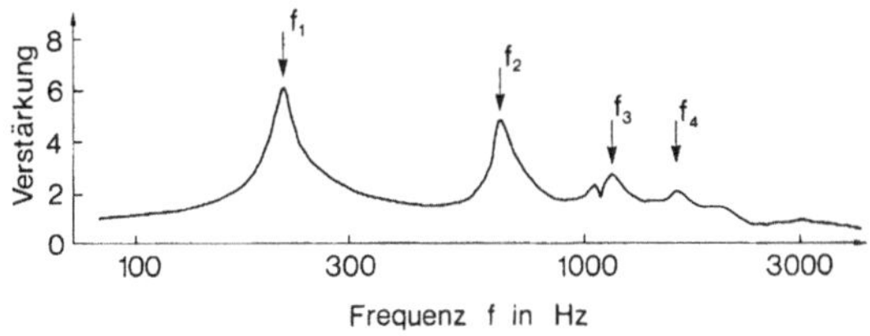

Bild 4.49. Resonanzkurve beim RC-Test

Proben. Die Probe kann durch Anregung des Probenfußes entweder in Longitudinal- oder in Torsionsschwingung versetzt werden. Auf der Probenoberseite ist ein Beschleunigungsaufnehmer befestigt. Während des Versuchs wird die Erregerfrequenz kontinuierlich variiert, wobei die Resonanzkurve, d.h. das Verhältnis der Beschleunigungsamplitude am Probenkopf zu derjenigen am Probenfuß (Anregung) aufgezeichnet wird (vgl. Bild 4.49). Aus den Maxima der Resonanzkurven können die Eigenfrequenzen und damit die Wellengeschwindigkeit und daraus Kompressions- bzw. Schubmodule bestimmt werden.

Die Bodenprobe kann, wie in Bild 4.50 dargestellt, als Stab mit den Randbedingungen fest-frei betrachtet werden. Die Verteilung der Verdrehung entlang der Probenachse entspricht einer Viertel-Sinuswelle.

Eine zusätzliche Masse am freien Ende lässt die Variation der Verdrehung $\theta(x)$ jedoch nahezu linear werden (Bild 4.50). $\theta(x)$ berechnet sich wie beim einfachen Schubträger (Kap. 3.2) mit der allgemeinen Wellengleichung

$$\frac{\partial^2 \theta}{\partial t^2} = v^2 \frac{\partial^2 \theta}{\partial x^2} . \tag{4.37}$$

Der E- bzw. G-Modul ergibt sich, wie in Kap. 3.1 beschrieben, aufgrund der Eigenfrequenz bei Longitudinal- bzw. Torsionsanregung zu

$$E = v_L^2 \rho = 16 f_L^2 l^2 \rho , \tag{4.38}$$

$$G = v_S^2 \rho = 16 f_T^2 l^2 \rho , \tag{4.39}$$

mit
f_L = Grundfrequenz der Longitudinalschwingung,
f_T = Grundfrequenz der Torsionsschwingung,
l = Probenlänge,
ρ = Dichte der Probe.

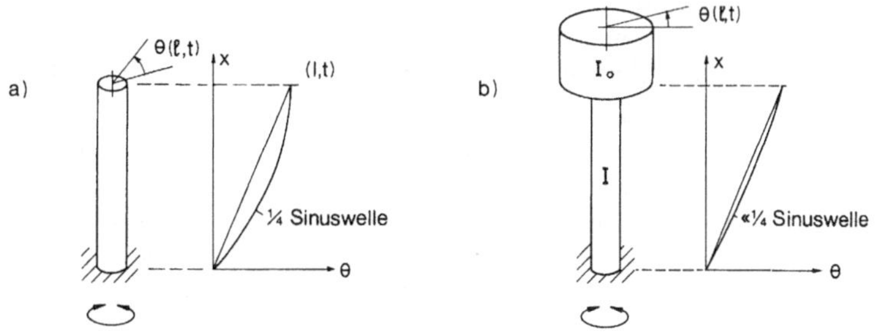

Bild 4.50. Modell für RC-Test; **a** ohne Endmasse; **b** mit Endmasse

Bild 4.51. $\pi/2\beta$ als Funktion von M/M_0 bzw. I/I_0

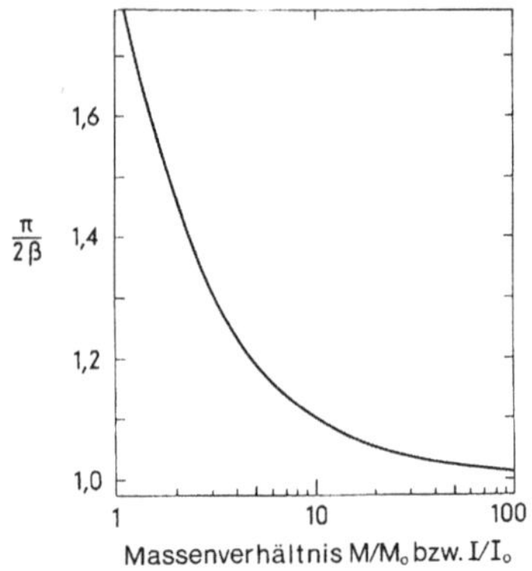

Beim RC-System mit Endscheibe ist bei der Formulierung der Randbedingung am freien Ende die Masse M_0 bzw. das polare Trägheitsmoment I_0 zu berücksichtigen. E- resp. G-Modul berechnen sich, wie in Kap. 3.1.2 hergeleitet, mit

$$E = (\pi/2\beta)^2 (4 f_L l)^2 \rho, \tag{4.40}$$

$$G = (\pi/2\beta)^2 (4 f_T l)^2 \rho, \tag{4.41}$$

wobei $\pi/2\beta$ als Funktion von M/M_0 bzw. I/I_0 in Bild 4.51 aufgetragen ist. Bild 4.51 stellt an sich die gleiche Beziehung dar wie Bild 3.9; statt β ist hier $\pi/2\beta$ aufgezeichnet.

4.6.2 Ultraschallmessungen und Benderelemente

Besonders im Felsbau hat sich der Einsatz von Ultraschall bei der Messung der Ausbreitungsgeschwindigkeit der Druck- und Scherwellen etabliert. Die Messung der Ultraschallpulse ist stark von der Anbindung der Sender und der Empfänger abhängig, auf die besonders geachtet werden muss. Eine ähnliche Messmethode stellen piezokeramische Elemente („Bender Elemente“) dar. Diese Elemente werden elektrisch angeregt und senden Schwingungen und damit Wellen in eine Bodenprobe. Je nach Typ können Scherwellen oder Druckwellen eingeleitet werden, wobei durch die Anordnung des Bender Elementes immer auch Druckwellen in einer Dimension der Probe entstehen (vgl. Bild 4.52). Der Einsatz von Bender Elementen bietet sich vor allem im Lockergestein an, wobei hier auf den Kontakt zwischen den Sendern und Empfängern in der Bodenprobe geachtet werden muss. In der Regel ist der Empfänger an der gegenüberliegenden Fläche einer Probe angeordnet, so dass klare Laufzeitmessungen möglich sind. Dies macht die Ergebnisse von Messungen mit Bender Elementen nicht immer eindeutig (Lee und Santamaria, 2005) und es ist, wie auch bei Feldversuchen, auf die unterschiedlichen Ankunftszeiten der Wellen zu achten. Der Einsatz von Bender Elementen in Resonant Column Geräten oder auch in Triaxialversuchen unter isotroper Belastung zeigt gute Ergebnisse. Der Einsatz von Bender Elementen unter anisotroper Belastung

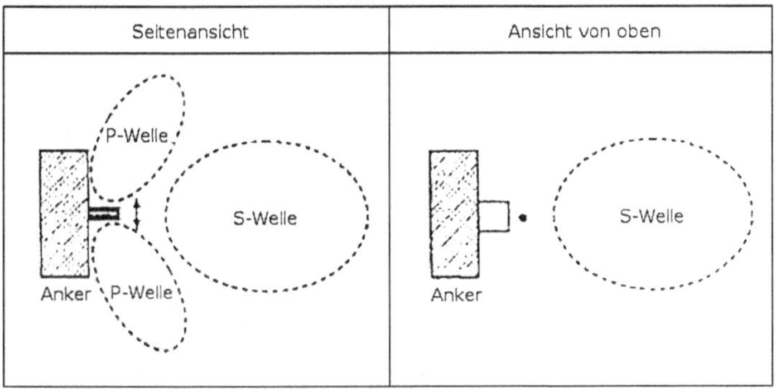

Bild 4.52. Auswirkungen der Direktivität von eingeleiteten Signalen piezokeramischer Elemente auf die Wellenausbreitung in der Bodenprobe. Quelle und Empfänger sind in der Probe platziert

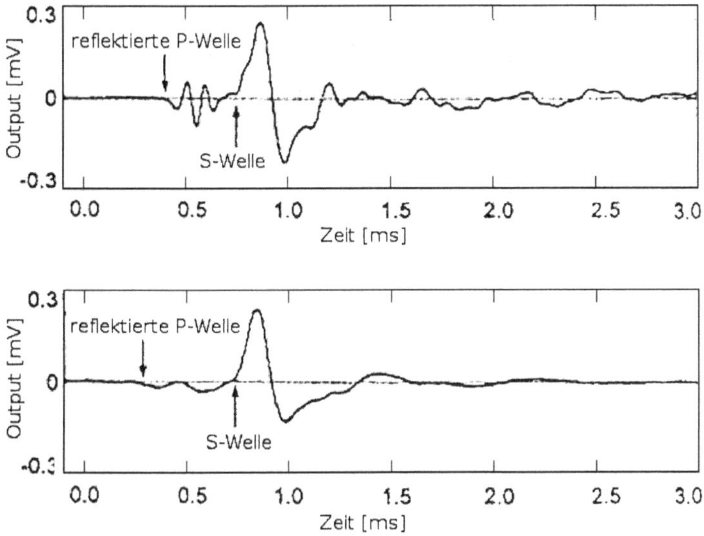

Bild 4.53. Messsignale am Empfänger in a) in trockener Probe, b) in teilgesättigter Probe (Chaudary, 2004)

(insbesondere bei einem größeren Anstieg von σ_1 kann jedoch zu Reflektionen oder Refraktionen an Fugen größerer Belastung führen, was dann eine einfache Auswertung der Laufzeitmessung nicht mehr erlaubt, wobei zum Beispiel der Einsatz von Bender Elementen in Resonant Column Geräten oder auch Hohlzylinder-Geräten eine gute Übereinstimmung mit vergleichbaren Versuchen gezeigt hat.

4.6.3
Zyklischer Scherversuch

Versuche mit zyklischer Belastung wurden in erster Linie zur Simulation des Verflüssigungsverhaltens bei Erdbebenbeanspruchungen entwickelt. Diese Geräte lassen sich aber auch für die Bestimmung des E- bzw. G-Moduls und der Dämpfung verwenden. Die Anforderungen an die Messgenauigkeit sind bei der Bestimmung der Deformationsmodule aber wesentlich höher.

Die einfachste Modellvorstellung der Erdbebenbeanspruchung von Bodenschichten ist die Beanspruchung des Bodens durch vertikal wandernde Scherwellen gemäß Bild 4.54. Der zyklische Scherversuch, der aus dem einfachen Scherversuch entwickelt wurde, kommt dieser Modellvorstellung von allen Laborversuchen am nächsten. Die Probe wird in einen Behälter mit starren Seitenwänden eingebaut. Dieser lässt sich rhomboidartig deformieren und erzeugt so die gewünschte Schubspannung (Bild 4.55). Ein Scherversuch mit festen Seitenwänden ist für dynamische Untersuchungen in der Regel nicht geeignet.

Die Normalspannung wird durch die Kraft auf den Probendeckel gesteuert. Das Konzept dieses Versuchs ist an sich naheliegend und einfach, die Schwie-

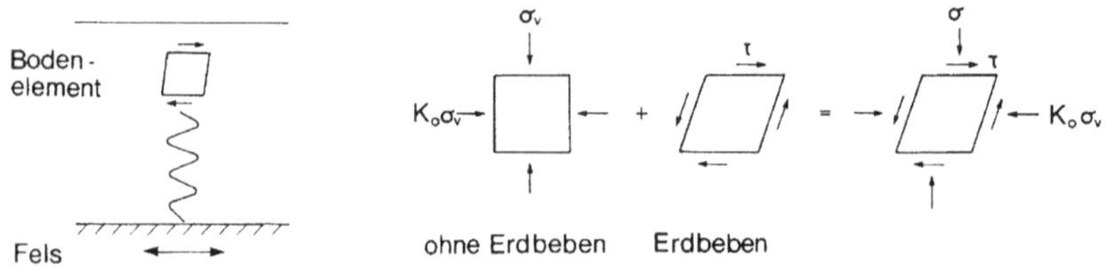

Bild 4.54. Erdbebenbeanspruchung eines Bodenelementes

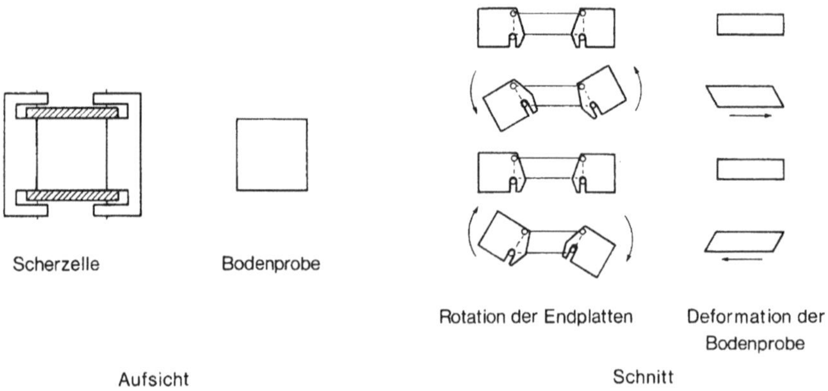

Bild 4.55. Schematische Darstellung des zyklischen Scherversuchs (nach Peacock und Seed, 1968)

rigkeiten liegen aber in der Realisierung der richtigen Randbedingungen und in der Interpretation der Versuchsresultate. Die Normal- und Schubspannungen an den Rändern sind, insbesondere bei größeren Deformationen, sehr ungleichmäßig verteilt. Dadurch wird der Bruchzustand früher erreicht als bei gleichmäßig verteilten Spannungen, wie sie im Baugrund vorliegen. Hauptsächlich wegen der Schwierigkeit des Probeneinbaus hat sich der zyklische Scherversuch zur Hauptsache nur in Forschungslabors etabliert, kommerzielle Labors arbeiten meistens mit dem zyklischen Triaxialversuch.

Für den Vergleich von Resultaten aus dem zyklischen Scherversuch mit Resultaten aus dem zyklischen Triaxialversuch ist der unterschiedliche Spannungszustand der beiden Versuchstypen zu berücksichtigen. Bei gleicher Normalspannung auf der Bruchfläche ist die mittlere Hauptspannung σ_m bei den beiden Versuchstypen nämlich nicht identisch. Beim zyklischen Triaxialversuch ist sie gleich dem Konsolidatonsdruck σ_c, während sie beim zyklischen Scherversuch $\sigma_m = {}^1/_3\,(\sigma_1 + 2\sigma_3)$ beträgt, wobei $\sigma_3 = K_0\sigma_1$ ist.

4.6.4 Zyklischer Triaxialversuch

Der zyklische Triaxialversuch ist der in der Praxis am meisten verwendete Versuch zur Bestimmung des linear äquivalenten E-Moduls. Er ist aus dem klassischen Triaxialversuch entwickelt worden. Betrachten wir wieder die gleiche Modellvorstellung wie in Bild 4.54. Die Spannungen eines Bodenelementes bei einem Erdbeben lassen sich mit dem zyklischen Triaxialversuch in mancher Hinsicht nicht so einfach reproduzieren wie mit dem zyklischen Scherversuch. Im Baugrund wird ein Bodenelement durch die Vertikalspannung σ_v und die Horizontalspannung $\sigma_h = K_0\sigma_v$ beansprucht. Dazu kommt als Folge des Erdbebens, welches in erster grober Näherung eine vertikal sich fortpflanzende Scherwelle erzeugt, eine horizontal orientierte alternierende Schubspannung. Die größte Hauptspannung ist anfänglich vertikal und dreht sich um einen bestimmten Winkel „nach links und nach rechts“ aus dieser vertikalen Lage. Beim Triaxialversuch jedoch kann die größte Hauptspannung nur vertikal oder horizontal wirken.

Der in Bild 4.54 dargestellte Spannungsverlauf wird im zyklischen Triaxialgerät wie folgt simuliert: Eine zylindrische Probe wird anfänglich unter dem Zelldruck σ_c konsolidiert, was einem Spannungszustand gemäß Bild 4.56 (Zustand I) entspricht. Nun wird die Axialspannung σ_1 um ${}^1/_2\,\sigma_{dp}$ erhöht, während gleichzeitig der Seitendruck σ_3 um ${}^1/_2\,\sigma_{dp}$ reduziert wird (Zustand II). Die Normalspannung auf eine 45°-Ebene durch die Probe wird dabei nicht verändert, aber es wird eine Schubspannung von ${}^1/_2\,\sigma_{dp}$ erzeugt. Die Axialspannung und der Seitendruck werden nun vertauscht, so dass die Schubspannung auf der 45°-Ebene den Richtungssinn ändert, die Normalspannung jedoch konstant bleibt. Dieser Spannungsverlauf entspricht ungefähr dem Spannungsverlauf auf einer horizontalen Fläche eines Bodenelementes im Baugrund.

Auf die Variation des Seitendruckes kann, wie aus Bild 4.57 ersichtlich ist, bei gesättigten, undrainierten Proben verzichtet werden. Ausgehend von

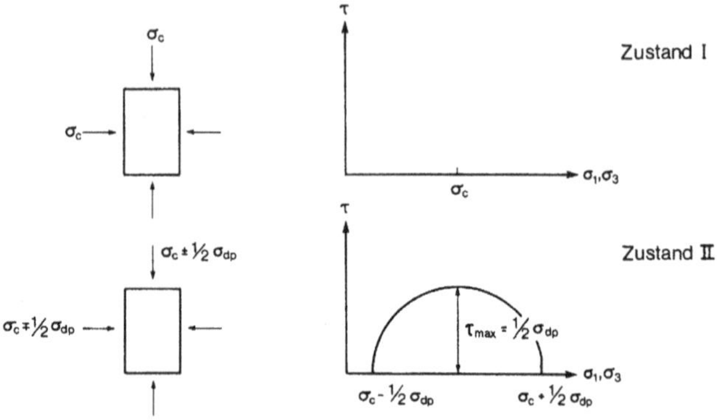

Bild 4.56. Simulation der Erdbebenbeanspruchung im zyklischen Triaxialversuch

einem Konsolidationsdruck σ_c wird, wie in Bild 4.57 b und c dargestellt, die Stempelkraft, d.h. σ_1, um σ_{dp} erhöht, während gleichzeitig der Zellendruck, d.h. σ_2 und σ_3, aber auch σ_1, um $\sigma_{dp}/2$ reduziert wird. Damit erreicht man den gewünschten Spannungszustand in Bild 4.57 d. Bei gesättigten Proben bewirkt jedoch der Spannungsanteil in Bild 4.57 c, d.h. die Variation des Zelldruckes, nur eine Erhöhung der Porenwasserspannung und keine Veränderung der effektiven Spannungen und kann somit auch weggelassen werden. Bei nur teilweise gesättigten oder bei drainierten Proben muss der Seitendruck variiert werden, um die Erdbebenbeanspruchung zu simulieren.

Der Aufbau einer zyklischen Triaxial-Versuchsanlage ist in Bild 4.58 schematisch dargestellt. Sie besteht im Wesentlichen aus einer Triaxialzelle ähnlicher Bauart, wie sie beim konventionellen Triaxial-Gerät verwendet wird, einer Steuer- und Kontrolleinrichtung für Stempellast, Zelldruck und Porenwasserdruck (Backpressure) und einer Mess- und Registriereinheit um Stempellast, Zelldruck, Porenwasserdruck und Deformationen aufzuzeichnen.

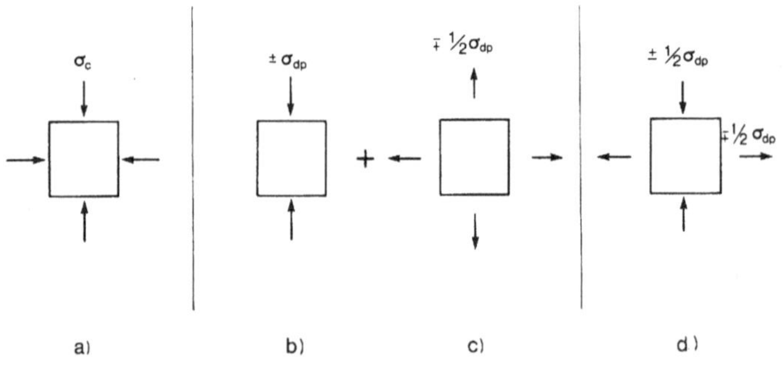

Bild 4.57. Spannungszustände beim zyklischen undrainierten Triaxialversuch (Probe gesättigt). **a** Konsolidierungsspannungen. **b** angebrachte zyklische Vertikalspannung beim zyklischen Triaxialversuch. **c** gedachter komplementärer, allseitiger zyklischer Seitendruck. **d** resultierende Spannungen auf die gesättigte Probe beim undrainierten zyklischen Triaxialversuch

Bild 4.58. Schematische Darstellung des zyklischen Triaxialversuchs des IGT (ETH)
① Hydraulikzylinder
② Induktiver Wegaufnehmer
③ Kraftmessdose
④ Triaxialzelle
⑤ Probe
⑥ Druckaufnehmer für Zellendruck und Porenwasserdruck

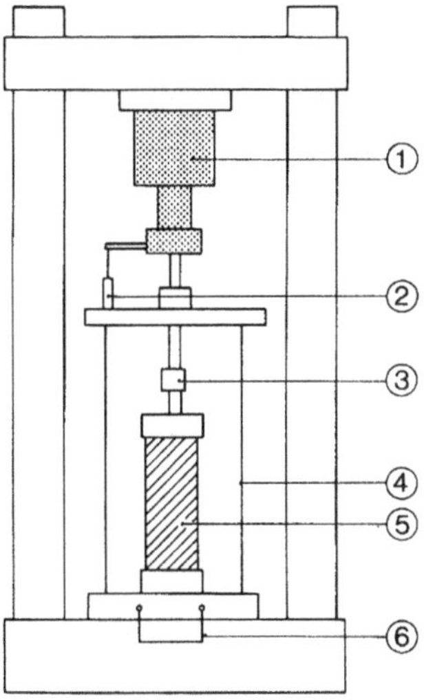

Zur Bestimmung des linear äquivalenten E-Moduls und der Dämpfung werden während des Versuches Axialspannung und -dehnung mit einem xy-Diagramm in Form einer Hysterese-Schleife aufgezeichnet (Bild 4.59). Aus dieser Hysterese-Schleife werden die äquivalenten elastischen Deformationskennwerte berechnet:

$$E = \Delta\,\sigma_1/\Delta\,\varepsilon_1, \tag{4.42}$$

$$G = E/2\,(1+\nu), \tag{4.43}$$

$$\gamma = \varepsilon_1\,(1+\nu). \tag{4.44}$$

Die Poissonzahl in (4.43) und (4.44) ist dabei zu schätzen. Die hysteretische Dämpfung wird nach (4.45) in eine äquivalente viskose Dämpfung umgerechnet:

$$D = \frac{\text{Fläche der Hysterese-Schleife}}{\text{Fläche vom Dreieck OAB + OA'B'}}\,\frac{1}{2\,\pi}\,. \tag{4.45}$$

Bild 4.60 zeigt Resultate von zyklischen Triaxialversuchen an einem Kiessand. Material identischer Herkunft wurde in verschiedene Proben und verschie-

Bild 4.59. Auswertung der Hysterese-Schleife beim zyklischen Triaxialversuch

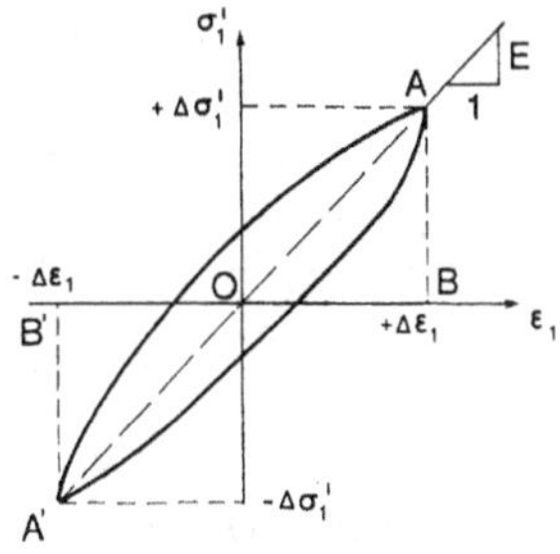

Bild 4.60. E-Module und Dämpfung bei einem Kiessand (IGB-Versuche)

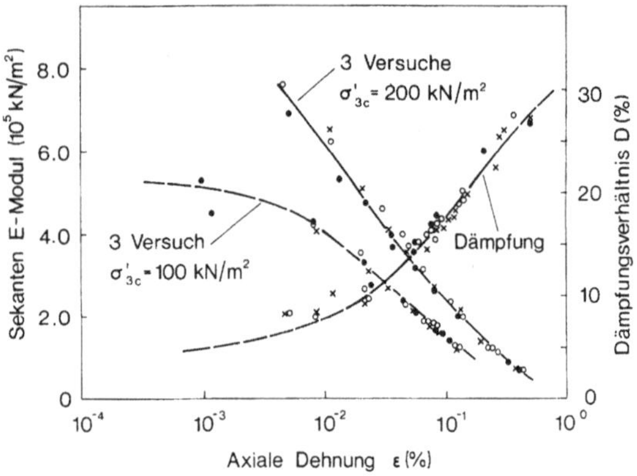

denen Belastungsstufen untersucht. Es ergibt sich dabei eine sehr kleine Streuung der Resultate. Dies ist darauf zurückzuführen, dass hier nur ein Material von einem einzigen Standort untersucht wurde. In den G-γ- und D-γ-Diagrammen von Kap. 4.3 hingegen hat man eine wesentlich größere Streuung, da dort Materialien von verschiedenen Standorten und Versuchsresultate aus verschiedenen Labors enthalten sind.

4.6.5
Zyklischer Torsionsversuch

Mit dem zyklischen Torsionsversuch lassen sich einige der Schwierigkeiten, die beim zyklischen einfachen Scherversuch auftreten, eliminieren. Die Konzentration von Randspannungen in den Ecken fällt weg und das Verhältnis von Seitendruck zu Vertikalspannung kann gesteuert werden.

Zyklische Torsionsversuche lassen sich in unterschiedliche Versuchsarten eingliedern. In einfacheren Torsionsversuchen werden Zylinder, Hohlzylinder oder auch Kreisringe bei konstanter axialer Belastung durch ein alternierendes Torsionsmoment belastet. Für ein einzelnes Element (Bild 4.61) der in diesen Versuchen untersuchten Bodenproben ergeben sich damit die gleichen Spannungen wie sie im Boden beim Durchlaufen der Scherwelle (vgl. Bild 4.54 links) entstehen. Ein solches Versuchsgerät kann ein Ringschergerät (Bild 4.62) oder auch ein Holzylindergerät, wie beispielsweise in Bild 4.63 b dargestellt, sein. Für diese Versuche wird eine Probe in Form eines Kreisringes verwendet. Die Form der Probe ist abgeschrägt, so dass sich eine konstante Schubspannungsverteilung über die ganze Probe ergibt. Der Seitendruck wird entweder über den Zelldruck aufgebracht oder es stellt sich der K_0-Zustand ein, wenn kreisringförmige Scheiben als Außenhaut verwendet werden, die sich gegenseitig verdrehen können. Dies hat auch einen Einfluss auf die Wandreibung, welche durch diese Freiheitsgrade reduziert wird.

Bild 4.63 a zeigt eine schematische Darstellung eines Hohlzylinder Versuchsstandes (Hollow Cylinder Apparatus, HCA). Bei diesen Versuchen wird

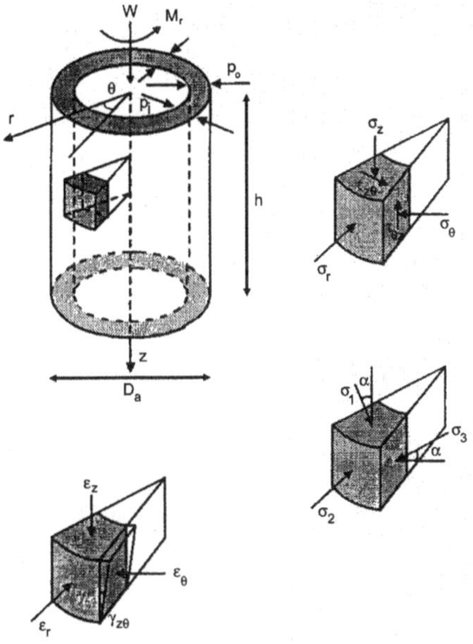

Bild 4.61. Spannungszustände in einer Hohlzylinderprobe

die Probe in der Form eines hohlen Zylinders verwendet. Sie ist innen und außen mit einer Gummihaut überzogen und durch zwei poröse Platten unten und oben gehalten. Die Belastungen werden unabhängig in allen drei Hauptspannungsrichtungen aufgebracht, wobei die vertikale Belastung über einem Druckstempel erfolgt. Die Torsionsbelastung wird ebenfalls extern mit Hilfe eines Torsionszylinders direkt am Probenkopf oder am Probenfuß in die Probe eingeleitet. Der Seitendruck wird von innen und außen über den Zelldruck gesteuert. Mit dieser Versuchsanordnung ist es möglich, alle Kombinationen von Spannungszuständen an einem Bodenelement zu untersuchen und auch Unterschiede in der Spannungssituation z. B. unterhalb von Gebäuden oder in der Nähe von Stützkonstruktionen in die Betrachtung des Bodenverhaltens einfließen zu lassen. Neuere Geräte, wie sie zum Beispiel an der ETH eingesetzt

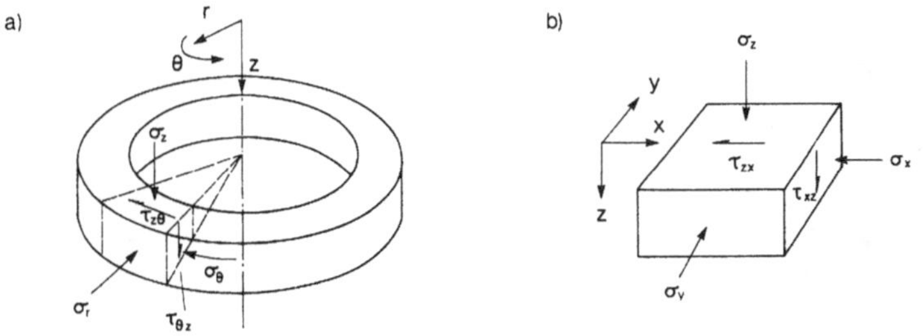

Bild 4.62. Zyklischer Ringscherversuch; **a** Spannungen am Ringsegment; **b** entsprechende Spannungen am Bodenelement

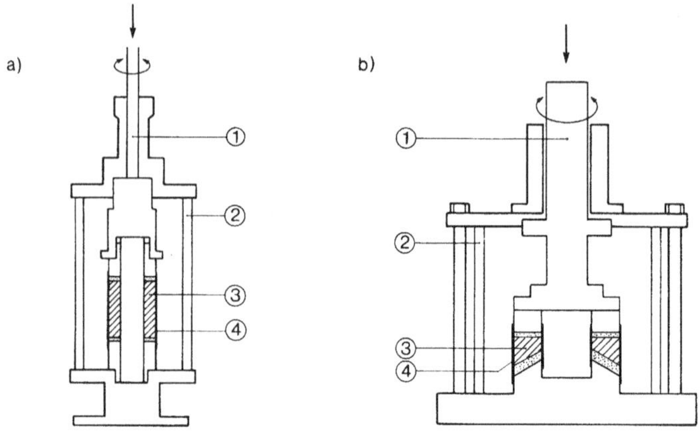

Bild 4.63. Zyklischer Scherversuch für **a** Hohlzylinder-Probe und **b** Kreisring-Probe. ① = Stempel für Torsions- und Axiallast, ② = Zelle, ③ = Boden-Probe, ④ = Gummimembrane

werden (Laue et al. 2008), erlauben dabei die Untersuchung von überlagerten zyklischen Lastfunktionen, indem nicht nur die Torsion, sondern auch die axiale Belastung dynamisch gesteuert werden kann.

4.7 Vergleich von Feld- und Labordaten

Man würde erwarten, dass die Resultate von Felduntersuchungen, z.B. von Crosshole-Versuchen, und die Resultate von Laboruntersuchungen, z.B. von Resonant-Column-Tests, im gleichen Dehnungsbereich zu ähnlichen Steifigkeitswerten führen. Dies ist leider sehr oft nicht der Fall. Meist ergeben Crosshole-Versuche höhere Steifigkeitswerte als Resonant-Column-Versuche. Der Unterschied kann bis zu einem Faktor 2 oder 3 gehen.

Die unterschiedlichen Resultate können auf folgende Einflüsse zurückgeführt werden:

- Der Spannungszustand eines Bodenelementes unter Feld- oder Laborbedingungen ist nicht identisch. Die Laborproben sind durch Entnahme mindestens teilweise gestört. Der ursprüngliche Spannungszustand lässt sich im allgemeinen im Labor nicht wieder herstellen. Namentlich kleine Störungen des Kornverbandes (Auflösung der Zementation, andere Orientierung der Körner, etc.) können im kleinen Dehnungsbereich von großem Einfluss sein.
- Während im Labor Handstücke, d.h. Einzelproben, untersucht werden, ergeben Feldversuche Mittelwerte über größere Bodenvolumen.
- Feld- und Laborversuche sind nicht bei identischen Frequenzen durchgeführt worden.

Man muss sich auch im Klaren sein, dass die verschiedenen Untersuchungsmethoden nicht im gleichen Frequenz- oder Dehnungsbereich liegen, der durch die tatsächliche Belastung vorgegeben ist. Diese Abweichungen können die Aussagekraft der bestimmten Bodenkenngrößen für die entsprechende Untersuchung beeinflussen. Der Ingenieur muss in jedem Einzelfall abschätzen, wie weit diese Abweichungen für den vorliegenden Fall von Bedeutung sein können. Beispielsweise liegen die Hauptfrequenzen der Belastung in einer Crosshole-Untersuchung meistens zwischen 100 und 300 Hz, während die Hauptfrequenzen einer Erdbebenbelastung zwischen 1 bis 10 Hz, die der Sturmwellenbelastung einer Offshore-Plattform zwischen 0,1 bis 1 Hz liegen. Dies ist eine Differenz von 2 bis 3 Dekaden. Für die meisten Bodenmaterialien dürfte dieser Frequenzunterschied allerdings nur von sekundärem Einfluss sein.

Da Labor- und Feldversuche sich gegenseitig ergänzen, versucht man durch Kombination eine für die vorliegende Problemstellung repräsentative Kurve über den ganzen Dehnungsbereich zu erhalten. Es läßt sich generell folgendes feststellen:

- Im Allgemeinen sind bei Feldversuchen nur Kennziffern aus dem kleinsten Dehnungsbereich vorhanden. Man wird daher bei unterschiedlichen Resultaten von Feld- und Laboruntersuchungen im kleinen Dehnungsbereich dem Feldversuch größeres Gewicht beimessen. Dies vor allem dann, wenn man das Verhalten eines natürlich abgelagerten Bodens untersucht, z. B. bei der Beurteilung von Fundationen.
- Die Erfahrung der klassischen Bodenmechanik zeigt, dass bei guter Probenentnahme und guter Labortechnik die im Labor bestimmte Scherfestigkeit der in der Natur vorhandenen entspricht. Es darf deshalb davon ausgegangen werden, dass die im Labor bestimmten Festigkeits-Kennziffern für die Verhältnisse in der Natur repräsentativ sind.
- Bei der Interpolation von Ergebnissen aus Laborversuchen ist auch die Regelmäßigkeit der Belastung zu überprüfen. Bei unregelmäßiger Belastung und insbesondere bei einem zwischenzeitlichen Wechsel der Belastungsrichtung stellen sich in der Regel größere Verformungen ein als bei einer harmonischen Belastung ohne Änderung der Belastungsrichtung (also einer Druckschwellbelastung ohne Durchlaufen der Nullinie).

Es bestehen verschiedene Möglichkeiten, die Labor- und Feldversuchsresultate miteinander zu kombinieren, um für die Berechnung repräsentative Material-Kennwerte zu erhalten. Wie dies geschehen kann, soll anhand von zwei Möglichkeiten dargestellt werden (vgl. Bild 4.64):

- **Prozentuales Anheben der Labordaten**
  Die einfachste Methode ist das prozentuale Anheben der Laborresultate gemäß der Formel

$$G_{Feld} = G_{Lab} \frac{G_{max,\,Feld}}{G_{max,\,Lab}} \,. \tag{4.46}$$

  Die Anhebung beträgt bei allen Dehnungen prozentual gleich viel. Je nach dem Verhältnis $G_{max,\,Feld}$ zu $G_{max,\,Labor}$ werden die Labordaten im mittleren und großen Dehnungsbereich sehr stark angehoben.

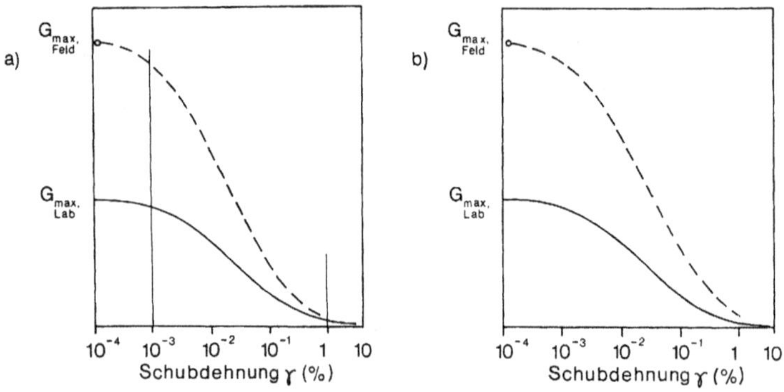

Bild 4.64. Berechnung der G-γ-Kurve **a** mit prozentualem Anheben und **b** mit gewichtetem Anheben der Labordaten. — Laborversuche; --- kombinierte Kurve; ○ G_{max} aus Feldversuch

- **Gewichtetes Anheben der Labordaten**
  Geht man von den beiden Annahmen aus, dass erstens die Resultate von Feldversuchen für den kleinen Dehnungsbereich (kleiner 0,001 %) repräsentativ und dass zweitens im Bruchzustand, d. h. im großen Dehnungsbereich (größer 1 %) die im Labor ermittelten Daten für das Feld repräsentativ sind, so können drei Zonen gebildet werden:

- Bereich $\gamma < 0{,}001\,\%$: $$G_{Feld} = G_{Lab}\,\frac{G_{max,\,Feld}}{G_{max,\,Lab}} \qquad (4.47)$$
- Bereich $\gamma > 1\%$: $$G_{Feld} = G_{Lab} \qquad (4.48)$$
- Zwischen den beiden Randwerten (Bereich $0{,}001\% < \gamma < 1\%$) wird interpoliert:

$$G_{Feld} = G_{Lab}\left[1 - {}^{1}/_{3}\left(\frac{G_{max,\,Feld}}{G_{max,\,Lab}} - 1\right)\,\log_{10}\gamma\,[\%]\right]. \qquad (4.49)$$

Schlussbemerkungen

Selbst bei sorgfältiger In-situ- und Labortechnik können die mit verschiedenen Methoden bestimmten Bodenkennziffern stark streuen. Es ist schwierig, repräsentative Bodenkennziffern für eine gegebene Problemstellung mit großer Genauigkeit zu bestimmen. Selbst mit noch so ausgefeilten mathematischen Bodenmodellen kann dieses bodenmechanische Grundproblem nicht umgangen werden. Dies bedeutet, dass Parameterstudien unumgänglich sind. Zudem ist es bei dynamischen Problemstellungen, im Gegensatz zu statischen, meist nicht möglich, den Einfluss der Variation einer Kennziffer ohne Rechnung zu erkennen, und oft gibt es bei dynamischen Problemen auch keine eindeutige „sichere Seite".

4.8 Das Phänomen Bodenverflüssigung

4.8.1 Übersicht und Definition

Zur Veranschaulichung der bei der Bodenverflüssigung auftretenden Vorgänge betrachten wir eine wassergesättigte Probe aus locker gelagertem Sand in einem undrainierten zyklischen Scherversuch gemäß Bild 4.65. Durch die zyklische Scherbeanspruchung τ_h und unter der Wirkung der Vertikalspannung σ_v wird das Korngerüst sukzessive in eine dichtere Lagerung gebracht, so dass sich das Volumen der Probe verkleinern möchte. Da aber das Porenwasser nicht entweichen kann, resultiert daraus nicht eine Volumenabnahme, sondern ein Zuwachs an Porenwasserspannung. Mit jedem Belastungszyklus steigt, wie man in Bild 4.65 c sieht, der Porenwasserdruck sukzessive an, wobei gleichzeitig die effektive Spannung, d.h. der Korn-zu-Korn-Druck, abnimmt. Solange noch ein Korn-zu-Korn-Druck vorhanden ist, hat die Probe genügend Scherfestigkeit, um die Deformationen in einem kleinen Rahmen zu halten ($\gamma < 1\,\%$); sobald der Porenwasserdruck den Überlagerungsdruck erreicht, wird die effektive Spannung zu null und die Scherfestigkeit fällt auf null ab. Es stellen sich plötzlich sehr große Deformationen ein (Bild 4.65 b).

Das in Bild 4.65 dargestellte Verhalten ist typisch für locker gelagerten Sand oder Silt. In dem Moment, da der Porenwasserdruck 100 % des Überlagerungsdruckes erreicht, stellen sich auch sogleich sehr große Deformationen ein. In diesem Zustand ist kein Korn-zu-Korn-Druck mehr vorhanden (effektive Spannungen) und der Scherwiderstand des Bodens ist gleich Null.

Bei dichter gelagertem Sand wird unter der zyklischen Beanspruchung ebenfalls Porenwasserdruck aufgebaut, doch stellen sich beim Erreichen von 100% Porenwasserdruckverhältnis (d.h. Porenwasserdruck = Überlagerungsdruck) nicht sogleich große Deformationen ein. Zwar verliert auch hier die Probe beim Erreichen von 100% Porenwasserdruckverhältnis kurz-

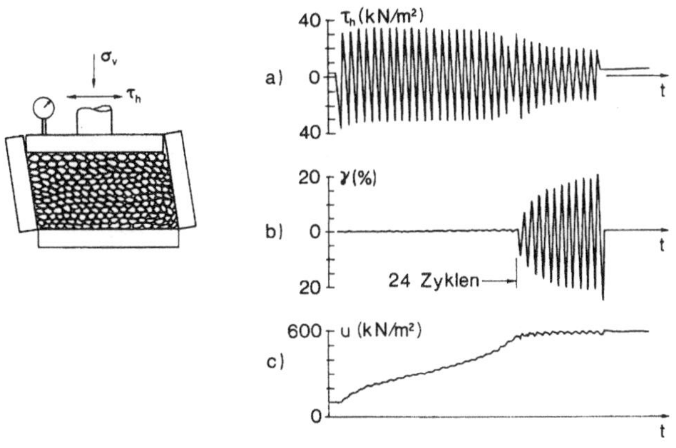

Bild 4.65. Prinzip-Skizze eines zyklischen Scherversuchs an locker gelagertem Sand; **a** zyklische Belastung; **b** Schubdehnung γ; **c** Porenwasserdruck u

zeitig ihre Scherfestigkeit. Sobald sich aber deswegen größere Scherdeformationen einstellen „wollen“, ergeben sich infolge des dilatanten Verhaltens, d.h. infolge einer Volumenvergrößerung der Probe, ein unmittelbarer Abfall der Porenwasserspannungen und ein entsprechender Anstieg der effektiven Spannungen und damit der Steifigkeit und Festigkeit. Bei dicht gelagerten Proben ist somit eine Verflüssigung mit praktisch unbeschränkten Deformationen, wie bei locker gelagerten Proben, nicht möglich, wobei jedoch auch hier ein plötzliches Versagen durch größere Deformationen eintreten kann.

Mit zunehmender Anzahl Belastungszyklen wachsen die Deformationen und können kurzfristig oder bei länger dauernder geringerer zyklischer Beanspruchung ebenfalls unzulässig hohe Werte erreichen.

Namentlich in der älteren Literatur existiert eine Vielzahl von unterschiedlichen Definitionen aus dem Bereich Festigkeitseigenschaften von Böden. Aus diesem Grunde sind die Begriffe und Bezeichnungen für die Bodenverflüssigung und die damit zusammenhängenden Phänomene vom „Committee on Soil Dynamics of the Geotechnical Engineering Division ASCE“ (1978) im Sinne einer Vereinheitlichung und zur Vermeidung von Missverständnissen wie folgt festgelegt worden:

Verflüssigung (liquefaction). Verwandlung einer Substanz in eine Flüssigkeit; für Sand bedeutet dies die Überführung aus dem festen Zustand in einen flüssigen Zustand als Konsequenz der erhöhten Porenwasserspannung und reduzierten effektiven Spannung. Die Ursache der Verflüssigung (statische Last, Vibration, Wellenschlag, Grundwasserströmung, Stoßbelastung) sowie die Dauer der Verflüssigung, d.h. ob langdauernder oder nur vorübergehender Scherfestigkeitsverlust auftritt, und das Ausmaß der Deformation wird damit nicht festgelegt.

100% Porenwasserdruckverhältnis (100% Pore Pressure Ratio). Zustand, in dem der Porenwasserdruck u gleich der anfänglich kleineren effektiven Hauptspannung σ_{3c}' (im Triaxialversuch) bzw. gleich dem effektiven Überlagerungsdruck σ_v' (beim Scherversuch und im Feld) ist. Dieser Begriff ersetzt den oft verwendeten Ausdruck „beginnende Verflüssigung“.

Beschränkte Fließ-Dehnung (limited flow strain). Fließdehnung, die mit der Verflüssigung einsetzt, aber nach einer gewissen Dehnung zum Stillstand kommt, zumeist als Folge des durch Dilatanz verursachten Porenwasserdruck-Abfalls und des damit verbundenen Anstieges der effektiven Spannung. Diese Deformationen entstehen durch einen nur vorübergehenden und nicht durch einen dauernden Scherfestigkeitsverlust.

Ishihara (1996) definiert ergänzend hierzu den Übergangsbereich zwischen einer Verflüssigung, also einer Reduktion der effektiven Spannungen zu Null und einer Entfestigung durch Reduktion der Steifigkeit des Bodens. Da sich die beobachtbaren Phänomene vor allem in Versuchen ähnlich darstellen, definiert er eine Verformungsgröße als Grenzwert zur Bewertung der Verflüs-

Bild 4.66. Niigata 1964. Infolge Bodenverflüssigung sind mehrere Häuser gekippt, ohne jedoch weiteren Schaden genommen zu haben. Der Boden hat sich weitgehend nur im Bereich des aufgeschütteten alten Flusslaufs verflüssigt. Vor dem Erdbeben zeigten diese Bereiche kein abnormales Setzungsverhalten. (Mit freundlicher Genehmigung EERI, Penzien)

a  b

Bild 4.67a. Kobe 1995. „Sandboils" auf der aufgeschütteten Rokko-Insel. (Bild Verfasser) **b.** Kobe 1995. Tankanlage im aufgeschütteten Hafengebiet. Deutlich sind an der Tankanlage noch nach Monaten die Spuren von ausgeworfenem Sand beim Abströmen des Porenwasserüberdruckes infolge der erdbebeninduzierten Bodenverflüssigung zu erkennen. (Bild C. Lachet)

Bild 4.68. Kobe 1995. Meerwärts verschobene Kaimauern. Infolge Bodenverflüssigung ist der Erddruck auf die Mauern vergrößert und gleichzeitig der Widerstand in der Fundation verringert worden. (Bild J. Studer)

Bild 4.69. Kobe 1995. Infolge Bodenverflüssigung hat sich die aufgeschüttete Rokko-Insel weitflächig um bis zu einem Meter gesetzt. Auf Pfählen gegründete Bauwerke haben dabei nur geringe Schäden erlitten. Vergleiche dies mit Bild 4.66. (Bild J. Studer)

sigung. Diese entspricht dem Kriterium, dass die Verformungsamplitude bei gleicher Belastung die doppelte Größe der anfänglichen Verformungsamplitude annimmt.

Unbeschränkte Fließ-Dehnung (unlimited flow strain). Fließdehnung, die mit der Verflüssigung einsetzt und unvermindert weitergeht. Diese Deformationen sind mit einem permanenten Scherfestigkeitsverlust verbunden. Dieses Verhalten wurde sehr oft als „echte Verflüssigung" bezeichnet.

Die Verflüssigung kann sich je nach Ausdehnung und zeitlicher Dauer sehr unterschiedlich manifestieren. Eine nur kurzzeitige Verflüssigung, wie sie bei dicht gelagertem Sand vorkommt und nur zu beschränkter Fließdehnung führt, kann in geringem Maße zusätzliche Setzungen oder Verkippungen hervorrufen; Stabilitätsprobleme werden sich im ebenen Gelände primär nicht ergeben. Hingegen kann der nach der Erschütterung verbleibende Porenwasserüberdruck und die dadurch entstehende, nach oben gerichtete Grundwasserströmung in den darüberliegenden Schichten Verflüssigung in der Art eines hydraulischen Grundbruchs erzeugen. Kann das Wasser durch Spalten oder Kanäle entweichen, so entstehen kleine Sandvulkane. Durchströmt das Wasser jedoch gesamthaft eine locker gelagerte Schicht, so kann sich diese noch Minuten nach dem Abklingen der Bodenerschütterung vollständig verflüssigen, was entsprechend katastrophale Auswirkungen auf die darauf fundierten Bauwerke hat. Bei Böschungen und Dämmen genügt unter Umständen eine lokale Reduktion des Scherwiderstandes infolge ausströmenden Wassers, um Rutschungen oder einen Bruch auszulösen.

Neben den oben genannten Definitionen soll auch der Begriff „*Cyclic Mobility*" erwähnt werden. Mit diesem Begriff wird erfasst, dass sich in granularen Böden bei der Verfestigung Verformungen und Porenwasserdrücke aufbauen können ohne dass ein plötzliches Versagen eintritt. Werden diese Böden weiterbelastet, kann ein dilatantes Verhalten einsetzen. Bei Dilatanz erweitert sich der Porenraum, da sich der Boden ausdehnt und Porenwasserüberdrücke werden reduziert. Eine gute Beschreibung des Vorganges findet sich in Ishihara (1996).

4.8.2 Berechnung des Verflüssigungspotenzials

Die Berechnung des Verflüssigungspotentials infolge Erdbebeneinwirkung besteht im Wesentlichen aus drei Schritten:
1. Berechnung der durch das Erdbeben verursachten zyklischen Schubspannung für verschiedene Tiefen und Umrechnung derselben in eine äquivalente Anzahl harmonischer Schwingungen.
2. Bestimmung der zyklischen Schubspannung, die zur Verflüssigung führt; entweder direkt anhand von zyklischen Laborversuchen an ungestörten Proben aus unterschiedlichen Entnahmetiefen (Widerstand/Festigkeit) oder indirekt aus der Bestimmung der äquivalenten Anzahl von Schlägen aus dem Standard Penetration Test. Zur Anwendung der hierfür erhältlichen Nomo-

Bild 4.70. Bestimmung der Zone, in der Verflüssigung auftreten kann;
① = Zyklische Schubspannung während eines Erdbebens,
② = Zyklische Schubspannung, die in N Zyklen zur Verflüssigung führt (aus Versuchen)

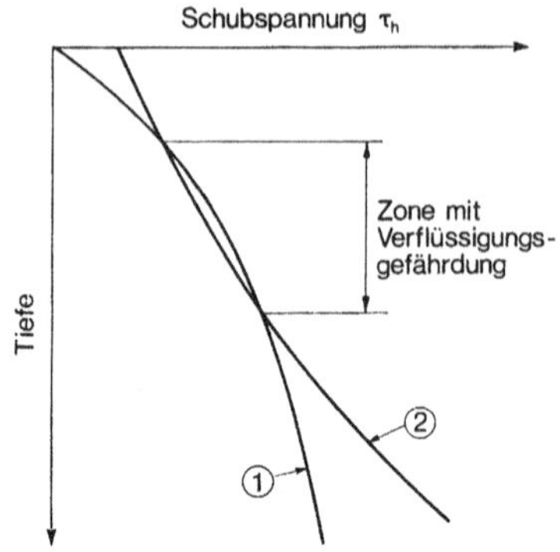

gramme ist darauf zu achten, dass diese Nomogramme für die Schlagzahl N_{30} und die amerikanische Version des SPT (eingeleitete Energie) erstellt worden sind.

3. Vergleich der in Punkt 1 berechneten Schubspannungen mit denjenigen aus Punkt 2, um zu erkennen, ob im Baugrund Zonen vorliegen, in denen mit Verflüssigung gerechnet werden muss. Mit Hilfe eines Diagramms wie im Bild 4.70 lässt sich die gefährdete Zone rasch ermitteln.

Die Anzahl der äquivalenten Zyklen hängt von der Dauer der Bodenerschütterung und damit direkt von der Magnitude des Erdbebens ab. In Tabelle 4.8 sind typische Werte für die äquivalente Anzahl von Belastungszyklen für verschiedene Magnituden angegeben.

Zur Berechnung der durch das Erdbeben im Boden erzeugten Schubspannungen können verschiedene Methoden angewendet werden. Es existieren verschiedene dynamische Finite-Element-Programme, mit denen Schichtung und Topographie berücksichtigt werden können. Zum Teil lässt sich der Aufbau der Porenwasserspannungen während der Bodenerschütterung selbst berechnen. Solche Computer-Programme stehen allerdings nicht ohne weiteres zur Verfügung, und oft genügt es, mit vereinfachten Methoden, wie sie in den folgenden Abschnitten beschrieben werden, die Sicherheit gegen Verflüssigung abzuschätzen.

Vereinfachte Berechnung der Schubspannungen (Beanspruchung)

Gemäß den üblichen Annahmen werden die Schubspannungen im Boden während eines Erdbebens primär durch vertikal sich fortpflanzende Scherwel-

Tabelle 4.8. Anzahl äquivalenter Zyklen für verschiedene Magnituden (nach Seed und Idriss, 1982)

Magnitude M	$5^1/_4$	6	$6^3/_4$	$7^1/_2$	$8^1/_2$
Anzahl äquivalenter Belastungszyklen mit $\tau_m = 0{,}65\ \tau_{max}$	2–3	5	10	15	26

Bild 4.71. Wertebereich für r_d (nach Seed und Idriss, 1982)

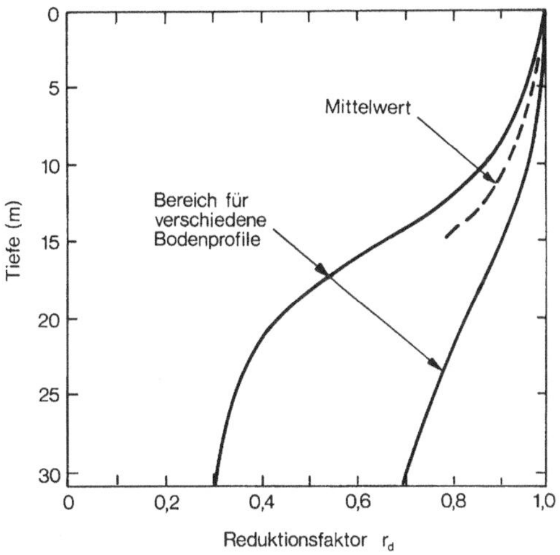

len erzeugt. Somit kann der Boden als einfacher Schubträger betrachtet werden. Würde sich der Boden oberhalb einer Tiefe h als starrer Körper verhalten, so wäre die maximale Schubspannung gleich

$$\bar{\tau}_{max} = \frac{\gamma}{g} \cdot h \cdot a_{max}, \tag{4.50}$$

wobei γ das Raumgewicht des Bodens und a_{max} die maximale Bodenbeschleunigung bezeichnen. Da sich aber der Boden als deformierbarer Körper verhält, wird die wirkliche Schubspannung kleiner sein und kann in Form von (4.51) ausgedrückt werden:

$$\tau_{max} = \frac{\gamma}{g} \cdot h \cdot a_{max}\, r_d. \tag{4.51}$$

wobei r_d einen Reduktionsfaktor darstellt. Der Wertebereich für r_d, der für eine große Anzahl Erdbeben und Baugrundverhältnisse berechnet wurde, ist in Bild 4.71 dargestellt. Man sieht, dass die Streuung für die obersten 10 m relativ klein ist, so dass man mit (4.51) eine sehr gute Näherungslösung hat.

Der Verlauf der Schubspannungen im Boden während eines Erdbebens zeigt natürlich Unregelmäßigkeiten und wird in einen äquivalenten harmonischen Spannungsverlauf umgeformt, wobei im Allgemeinen die Amplitude als 65% der maximalen Schubspannung des effektiven Spannungsverlaufs gewählt wird. Die so maßgebende Schubspannungsamplitude beträgt somit

$$\tau_m = 0{,}65\, \frac{\gamma h}{g}\, a_{max}\, r_d. \tag{4.52}$$

Um die Tiefenlage zu berücksichtigen, wird (4.52) mit σ_v' normalisiert:

$$\frac{\tau_m}{\sigma_v'} = 0{,}65\, \frac{a_{max}}{g}\, \frac{\sigma_v}{\sigma_v'}\, r_d. \tag{4.53}$$

Dieses Spannungsverhältnis kann für jedes beliebige Bodenelement für irgendein Erdbeben berechnet werden, sofern die Werte für a_{max}, σ_v und σ_v' bestimmt werden können.

4.8.3 Granulare Böden

Das Bruchverhalten von granularen Böden hängt in erster Linie davon ab, ob unter der zyklischen Belastung Porenwasserüberdrücke entstehen können und ob bei Scherdeformationen dilatantes Verhalten auftritt. In Bild 4.72 a und b ist das prinzipielle Verhalten einer locker bzw. dicht gelagerten Bodenprobe schematisch dargestellt. In locker gelagerten gesättigten Boden entwickeln sich sehr rasch Porenwasserüberdrücke, die zur Verflüssigung führen. Der dichtgelagerte Boden entwickelt ebenfalls Porenwasserüberdrücke, jedoch entstehen durch die Dilatanz Porenräume, so dass diese Überdrücke nach Eintreten erster Verformungen wieder abgebaut werden und die Probe praktisch die gleiche Scherfestigkeit erreicht wie im statischen Fall. Im Folgenden soll das Festigkeitsverhalten wassergesättigter granularer Böden näher betrachtet werden.

Bild 4.73a zeigt den typischen Verlauf der Schubdehnungen von zyklisch belasteten Sandproben. Die Schubdehnung infolge der zyklischen Schubbelastung wächst anfänglich relativ langsam und steigt dann plötzlich rasch an. Je höher die Schubspannungsamplituden sind, umso schneller werden Verflüssigung bzw. große Schubdehnungen erreicht. Die Kurven in Bild 4.73a können umgezeichnet werden in das Diagramm in Bild 4.73b, aus dem die Anzahl Zyklen bis zum Erreichen von 5% Schubdehnung bestimmt werden kann. In der Regel können Schubdehnungen mit Amplituden kleiner als 10^{-4} % als nicht ausreichend groß angesehen werden, um einen Anstieg des Porenwasserdruckes hervorzurufen. Da dies von vielen einzelnen Parametern abhängt, sollte dieser Wert jedoch als Anhaltswert angesehen werden, welcher in beide Richtungen abweichen kann, aber für die meisten Böden eher konservativ ist.

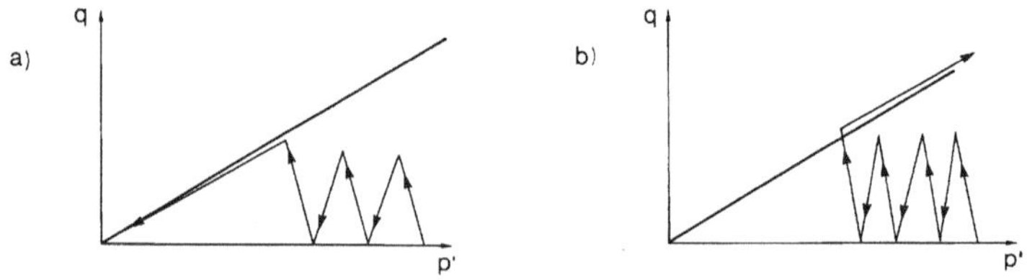

Bild 4.72. Schematische p′-q-Diagramme für **a** locker gelagerten und **b** dicht gelagerten Sand bei zyklischer Belastung mit nachfolgender statischer Belastung bis zum Bruch (p: totale hydrostatische Spannung, p′ = p−u: effektive, d. h. Korn-zu-Korn „hydrostatische" Spannung, q: max. deviatorische Spannung)

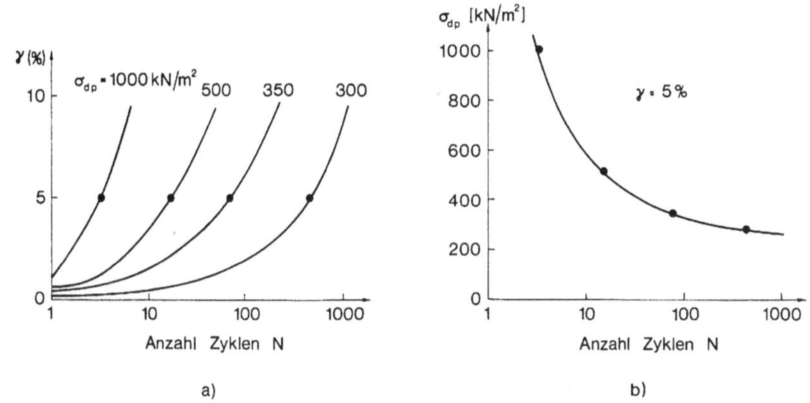

Bild 4.73. Festigkeitsverhalten von Sand; **a** Dehnungsamplituden als Funktion der Anzahl Belastungszyklen; **b** Anzahl Zyklen bis 5 % Schubdehnung erreicht ist; σ_{dp} = zyklische Deviatorspannung, γ = Schubdehnungsamplitude

Einflussfaktoren

Das Verflüssigungsverhalten von kohäsionslosen Böden wird in erster Linie von folgenden Faktoren beeinflusst:

- Kornverteilung
- Spannungsverhältnis τ_h/σ_v'
- Lagerungsdichte
- Kornbeschaffenheit
- Bodenstruktur
- Alter des Bodens
- Konsolidationsverhältnis.

Die Kornverteilung hat einen wesentlichen Einfluss auf das Dilatanzverhalten und die Durchlässigkeit und damit auch das Verflüssigungspotenzial eines kohäsionslosen Bodens. Bei grobkörnigem Material (Kies, Schotter) wird der durch die Verdichtung erzeugte Porenwasserdruck durch die rasche Drainage sofort abgebaut, so dass keine Verflüssigung auftritt. Es sind in erster Linie die sandigen und siltigen Böden und unter Umständen die grobkörnigen Böden, die bei großen Überlagerungsdrücken und unter der Wirkung der Bodenerschütterung Kornzertrümmerung aufweisen, die zur Verflüssigung neigen. Im Kornverteilungsdiagramm in Bild 4.74 sind die Bereiche angegeben, in denen mit Verflüssigung zu rechnen ist. Bild 4.74 dient als erste Abschätzungsgrundlage des Verflüssigungspotenzials eines Bodens. Eine Analyse von verflüssigten Böden des Kocaeli Erdbebens (z.B. Ansal et al, 2003) zeigt insbesondere im Siltbereich der Kornfraktionen, dass diese Grenzen für bestimmte Erdbebeneinwirkungen (Anzahl und Frequenz der Belastungszyklen größerer Verformungen, Direktivität) und lokale Randbedingungen revidiert werden müssen (vgl. Bild 4.75; Laue und Buchheister, 2005).

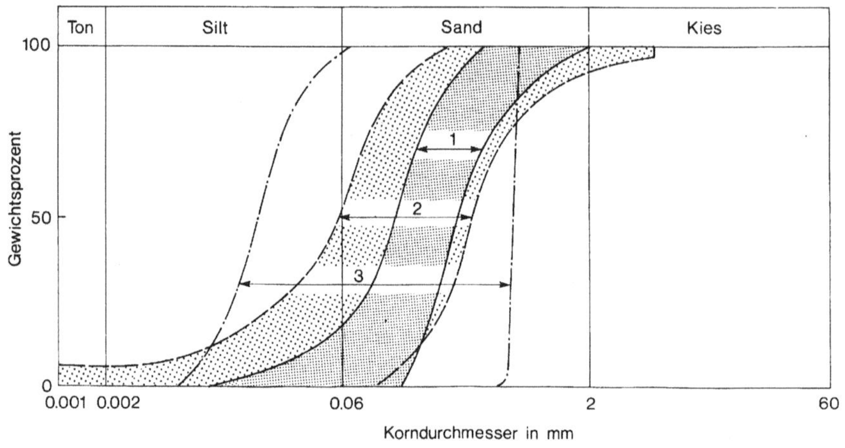

Bild 4.74. Kornverteilungsbereiche von Böden, die sich verflüssigen können: **1** Niigata Sand; **2** Umhüllende von 19 Sanden aus Japan, die sich bei Erdbebeneinwirkungen verflüssigt haben; **3** basierend auf Laborversuchen nach Lee und Focht (nach Finn, 1972)

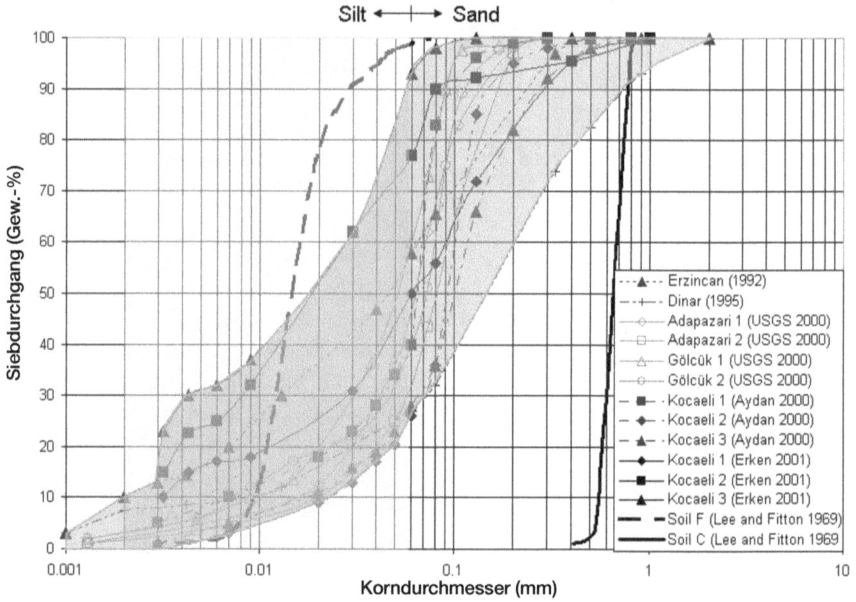

Bild 4.75. Kornverteilungskurven von verflüssigten siltigen Sanden und sandigen Silten in Kocaeli (Buchheister und Laue, 2005); Grenzkurven: Verflüssigungsgefährdung nach Lee und Fitton (1969)

Das Spannungsverhältnis τ_h/σ_v' wird im Allgemeinen verwendet, um den kombinierten Effekt des statischen Überlagerungsdruckes und der zyklischen Scherspannung zu charakterisieren. Im Labor wird dieses Spannungsverhältnis durch $^1/_2(\sigma_{dp}/\sigma_{3c}')$ im Falle des zyklischen Triaxialversuchs und durch τ_h/σ_v' beim einfachen zyklischen Scherversuch nachgebildet. Wie man in Bild 4.76 sieht, nimmt der Verflüssigungswiderstand, d.h. die zyklische Scherpannung, die in einer bestimmten Anzahl Zyklen zur Verflüssigung bzw. 100% Porenwasserdruckanstieg führt, mit steigendem Seitendruck σ_{3c}' zu. Für gleiche Verhältnisse σ_{dp}/σ_{3c}' ist die erforderliche Anzahl Zyklen N_c für 100% Porenwasserdruckanstieg jeweils gleich, d.h. die Kurven in Bild 4.76 fallen auf eine Kurve zusammen, wenn als Ordinate statt σ_{dp} das Verhältnis $^1/_2(\sigma_{dp}/\sigma_{3c}')$ gewählt wird.

Die Lagerungsdichte, meist in Form der relativen Dichte D_r dargestellt, ist der wichtigste Einflussparameter, der das Verflüssigungsverhalten von sandigen oder siltigen Böden bestimmt (vgl. Bild 4.77). Es ist zu beachten, dass bereits kleine Unterschiede im Raumgewicht zu großen Unterschieden in der relativen Dichte und damit im Verflüssigungsverhalten führen.

Kornbeschaffenheit. Vergleichsversuche an verschiedenen Sanden, mit gleicher Kornverteilung, gleicher relativer Dichte und gleicher Probenvorbereitung ergaben Unterschiede von 20% bezogen auf das Spannungsverhältnis τ_h/σ_v', das zur Verflüssigung führt, was auf die unterschiedliche Oberflächenbeschaffenheit der Körner und die Kornform zurückzuführen ist. Beim Vergleich von Resultaten unterschiedlicher Materialien ist dies stets zu berücksichtigen.

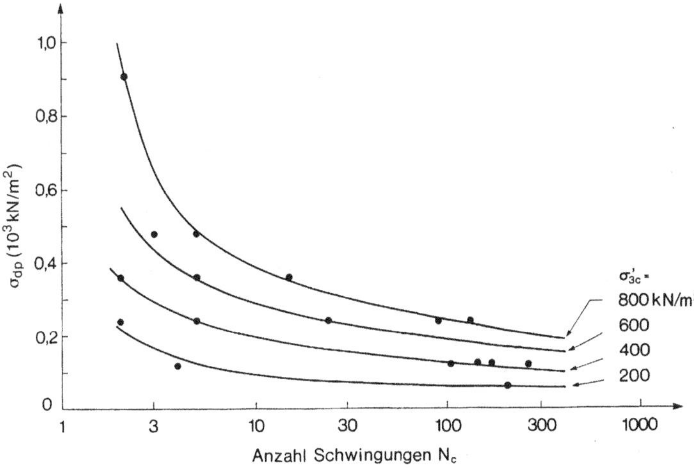

Bild 4.76. Resultate von dynamischen Triaxialversuchen am Filtermaterial einer Sperrstelle; $K_c = 1{,}0$ (isotrop konsolidiert); (nach Trommer, 1977)

Bild 4.77. Einfluss der relativen Dichte auf das Verflüssigungsverhalten. Die Kurven stellen die erforderliche Anzahl Zyklen N_c bis zur Verflüssigung dar. (Seed et al., 1975)

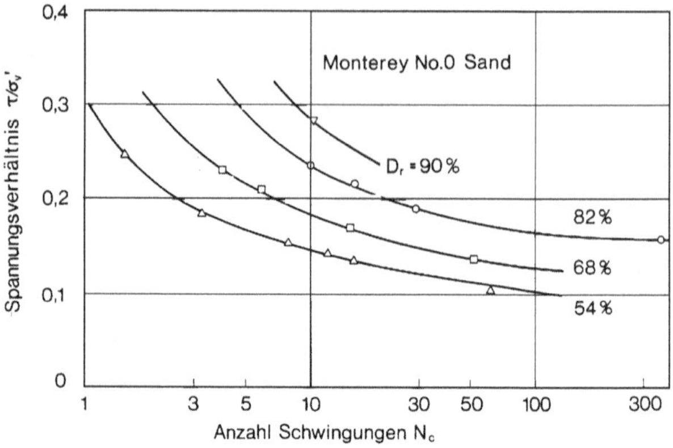

Bild 4.78. Einfluss der Probenvorbereitung auf das Verflüssigungspotenzial, gleiche relative Dichte D_r (nach Finn, 1972)

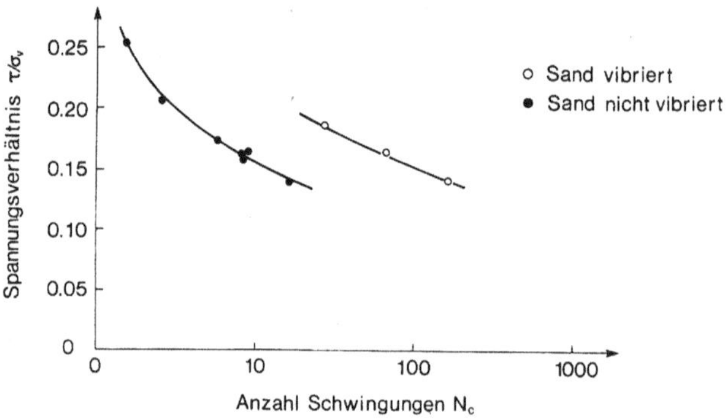

Bodenstruktur. Unterschiedliche Probenvorbereitungen ergeben, auch wenn die Proben die gleiche relative Dichte erreichen, Unterschiede im Verflüssigungswiderstand von bis zu 200 %, bezogen auf das Spannungsverhältnis τ_h/σ_v' (siehe Bild 4.78). Dieser Unterschied ist auf die unterschiedliche Anordnung der Sandkörner durch den Probeneinbau zurückzuführen.

Alter des Bodens. Mit zunehmendem Alter einer Sandablagerung tritt eine Verkittung an den Kontaktstellen der Körner ein. Bereits nach 100 Tagen hat man im Labor einen Zuwachs im Verflüssigungswiderstand von 25 % festgestellt. Es ist deshalb anzunehmen, dass ältere Sandablagerungen einen wesentlich höheren Verflüssigungswiderstand aufweisen als den, den man an gestörten Proben im Labor bestimmt.

Konsolidationsverhältnis. Wie in Bild 4.79 dargestellt, hat das Konsolidationsverhältnis K_c einen wesentlichen Einfluss auf das Verflüssigungsverhalten. In der Natur hat vor allem eine Vorbelastung, die zu höheren horizontalen Spannungen führt, einen großen Einfluss auf das Verflüssigungspotenzial. Ob eine

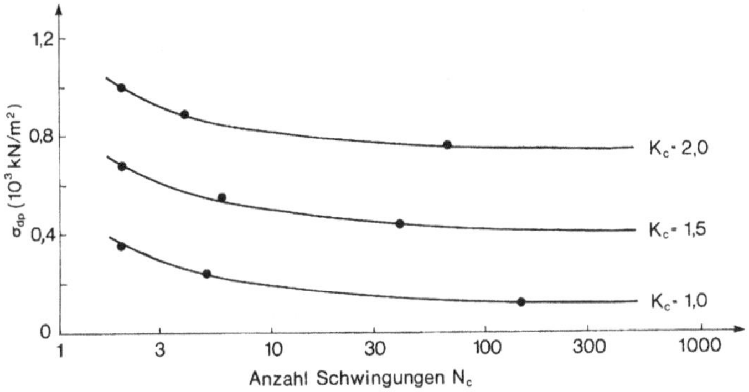

Bild 4.79. Einfluss des Konsolidationsverhältnisses auf das Verflüssigungspotenzial (nach Trommer, 1977)

Vorbelastung stattgefunden hat, ist bei kohäsionslosen Böden schwierig festzustellen.

Die meisten der obgenannten Einflüsse können im Laborversuch nicht direkt nachgebildet werden und müssen bei der Interpretation der Laborversuche und bei der Festlegung von Bemessungsvorschriften sinnvoll berücksichtigt werden. Auch bei der sorgfältigsten Probenvorbereitung werden Störungen auftreten, welche den Verflüssigungswiderstand herabsetzen, so dass die im Labor bestimmten Werte nicht mit den im Feld vorhandenen Verhältnissen übereinstimmen.

4.8.4
Tonige Böden

Bei zyklischer Belastung von Ton ist zwischen dem Kurzzeit- und dem Langzeitverhalten zu unterscheiden. Die zyklische Belastung kann auch im Ton Porenwasserüberdrücke erzeugen; das Kurzzeitverhalten umfasst den Zeitbereich, in dem noch keine bedeutende Drainage stattgefunden hat. In diesem Zeitbereich kann der Boden als undrainiert betrachtet werden. Beim Langzeitverhalten betrachten wir den Boden, nachdem die Porenwasserdrücke wieder abgebaut sind.

Das undrainierte Verhalten von Ton unter zyklischer Belastung lässt sich anhand von Bild 4.80 erkennen. Mit zunehmender Anzahl Belastungszyklen nimmt auch die Schubdehnung zu. Dies entspricht einer Reduktion des G-Moduls. Der Zuwachs in der Schubdehnungsamplitude ist relativ bescheiden im ersten Teil des Versuches, aber nach einer bestimmten Anzahl Zyklen (hier etwa 500) werden die Deformationen rasch größer. Die Anzahl Zyklen, bis der Bruch erreicht wird, hängt von der Größe der zyklischen Schubspannung ab. Unterhalb eines bestimmten kritischen Schubspannungsverhältnisses τ_{hc}/τ_{hf} hat die zyklische Belastung keinen Einfluss. Für den in Bild 4.80 dargestellten Drammen-Ton mit einem Überkonsolidationsgrad von 4 beträgt dieses kritische Schubspannungsverhältnis ± 0,3. Auch beim Erreichen von 100% Poren-

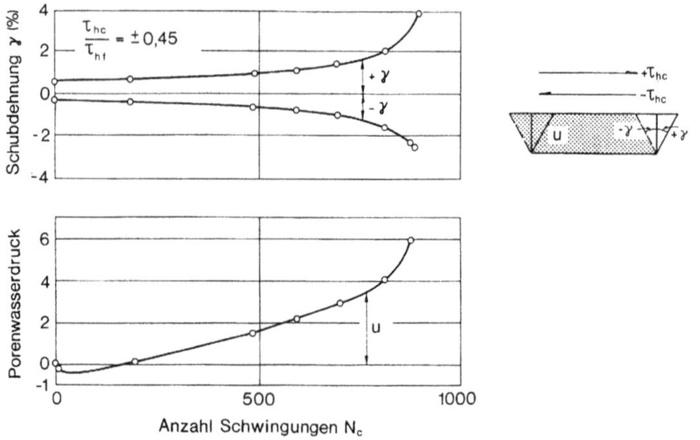

Bild 4.80. Versuchsresultate aus dem zyklischen einfachen Scherversuch an Drammen-Ton mit OCR = 4. τ_{hc} = zyklische Schubspannung, γ = zyklische Schubdehnung, u = Porenwasserspannung, γ_{hf} = statische Bruchschubspannung (nach Andersen et al., 1976)

wasserdruck stellt sich kein Versagen ein, da diese Böden auch eine undrainierte Festigkeit (s_u bzw. c_u) aufweisen.

Die unter zyklischer Belastung aufgebaute Porenwasserspannung wird mit der Zeit wieder abgebaut. Untersuchungen (Andersen et al., 1976) an Tonproben nach zyklischer Belastung und nach dem Abbau der Porenwasserspannungen zeigen, dass die zyklische Belastung bei normal-konsolidierten Proben sogar einen günstigen Einfluss auf das Langzeitverhalten hat. Dies lässt sich durch eine gewisse Verdichtung der Probe erklären. Die Steifigkeit und die Scherfestigkeit nehmen etwas zu. Bei überkonsolidiertem Ton hat die zyklische Belastung allerdings einen negativen Einfluss auf das Langzeitverhalten, da durch die zyklische Deformation eine gewisse Auflockerung der Probe stattfindet und dadurch die positiven Effekte der Vorbelastung und Verdichtung umgekehrt werden.

4.8.5 Mischböden

In der Regel treten in der Natur Böden auf, die sich aus einer Kombination von granularen Böden und Tonen bzw. plastischen Böden zusammensetzen. Dieses führt in der Interpretation von Untersuchungen zur Bodenverflüssigung oft zu unterschiedlichen Interpretationen. In der Regel wird das Vorhandensein von Feinanteilen als positiv für die Verhinderung der Verflüssigung angesehen. Eine Vielzahl von Untersuchungen an Sanden mit beigemischten zumeist plastischen (das heißt tonigen) Feinanteilen zeigt, dass die Sicherheit gegen eine Verflüssigung zumindest bei Erdbeben ab einem Feinkornanteil von plastischen Feinanteilen von mehr als 20% stark zunimmt, und sich ein Boden dann unter diesen Randbedingungen eher wie ein Ton verhält. Sind die Feinanteile jedoch nicht plastischer Art, sondern eher granular, erhöht sich die Verflüssigungsgefahr. Da die Form der Feinanteile in der Praxis nicht immer untersucht werden kann, sind zur besseren Identifikation andere Entscheidungsgrundlagen, zum Beispiel aufbauend auf der Durchlässigkeit des Bodens, in der Entwicklung (Laue und Buchheister, 2004).

4.8.6 Feldversuche zur Bestimmung des Verflüssigungspotenzials

Wie in Kapitel 4.8.3 gezeigt wurde, ist die Anfälligkeit auf Bodenverflüssigung stark vom lokalen Spannungszustand sowie der Lagerung und Zementierung der Körner etc. beeinflusst. Die Probenentnahme bei locker gelagerten, wassergesättigten, kohäsionslosen Böden ist sehr schwierig. Bei Feldversuchen sind Störeinflüsse durch die Probenentnahme nicht vorhanden. Deshalb haben sich Feldmethoden zur Ermittlung des Verflüssigungspotenzials bei der Beurteilung von Fundationsproblemen und in der Mikrozonierung durchgesetzt.

Es kommen grundsätzlich drei Methodengruppen zur Anwendung (vgl. auch Tabelle 4.6).

- Empirische Methoden, z. B. Seed (1987).
- Methoden, die auf der kritischen Lagerungsdichte basieren („Critical State Based Method"), z. B. Been et al. (1991).
- Methoden, die auf Korrelationen mit weiteren das Verflüssigungspotenzial bestimmenden Parametern beruhen.

Die erste Methodengruppe basiert darauf, mittels eines Eindringversuches, der auf die gleichen Einflussgrößen, die das Verflüssigungspotenzial bestimmen, sensitiv ist, eine Kenngröße des Untergrundes zu ermitteln. Diese Kenngröße wird mit Daten von Böden, die sich bei Erdbeben verflüssigt haben, verglichen.

Die zweite Methodengruppe beruht darauf, die Lagerungsdichte allein zu ermitteln und daraufhin zu überprüfen, ob der Boden sich unter Scherbeanspruchung dilatant oder kontraktant verhält (d. h. dicht oder locker). Die Methode verlangt im Allgemeinen Kalibrierversuche im Labor im interessierenden Spannungsbereich an allen vorhandenen lokalen Böden, um die kritische Lagerungsdichte zu ermitteln. Sie ist noch in Entwicklung begriffen und durch die erforderliche Kalibrierung sehr aufwändig.

Bei der dritten Gruppe wird meist die Lagerungsdichte (der maßgebende Parameter des Verflüssigungspotenzials bei einem bestimmten Bodentyp) über Korrelation mit der Scherwellenausbreitungsgeschwindigkeit oder über Geoelektrisches- bzw. Gamma-Logging ermittelt. Diese so ermittelte Lagerungsdichte wird wiederum mit der kritischen Lagerungsdichte (dilatant/kontraktant) verglichen.

Die in der Praxis am meisten angewandte empirische Methode von Seed basiert auf SPT-Werten. Sie verfügt über die umfassendste Datenbasis. Korrelationen mittels des Dynamic Cone Penetration Tests (DCPT) und des Becker Penetration Tests („Becker Hammer") stützen sich ebenfalls auf Korrelationen mit SPT-Daten. In neueren Untersuchungskampagnen werden CPTU (Cone

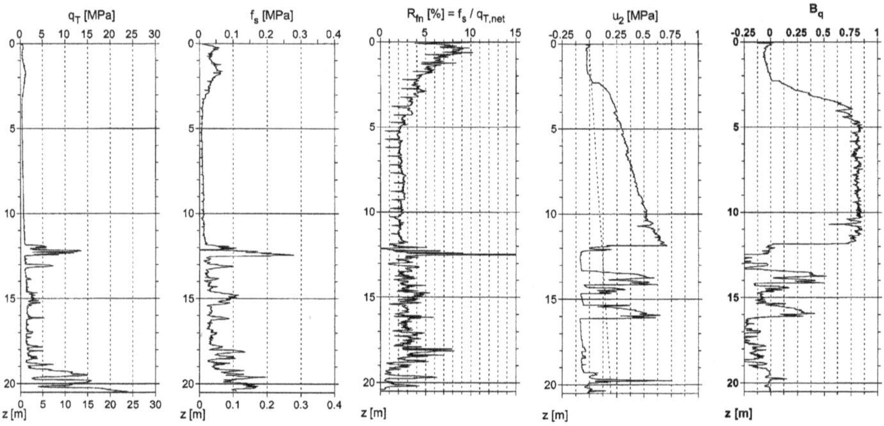

Bild 4.81. Beispiel einer Auswertung eines CPTU Versuchs. Dargestellt sind die Werte für den totalen Spitzendruck q_T, die Hülsenreibung f_s, das Reibungsverhältnis R_{fn}, der Porenwasserdruck u_2 und das Porenwasserdruckverhältnis B_q. In den obersten 12 m wurden niedrige Werte für den Spitzendruck verbunden mit hohen Porenwasserüberdrücken (Parameter B_q) gemessen, was typisch für bindige Böden ist. Im Gegensatz dazu ist bei ca. 12 bis 12,5 m Tiefe eine starke Erhöhung des Spitzendrucks verbunden mit einem Abfall des Porenwasserüberdrucks erkennbar, was auf eine Schicht mit granularem Boden hinweist (Panduri, 2000)

Penetration Tests mit Messung der Porenwasserdruckentwicklung beim kontinuierlichen Eindringen in den Untergrund) eingesetzt, da mit diesen Versuchen die Unterscheidung zwischen tonigen und granularen Böden direkt aus den Versuchsergebnissen und nicht nur durch Korrelation möglich ist.

Bild 4.81 zeigt ein Beispiel von Resultaten eines CPTU Versuchs (Panduri, 2000). Die direkt gemessenen Werte sind dabei der Spitzendruck q_c, die Hülsenreibung f_s und der Porenwasserdruck u_2 (hinter der Sondenspitze). Aus diesen lassen sich der totale Spitzendruck q_T, das Reibungsverhältnis R_{fn} (entsprechend dem Verhältnis zwischen Hülsenreibung und Spitzendruck) sowie das Porenwasserdruckverhältnis B_q (Maß für den Porenwasserüberdruck während des Versuchs) herleiten.

Seeds Methode basiert auf dem in der Bautechnik üblichen Vergleich von Lasten mit dem Widerstand (Festigkeit). Es werden folgende Größen benötigt:

Lasten

- Zyklische Schubspannung, der ein Bodenelement während eines Erdbebens ausgesetzt ist.
- Stärke des Erdbebens (Magnitude) als Maß für die Dauer der zyklischen Erdbebenbelastung.

Widerstand/Festigkeit

- Direkte oder äquivalente Zahl von SPT-Werten. Letztere bezüglich Gehalt an Feinanteilen und Spannungsniveau korrigiert.

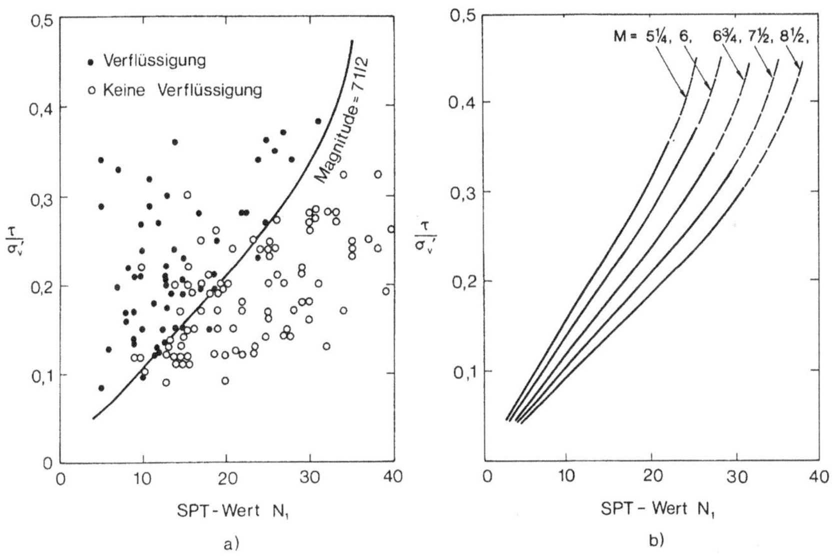

Bild 4.82. Korrelation zwischen dem Verflüssigungsverhalten von Sand im Feld und dem bezüglich der Tiefe von 1 Fuß normierten SPT-Eindringwiderstand N_1; **a** Beobachtungen bei Erdbeben mit Magnitude 7 bis 7,5; **b** Extrapolierte Kurven für verschiedene Erdbeben-Magnituden (nach Seed und Idriss, 1982)

Widerstand/Festigkeit

Indem man die Daten von allen Standorten, für welche man die maximale Bodenbeschleunigung und das Verflüssigungsverhalten während eines früheren Erdbebens kennt, zusammenstellt und die zugehörigen Spannungsverhältnisse sowie den SPT-Eindringwiderstand bestimmt, erhält man ein Diagramm wie in Bild 4.82.

Jeder Punkt stellt einen Standort dar, bei dem entweder Verflüssigung aufgetreten ist (ausgefüllte Kreise) oder keine Verflüssigung beobachtet wurde (leere Kreise). Die Trennlinie stellt eine untere Grenze für das Auftreten von Verflüssigung dar. In Bild 4.82b sind die entsprechenden Kurven für verschiedene Erdbeben-Magnituden dargestellt. Ähnliche Kurven sind für andere Feldversuche (z.B. Dutch-Cone) ermittelt worden. Diese Kurven sind durch neuere Untersuchungen um den Anteil an Feinkorn erweitert worden (Bild 4.83).

Die Daten in Bild 4.82 gelten alle für mehr oder weniger gleichförmigen Sand. Siltige Sande mit plastischen Feinanteilen haben, wie sich aus Beobachtungen bei Erdbeben und aus Laborversuchen ergibt, eine geringere Tendenz zur Verflüssigung (Tokimatsu und Yoshimi, 1981). Eine analoge Darstellung zu Bild 4.82 für siltigen Sand zeigt, dass die Trennlinie für siltigen Sand praktisch parallel zur Linie für Sand verläuft, so dass für beide Böden die gleiche Kurve verwendet werden kann, sofern der für siltigen Sand bestimmte SPT-Wert um 7,5 erhöht wird. In diesem Zusammenhang ist auch der Cyclic Resistance Ratio (CRR) zu erwähnen. Dieser ergibt sich aus der Auswertung der SPT-Ver-

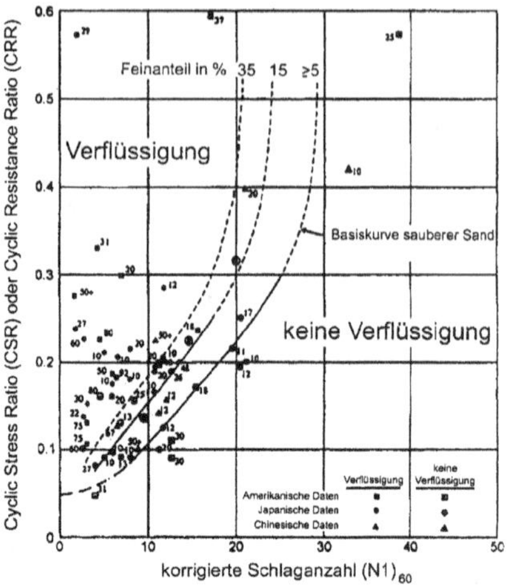

Bild 4.83. SPT Kriterium für reinen Sand für Magnituden 7,5 Erdbeben mit Daten von verflüssigten Böden (modifiziert von Seed et al., 1985 und um die Feinkornkriterien erweitert von Youd et al., 2001)

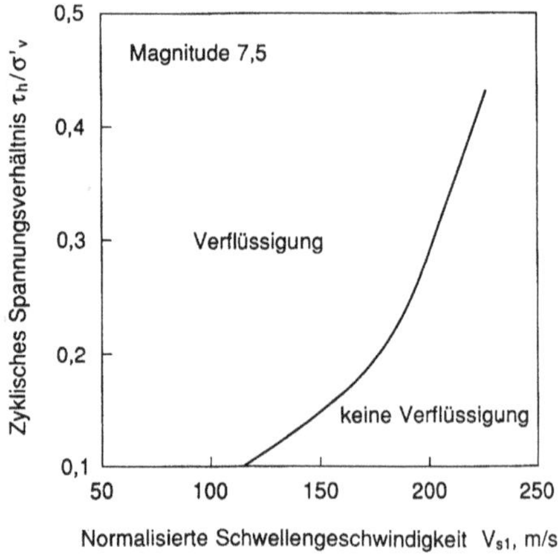

Bild 4.84. Bodenverflüssigung in Funktion der Scherwellenausbreitungsgeschwindigkeit (aus Finn, 1991)

suche und einem erwarteten Erdbeben und erlaubt eine Bestimmung der Sicherheit gegen Bodenverflüssigung.

In der Literatur sind verschiedene Korrelationen des Verflüssigungspotenzials mit der Scherwellengeschwindigkeit zu finden (z.B. Bild 4.84). Die Datengrundlage dieser Korrelation ist jedoch wesentlich kleiner als diejenige bei den SPT-Korrelationen. Sie sind deshalb mit Vorsicht anzuwenden. Zudem ist das Messen der Scherwellengeschwindigkeit mit den üblichen Methoden aufwändig und kostenintensiv. Mittels der SASW-Methode besteht neuerdings eine Methode, um flächenmäßig rasch und kostengünstig die Scherwellenausbreitungsgeschwindigkeit in den interessierenden oberflächennahen Schichten zu bestimmen. Sobald die Datenbasis für die entsprechenden Korrelationen mit dem Verflüssigungspotenzial verbessert worden ist, könnte die SASW-Methode eine interessante Alternative zu der SPT-Methode von Seed werden.

4.8.7 Laborversuche zur Bestimmung des Verflüssigungspotenzials

Die beiden wichtigsten Labormethoden zur Bestimmung des Verflüssigungspotenzials von Sand oder Silt sind der zyklische Triaxial- und der zyklische einfache Scherversuch. Weitere Versuchsmethoden wie zyklischer Torsionsscherversuch oder Schütteltischversuche werden zur Zeit praktisch nur für Forschungszwecke eingesetzt. Hauptziel praktischer Untersuchungen ist dabei die Erfassung des Porenwasserdruckanstieges und die Anzahl der Lastzyklen, die zum Erreichen der 100% Porenwasserdruckgrenze benötigt wird.

Versuchstechnische Grundlagen

Der zyklische Triaxialversuch ist wegen seiner einfachen Handhabung und der weiten Verbreitung des konventionellen Triaxialgerätes der am meisten verwendete Versuch. Bei diesem Versuch wird eine gesättigte zylindrische Probe konsolidiert und anschließend bei geschlossenen Drainageleitungen einer zyklischen Axialspannung $\pm\sigma_{dp}$ unterworfen. Das Verhalten der Probe wird wesentlich durch die Spannungsverhältnisse bei der Konsolidation und durch die Größe der aufgebrachten zyklischen Deviatorspannung σ_{dp} bestimmt. In Bild 4.85 sind die Spannungsverhältnisse beim isotrop und anisotrop konsolidierten zyklischen Triaxialversuch dargestellt. Beim isotrop konsolidierten Versuch wird die Probe unter einem hydrostatischen Spannungszustand konsolidiert. Durch die zyklische Axialspannung $\pm\sigma_{dp}$ ergibt sich, wie man in Bild 4.85a sieht, eine zyklische Scherspannung τ, die zwischen $\pm\,^1/_2\,\sigma_{dp}$ alterniert.

Beim anisotropen Triaxialversuch wird die Probe unter ungleichen Hauptspannungen konsolidiert. Das Verhältnis zwischen der größten (σ_1) und der

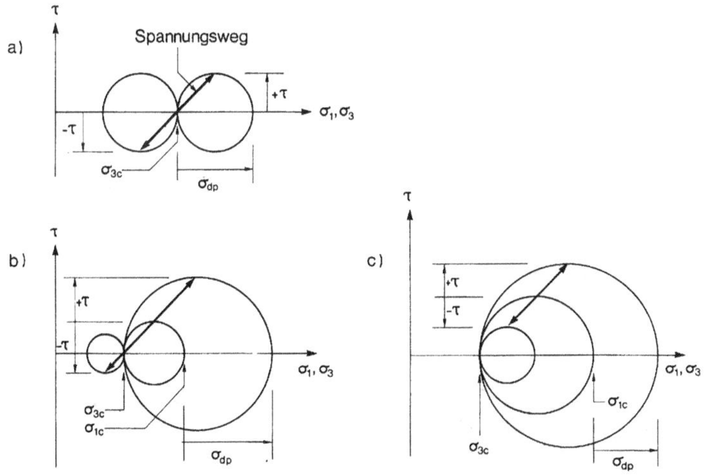

Bild 4.85. Verschiedene Typen von zyklischen Triaxialversuchen; **a** Isotrope Konsolidation, **b** Anisotrope Konsolidation mit Nulldurchgang und **c** Anisotrope Konsolidation ohne Nulldurchgang

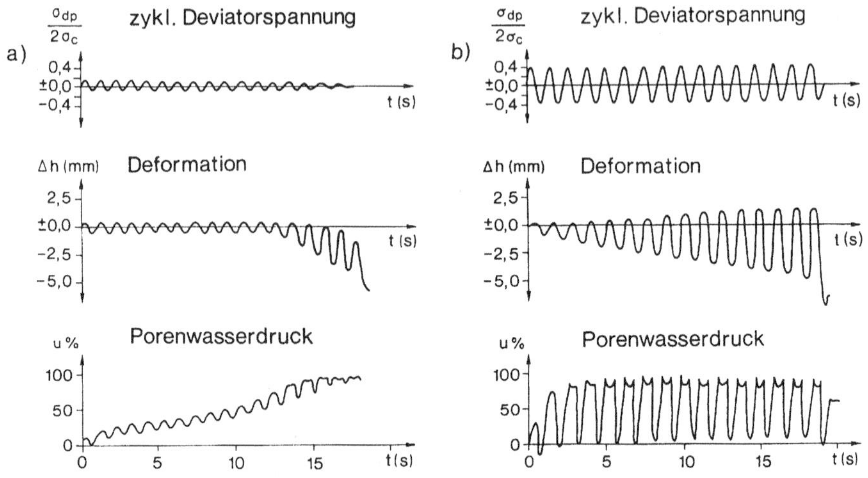

Bild 4.86. Aufzeichnungen während eines zyklischen Triaxialversuchs an **a** locker gelagertem und **b** dicht gelagertem Sand (nach Trommer, 1977)

kleinsten (σ_3) Hauptspannung wird mit K_c bezeichnet. Ist die zyklische Deviatorspannung σ_{dp} kleiner als die anfängliche Deviatorspannung ($\sigma_1 - \sigma_3$), ergibt sich kein Nulldurchgang der Schubspannungen auf der potentiellen Bruchebene ($45° + \phi/2$) infolge der zyklischen Belastung (Bild 4.85c). Ist σ_{dp} größer als die anfängliche Deviatorspannung, ergibt sich auch beim anisotropen Versuch eine zyklische Scherbeanspruchung mit Nulldurchgang (Bild 4.85b) der Schubspannungen auf der potenziellen Bruchebene. Das Vorhandensein eines Nulldurchganges hat einen entscheidenden Einfluss auf das Deformationsverhalten der Probe. Tritt kein Nulldurchgang auf, so ergibt sich lediglich eine allmähliche Deformation der Probe. Der Porenwasserdruck steigt dafür in der Regel nicht genügend an, um plötzliche größere Deformationen zu verursachen.

Bild 4.86a zeigt Resultate eines typischen zyklischen Triaxialversuchs an locker gelagertem Quarzsand. Durch die zyklische Belastung steigt der Porenwasserdruck, bis er erstmals die Größe des Seitendruckes erreicht. Dieser Punkt wird, wie bereits erwähnt, als 100% Porenwasserdruckanstieg bezeichnet. Die Deformationen der Probe sind anfänglich sehr klein und nehmen, nachdem der Porenwasserdruck auf 50% bis 60% gestiegen ist, allmählich zu. Nach Erreichen des 100% Porenwasserdruckanstieges verliert die Probe ihre Festigkeit, das Material verhält sich nun praktisch wie eine Flüssigkeit. In einem dichtgelagerten Material, wie in Bild 4.86b dargestellt, werden die durch zyklische Belastung induzierten Porenwasserspannungen durch Dilatanzeffekte beim Schervorgang teilweise abgebaut. Die Deformationen nehmen hier bei Erreichen von 100% Porenwasseranstieg nicht plötzlich stark zu, sondern steigen nur langsam weiter an.

Einen guten Einblick in das Verhalten der Probe beim zyklischen Triaxialversuch erhält man auch aus der Darstellung der Spannungen im p′-q-Diagramm. In Bild 4.87 sind die Spannungswege für den isotrop-konsolidierten

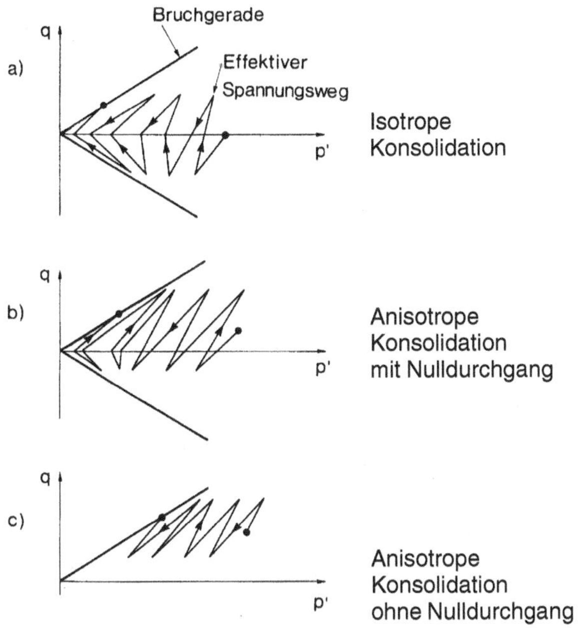

Bild 4.87. Effektiver Spannungsweg für verschiedene zyklische Triaxialversuche

und die beiden anisotrop-konsolidierten Fälle mit und ohne Nulldurchgang dargestellt. Durch den Aufbau der Porenwasserspannung reduziert sich die effektive Spannung, d.h. der Spannungsweg im p′-q-Diagramm wandert mit jedem Zyklus ein Stück gegen den Ursprung. Nach einer genügenden Anzahl Zyklen erreicht der Spannungsweg die Bruchgerade und geht, außer im Fall c, durch den Ursprung des Diagramms.

Der Ursprung des p′-q-Diagramms entspricht einem Porenwasserdruckanstieg von 100%. In diesem Moment hat die Probe keine Scherfestigkeit. Das weitere Verhalten hängt nun vom Dilatanzverhalten der Probe ab. Ist die Probe dicht gelagert, so wird der Porenwasserdruck mit zunehmender Scherdeformation abgebaut und dabei der Scherwiderstand wieder mobilisiert; der Spannungsweg bleibt auf der Bruchgeraden. Die Reduktion des Porenwasserdruckes resultiert aus der Tendenz des Korngerüstes, sich unter Scherbeanspruchung auszudehnen. Ist die Probe so locker gelagert, dass sich keine Reduktion des Porenwasserdruckes ergibt, so wird kein Scherwiderstand mobilisiert und es kann keine Deviatorspannung aufgebracht werden, sondern die Probe wird sich unbeschränkt deformieren. Beim anisotrop-konsolidierten Versuch ohne Nulldurchgang wird, wie die Erfahrung zeigt, ein Porenwasserdruckanstieg von 100% nie erreicht, und die Deformationen sind entsprechend kleiner.

Der zyklische Triaxialversuch bietet die Möglichkeit, verschiedene Aspekte des Verflüssigungsverhaltens zu untersuchen. Es ist aber zu beachten, dass dieser Versuch keine genaue Nachbildung der Verhältnisse im Feld erlaubt. Unter anderem kann im Triaxialversuch kein ebener Dehnungszustand wie im Feld und auch keine Rotation der Hauptspannungen simuliert werden. Durch Endplatteneinflüsse können ungleichmäßige Porenwasserdrücke entstehen, die sich bei höheren Belastungsfrequenzen nicht mehr ausgleichen können und zu einem frühzeitigen Versagen der Probe führen. Dies ist speziell bei wenig durchlässigem Boden zu beachten.

Mit dem zyklischen einfachen Scherversuch lassen sich einige der Unzulänglichkeiten des zyklischen Triaxialversuches eliminieren. Eine zylindrische oder prismatische Probe wird unter einer Vertikalspannung σ_v konsolidiert, wobei die Seitenwände jegliche seitliche Deformation verhindern. Anschließend wird eine horizontale zyklische Scherspannung τ_h aufgebracht. Auf den ersten Blick scheint es, dass ein solcher Versuch die Verhältnisse, wie sie im Baugrund bei vertikal sich ausbreitenden Scherwellen vorkommen, exakt modelliert. Allerdings treten durch die Seitenwände und durch die Endplatten verschiedene Störeinflüsse auf, die nur zum Teil durch verbesserte Versuchsapparaturen eliminiert werden können. Trotzdem stellt der zyklische Scherversuch ein sehr gutes Modell für die Verhältnisse im Feld dar, und man verwendet diesen Versuch, um die Resultate des zyklischen Triaxialversuchs, der ja die Verhältnisse im Feld nicht korrekt nachbildet, zu kalibrieren. Direkte Vergleiche haben gezeigt, dass die erforderliche zyklische Scherspannung, um eine Probe in einer bestimmten Anzahl von Zyklen zu verflüssigen, beim zyklischen Triaxialversuch um einen Faktor 1,3 bis 1,4 höher ist als beim zyklischen Scherversuch (Finn, 1972). Dies bedeutet, dass der Wert $^1/_2\ \sigma_{dp}/\sigma_3'$ aus dem zyklischen Triaxialversuch mit ca. 0,7 zu multiplizieren ist, um den entsprechenen Wert beim einfachen zyklischen Scherversuch (τ_h/σ_v') zu erhalten. Diese Aussage gilt für dicht gelagerte Proben. Für locker gelagerte Proben ist der Unterschied zwischen Triaxialversuch und zyklischem Scherversuch etwas kleiner.

Bestimmung der Schubspannung, die zur Verflüssigung führt

Das Verflüssigungsverhalten lässt sich sowohl mittels zyklischer Triaxial-, Scher- als auch Torsionsversuche bestimmen. Die Resultate aus einer Serie von zyklischen undrainierten Triaxialversuchen werden in Form von Diagrammen wie in Bild 4.76 dargestellt, wobei das Spannungsverhältnis $^1/_2(\sigma_{dp}/\sigma_3)$ als Funktion der Anzahl Zyklen, die für 100 % Porenwasserdruckanstieg bzw. zur Verflüssigung erforderlich sind, aufgetragen wird. Die im zyklischen Triaxialversuch ermittelte Schubspannung ist nicht direkt mit derjenigen im Feld vergleichbar, da die wirklichen Schubspannungsverhältnisse im Triaxialversuch nicht genau nachgebildet werden können. Es ist deshalb ein empirischer Korrekturfaktor C_r einzuführen. Das kritische Schubspannungsverhältnis im Feld berechnet sich somit zu

$$\left(\frac{\tau_h}{\sigma_v'}\right)_{\text{Feld}} = C_r \left(\frac{\sigma_{dp}}{2\,\sigma_3}\right)_{\text{Triax}} . \tag{4.54}$$

C_r hat nach Seed (1979) den Wert 0,57 für $K_0 = 0{,}4$ und 0,9 bis 1 für $K_0 = 1{,}0$ Dazwischen ist linear zu interpolieren. In dem Bereich, in dem (τ_h/σ_v') größer ist als $C_r(\sigma_{dp}/2\sigma_3')$, ist mit Verflüssigung zu rechnen.

4.9 Zentrifugenmodellversuche zur Untersuchung des Systemverhaltens

In vielen Fällen kann aufgrund der Komplexität einer Fragestellung keine einfache Lösung aufgrund von analytischen und numerischen Modellen gefunden werden. Hier ist es erforderlich, dass Systemverhalten in Modellversuchen zu simulieren. In Modellversuchen kann eine idealisierte Abbildung der Realität in einem Prototyp unter kontrollierten Randbedingungen betrachtet werden. Je nach Größe einer Aufgabe lassen sich dann in einfachen Untersuchungen prinzipielle Fragestellung lösen, so dass ein angemessenes Berechnungsmodell gefunden werden kann, oder aber es kann auch versucht werden, einzelne Projekte realitätsnah abzubilden. Letzteres wird insbesondere bei Aufgaben im Offshore Bereich häufig angewendet, da dort die Investitionssummen für ein Bauvorhaben auch den Aufwand für physikalische Modellversuche für ein einzelnes Projekt rechtfertigen.

Zur Untersuchung des Systemverhaltens von dynamischen Fragestellungen stehen verschiedene Untersuchungsmethoden zur Verfügung. Eine Übersicht über diese Methoden findet sich z. B. in Laue et al. (1996). Nicht nur für Fragen der Bodenverflüssigung und im Offshore-Bereich haben sich Zentrifugenmodellversuche als die sinnvollste Methode herausgestellt, um das Verhalten eines gesamten Systems zu untersuchen. Dieses hat den Vorteil, dass nicht nur das Verhalten des Bodens oder das Verhalten einer Struktur, sondern die Interaktion zwischen Boden und Bauwerk betrachtet wird. Hier kann nicht auf alle Details dieser Versuchstechnik und deren Anwendung eingegangen werden. Trotzdem soll das Prinzip dieser Versuchstechnik hier kurz erläutert werden, und die Angabe weiterführender Literatur soll ermöglichen, Untersuchungen zu verschiedenen Fragestellungen aufzufinden.

Die Grundlage der Zentrifugenmodellversuche beruht auf der Idee, ein kleinmaßstäbliches Modell durch die Ausnutzung der Zentripetalkräfte in einer Zentrifuge einem erhöhten Beschleunigungsfeld auszusetzen. Dadurch lassen sich Spannungen im Boden aus Bodeneigengewicht auch im kleinmaßstäblichen Modell so erhöhen, dass diese Spannungen, in einem um den Faktor n herunterskalierten Modell, den Spannungen entsprechen, die auch im Prototyp, das heißt dem idealisierten Abbild der Realität, wirken. Dieser Zusammenhang ist im Bild 4.88 zusammen mit der Spannungsverteilung im nicht-beschleunigten kleinmassstäblichen Modell dargestellt, wobei die Indizes M für Modell und P für Prototyp stehen. Weiter ist die Verteilung des Schubmoduls im Sand, die durch Laufzeitmessung im Modell (Siemer, 1996) ermittelt wurde, vergleichend mit einem empirischen Ansatz (vgl. Kap. 4.3) eingefügt.

Wie bereits erwähnt, werden Zentrifugenversuche bei Offshore Bauwerken und bei Untersuchungen zu Fragestellungen der Bodenverflüssigung beson-

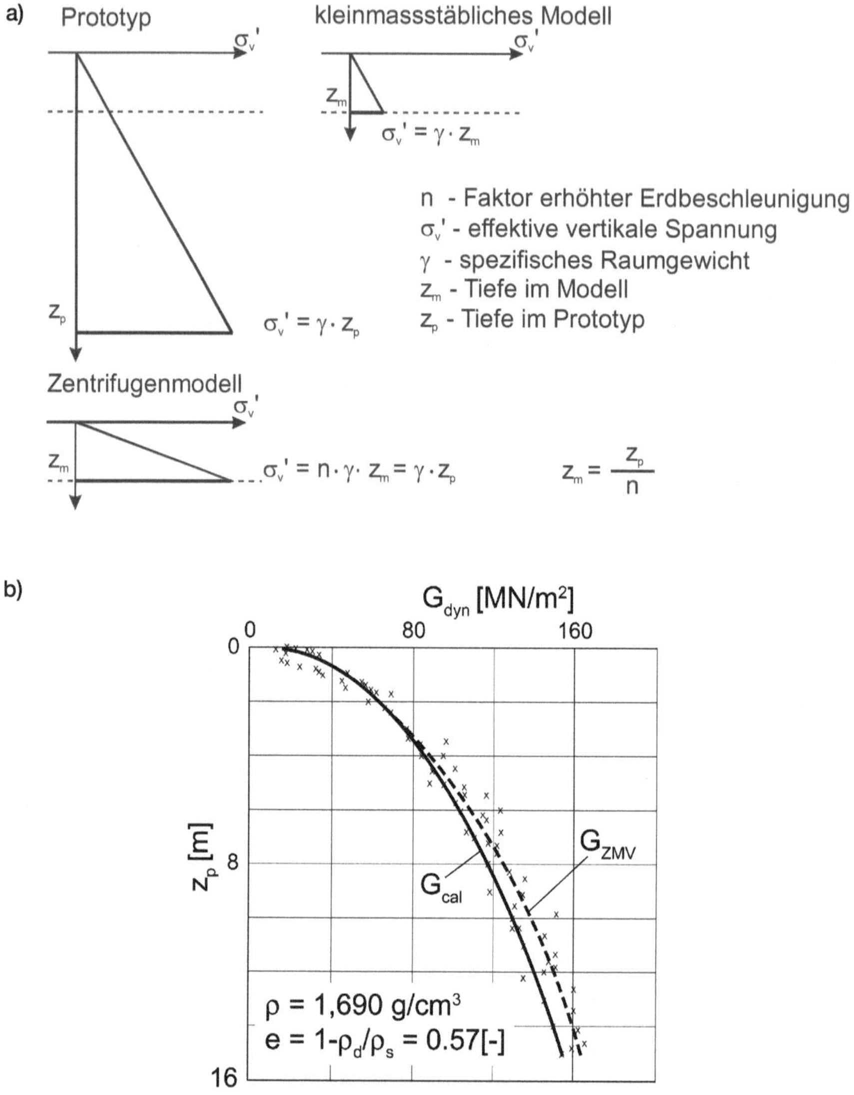

Bild 4.88. **a** Spannungsverteilung aus Bodeneigengewicht im einfachen kleinmaßstäblichen Modell, in einem Modell im erhöhten Beschleunigungsfeld und im Prototyp; **b** Verteilung des Schubmoduls über die Tiefe in einem Zentrifugenmodell im Vergleich mit dem Ansatz von Iwasaki und Tatsuoka (1977) (Laue et al., 1996)

ders häufig eingesetzt, da bei Sicherheitsanalysen die gegenseitige Beeinflussung des verflüssigungsgefährdeten Bodens mit Bauwerken oder topographischen Randbedingungen berücksichtigt werden muss. Diese gegenseitige Beeinflussung (Interaktion) ist numerisch oder auch mit Laborversuchen nur schwer zu erfassen, und eingetretene Schäden im Feld lassen sich aufgrund der Vielzahl der Einflussfaktoren oftmals nicht verallgemeinern. Auch wenn aufgrund der Skalierungsgesetze insbesondere das Porenfluid verändert werden muss, zeigen die bestehenden Untersuchungen sehr gute Ergebnisse und sind insbesondere bei der Beurteilung von komplexeren Situationen sehr hilfreich. Aus der Vielzahl der möglichen Anwendungen sei hier exemplarisch die Untersuchung des biblischen Spruches „Er hat sein Haus auf Sand gebaut“ erwähnt werden. Die Stadt Sodom, die auf einem ca. 5° geneigten Hang aus Sand gelegen war, kann aufgrund eines Erdbebens und der dabei hervorgerufenen Bodenverflüssigung zerstört worden sein.

Die den Versuchstechniken zugrundeliegenden Skalierungsgrössen, wie auch die Vorgehensweise bei der Planung von Zentrifugenmodellversuchen kann hier nicht im einzelnen wiedergegeben werden. Daher wird hier auf die einschlägige Literatur (z.B. Schofield, 1980, Taylor et al., 1995, Laue, 2002) verwiesen.

KAPITEL 5

Erschütterungen

Mit der zunehmenden Überbauung in den städtischen Agglomerationen der Industriestaaten gewinnen Probleme des Immissionsschutzes immer größere Bedeutung. Die Voraussage von Erschütterungsintensitäten infolge Bautätigkeit, Industrieproduktion und Verkehr, die Beurteilung dieser Auswirkungen und die Realisierung etwaiger Gegenmaßnahmen gehören zu den ältesten Aufgabenstellungen der Bodendynamik. Untersuchungen über Erschütterungen infolge Sprengungen oder Betrieb von Maschinen treten bei vielen Bauaufgaben auf. Früher ging es vor allem um die Beurteilung von Erschütterungen bezüglich der Gefährdung von Bauwerken. Seit einiger Zeit hat das Problem der Belästigung von Bewohnern durch Erschütterungen (spürbare Erschütterungen und abgestrahlter Körperschall) immer mehr an Bedeutung gewonnen.

Das Vorgehen zur Behandlung von Erschütterungen und Körperschallproblemen bei der Planung oder beim Bau und Betrieb von Verkehrs- oder Industrieanlagen zeigt schematisch Bild 5.1.

5.1 Ausbreitung von Erschütterungen

Erschütterungen breiten sich im Boden in Form von Wellen aus (vgl. Kap. 3). Sie werden an geologischen Schichtgrenzen und teilweise am Grundwasserspiegel reflektiert und refraktiert. Die Berechnung der Erschütterungsausbreitung ist deshalb sehr komplex. Zur Untersuchung von Erschütterungsproblemen hat sich die in Bild 5.2 dargestellte grundsätzliche Modellvorstellung bewährt.

Es werden drei Bereiche unterschieden: Quelle, Übertragungsmedium und Empfänger. Je nach Problemstellung sieht das Modell für den interessierenden Bereich etwas anders aus. Grundsätzlich könnte die Erschütterungsausbreitung mittels der Elastizitätstheorie, z.B. mit Hilfe eines Finite-Element-Programmes, untersucht werden (Bild 5.3). Modellrechnungen haben gezeigt, dass damit gute Voraussagen gemacht werden können (z.B. Rücker und Said, 1994, Hochgatterer 1996). Dazu müssten aber die Materialeigenschaften und die Geometrie jeder Bodenschicht im Detail bekannt sein. Gleichzeitig wären genaue Kenntnisse der Energieübertragung beim Empfänger notwendig; tatsächlich ist oft das Eigenschwingverhalten am Ort des Empfängers der

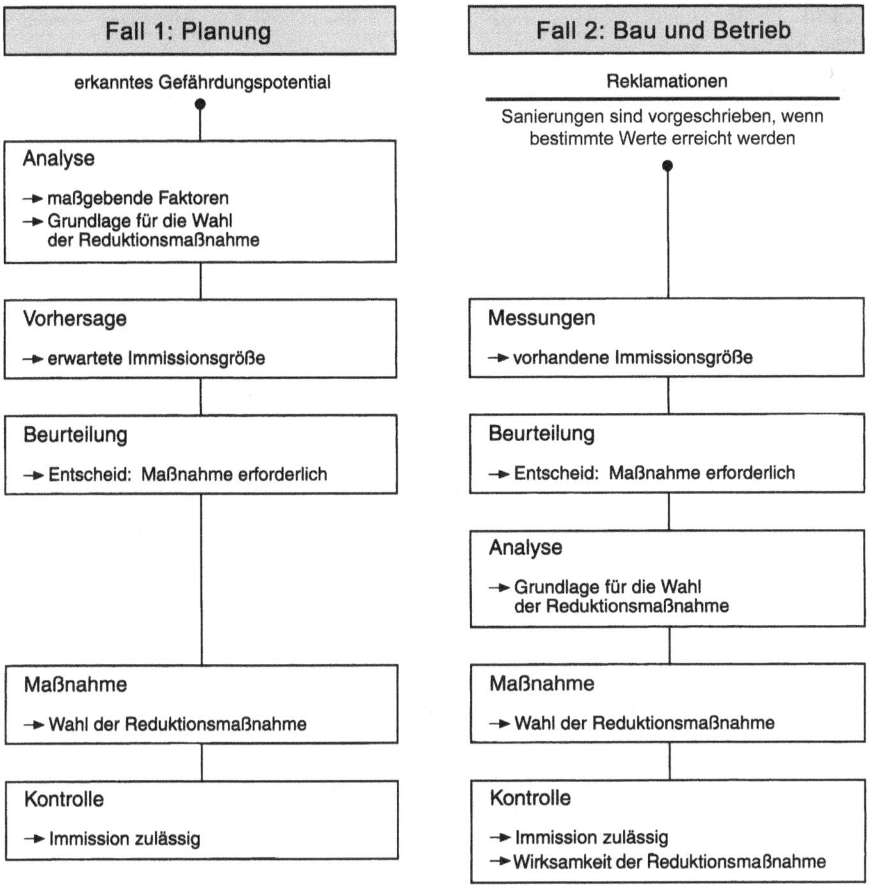

Bild 5.1. Vorgehensweise bei der Behandlung von Erschütterungen und Körperschallproblemen

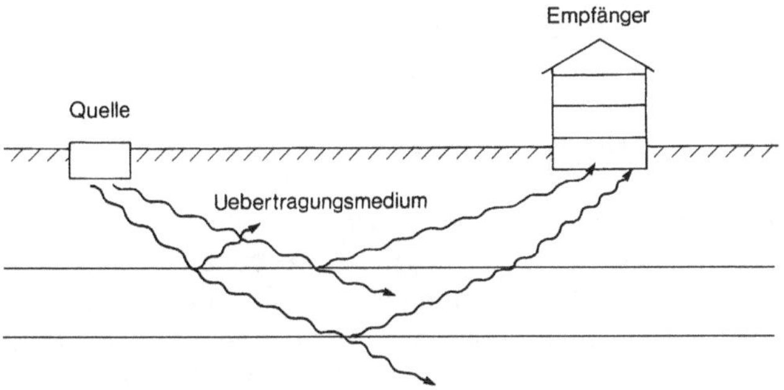

Bild 5.2. Grundsätzliche Modellvorstellung

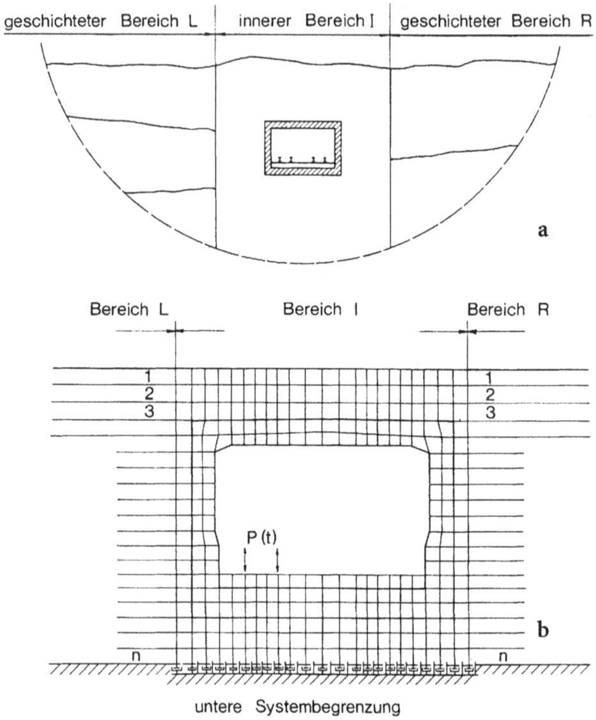

Bild 5.3. FE-Berechnung (nach Rücker, 1978)

wichtigste von allen Parametern. Die benötigten Kenndaten fehlen im Allgemeinen und sind meistens nur mit einem größeren Kostenaufwand zu erhalten. Aus diesen Gründen haben sich Ausbreitungsberechnungen mit Finite-Elementprogrammen in der Praxis nur bedingt durchgesetzt. Sie bleiben Grundlagenuntersuchungen vorbehalten.

Üblicherweise begnügt man sich mit einer phänomenologischen Betrachtungsweise, die zu semi-empirischen Formeln und Gesetzmäßigkeiten führt. Entsprechende Ansätze beruhen auf theoretischen Grundlagen, die mittels experimenteller Daten kalibriert werden.

5.1.1 Erschütterungsausbreitung bei Verkehrsträgern

Am Beispiel der Erschütterungsausbreitungsuntersuchung an einer unterirdischen Bahnanlage wird ein mögliches Vorgehen dargestellt. Die Problemstellung kann gemäß Bild 5.4 modelliert werden. Die Aussagegenauigkeit einer solchen Lösung ist allerdings von der Güte der verwendeten empirischen Eingabe- und Abminderungsbeziehungen abhängig. Die hier dargestellten Beziehungen sind erste Annäherungen.

Verschiedene Autoren – namentlich solche aus dem Forschungsgebiet der Akustik – stellen Erschütterungen in der Form von Dezibel (dB) dar. Dezibel

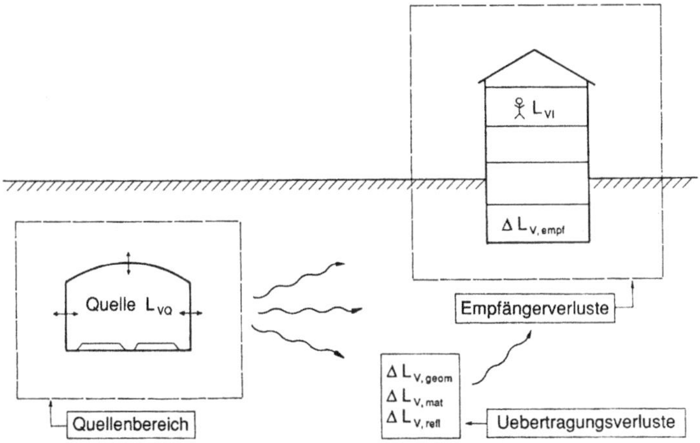

Bild 5.4. Ausbreitung der Erschütterungen bei einem Tunnel

ist eine logarithmische Darstellung der interessierenden Größe. Als solche wird meistens die Partikelschwinggeschwindigkeit, seltener die Partikelbeschleunigung gewählt. Die Definition lautet:

$$dB(v) = 20\log(v/v_{ref}), \tag{5.1}$$

wobei

v = Partikelgeschwindigkeit (mm/s),
v_{ref} = Referenzwert, früher meist: $5 \cdot 10^{-5}$ mm/s,
heute meist (ISO 1683 (1983)): 10^{-6} mm/s.

Bei der Darstellung der Erschütterungen in Dezibel lassen sich multiplikative Amplitudenveränderungen durch Zu- und Abschläge angeben. Damit lässt sich die Modellvorstellung von Bild 5.4 wie folgt darstellen:

$$L_{VI} = L_{VQ} \underbrace{- \Delta L_{V,geom} - \Delta L_{V,mat} - \Delta L_{V,refl}}_{\text{Verluste im Übertragungsmedium}} \underbrace{- \Delta L_{V,koppl} - \Delta L_{V,empf}}_{\text{Verluste bzw. Verstärkungen beim Empfänger}}, \tag{5.2}$$

wobei

L_{VI} = Erschütterung am Immissionsort (Empfänger),
L_{VQ} = Erschütterung an der Quelle,
$\Delta L_{V,geom}$ = Amplitudenreduktion infolge geometrischer Dämpfung,
$\Delta L_{V,mat}$ = Amplitudenreduktion infolge Materialdämpfung,
$\Delta L_{V,refl}$ = Amplitudenreduktion durch Reflexionen auf dem Übertragungsweg,
$\Delta L_{V,koppl}$ = Amplitudenreduktion infolge Kopplungsverlusten beim Übergang vom Boden zum Fundament,
$\Delta L_{V,empf}$ = Amplitudenveränderung beim Empfänger.

Die Gleichung (5.2) ist auf verschiedene Schwingungskomponenten und Frequenzbereiche getrennt anzuwenden, wobei theoretisch Kompressions-, Scher- und Rayleighwellen einzeln zu betrachten wären, was in der Praxis selten durchgeführt wird. Es ist darauf zu achten, dass einerseits die wesentlichen Einflussgrößen erfasst sind, andererseits die Daten miteinander kompatibel sind. Die verschiedenen Anteile in (5.2) werden im Folgenden diskutiert.

Quellenbereich

Die Einleitung der Energie an der Quelle hängt einerseits von der Quelle selbst, andererseits vom unmittelbar angrenzenden Übertragungsmedium ab. Diese Faktoren bestimmen, wie viel von der bei der Quelle vorhandenen Energie überhaupt ins Übertragungsmedium abgegeben wird, wie viel der mechanischen Energie im Nahbereich durch Materialdämpfung verloren geht und wie die abgestrahlte Energie sich auf einzelne Wellenarten verteilt. Das heißt: auch die Quellenwerte sind von der unmittelbaren Umgebung abhängig.

Oberflächennahe Quellen erzeugen überwiegend Oberflächenwellen, unterirdische, tiefliegende Quellen vorherrschend Raumwellen. Welche Energie von der Quelle abgestrahlt wird, kann oft nur aufgrund von vereinfachenden Annahmen abgeschätzt werden. Einfacher und genauer ist es deshalb, wenn möglich die Erschütterung an der Quelle direkt zu messen, beim Beispiel der Tunnelanlage durch Messen der Erschütterungen L_{VQ} an der Tunnelwand. In der Literatur lassen sich zahlreiche Messungen dieser Art finden (z.B. Bild 5.6). In welchem Maß ein Tunnelprofil Erschütterungen in die Umgebung abstrahlt, zeigt Bild 5.5 deutlich. Dargestellt ist die jeweilige Admittanz für

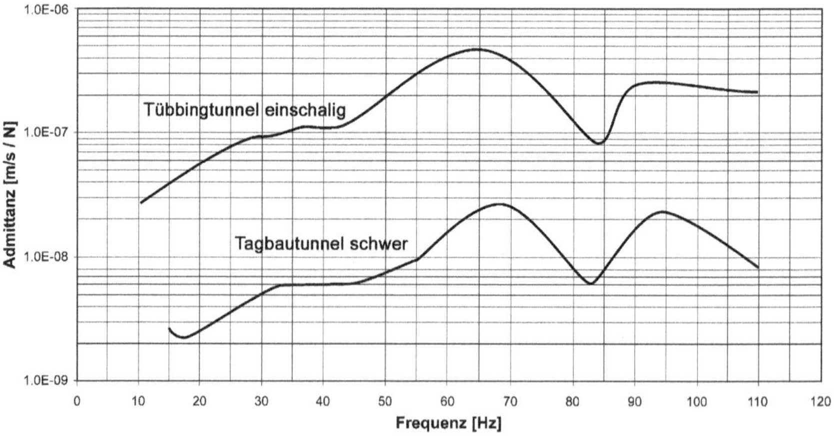

Bild 5.5. Beispiel der Bereiche der Eingangsadmittanz zweier typischer Tunnelquerschnitte (Rutishauser 2004)

einen einschaligen Tübbingtunnel und einen schweren Tagbautunnel; beide Bauwerke liegen in identischen Baugrundverhältnissen. Die Admittanz M(f) ist der Kehrwert der Impedanz in [(m/s)/N]. Sie stellt das Verhältnis der angeregten Schwinggeschwindigkeit v(f) zur anregenden Kraft dar. Sie ist ein Maß für die Schwingungsempfindlichkeit („Schwingungsfreudigkeit") eines mechanischen Systems (z. B. Oberbau, Tunnel, Gebäude). Es wird unterschieden zwischen Eingangsadmittanz (Admittanz an der Einleitungsstelle der Kraft) und der Übertragungsadmittanz (Admittanz zwischen zwei auseinanderliegenden Punkten). Es ist deutlich erkennbar, dass das schwere Tunnelprofil weniger schwingungsempfindlich ist.

Bild 5.6 zeigt Erschütterungen, wie sie infolge eines Bahnbetriebes an der Tunnelwand gemessen worden sind. Dargestellt sind Resultate von Messungen bei U-Bahnen mit relativ geringen Achslasten (Bild 5.6 a) und Resultate von Vollbahnen (Bild 5.6b). Die beiden Diagramme weichen vor allem im tiefen Frequenzbereich voneinander ab. Dies soll zeigen, dass lokale Messungen bei konkreten Fragestellungen mit weitreichenden Konsequenzen fast unumgänglich sind.

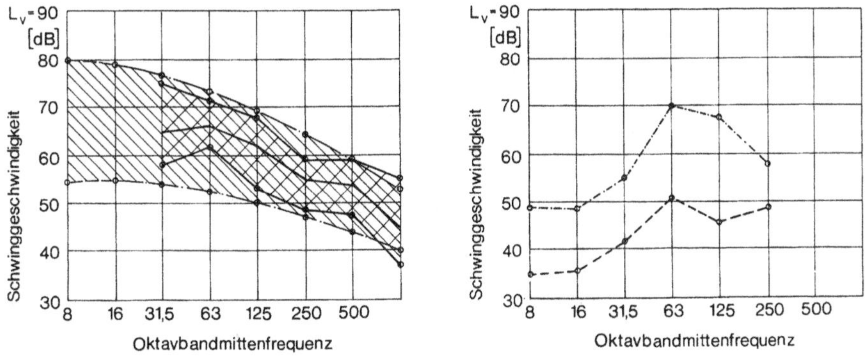

a) b)

Bild 5.6. Schwinggeschwindigkeitsspektren an der Tunnelwand als Eingabegröße für (5.2) mit $v_{ref} = 5 \cdot 10^{-5}$ mm/s

a U- und S-Bahn:

\\\\\\ Bereich der Tunnelwandschwingungen nach Manning (1974). Bedingungen: Betontunnel bestehend aus 2 Rechteckquerschnitten in Lockerböden, 1,5 bis 7,5 m unter Erdoberfläche; Schotteroberbau oder direkte Schienenauflage; durchgehend geschweißte Schienen; v = 65 km/h.

////// Mittelwert aus 15 Spektren und Bereich, der 90% der Meßwerte umfaßt (nach Kurzweil, 1978). Bedingungen: Betontunnel, zweigleisiger Rechteckquerschnitt, Lockergestein, durchgehend verschweißte Schienen, Schotteroberbau, v = 60 km/h.

b Vollbahn (Messungen Studer):

–·–·– obere Bandgrenze (= Messwert, der von weniger als 15% aller Messungen überschritten wird).

– – – untere Bandgrenze (= Messwert, der von weniger als 15% aller Messungen unterschritten wird). Bedingungen: Betontunnel, zweigleisig, Lockergestein. Direkte Schienenauflage (kein Masse-Feder-System). v = 40 bis 80 km/h.

Verluste im Übertragungsmedium

Übertragungsverluste treten in verschiedensten Formen auf. Sie bewirken im Allgemeinen eine Abnahme der Amplituden mit der Entfernung von der Quelle. Sind aber Schichten vorhanden, welche die Erschütterungen besonders gut leiten, können bei entfernteren Empfängern trotzdem größere Erschütterungen auftreten als näher bei der Quelle. Zur Bestimmung der Verluste im Übertragungsmedium sind deshalb möglichst gute Kenntnisse der Geologie notwendig. Es ist zu empfehlen, die berechneten Verluste durch Messungen zu bestätigen.

Allein aufgrund der Energieverteilung im Halbraum auf den mit der Entfernung von der Quelle wachsenden Flächen der Wellenfronten ergibt sich die sogenannte **geometrische Dämpfung.** Sie ist abhängig von der Entfernung, der Wellenart und der Art der Quelle. Die Amplitude in der Entfernung r von der Quelle ist bei der Punktquelle proportional zu:

r^{-1} für Raumwellen in der Tiefe,
r^{-2} für Raumwellen an der Oberfläche des Halbraumes,
$r^{-1/2}$ für Rayleighwellen,

und bei der Linienquelle proportional zu:

$r^{-1/2}$ für Raumwellen in der Tiefe,
r^{-1} für Raumwellen an der Oberfläche des Halbraumes,
r^{0} für Rayleighwellen, d. h. unabhängig von r.

Die **Materialdämpfung** ist eine echte Dämpfung. Da die Dehnungsamplituden bei Erschütterungen sehr klein sind, wird der Einfluss der Materialdämpfung meist überbewertet. Der Einfluss ist in der Nähe der Quelle am größten, wo die Dehnungsamplituden am größten sind. Hinweise auf Materialdämpfungswerte finden sich in Kapitel 4.

Amplitudenverluste infolge Reflexionen und Refraktionen sind schwierig zu erkennen und abzuschätzen. Sie werden deshalb praktisch nie berücksichtigt. Werden Kalibriermessungen durchgeführt, sind sie in den Ergebnissen bereits enthalten.

Anhaltswerte für den Bereich der Verluste im Übertragungsmedium zeigt Bild 5.7. Deutlich ist die Abhängigkeit von der Frequenz der Erschütterung und der Entfernung von der Quelle zu erkennen. Es wird nochmals darauf hingewiesen, dass die geologisch/geotechnischen Gegebenheiten für den Verlauf der Pegelabnahme maßgebend sind.

Verluste beim Übergang Übertragungsmedium/Empfänger

Im Allgemeinen wird bei der Erschütterungsübertragung vom Boden auf das Bauwerk mit einer deutlichen Abnahme der Erschütterungsintensität gerechnet. Die Masse des Gebäudes, namentlich im Fundationsbereich,

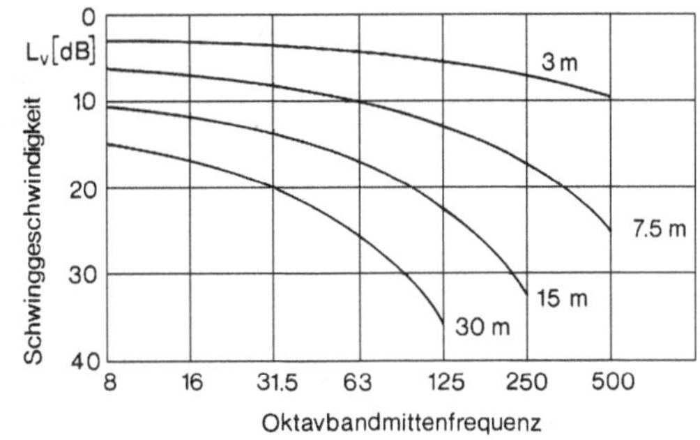

Bild 5.7. Pegelabnahme der Schwinggeschwindigkeit bei „durchschnittlichen" Lockerböden in verschiedenen Abständen von der Tunnelwand (nach STUVA 14/81)

spielt eine große Rolle. Schwere Gebäude werden weniger stark angeregt. Die Übertragung der Erschütterungen ist stark frequenzabhängig. Bei tiefen Frequenzen sind die Verluste sehr klein, z. T. sind sogar Verstärkungen möglich. Bei höheren Frequenzen sind Amplitudenreduktionen von 20 bis 40% beobachtet worden.

Einen Hinweis, mit welchen Verlusten zu rechnen ist, gibt Tabelle 5.1.

Bild 5.8 zeigt gemessene Übertragungsspektren vom Boden auf das Fundament bei Eisenbahnerschütterungen. Die Messungen umfassen total 82 Gebäude (20 leichte Bauten ohne Untergeschoss, 42 leichte Bauten mit 1–2 Untergeschossen, 15 schwere Bauten mit 1–2 Untergeschossen und 5 schwere Bauten

Tabelle 5.1. Bereich von Übertragungsverlusten Boden-Bauwerk. Die Verluste sind auch vom Bauwerk abhängig.

Frequenz (Hz)	Übertragungsverluste
<1	Keine
1 - 10	1 - 10%
10 - 40	10 - 40 %

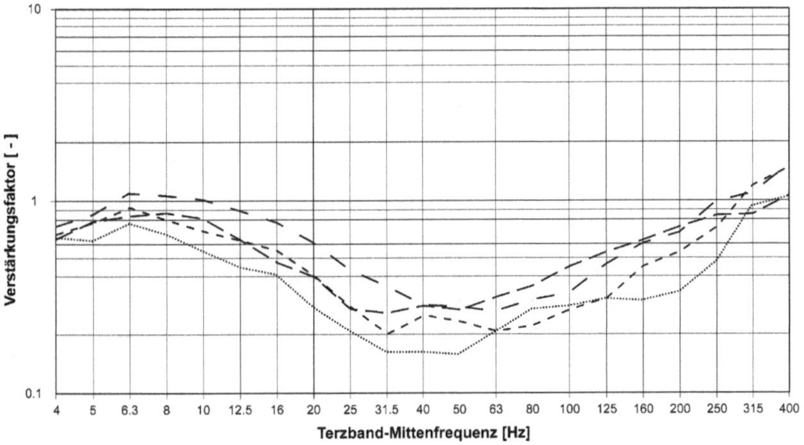

Bild 5.8. Gemittelte Übertragungsspektren vom Boden auf das Fundament von total 82 Bauten; die leichten Gebäude liegen weitgehend im oberen Teil des Bereichs, die schweren im unteren Teil. (Rutishauser, 2004)

mit 1–2 Untergeschossen und einem vorgelagerten Gehsteig). Die Abminderung bei den leichten Bauten liegt im oberen Teil des Bereichs, diejenigen der schweren im unteren Teil, d. h. dass bei diesen die Erschütterungen stärker abgemindert werden.

Verstärkung bzw. Abschwächung beim Empfänger

Die Antwort eines Gebäudes auf die vom Untergrund einfallenden Erschütterungen ist von den Eigenfrequenzen des Gebäudes und seiner Bauteile sowie vom Frequenzgehalt der einfallenden Erschütterungen abhängig. Die einzelnen Frequenzen werden unterschiedlich angeregt. Die Übertragungsfunktion eines Gebäudes auf eine einfallende Erschütterung kann gemäß Bild 2.10 angenähert werden. Für die einzelnen Bauelemente sind deren Eigenfrequenzen maßgebend. Dies zeigt Bild 5.9 eindrücklich. Hier sind aus vielen Messungen Decken mit Eigenfrequenzen um 20 Hz ausgewählt worden.

Innerhalb des Gebäudes hängt die Erschütterungsübertragung stark vom Gebäude selbst ab. Bei Gebäuden aus massivem Mauerwerk nehmen die Erschütterungen mit zunehmender Höhe über Boden meist ab. Bei modernen Stahlskelettbauten sind große Erschütterungsanfachungen in den oberen Stockwerken möglich. Anhaltswerte für die Verluste beim Empfänger sind in Tabelle 5.2 zusammengestellt.

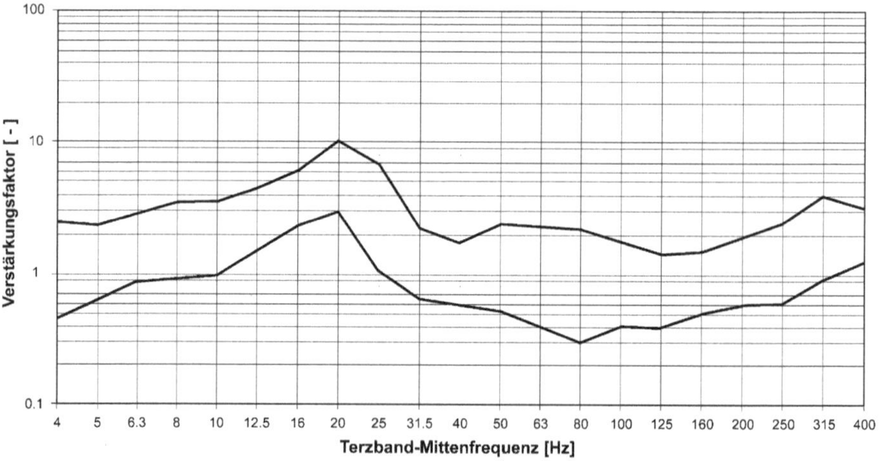

Bild 5.9. Übertragungsspektren vom Boden auf die-Geschossdecken. Klar erkennbar ist, dass im Bereich der Eigenfrequenz der Decken (20Hz) die Spektralamplituden stark angehoben sind (Resonanzeffekte). (Rutishauser, 2004)

Tabelle 5.2. Anhaltswerte für Amplitudenreduktion im Bereich des Empfängers

Gebäude	$\Delta L_{V,koppl}$ (dB)	$\Delta L_{V,empf}$ (dB) (typische Gebäude mit 2 bis 4 Stockwerken)
leichte Mauerwerksgebäude mit Holzbalkendecke	0 bis 10	-15 bis -20 (Verstärkung)
Wohnbauten mit Betondecken	0 bis 10	-12 bis -17 (Verstärkung)
neue Stahlskelettbauten in Leichtbauweise mit Plattengründung	0 bis 10	-5 bis -15 (-20) (Verstärkung)
schwere Mauerwerksgebäude mit Tiefengründung	15 ± 5	-
Gebäude in unmittelbarer Nähe zum Tunnel bzw. baulich damit verbunden	0	-

Bemerkungen

- Die Streuungen sind von Bauwerk zu Bauwerk sehr groß. Die Amplifikationen sind für aufgehendes Mauerwerk und Decken verschieden.
- Innerhalb eines Bauwerkes können die Verhältnisse je nach Spannweite und Bauart einzelner Decken sehr unterschiedlich sein.

5.1.2 Ausbreitung von Spreng- und Rammerschütterungen

Im Gegensatz zu den vorgängig behandelten Erschütterungsquellen infolge Verkehr sind solche infolge Sprengungen oder Rammarbeiten weitgehend Punktquellen. Dazu kommt, dass durch diese Bauarbeiten an der Quelle durch die große Zerstörungs- und Deformationsarbeit viel mechanische Energie abgebaut wird. Die Messung der Erschütterungsintensität im Quellengebiet ist deshalb nicht sinnvoll. Man verwendet deshalb üblicherweise die bei der Quelle eingebrachte Energie als Kenngröße und benutzt Vorversuche zum Kalibrieren der Übertragungsgesetze. Bei Sprengerschütterungen hat sich die folgende Darstellung bewährt:

$$v = cW^{\alpha} r^{\beta}, \tag{5.3}$$

wobei

v = Partikelschwinggeschwindigkeit (mm/s),
c = Koeffizient für Sprengstofftyp und Energiekopplung (empirisch), ist experimentell zu bestimmen,
r = Distanz Empfänger - Quelle (m),
W = Sprengstoffgewicht (kg),
α = Skalierungsfaktor $1/3 < \alpha < 1/2$, meist $\alpha = 1/3$,
β = Skalierungsfaktor $-2 < \beta < -1$, (Punktquelle -2), ist experimentell zu bestimmen.

Bild 5.10a zeigt, dass diese Formel in Kombination mit Kalibrierversuchen gute Resultate liefert. Betrachtet man jedoch Bild 5.10b, in dem die Resultate verschiedener Messstationen dargestellt sind, zeigt sich eine wesentlich größere Streuung. Dieses Beispiel unterstreicht, dass bei der Übertragung von Messresultaten größte Vorsicht geboten und immer mit größeren Abweichungen zu rechnen ist. Ähnliche Ansätze und Aussagen sind auch bezüglich Rammerschütterungen zu machen. Werden höhere Anforderungen an die Berechnung der Erschütterungsausbreitung gestellt, sind Messungen unumgänglich.

Bei Rammerschütterungen ist ein analoger Ansatz wie bei Sprengerschütterung mit Gleichung (5.3) üblich, wobei das Sprengstoffgewicht durch einen Kennwert für den Maschinentyp ersetzt ist. Umfassende Hinweise über Erschütterungsausbreitung bei Bauarbeiten gibt der TRL Report 429 (2000).

5.1.3 Ausbreitung von Erschütterungen infolge Maschinen in Industrieanlagen

Einzelstehende Maschinen von Industrieanlagen können als Punktquelle mit dem gleichen Ansatz (5.3) behandelt werden.

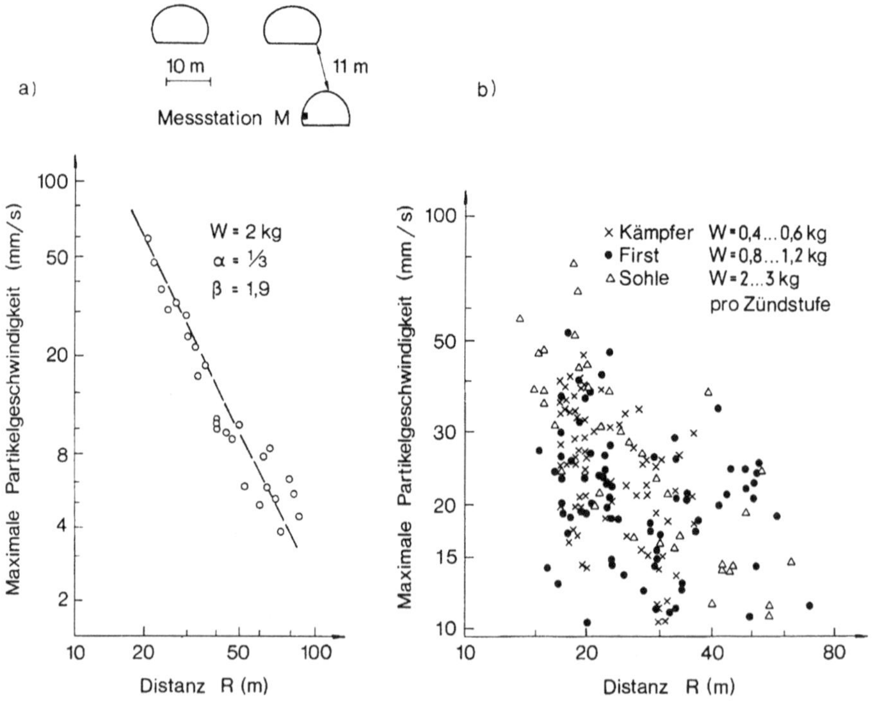

Bild 5.10. Sprengerschütterungen (nach Studer und Süsstrunk, 1981); **a** Resultate einer einzelnen Messstation M; Fels: Gneis, Ausbruch des Profils; **b** Daten von verschiedenen Messstationen in verschiedenen Tunnelquerschnitten

5.2
Beurteilung der Erschütterungen

Zur Beurteilung von Erschütterungen sind verschiedene Kriterien maßgebend. Der Ingenieur muss sich je nach Situation entscheiden, ob er ein Gebäude vor Beschädigung, die Bewohner vor Belästigung zu schützen hat oder das einwandfreie Funktionieren von installierten Geräten und Einrichtungen zu gewährleisten ist. Je nachdem was konkret als maßgebend definiert wird – bei Bauten und Maschinen Schäden oder Gebrauchstauglichkeit, bei Menschen Belästigung –, wird er andere Beurteilungskriterien anwenden müssen. Bild 5.11 zeigt deutlich, dass der Mensch bereits solche Erschütterungen spürt (und sich von ihnen belästigt fühlt), welche noch keine Schäden an Bauten hervorrufen. Aus wirtschaftlichen Gründen sind deshalb Kriterien, die den lokalen Gegebenheiten angepasst sind, sinnvoll.

Bild 5.12 zeigt die an drei verschiedenen Orten in einem Gebäude gemessenen Erschütterungen des gleichen Ereignisses. Deutlich erkennbar sind die unterschiedlichen Amplituden und Frequenzinhalte. Bei der Beurteilung von Erschütterungen ist es deshalb wichtig, dass die in den jeweiligen Normen spezifizierten Messstellen und Messprozeduren genau eingehalten sind. Ansonsten ist eine normgerechte Beurteilung nicht möglich.

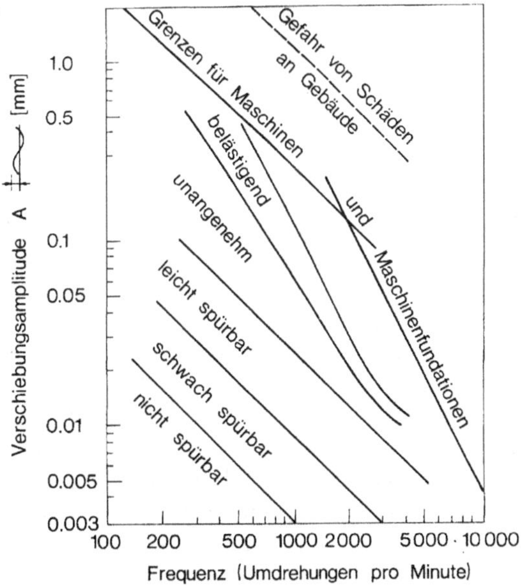

Bild 5.11. Allgemeine Grenzwerte der Wegamplitude für Erschütterungen (nach Richart et al., 1970)

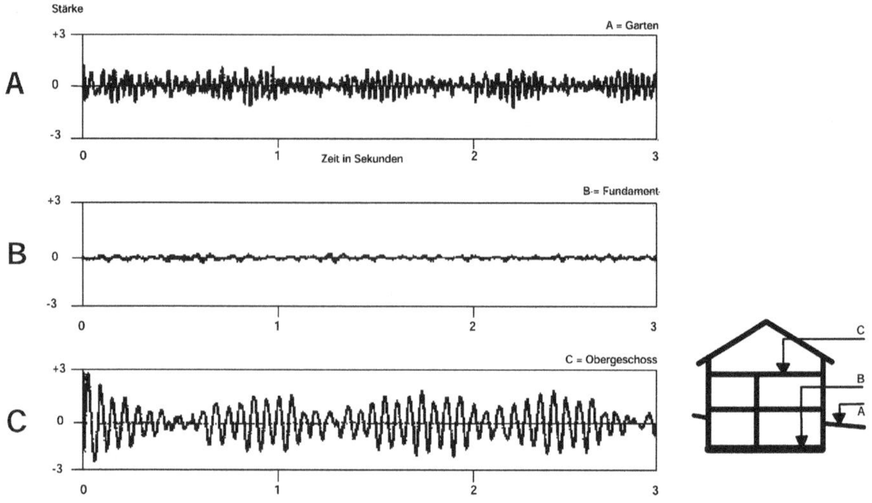

Bild 5.12. Gemessene Erschütterungsübertragung in einem Gebäude A: Garten, B: Fundament, C: Obergeschoss

5.2.1 Schäden an Bauwerken

Bauwerke sind bezüglich Erschütterungen relativ unempfindlich. Trotzdem können Schäden wie Risse im Verputz, Brüche von Fensterscheiben oder Keramikplatten etc. infolge Erschütterungen auftreten. Nur bei sehr starken Erschütterungen ist mit Schäden an der Tragstruktur zu rechnen. Was als Schaden an einem Bauwerk zu betrachten ist, hängt neben rein technischen Aspekten auch von gesellschaftlichen Normen ab. In Ländern mit ausgeprägtem Privateigentumsbegriff werden deshalb tiefere Grenzwerte angewandt als in Ländern, in denen der Eigentumsbegriff weniger stark ausgeprägt ist. Dieser Aspekt ist bei der Übernahme oder beim Vergleich von Grenzwerten aus verschiedenen Ländern stets zu berücksichtigen.

Schäden an Bauwerken hängen einerseits von der Erschütterung (Intensität, Frequenzinhalt, Erschütterungsart wie dauernd oder Einzelstoßwerte, etc.), andererseits vom Gebäude (Bautyp, Baumaterialien, Ausführungsqualität, etc.) ab. In den meisten Ländern hat sich in den letzten Jahren die gemessene Partikelschwinggeschwindigkeit als Referenzwert etabliert. Die Erfahrung hat gezeigt, dass diese Größe im interessierenden Intensitäts- und Frequenzbereich die beste Korrelation zu den beobachteten Schäden ergibt. Während zur Beurteilung von Sprengerschütterungen im Allgemeinen Messungen an den Fundamentmauern zulässig sind, ist zur Beurteilung der übrigen Erschütterungseinwirkungen die maßgebende Messstelle (Ort der stärksten Erschütterungseinwirkung im Gebäude) durch breit abgestützte Vormessungen zu ermitteln (vgl. Bild 5.12). Unterschiede bei verschiedenen Normen bestehen einerseits darin, dass als Intensitätskriterium der Erschütterung der Absolutbetrag des Gesamtvektors oder

Tabelle 5.3. Richtlinien zur Beurteilung der Erschütterungseinwirkungen auf Gebäude

Deutschland	- DIN 4150-3 (1999) Erschütterungen im Bauwesen, Einwirkungen auf bauliche Anlagen. - VDI 2716 (2001 mit Berichtigungen 2003) Luft- und Körperschall bei Schienenbahnen des öffentlichen Personennahverkehrs
Schweiz	- SN 640 312 a (1992) Erschütterungseinwirkungen auf Bauwerke. Schweizerische Normenvereinigung SNV, Zürich
Österreich	- ÖNORM S 9020: Bauwerkserschütterungen; Sprengerschütterungen und vergleichbare impulsförmige Immissionen, 1986
Großbritannien	- BS 7385-1:1990, ISO 4866:1990 Evaluation and measurement for vibration in buildings. Guide for measurement of vibrations and evaluation of their effects on buildings - BS 7385-2:1993 Evaluation and measurement for vibration in buildings. Guide to damage levels from ground borne vibration
USA	- ANSI S2.47-1990 (R1997) Vibration of Buildings - Guidelines for the Measurement of Vibrations and Evaluation of Their Effects on Buildings
ISO-Normen	- ISO 4866 (1990) Mechanical vibration and shock - Vibration of buildings - Guidelines for the measurement of vibrations and evaluation of their effects on buildings

der Absolutbetrag einzelner Komponenten der Partikelschwinggeschwindigkeit gewählt werden, anderseits darin, dass Spitzen- bzw. Mittelwerte verwendet worden sind. Die entsprechenden Richtwerte sind in den einzelnen Ländern meistens auf Grund größerer Untersuchungen über durchgeführte Messungen festgelegt worden (siehe z.B. Studer und Süsstrunk, 1981). Sie beinhalten deshalb implizit die mittleren Bauqualitäten im entsprechenden Land. Es ist deshalb wiederum problematisch, verschiedene Normensysteme miteinander zu mischen. Die maßgebenden Normen sind in Tabelle 5.3 zusammengestellt.

Am Beispiel der schweizerischen Norm SN 640312a (1992) „Erschütterungseinwirkungen auf Bauwerke" (vgl. Tabellen 5.4 bis 5.6) sollen einige Einflussfaktoren diskutiert werden.

Die Norm SN 640312a geht davon aus, dass solange die Richtwerte nicht überschritten werden, Schäden, die eine Wertminderung des Gebäudes bedeuten, unwahrscheinlich sind. Es sind Richtwerte und nicht Grenzwerte angegeben. Das heißt, dass noch nicht mit Schäden zu rechnen ist falls einzelne wenige Messungen die Richtwerte um weniger als 30% überschreiten. Bei einem Überschreiten der Richtwerte - auch bei Einzelwerten - um 100% ist allerdings auf Grund der Erfahrung mit einer erhöhten Schadenswahrscheinlichkeit zu rechnen. Ein Überschreiten der Richtwerte um das Zwei- bis Dreifache führt fast sicher zu Schäden.

Zum Festlegen der Richtwerte ist der Norm ein Schadenverursachungsmodell zugrunde gelegt worden. Es wird davon ausgegangen, dass die erzwungenen Schwingungen der einzelnen Bauelemente (Wände, Decken, etc.) zu Schäden führen. Die auftretenden Schäden resultieren aus dem Überschrei-

Tabelle 5.4. Häufigkeit der Einwirkungen während der gesamten Beurteilungsperiode: Jedes Überschreiten des 0,7-fachen Richtwertes des Bauwerkes gilt als Einwirkung (aus SN 640312 a)

Häufigkeitsklasse	Anzahl der Ereignisse	Typische Erschütterungsquellen
gelegentlich	wesentlich kleiner als 1000	- Sprengungen - Verdichtungsgeräte und Vibrationsrammen, wenn sie nur beim Starten und Abstellen größere Schwingungen erzeugen
häufig		- häufige Sprengungen - Schlag- und Vibrationsrammen - Abdichtungsgeräte - Abbauhämmer bei gelegentlichem Einsatz - Notstromgruppen, die häufig in Betrieb genommen werden
permanent	wesentlich größer als 100000	- Verkehr - festinstallierte Maschinen - Abbauhämmer bei längerem Einsatz

ten der lokalen Festigkeit infolge des Zusammenwirkens der Spannungen aus der Tragwerksfunktion des Gebäudes, Eigenspannungen (Zwängen, Schwinden, Temperatur, etc.) und der durch die Erschütterungen induzierten Spannungen. Letztere sind im Allgemeinen recht klein. Die Eigenschwingung des Gebäudes wird vernachlässigt, deshalb ist die Norm SN 640312a unterhalb 10 Hz nicht anwendbar.

Die Erschütterungen werden über den gemessenen oder prognostizierten maximalen Wert v_{Rmax} (mm/s) des Partikelgeschwindigkeits-Vektors beurteilt. Der Richtwert ist eine Funktion der Empfindlichkeit des Bauwerkes auf die Erschütterung, der Häufigkeit des Ereignisses und der dominanten Schwingfrequenz der gemessenen Erschütterung.

Die Norm SN 640312a klassiert Bauwerke bezüglich ihrer Empfindlichkeit gegen Erschütterungen. Bauwerke mit stärker schwingenden Bauteilen, mit Gipsverputz, Holzbalkendecken, Kachelböden etc. sowie Bauwerke, die schlecht unterhalten oder deren Bausubstanz schlecht ist, reagieren empfindlicher auf Erschütterungen als Bauwerke, die diese Eigenschaften nicht aufweisen. Tabelle 5.5 listet typische Vertreter der Empfindlichkeitsklassen auf. Während die meisten Hochbauten der Empfindlichkeitsklasse „normal" angehören, können die meisten Tiefbauten der Empfindlichkeitsklasse „wenig empfindlich" zugeordnet werden. Die in der Norm definierten Häufigkeitsklassen sollen die Ermüdungsgefahr berücksichtigen. Als zu zählendes „Ereignis" gilt jedes Überschreiten des 0,7-fachen Richtwertes der entsprechenden Empfindlichkeitsklasse. Bei den Richtwerten sind drei Frequenzbereiche der Erschütterungen zu beachten. Im Bereich 10 bis 30 Hz liegen erfahrungsgemäß häufig Eigenfrequenzen von Bauteilen. Die Dämpfungswerte solcher Bauteile liegen eher tief. In diesem Frequenzbereich arbeiten oft Maschinen.

Tabelle 5.5. Empfindlichkeitsklassen (aus SN 640 312 a)

Empfindlichkeits-klasse	Hochbau	Tiefbau
(1) sehr wenig empfindlich		- Brücken in Stahlbeton oder Stahl - Stützbauwerke aus Beton, Stahlbeton oder massivem Mauerwerk - Stollen, Tunnel, Kavernen, Schächte in Festgestein oder gut verfestigtem Locker-gestein - Kran- und Maschinen-fundamente - Offen verlegte Rohrleitungen
(2) wenig empfindlich	- Industrie- und Gewerbebauten, in Stahlbeton oder Stahlkonstruktion, in der Regel ohne Mörtelverputz - Silos, Türme, Hochkamine in Massivbauweise ohne Mörtel-verputz oder Stahlkonstruktion - Gittermasten → Voraussetzung: Die Bauwerke sind nach den allgemeinen Regeln der Baukunde gebaut und sind sachgerecht unterhalten	- Kavernen, Tunnel, Schächte, Rohrleitungen in Locker-gestein - Unterirdische Parkbauten - Werkleitungen (Gas, Wasser, Kanalisation, Kabel), im Boden verlegt - Trockenmauern
(3) normal empfindlich	- Wohnbauten mit Mauerwerk in Beton, Stahlbeton oder künstlichen Bausteinen - Bürogebäude, Schulhäuser, Spitäler, Kirchen mit Mauerwerk oder künstlichen Bausteinen mit Mörtel-verputz → Voraussetzung: Die Gebäude sind nach den allgemeinen Regeln der Baukunde gebaut und sind sach-gerecht unterhalten	- Quellfassungen - Reservoire - Gusseisenleitungen - Kavernen, Zwischendecken und Fahrbahndecken in Tunneln - Empfindliche Kabel
(4) erhöht empfindlich	- Häuser mit Gips- oder Hourdis-decken - Riegelbauten - Neuerstellte und frisch renovierte Bauten der Klasse (3) - Historische und geschützte Bauten	- Alte Bleikabel - Alte Gussleitungen

Tabelle 5.6. Richtwerte in Funktion von Empfindlichkeitsklasse und Einwirkungshäufigkeit (aus SN 640312a)

Empfindlichkeitsklasse	Häufigkeit der Einwirkung	Richtwerte [mm/s]		
sehr wenig	gelegentlich häufig permanent	bis 3-mal der Werte von normal		
wenig	gelegentlich häufig permanent	bis 2-mal der Werte von normal		
normal		< 30 Hz	30–60	> 60 Hz
	gelegentlich	15	20	30
	häufig	6	8	12
	permanent	3	4	6
erhöht	gelegentlich häufig permanent	0,5 bis 1-mal der Werte von normal		

Messort:	Ort mit der stärksten Einwirkung (empirisch zu ermitteln). Bei Sprengungen kann meist am Fundament, der Quelle zugewandt gemessen werden.
Messgröße:	Spitzenwert des Vektors der Partikelgeschwindigkeit.
Randbedingungen:	maßgebende Frequenz > 10 Hz.

Es ist deshalb mit ausgeprägten Resonanzüberhöhungen infolge Erschütterungseinwirkungen zu rechnen. Die Richtwerte sind deshalb hier am tiefsten. Im Bereich über 60 Hz sind Eigenfrequenzen von Bauteilen eher selten. Hohe Frequenzen sind für impulsartige Erschütterungen wie z.B. Sprengungen typisch. Resonanz-überhöhungen sind deshalb weniger zu erwarten. Die Richtwerte dürfen entsprechend höher angesetzt werden. Die Beurteilung des Zustandes des Bausubstanz ist ein wichtiger Parameter bei der Festlegung der Richtwerte. Da der Zustand der Bausubstanz schwierig in einer Norm festzulegen ist, sind die Richtwerte der verschiedenen Empfindlichkeitsklassen nur bestimmten Bereichen zugeordnet. Die Tabellen 5.4 bis 5.6 fassen die wichtigsten Elemente der Norm SN 640 312 a zusammen. Bild 5.13 zeigt ein typisches Beispiel einer Erschütterungsmessung.

Obwohl die Norm SN 640312a, wie jede Norm, ein Kompromisswerk verschiedenster Gesichtspunkte darstellt, ist sie ein gutes Beispiel dafür, wie durch die Kombination von statistischen Grundlagen mit auf theoretischen Ansätzen beruhenden Modellvorstellungen semi-empirische Verfahren erarbeitet werden können, die für die Praxis befriedigende Resultate ergeben.

5.2.2 Belästigung des Menschen

Die Beurteilung, ob Erschütterungen zumutbar sind, ist bei Einwirkungen auf den Menschen noch komplexer als bei Bauwerken. Neben rein technischen

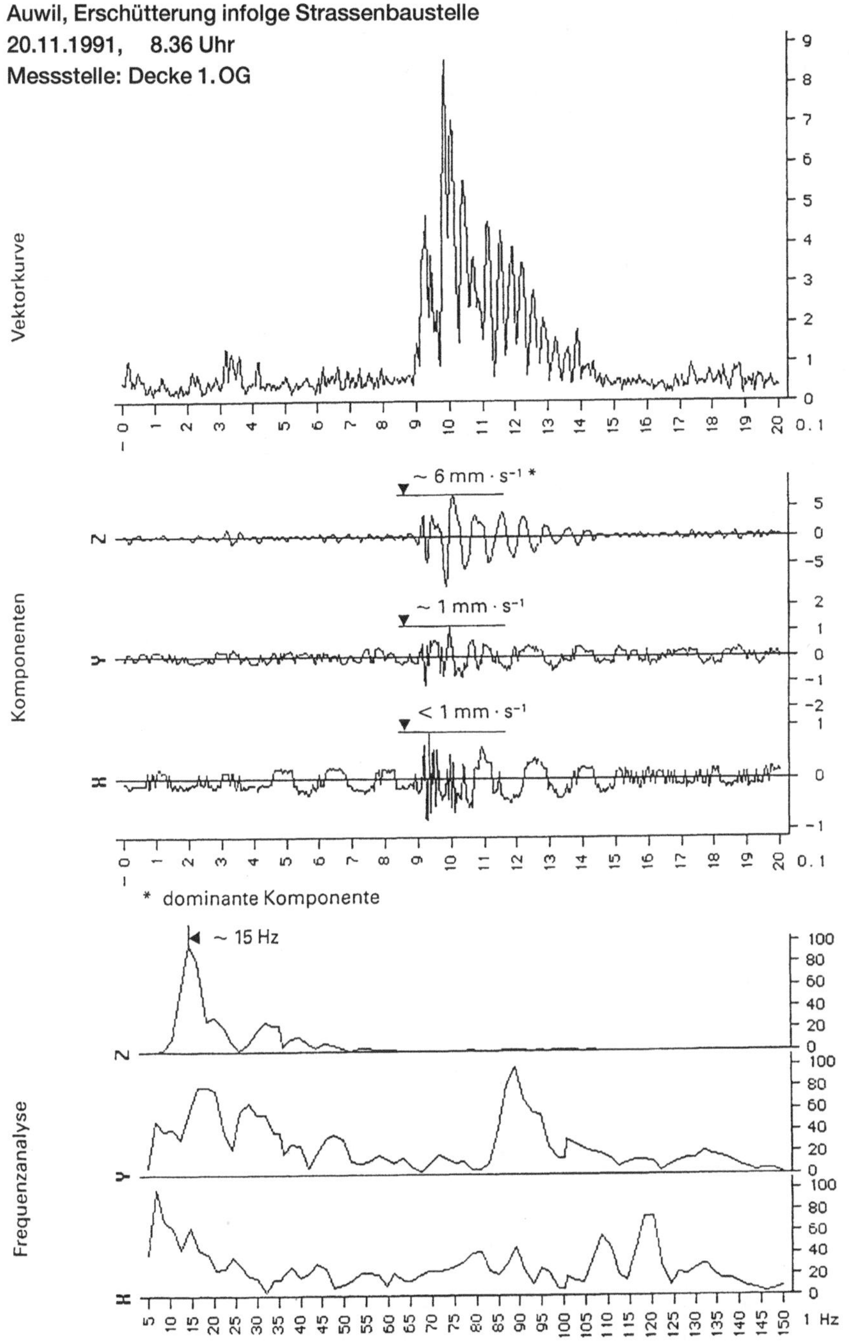

Bild 5.13. Beispiel: Erschütterungsverlauf (dargestellt Vektor v_R, Komponenten Z, Y, X; maßgebend: $v_{R\,max}$ = 8.5 mm/s, Z-Komponente hat die tiefste dominante Frequenz, etwa 15 Hz) (aus Norm SN 640312a)

Tabelle 5.7. Faktoren für die Beurteilung der Belästigung durch Erschütterungen

Problemkreis	Kriterien zur Beurteilung
Erschütterung	• Stärke • Vereinzelt auftretend oder dauernd • Anzahl der Ereignisse pro Zeiteinheit • Tageszeit (nachts/tags)
Bewohner	• Tätigkeit (Arbeit, Ruhe etc.) • Position (stehend, sitzend etc.) • Gesundheitszustand (gesund/krank) • Gewöhnung
Umgebung	• weitere Störeinflüsse (Kombinationen) • Immissionsvorbelastung

und physiologischen Aspekten spielen auch soziale und psychologische Faktoren, so etwa die persönliche Einstellung zum Erschütterungsproduzenten, eine wichtige Rolle. Tabelle 5.7 stellt die wesentlichen Einflussfaktoren, die beim Festlegen von Beurteilungswerten berücksichtigt werden sollten, zusammen. Bis heute liegen noch immer keine international anerkannten Richtwerte vor. Dafür bestehen heute in vielen Ländern Richtlinien zur Beurteilung der Belästigung von Menschen. Sie berücksichtigen in unterschiedlichem Maße die in Tabelle 5.7 aufgezeigten Faktoren. Tabelle 5.8 zeigt die in den europäischen Ländern und den USA hauptsächlich verwendeten Regeln.

Ein international verwendetes Regelwerk zur Beurteilung von Einwirkungen auf Menschen in Gebäuden ist die ISO 2631-2. In den deutschsprachigen Ländern wird am häufigsten die DIN 4150/2 verwendet. Bis 1999 benutzten die Schweizerischen Bundesbahnen eigene Richtwerte, die etwas weniger streng waren. Seit 1999 findet die DIN 4150/2 in der Schweiz Anwendung. In Österreich dient seit 1996 die ÖNORM S 9012 zur Beurteilung der Einwirkung von Schienenverkehrsimmissionen auf Menschen in Gebäuden. Im Gegensatz zu allen anderen hier erwähnten Regelwerken weist die ÖNORM S 9012 den Vorteil auf, dass sie sowohl die eigentlichen Schwingungen wie auch den in Gebäuden von Wänden und Decken abgestrahlten sekundären Luftschall abdeckt.

Die wichtigsten Unterschiede zwischen den einzelnen Regelwerken liegen bei der Beurteilung vorübergehend andauernder Erschütterungen, die weder als Dauer- noch als Einzelereignisse betrachtet werden können, sowie der Frequenzgewichtung. Die dazu verwendeten Umrechnungsprozeduren und die Beurteilungswerte sind unterschiedlich, so dass ein gemessenes Ereignis je nach verwendeter Norm unterschiedlich beurteilt wird. Dies zeigen die Bilder 5.14 und 5.15 deutlich. Das gleiche gemessene Ereignis wird je nach Norm als mehr oder weniger zulässig betrachtet. Dies zeigt deutlich, dass Richtwerte zur Beurteilung der Belästigung des Menschen, aber auch zur Vermeidung von Schäden bei Bauwerken, gesellschaftspolitische Entscheide des entsprechenden Landes sind und sich nicht rein durch naturwissenschaftliche Betrachtungen begründen lassen. Bei der Anwendung von Normen außerhalb deren Ursprungslandes ist deshalb Vorsicht geboten.

Die Betrachtung der spürbaren Erschütterungen ist nur ein Teil der Fragestellung. In geschlossenen Räumen wird durch höherfrequente Vibrationen von Decke, Boden und Wänden die Luft zu einem hörbaren Geräusch angeregt. Dieses wird sekundärer Luftschall oder abgestrahlter Körperschall genannt. Es handelt sich um ein meist tieffrequentes Geräusch, das im Raum nicht lokalisiert werden kann. Ein Beispiel ist etwa das Rumpeln in einem Zimmer infolge Vorbeifahrt eines Zuges in einem nahegelegenen Tunnel. Dieser Effekt wird weder vom BS 6472 noch von der DIN 4150/2 erfasst. Sekundärer Luftschall ist durch Kriterien des Luftschalles zu beurteilen. Dabei muss

Tabelle 5.8. Richtlinien zur Beurteilung der Belästigung von Menschen

Deutschland	– DIN 4150-2 (1999) Erschütterungen im Bauwesen, Einwirkungen auf Menschen in Gebäuden. DIN Deutsches Institut für Normung – VDI 2057 (2002) Einwirkung mechanischer Schwingungen auf den Menschen, Blatt 1, 2 und 3, VDI Verein Deutscher Ingenieure
Frankreich	– AFNOR E90-401-3 (1992) Vibrations et chocs mécaniques – Méthode de mesurage et d'évaluation des vibrations globales du corps humain dans les bâtiments et autres constructions terrestres, Association Française de Normalisation
Großbritannien	– BS 6472 (1992) Evaluation of human exposure to vibration in buildings (1 to 80 Hz) British Standards Institutions – BS 6841 (1987) Measurement and evaluation of human exposure to whole-body mechanical vibration and repeated shocks. British Standards Institutions
ISO-Normen	– ISO 2631-1 (1997) Evaluation of human exposure to whole-body vibration; Part 1: General Requirements. International Standard Organization – ISO 2631-2 (2003) Evaluation of human exposure to whole-body vibration; Part 2: Continuous and shock-induced vibration in buildings (1 to 80 Hz). International Standard Organization
Österreich	– ONORM S 9012 (1996) Beurteilung der Einwirkung von Schienenverkehrsimmissionen auf Menschen in Gebäuden; Schwingungen und sekundärer Luftschall
Schweiz	– BEKS (1999), Weisung für die Beurteilung von Erschütterungen und Körperschall bei Schienenverkehrsanlagen (BEKS), Bundesamt für Umwelt, Land und Landschaft (BUWAL), 20. Dezember 1999 – Voraussichtlich im Jahr 2007 wird die BEKS durch eine neue Verordnung VSE (Verordnung zu Schutz vor Erschütterungen) abgelöst. Darin wird der Schutz des Menschen vor Erschütterungen und Körperschall aus Verkehrs- und industriell und gewerblichen Anlagen geregelt. Bezüglich der Erschütterungen folgt sie weit gehend der DIN 4150-2 (1999), beim Körperschall werden neue Wege der Beurteilung beschritten
USA	– ANSI S3.29-1983 (R2001) American National Standard Guide to the Evaluation of Human Exposure to Vibration in Buildings

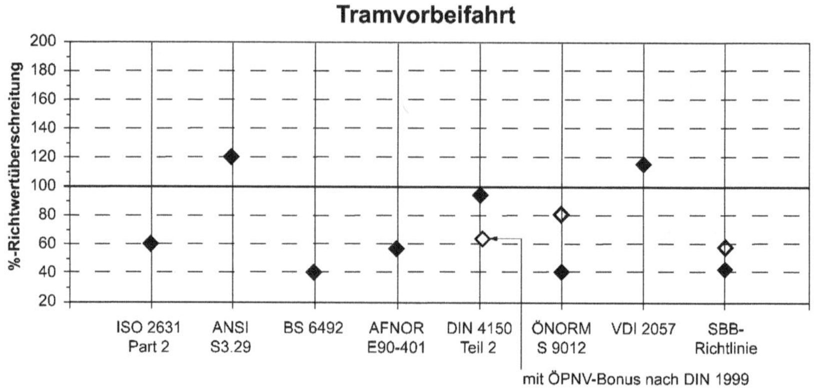

Bild 5.14. Beispiel eines Vergleichs der Beurteilung der Vorbeifahrt einer Straßenbahn mit verschiedenen Normen (Rutishauser, 2005)

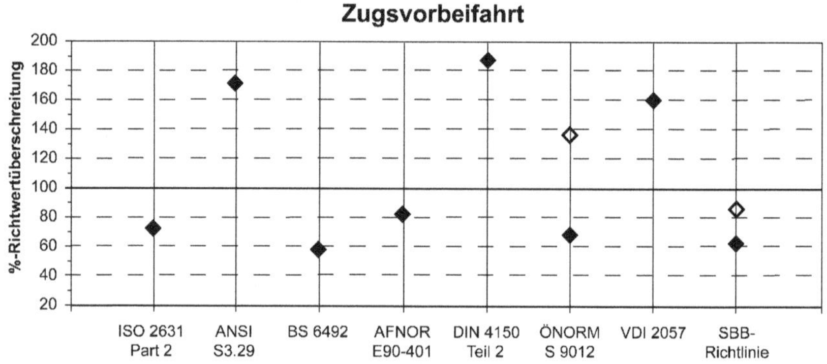

Bild 5.15. Beispiel eines Vergleichs der Beurteilung mit verschiedenen Normen bei Zugsfahrten (Rutishauser, 2005)

berücksichtigt werden, dass die üblichen Grenzwerte nur für Außenlärm gelten. Sekundärer Luftschall wirkt aber besonders unangenehm, da man sich ihm nicht entziehen kann, indem man etwa die Fenster schließt oder sich in einen der Quelle abgewandten Raum begibt.

Bild 5.16 zeigt deutlich, dass im Bereich über 50 Hz im Allgemeinen der sekundäre Luftschall das maßgebende Kriterium darstellt. Aus diesem Grunde sind bei breitbandigen Erschütterungen stets beide Kriterien, fühlbare Erschütterungen und sekundärer Luftschall, zu berücksichtigen. Zur Beurteilung kann die ÖNORM S 9012 (1996), „Beurteilung der Einwirkung von Schienenverkehrsimmissionen auf Menschen in Gebäuden; Schwingungen und sekundärer Luftschall" herangezogen werden. Sie behandelt beide Aspekte. Andernfalls können auch Außenlärmwerte mit Abzug für geschlossene Fenster (mittleres Fenster ca. 40 dB (A) Abzug) oder Innenlärmwerte z.B. für Aufzuganlagen etc. (z. B. SIA 181 „Schallschutz im Hochbau") verwendet werden. Die neue Schweizerische Erschütterungsverordnung gibt Grenzwerte, die im

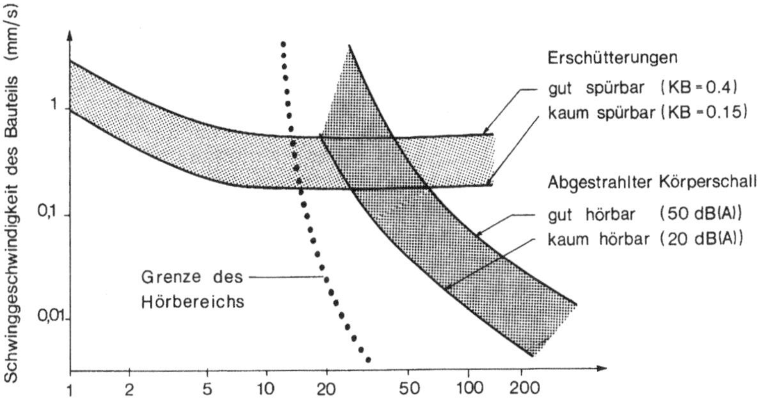

Bild 5.16. Maßgebende Bereiche für Erschütterungen und sekundären Luftschall

Rahmen der Umweltschutzgesetzgebung gültig sind. In diesem Zusammenhang muss aber erwähnt werden, dass die Schutzziele der Umweltschutzgesetzgebung - Schutz vor erheblicher Belästigung der Menschen - in der Regel weniger streng sind als zum Beispiel der Anspruch eines Bauherrn oder eines Bewohners an ein Haus mit hohem Wohnkomfort. Weitere Hinweise zur Analyse von Körperschall gibt Müller&Möser (2004).

5.2.3 Grenzwerte für Geräte

In innerstädtischen Verhältnissen gilt es oft zu beurteilen, inwieweit Erschütterungen stationäre Geräte wie z.B. Computer, Elektronenmikroskope, Waagen etc. beschädigen oder am einwandfreien Funktionieren hindern können. Die Empfindlichkeit solcher Geräte ist sehr unterschiedlich. Hinweise von Herstellern liegen oftmals sehr stark auf der sicheren Seite. Manchmal lohnt es sich deshalb, die tatsächliche vorhandenen Erschütterungen bei Geräten zu messen, die einwandfrei funktionieren, um ein realistischeres Bild zu erhalten.

Richtwerte für empfindliche Geräte lassen sich in den in Tabelle 5.9 aufgeführten Normen finden. Bezüglich Schwingungsanforderungen in der Nanotechnik geben Heiland&Beyer (2005) eine ausgezeichnete Übersicht.

Transportable Geräte sind bezüglich Beschädigung und Betrieb normalerweise unkritisch.

Tabelle 5.9. Richtwerte für Geräte

ISO 8569:1996	Mechanical vibration and shock - Measurement and evaluation of shock and vibration effects on sensitive equipment in buildings
ISO/TS 10811-1:2000	Mechanical vibration and shock - Vibration and shock in buildings with sensitive equipment - Part 1: Measurement and evaluation
ISO/TS 10811-2:2000	Mechanical vibration and shock - Vibration and shock in buildings with sensitive equipment - Part 2: Classification

5.3 Erschütterungsreduktion

Reduktionsmaßnahmen können unterschiedliche Strategien verfolgen. Einerseits kann versucht werden die Entstehung, die Übertragung oder die Ausbreitung von Erschütterungen zu unterbinden oder zumindest abzumildern, also die Beanspruchung zu reduzieren. Andererseits können Maßnahmen auch die Auswirkungen bzw. die Empfindlichkeit gegenüber Erschütterungen herabsetzten, also den Widerstand erhöhen.

Maßnahmen können nach deren Art unterschieden werden:

- Mit baulichen Maßnahmen kann vor allem die Schwingungsübertragung und -ausbreitung beeinflusst werden. Bauliche Eingriffe sind aber in der Regel kosten- und zeitaufwändig.
- Durch Änderungen und Anpassungen beim Betrieb von Erschütterungserzeugern, aber auch über Einschränkungen beim Betrieb von Geräten auf der Empfängerseite lassen sich negative Auswirkungen häufig vermindern oder umgehen.
- Oftmals genügen organisatorische Maßnahmen, um negative Auswirkungen zu vermindern oder zu umgehen.

Weiter lässt sich unterscheiden, wo die Maßnahme ergriffen wird (vgl. Tabelle 5.10). Am wirkungsvollsten zeigen sich Maßnahmen an der Quelle mit dem Ziel, möglichst wenig Schwingungsenergie in die Umgebung abzustrahlen. Maßnahmen im Übertragungsmedium sind nur bei besonders günstigen Voraussetzungen wirkungsvoll.

Es ist zu beachten, dass Reduktionsmaßnahmen Immissionsprobleme auch verlagern können. Beispielsweise wurde beobachtet, dass Maßnahmen an Gleisen (Unterschottermatten oder ähnliches) zwar die Körperschallimmission reduzierten, die Erschütterungen jedoch verstärkten.

5.3.1 Bauliche Maßnahmen bei der Quelle

Bei Maßnahmen an der Quelle gilt es im Allgemeinen, die in das Übertragungsmedium abgestrahlte Energie möglichst stark zu reduzieren. Derartige Maßnahmen sind z.B. bei Sprengungen: kurz aufeinander folgende Sprengstufen oder ein optimiertes Sprengschema; bei Maschinen z.B. Lagerung auf Dämpfungselementen. Damit lassen sich viele, aber bei weitem nicht alle Probleme lösen. Werden beim Empfänger Resonanzen angeregt, so bewirkt die Reduktion der Erschütterungsintensität bei der Quelle meist keine hinreichende Abminderung. In diesem Fall kann aber eine leichte Veränderung der Anregungsfrequenz bei der Quelle viel bewirken. Da bei Bauten viele Eigenfrequenzen sehr nahe beieinander liegen, kann aber eine nur wenig veränderte Anregungsfrequenz zu größeren Erschütterungen bei einem anderen Empfänger führen.

Der Wirkungsgrad von Maßnahmen, welche die ans Übertragungsmedium abgestrahlte Energie vermindern, ist analytisch oft nicht zu bestimmen. Beim

Tabelle 5.10. Erste Entscheidungshilfe über wirkungsvolle oder kosteneffiziente Maßnahmen

Randbedingungen und Einflussfaktoren, welche den günstigsten Standort der Maßnahme bestimmen: Maßnahmen …
… bei der *Quelle*:
1. eine Quelle und viele Empfänger
2. die Quelle ist eindeutig definiert
3. Quellenneubauten, z. B. neue Bahnlinien
4. temporäre Quellen, z. B. Quellen während dem Bau
5. fixe Quellen, d. h. deren Standort wechselt nicht
6. breitbandiger Frequenzbereich der Anregung
… im *Übertragungsmedium*:
7. breitbandiger und hochfrequenter Frequenzbereich der Anregung
8. Maßnahmen an der Quelle betrieblich und technisch zu aufwändig, z. B. Bahnlinie unter Betrieb
… beim *Empfänger*:
9. viele Quellen bzw. weite Ausdehnung der Quelle (Linienquelle) und ein Empfänger
10. Empfänger eindeutig definiert
11. Empfängerneubauten

Sprengen wird man deshalb den Wirkungsgrad mit Versuchssprengungen überprüfen. Bei Maschinenfundamenten, die auf Feder- und Dämpfungselementen fundiert sind, kann der Reduktionsfaktor der einstrahlenden Erschütterungen mit den Methoden von Kap. 2.4 ermittelt werden.

Bild 5.17 gibt einen Überblick über die mit verschieden handelsüblichen Materialien erreichbaren Systemeigenfrequenzen und die daraus resultierenden Bauhöhen.

In der Praxis zeigt sich, dass Erschütterungen infolge schienengebundenem Verkehr im Nahbereich oft zu einer Belästigung der Anwohner werden. Zur Reduktion solcher Erschütterungen sind verschiedene effiziente Maßnahmen entwickelt worden. Sie reichen von sogenannten Unterschottermatten (Gummi oder elastische Kunststoffmatten als Unterlage für das Schotterbett) über leichte bis zu schweren Feder-Masse-Systemen. Letztere haben den besten Wirkungsgrad, sind aber auch am kostspieligsten. Bild 5.18 zeigt ein schweres Feder-Masse-System. Die Wirksamkeit dieses Systems kann, wie das Bild zeigt, mit den Methoden von Kapitel 2.4 ermittelt werden und wird durch betriebliche Sicherheitsanforderungen der Bahn bestimmt (beeinträchtigte Gleisstabilität bei zu weicher Lagerung).

Im Rahmen dieses Buches wird auf die weitere Beschreibung detaillierter Maßnahmen zur Erschütterungsreduktion verzichtet. Entsprechende Hinweise finden sich in folgenden Fachbüchern: Krüger et al. (2001), Melke (1995), Müller&Möser (2004).

Es ist nochmals darauf hinzuweisen, dass auch durch eine tiefe Admittanz die Energieübertragung in den Untergrund wesentlich reduziert wird (vgl. z. B. Bild 5.5).

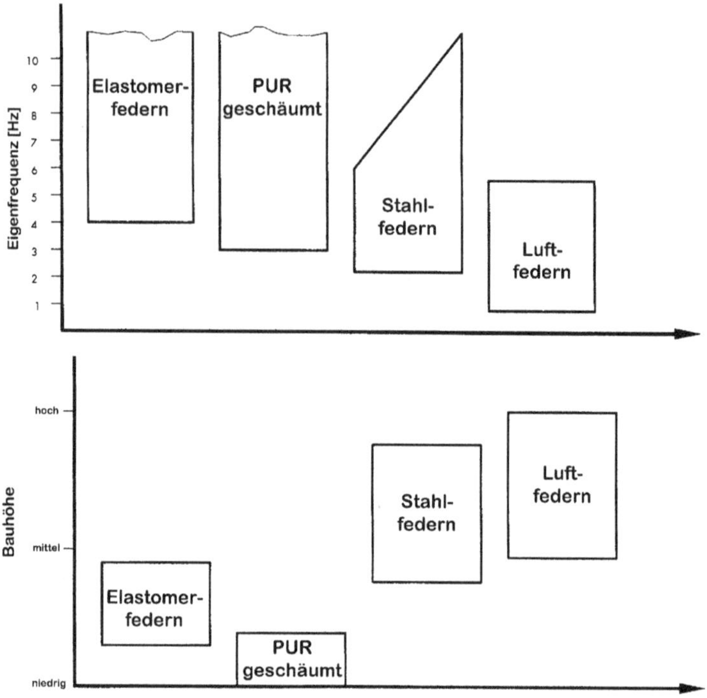

Bild 5.17. Mit verschiedenen Materialien erreichbare Systemeigenfrequenzen und dazu notwendige Bauhöhen.

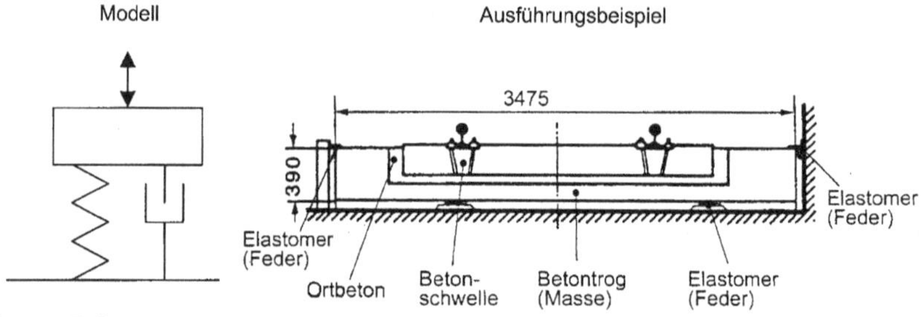

Bild 5.18. Feder Masse-System

5.3.2 Bauliche Maßnahmen auf dem Übertragungsweg

Maßnahmen auf dem Übertragungsweg sind beschränkt. Kapitel 6.1.3. zeigt, dass ein vertikal schwingendes Fundament für hinreichend tiefe Frequenzen den Großteil der erzeugten Energie in Form von Rayleighwellen abstrahlt. Es ist demnach naheliegend, den Übertragungsweg an der Oberfläche mit Hilfe von Schlitzen (Bild 5.19), die entweder offen bleiben oder ausbetoniert werden, zu unterbrechen. Solche Schlitze werden in der Praxis mit wechselndem

Erfolg eingesetzt. Die Wirksamkeit von Schlitzen verschiedenster Art wurde sowohl experimentell wie auch rechnerisch eingehend untersucht. Resultate einer solchen experimentellen Untersuchung zeigt Bild 5.20.

In Bild 5.20 ist die Abschirmwirkung eines langgezogenen Schlitzes deutlich zu erkennen. Gleichzeitig bemerkt man, dass sie einerseits sehr unregelmäßig verteilt ist und dass Zonen entstanden sind, in denen mit verstärkten Erschütterungen zu rechnen ist. Dass die Abminderung auch nur auf eine beschränkte Distanz vom Schlitz wirksam ist, zeigt Bild 5.20 b deutlich.

Eine Zusammenfassung von experimentellen und rechnerischen Untersuchungen über die Abschirmwirkung von Schlitzen und Bohrlochreihen zeigt Bild 5.21. Da mit Schlitzen der Übertragungsweg von Rayleighwellen unterbrochen werden soll, ist es einleuchtend, dass die Abmessungen des Schlitzes in einem bestimmten Verhältnis zur Rayleigh-Wellenlänge L_R sein müssen. Woods (1968) zeigt, dass ein maximaler Reduktionsfaktor R von etwa 0,25 im Fernfeld erreicht werden kann, wenn die Schlitztiefe h etwa 1,2 bis 1,5 L_R beträgt. Dolling (1970) zeigt, dass für das Nahfeld eine Schlitztiefe von 0,6 L_R ausreicht.

Die Abschirmwirkung eines mit Beton gefüllten Schlitzes ist in Bild 5.21a dargestellt. Deutlich ist zu erkennen, dass die Abschirmwirkung von einem normierten Querschnitt $\bar{a} = Bh$ abhängt.

Die Abhängigkeit der Abschirmwirkung eines offenen Schlitzes zeigt Bild 5.21b. Dargestellt sind der Reduktionsfaktor R nach theoretischen Berechnungen von Dolling (1970) (Annahme totaler Reflexion der R-Wellen) sowie experimentelle Resultate von Woods (1968) und Haupt (1981). Für das Nahfeld ergibt die Theorie von Dolling eine gute Vorhersage. Weitere Erkenntnisse ergeben sich aus Zentrifugenmodellversuchen (z. B. Laue et al. 1996, Siemer, 1997).

Die Abschirmwirkung einer Reihe von Bohrlöchern zeigt Bild 5.21c. Der Reduktionsfaktor ist in Abhängigkeit einer normierten Abschirmfläche $\bar{B}$ dargestellt. Die Abschirmwirkung ist wesentlich geringer als für den offenen Schlitz. Dies ist einleuchtend, besitzt doch die Bohrlochwand eine große Anzahl von „Schallbrücken". In einem Lockergestein müssen die Bohrlöcher zumeist verrohrt werden, was die Abschirmwirkung weiter herabsetzt.

Die Resultate der experimentellen und analytischen Untersuchungen können wie folgt zusammengefasst werden:

- Offene Schlitze sind wirksamer als gefüllte und unterbrochene Schlitze.
- In homogenen Verhältnissen lässt sich ein Reduktionsfaktor von bestenfalls 0,25 erreichen. In geschichteten Böden ist die Abschirmwirkung im Allgemeinen geringer.
- Schlitzlänge und Schlitztiefe müssen ein bestimmtes Verhältnis zur Wellenlänge haben. Schlitze sind deshalb bei schmalbandigen Erschütterungen am wirksamsten.
- Das zu schützende Objekt soll nahe beim Schlitz liegen. Liegt es zu weit vom Schlitz weg, wird die Wirkung stark reduziert.
- Vor dem Schlitz und seitwärts können durch Reflexionen und Überlagerungen gegenüber der Situation ohne Schlitz stärkere Erschütterungen auftreten.

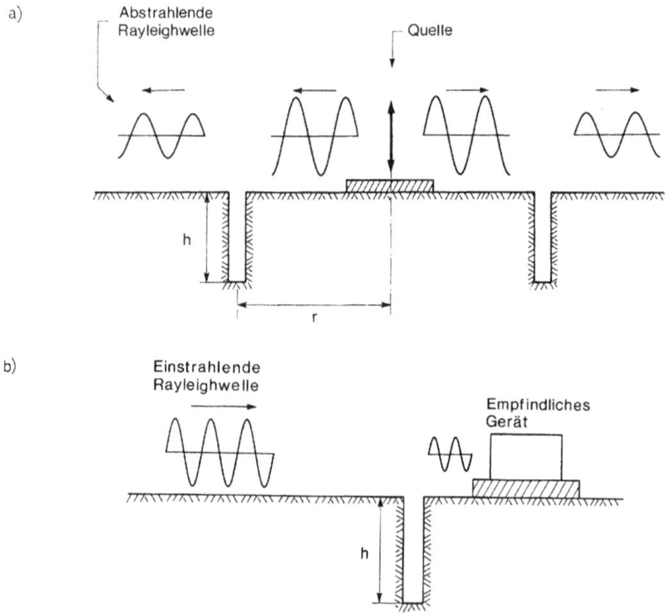

Bild 5.19. **a** Isolation der Quelle, **b** Isolation eines empfindlichen Empfängers

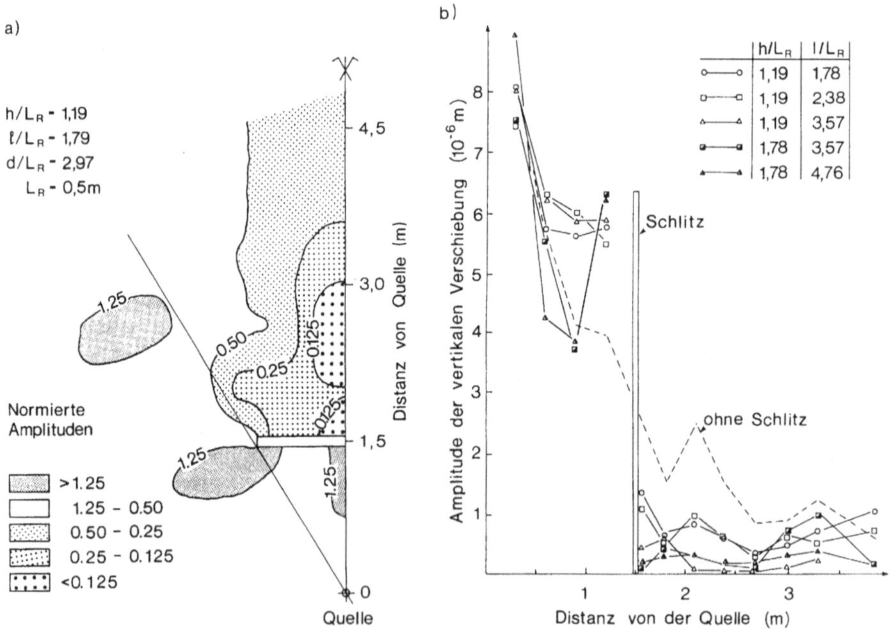

Bild 5.20. Abschirmwirkung von offenen Schlitzen; **a** Normierte Amplituden, h = Schlitztiefe, l = Schlitzlänge, d = Distanz von der Quelle, L_R = Rayleighwellenlänge; **b** Vertikale Verschiebungsamplituden in Abhängigkeit der Entfernung (nach Woods, 1968)

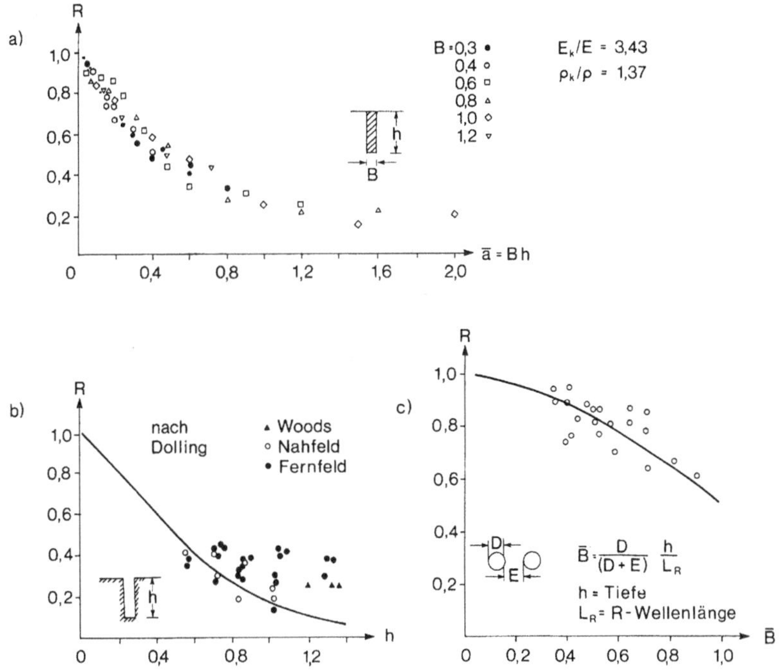

Bild 5.21. Abschirmung von Schlitzen; **a** Mit Beton gefüllter Schlitz, E_k/E = Verhältnis des E-Moduls vom Schlitz zum umgebenden Boden, ρ_k/ρ = Verhältnis der Dichten; **b** offener Schlitz; c) Bohrlochreihe (Haupt, 1981)

- Die Wirksamkeit namentlich offener Schlitze muss auch über längere Zeit sichergestellt bleiben. Dies versucht man z.B. mit Hilfe gasgefüllter Geomembranen zu gewährleisten. Deren Langzeitverhalten ist heute jedoch noch nicht gut genug gesichert.
- In geschichtetem Boden ist die Wirksamkeit von Schlitzen schwierig vorherzusagen.

Namentlich aus dem zuletzt aufgeführten Grund haben sich Schlitze zur Reduktion von Erschütterungen in der Praxis nur in Ausnahmefällen durchsetzen können.

5.3.3 Maßnahmen beim Empfänger

Als Maßnahmen beim Empfänger kommen im Wesentlichen die folgenden Möglichkeiten in Frage:

- Änderung der Auflagerverhältnisse,
- Anbringen eines Schwingungstilgers.

Eine Änderung der Auflagerverhältnisse bewirkt eine frequenzmäßige Verstimmung, mit der erreicht werden kann, dass der Empfänger weniger stark zu Schwingungen angeregt wird. Es können je nach den Lasten und der angestrebten Verstimmung Stahl-, Gummi- oder Luftfedern, zum Teil in Kombination mit Dämpfern, verwendet werden. Auf dem Markt ist eine Vielzahl von solchen Produkten vorhanden. Die Wirksamkeit kann gut mit den in Kap. 2 beschriebenen Methoden berechnet werden.

Schwingungstilger sind bisher in der Praxis eher selten eingesetzt worden. Es handelt sich um schwingungsfähige Systeme, die dem Hauptschwingsystem zugefügt werden und frequenzmäßig derart abgestimmt sind, dass die im Tilger induzierten Kräfte der Schwingung des Hauptsystems entgegenwirken (vgl. z. B. Bachmann und Ammann, 1987).

Schwingungstilger sind nur im schmalbandigem Frequenzband wirksam, auf das sie abgestimmt werden.

KAPITEL 6

Dynamisch belastete Fundamente

6.1 Maschinenfundamente

Größere Maschinen werden in der Regel auf speziellen Fundamenten montiert, damit die auftretenden Beanspruchungen sicher auf den Boden übertragen werden und eine einwandfreie Funktion der Maschine selbst gewährleistet ist. Die Ausbildung eines solchen Maschinenfundamentes kann sehr unterschiedlich sein und hängt von der Größe und Art der Maschine, vom Baugrund und von den in der Umgebung vorhandenen Einrichtungen, Arbeitsplätzen und eventuellen anderen Erschütterungsquellen ab.

In erster Linie muss ein Maschinenfundament die statischen und die dynamischen Lasten auf den Untergrund übertragen, wobei die statischen Lasten im Allgemeinen keine Probleme aufwerfen. Hingegen müssen die dynamischen Beanspruchungen des Untergrundes in bestimmten Grenzen gehalten werden, da bereits kleine Dehnungsamplituden bei langdauernder zyklischer Belastung zu einem progressiven Bruch bzw. zu unzulässig bleibenden Deformationen führen können. Sehr oft müssen die Schwingungen zum Schutz der in der Nähe aufgestellten Geräte oder wegen des Bedienungspersonals reduziert werden. Hochempfindliche Geräte müssen so fundiert werden, dass ihre Funktionsfähigkeit nicht durch Umgebungserschütterungen beeinträchtigt wird.

6.1.1 Generelle Gesichtspunkte beim Entwurf

Treten beim Betrieb einer Maschine an irgend einer Komponente Resonanzen auf, so werden die Deformationen an diesem Teil kaum mehr kontrollierbar und eine Beschädigung der Maschine kann innert kürzester Zeit auftreten. Daher bildet man das Maschinenfundament so aus, dass eine Resonanznähe nach Möglichkeit vermieden wird. Dazu bieten sich zwei Möglichkeiten.

- **Tiefe Abstimmung:** Die Eigenfrequenzen des Fundamentes sollten unterhalb der niedrigsten Erregerfrequenz der Maschine liegen. Dies wird durch Verwendung einer großen Fundamentmasse, einer vergleichsweise kleinen Fundamentfläche, die zu einer relativ weichen Federung auf dem Baugrund führt, oder durch spezielle Stahlfedern oder Gummielemente zwischen Maschine und Fundament erreicht.

- **Hohe Abstimmung:** Die Eigenfrequenz der Gründung soll höher als die Erregerfrequenz der Maschine liegen. Dies wird durch eine kleine Fundamentmasse und eine vergleichsweise große Fundationsfläche erreicht, die zu einer relativ steifen Federung auf dem Baugrund führt.

Vom Standpunkt der Erregerfrequenz können Maschinenfundamente in drei Gruppen eingeteilt werden:

1. Niedrige bis mittlere Anregungsfrequenz (0 bis 600 U/min); z.B. Kolbenpumpen, Kolbenverdichter, Rotationsmaschinen etc.
2. Mittlere bis hohe Anregungsfrequenz (300 bis 1000 U/min); z.B. große Dieselmotoren, Gebläse etc.
3. Hohe Anregungsfrequenz (über 1000 U/min); z.B. kleinere Dieselmotoren, Turbinen etc.

Für die Gruppe 1 kommen in der Regel nur hochabgestimmte Fundamente in Frage, bei denen alle Eigenschwingzahlen genügend hoch (möglichst mehr als die doppelte Drehzahl) über der Anregungsfrequenz liegen.

Bei der Gruppe 2 ist eine tiefe Abstimmung anzustreben. Dies kann meist durch Auflagerung des Fundamentblockes auf Stahl-, Gummi- oder Luftfedern erfolgen. Eine tiefe Abstimmung hat den Vorteil, dass praktisch keine dynamischen Kräfte übertragen werden. Dies ist zum Schutze der Umgebung vor Immissionen vorteilhaft.

Bei der Gruppe 3 wird eine tiefe Abstimmung gesucht. Im Bereich von 1000 bis 2000 U/min werden meist Gummi- oder Stahlfedern eingesetzt. Darüber kann die Maschine gewöhnlich unmittelbar auf dem Baugrund fundiert werden.

Welche Bedeutung der Boden im System Maschine-Fundament-Baugrund hat, hängt von der Fundations- und Lagerungsart ab. Grundsätzlich besteht die Möglichkeit, die Maschine durch Feder- und Dämpfungselemente vollständig vom Boden zu isolieren oder aber den Boden miteinzubeziehen. Die erste Variante hat den Vorteil, dass Unsicherheiten über das Verhalten des Baugrundes eliminiert werden können. Allerdings kann eine vollständige Isolation recht kostspielig werden und für größere Anlagen unter Umständen nicht mehr realisierbar sein. Im Folgenden wird das Zusammenwirken von Maschinenfundament und Boden behandelt.

6.1.2 Modellbildung

Maschinenfundamente haben zum Teil einen sehr komplizierten Aufbau, so dass für die Berechnung starke Vereinfachungen einzuführen sind. Das Berechnungsmodell muss so gewählt werden, dass alle für das dynamische Verhalten wichtigen Phänomene untersucht werden können. Bei gedrungenen Fundamenten genügt es oft, das Fundament-Maschinen-System als starren Block zu approximieren. Bei Fundamentplatten oder rahmenartigen Fundamenten (vorherrschend bei größeren Anlagen) hingegen sind wesentlich kompliziertere Modelle nötig.

Die Modellbildung beschränkt sich natürlich nicht nur auf das Fundament und die Maschine; auch für den Boden muss ein adäquates Modell gewählt werden, welches die Schichtung und die Eigenschaften des Baugrundes erfasst. Dabei ist zu beachten, dass der Einflussbereich einer dynamischen Last wesentlich größer ist als der einer statischen Last.

Die Wahl der Berechnungsmethode hängt primär von der Art des Fundamentes und von der geforderten Genauigkeit ab. Für gedrungene, blockartige Fundamente kann das Einmassenschwinger-Analogon oder eine Lösung mit Impedanzfunktionen verwendet werden. Diese beiden Methoden, die für einen großen Teil der auftretenden Fälle anwendbar sind, werden in den folgenden Abschnitten ausführlich beschrieben.

6.1.2.1
Modellbildung für starre Fundamente

Maschinenfundamente werden in der Regel als massive Blöcke ausgebildet. Ein typisches Beispiel eines solchen Fundamentes ist in Bild 6.1 a dargestellt. Maschine und Fundament verhalten sich praktisch wie ein starrer Körper und können deshalb als konzentrierte Masse dargestellt werden. Der Boden verhält sich bei kleinen Dehnungsamplituden als elastisches Medium und kann somit für die Berechnung als Feder- oder Dämpfungselement elastisch und ohne

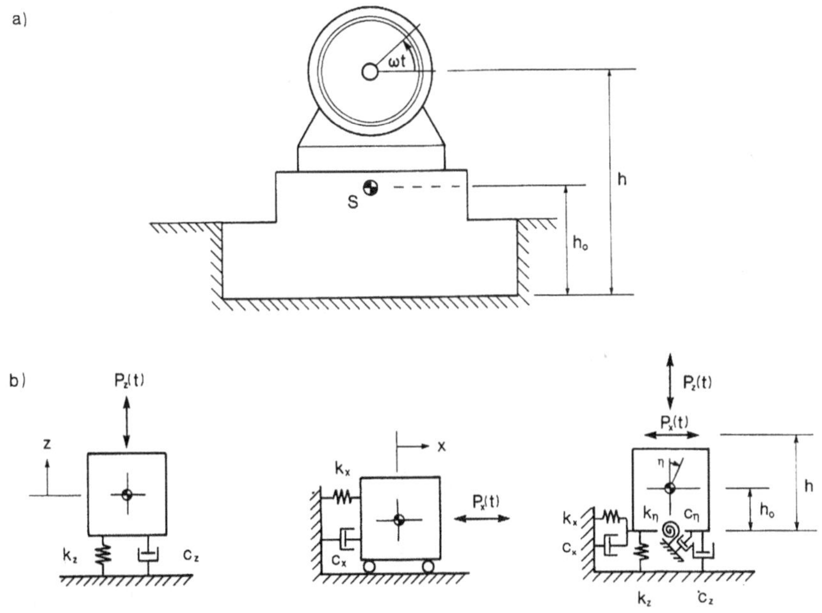

Bild 6.1. **a** einfaches Blockfundament, S = Schwerpunkt von Maschine und Fundament zusammen; **b** verschiedene Einmassenschwinger-Modelle: I) nur vertikale Anregung; II) nur horizontale Anregung, ohne Kippschwingung; III) horizontale und vertikale Anregung mit Kippschwingung

Materialdämpfung angesehen werden. Es ist zu beachten, dass die Eigenschaften dieser Feder- und Dämpfungselemente sehr komplex sein können. Insbesondere darf nicht davon ausgegangen werden, dass diese Federn linear elastisch sind oder dass ihre Charakteristik unabhängig von der Frequenz ist.

In Bild 6.1 b sind drei verschiedene Modelle für ein starres Fundament dargestellt. Bei überwiegend vertikaler harmonischer Anregung, wie z. B. bei zwei gegenläufigen, vertikal wirkenden Exzentern, genügt Modell I. Bei vorherrschend horizontaler Anregung kann Modell II verwendet werden; dieses Modell setzt jedoch voraus, dass die Anregung auf der Höhe des Massenschwerpunktes liegt und mit der Wirkungslinie der horizontalen Bodenreaktion zusammenfällt. Dies ist nur bei sehr flachen, eingebetteten Fundamenten gegeben. Liegt die Resultierende der horizontalen Bodenreaktion nicht auf der gleichen Höhe wie der Massenschwerpunkt von Fundament und Maschine, so ergibt sich eine Koppelung zwischen der Horizontal und der Kippschwingung. In solchen Fällen muss Modell III verwendet werden. Das Modell für die Torsionsschwingung, d. h. für die Drehung um die z-Achse, ist in Bild 6.1 nicht aufgeführt. Die Torsionsschwingung ist bei symmetrischen Fundamenten, die den Massenschwerpunkt im Schnittpunkt der beiden Symmetrieachsen haben, mit keiner anderen Schwingform gekoppelt.

Im Allgemeinen besitzt somit ein starres, symmetrisches Fundament vier Schwingungsarten:

- Vertikalschwingung
- Torsionsschwingung
- Horizontalschwingung in x- und in y-Richtung
- Kippschwingung um die x- und die y-Achse,

von denen die ersten zwei unabhängig und die letzten zwei gekoppelt sind.

Dass die Annahme eines gedämpften Einmassenschwingers als Modell für ein Blockfundament sinnvoll ist, zeigt Bild 6.2. Es stellt die Schwingungsamplituden eines Exzenters in Abhängigkeit von der Erregerfrequenz dar. Der Versuch zeigt, dass eine eindeutig definierte Resonanzfrequenz besteht und

Bild 6.2. Resonanzkurven eines Exzenters auf Sandboden; die Kurven stellen die Meßwerte aus Versuchen mit verschiedenen Exzentrizitäten und Massen dar (aus Lorenz, 1960)

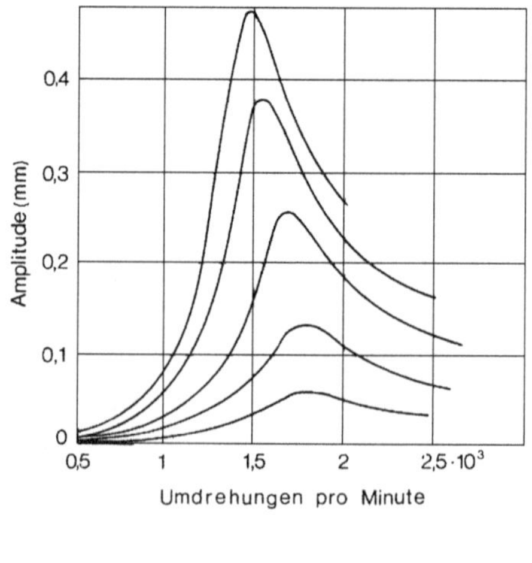

dass die Amplituden stets endlich groß sind. Die Kurven sind denjenigen eines gedämpften Einmassenschwingers mit quatratischer Anregung sehr ähnlich (vergleiche Bild 2.8).

Mit der Annahme, dass die Feder- und Dämpfungselemente linear-elastisches bzw. viskoses Verhalten aufweisen – was, wie in Kap. 6.1.3.1 gezeigt wird, eine gute Näherung darstellt –, erhält man die Bewegungsgleichung des starren Fundamentes durch Summation der Kräfte bzw. Momente wie folgt (vgl. Bild 6.1 b):

$$m\ddot{z} + c_z\dot{z} + k_z z = P_z(t) \tag{6.1}$$

$$I_z\ddot{\theta} + c_\theta\dot{\theta} + k_\theta\theta = M_z(t) \tag{6.2}$$

$$m\ddot{x} + c_x(\dot{x} - \dot{\eta}h_0) + k_x(x - \eta h_0) = P_x(t) \tag{6.3}$$

$$I_y\ddot{\eta} + c_\eta\dot{\eta} + k_\eta\eta + c_x\dot{\eta}h_0^2 + k_x\eta h_0^2 - \dot{x}c_x h_0 - x k_x h_0 = M_y(t) \tag{6.4}$$

Dabei bedeuten:

- m = Masse von Maschine und Fundament,
- I_i = polares Trägheitsmoment um die i-Achse,
- h_o = Höhe des Gesamt-Massenschwerpunktes über der Fundamentbasis,
- $P_i(t)$ = Anregung in Richtung i,
- $M_z(t)$ = Torsionsanregung um z-Achse,
- $M_y(t)$ = Kippanregung, d.h. Moment um y-Achse, (bei Modell III in Bild 6.1 b gilt $M_y = P_x(h - h_0)$).

(6.1) und (6.3) stellen die Summation aller Kräfte in z- bzw. x-Richtung, (6.2) und (6.4) die Summation der Momente um die z- bzw. um die y-Achse dar.

Die Bewegung des starren Fundamentes erhält man schließlich durch Lösen der Differenzialgleichungen (6.1) bis (6.4). Wie die Koeffizienten m, I_i, c_i und k_i gewählt werden müssen, wird in Kap. 6.1.3 gezeigt.

6.1.3 Lösungsmethoden für Fundamente auf dem elastischen Halbraum

Die dynamische Berechnung von Maschinenfundamenten ist, sofern man eine genaue Lösung anstrebt, mit einem sehr großen mathematischen Aufwand verbunden. Dies ist auch nicht erstaunlich, wenn man sich die Phänomene, die bei einer Fundamentschwingung auftreten, etwas veranschaulicht: Die harmonische Belastung einer starren Platte wird auf den Boden übertragen, wodurch ein bestimmter Bereich des Bodens – ähnlich wie beim harmonisch angeregten Einmassenschwinger – in Schwingung versetzt wird. Die Größe des angeregten Bereiches und die Verstärkung bzw. Abschwächung der Schwingung hängen von zahlreichen Parametern, wie Frequenz und Amplitude, Maschinen- und Fundamentmasse, Bodenart und -aufbau, ab. Durch die harmonische Belastung werden Wellen erzeugt, die sich zum Teil halbkugelförmig, zum Teil zylindrisch ausbreiten und dadurch einen großen Teil der Energie ableiten. Dieser Verlust an Energie, der einer Dämpfung gleichkommt, wird als „geometrische Dämpfung“ bezeichnet. In vielen Fällen ist diese Dämpfung wesentlich größer als die im Boden ebenfalls vorhandene und in diesem Zusammenhang meist vernachlässigte Materialdämpfung.

Diese Verhältnisse sind in Bild 6.3a dargestellt. Die auf dem elastischen Halbraum vertikal schwingende kreisförmige Platte erzeugt sowohl Raum- als auch Oberflächenwellen. Obwohl das elastisch vorausgesetzte Material keine Materialdämpfung besitzt, klingen die Amplituden mit der Entfernung von der Quelle ab. Diese geometrische Dämpfung ist für jeden Wellentyp in Bild 6.3a eingetragen.

Bild 6.3b zeigt in Ergänzung zu Bild 6.3a die Aufteilung der von den einzelnen Wellenarten in den Halbraum abgestrahlten Energie (nach Wolf, 1994) für die Poissonzahl $\nu = 1/3$ in Abhängigkeit der dimensionslosen Frequenz a_0, wobei

$$a_0 = \omega\, r_0 / v_S, \tag{6.5}$$

mit

$\omega = 2\pi f$ (Kreisfrequenz),
r_0 = Radius eines äquivalenten Kreisfundamentes,
v_S = Scherwellengeschwindigkeit.

Es fällt auf, dass für $a_0 <\sim 2$ die Rayleighwelle über 50% der an den Halbraum abgegebenen Energie enthält, während anderseits weniger als etwa 10% auf die P-Welle entfallen. Für wachsende Frequenzen aber wird die P-Welle rasch deutlich energiereicher, und zwar auf Kosten der Rayleighwelle.

In vielen praktischen Fällen bewegt man sich im Bereich von $a_0 < \sim 2$. Da die Rayleighwelle zudem aus geometrischen Gründen weniger schnell abklingt (proportional zu $r^{-0,5}$) als die Raumwellen (proportional zu r, in Oberflächennähe gar r^{-2}), erweist sich die Rayleighwelle bei Erschütterungen mit oberflächennahen Quellen meist als die maßgebende Wellenart.

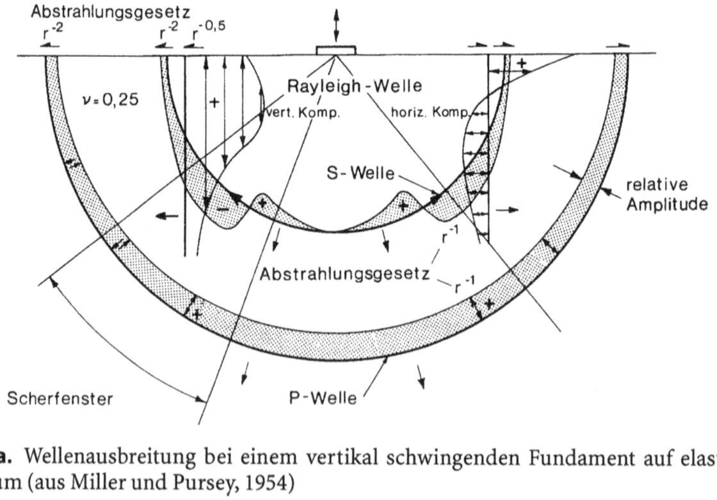

Bild 6.3 a. Wellenausbreitung bei einem vertikal schwingenden Fundament auf elastischem Halbraum (aus Miller und Pursey, 1954)

Bild 6.3 b. Aufteilung der ins Unendliche abgestrahlten Energie auf die drei Wellentypen für einen Boden mit der Poissonzahl v=0,33 (nach Wolf, 1994)

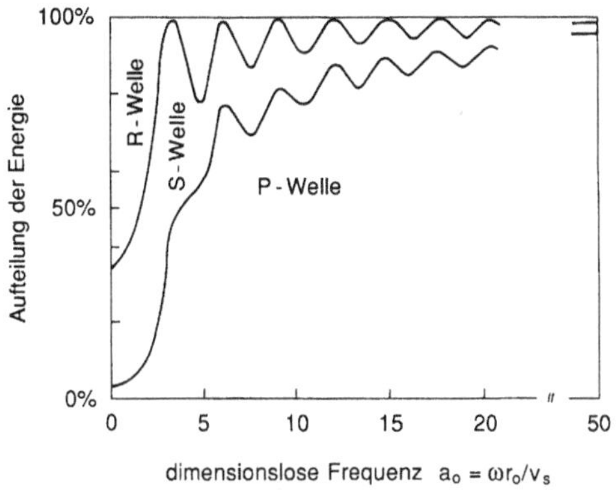

Die Schwingungsanalyse einer starren Platte auf dem elastischen Halbraum wird vor allem durch die Art der Randbedingungen erschwert. Die Spannungen unter der Platte sind nicht, wie z.B. bei früheren Lösungsmethoden angenommen, gleichmäßig über die Kontaktfläche verteilt, sie entsprechen auch nicht ganz der Spannungsverteilung bei starren Platten mit statischer Belastung; sie sind überdies von der Schwingungsfrequenz abhängig. Dazu kommt der Einfluss der Schubspannungen an der Kontaktfläche, die je nach Querdehnungszahl des Bodens einen recht großen Einfluss haben. Für das Problem der starren Platte auf elastischem Halbraum und auch für andere relativ einfache Verhältnisse existieren heute exakte Lösungen, die das Fundament-Boden-System als gemischtes Randwertproblem mit vorgeschriebener Einsenkung unter der starren Platte und spannungsfreiem Rand im übrigen Bereich behandeln.

Für die praktische Berechnung von Maschinenfundamenten und ganz allgemein Problemen der Boden-Bauwerks-Interaktion (vgl. hierzu auch Kapitel 7.4) ist es meistens unmöglich, eine „exakte" Lösung anzustreben; der hierzu notwendige Aufwand lässt sich nur in den wenigsten Fällen rechtfertigen. Es sind deshalb Verfahren entwickelt worden, die es erlauben, die Reaktion des Halbraumes auf ein Fundament mit Hilfe einfacher Modelle oder aber anhand von publizierten, sogenannten „exakten" Lösungen zu erfassen.

Früher stand die Entdeckung von Lysmer im Vordergrund, dass das dynamische Verhalten einer vertikal angeregten, starren Fundamentplatte auf einem homogenen Halbraum sehr gut durch ein einfaches Feder-Dämpfer-Modell dargestellt werden kann. Dieser einfache Ansatz wird im folgenden Abschnitt 6.1.3.1 vorgestellt. Tabelle 6.1 enthält auch die entsprechenden Feder- und Dämpfungskennwerte für die anderen Schwingungsformen, die von weiteren Autoren ausgearbeitet worden sind. Diesen Ansatz zu behandeln rechtfertigt sich nicht nur aus pädagogischen Gründen; er eignet sich in einfachen Fällen auch heute noch für erste Abschätzungen, sofern verhältnismäßig tieffrequente Schwingungen zu betrachten sind.

Die Abschnitte 6.1.3.2 bis 6.1.3.4 beschreiben die Verwendung „exakter" Lösungen, d.h. der Methode der Impedanzfunktionen. Schließlich werden in

Abschnitt 6.1.3.5 verfeinerte physikalische Modelle erwähnt, die bei praktischen Berechnungen, insbesondere bei transienten Anregungen (Hammerschmiede, Erdbeben, etc.), zum Teil bequemer anzuwenden sind als die Methode der Impedanzfunktionen.

6.1.3.1 Einmassenschwinger-Analogon

Mit der Erkenntnis von Hsieh (1962) und Lysmer (1965), dass das dynamische Verhalten eines vertikal angeregten starren Fundamentes durch ein einfaches Feder-Dämpfer-System mit frequenzabhängigen Steifigkeits- und Dämpfungskoeffizienten dargestellt werden kann, hat sich die Berechnung eines Maschinenfundamentes ganz wesentlich vereinfacht. Lysmer ging noch einen Schritt weiter und verwendete frequenzunabhängige Koeffizienten für die Steifigkeit und die Dämpfung, um das dynamische Verhalten im niederen und mittleren Frequenzbereich zu approximieren. Die Bewegungsgleichung für ein vertikal schwingendes Fundament ist damit identisch mit der Bewegungsgleichung eines Einmassenschwingers, d.h. es gilt

$$m\ddot{z} + c\dot{z} + kz = P(t)\,, \tag{6.6}$$

wobei die Koeffizienten k und c aufgrund der Fundamentgröße einer Kreisfundation mit dem Radius r und der Baugrundparameter G, ν und ρ zu

$$k = \frac{4Gr}{1-\nu}\,, \tag{6.7 a}$$

bzw.

$$c = \frac{3{,}4\,r^2}{1-\nu}\sqrt{G\rho}\,, \tag{6.7 b}$$

mit

r = Radius der Kreisplatte,
G = Schubmodul des Boden,
ν = Poissonzahl des Bodens,
ρ = Dichte des Bodens.

bestimmt werden.

Die Federsteifigkeit in (6.7 a) ist dabei identisch mit der statischen Steifigkeit einer vertikal belasteten Kreisplatte auf dem elastischen Halbraum, die Dämpfung in (6.7 b) entspricht der Dämpfung bei Resonanz.

Da die Näherungslösung von Lysmer für hinreichend tiefe Frequenzen eine sehr gute Übereinstimmung mit der exakten Lösung brachte, wurden auch für die anderen Schwingungsarten, d.h. auch für die Horizontal-, Kipp- und Torsionsschwingung frequenzunabhängige Lösungen entwickelt. Die Vertikal- und Torsionsschwingung kann somit ebenfalls mit einem Einmassenschwinger dargestellt werden.

Tabelle 6.1. Äquivalente Kenngrößen für die Berechnung eines starren Kreisfundamentes auf dem elastischen Halbraum mit Hilfe des Einmassenschwinger-Analogons

Typus	Vertikal-schwingung	Horizontal-schwingung	Kipp-schwingung	Torsions-schwingung
Steifigkeit k	$\frac{4Gr}{1-\nu}$	$\frac{8Gr}{2-\nu}$	$\frac{8Gr^3}{3(1-\nu)}$	$\frac{16Gr^3}{3}$
Massen-verhältnis $\bar{B}$	$\frac{m(1-\nu)}{4\rho r^3}$	$\frac{m(2-\nu)}{8\rho r^3}$	$\frac{3I_y(1-\nu)}{8\rho r^5}$	$\frac{I_z}{\rho r^5}$
Dämpfungs-verhältnis D	$\frac{0{,}425}{\sqrt{\bar{B}}}$	$\frac{0{,}29}{\sqrt{\bar{B}}}$	$\frac{0{,}15}{(1+\bar{B})\sqrt{\bar{B}}}$	$\frac{0{,}50}{1+2\bar{B}}$
Fiktive zu-sätzliche Masse	$\frac{0{,}27\,m}{\bar{B}}$	$\frac{0{,}095\,m}{\bar{B}}$	$\frac{0{,}24\,I_y}{\bar{B}}$	$\frac{0{,}24\,I_z}{\bar{B}}$

In Tabelle 6.1 sind die Parameter für die vier Schwingungsarten des starren Fundamentes zusammengestellt. Die effektiven Steifigkeiten sind identisch mit den Steifigkeiten des statischen Falles, die Koeffizienten für die Dämpfung entsprechen der Dämpfung im Resonanzbereich. Die effektive Masse m (bzw. Trägheitsmoment I_y und I_z) berechnet sich, indem man zur Masse von Fundament und Maschine eine zusätzliche fiktive Masse (bzw. Trägheitsmoment) addiert. Damit wird nicht etwa ein Teil des Bodens, der in Phase mit dem Fundament mitschwingt, berücksichtigt, sondern diese zusätzliche Masse ist deshalb nötig, weil die Steifigkeit mit zunehmender Frequenz abnimmt und nicht gleich der statischen Steifigkeit bleibt. Anstatt die Steifigkeit zu reduzieren, wird, was denselben Effekt hat, die Masse erhöht.

Die Dämpfung bei der starren Platte auf dem elastischen Halbraum resultiert, wie bereits erwähnt, aus der Abstrahlung der Schwingungsenergie in den unendlichen Halbraum (und wird als geometrische Dämpfung bezeichnet). Das Ausmaß dieser Dämpfung weist für die verschiedenen Schwingungsarten sehr große Unterschiede auf. In Bild 6.4 ist diese Dämpfung (Werte aus Tabelle 6.1) als Funktion von $\bar{B}$ dargestellt. Man sieht, dass die Vertikal-, aber auch die Horizontalschwingung eine sehr starke Dämpfung aufweisen, während die Dämpfung der Torsions- und Kippschwingungen eine Größenordnung kleiner bleibt. Dies ist auch einleuchtend, wenn man bedenkt, dass bei der Vertikalschwingung ein wesentlich größerer Bereich des Bodens angeregt wird als bei der Kippschwingung. Beim Entwurf eines Maschinenfundamentes ist deshalb darauf zu achten, dass Kippschwingungen möglichst vermieden werden.

Die Übereinstimmung zwischen dem Einmassenschwinger-Analogon und der exakten Lösung ist in Bild 6.5 für die vertikale Schwingung dargestellt. Eingezeichnet sind die Resonanzkurven für verschiedene Massenverhältnisse

Bild 6.4. Äquivalente Dämpfungskoeffizienten für starre Kreisplatte auf elastischem Halbraum (Massenverhältnis $\bar{B}$ vgl. Tabelle 6.1)

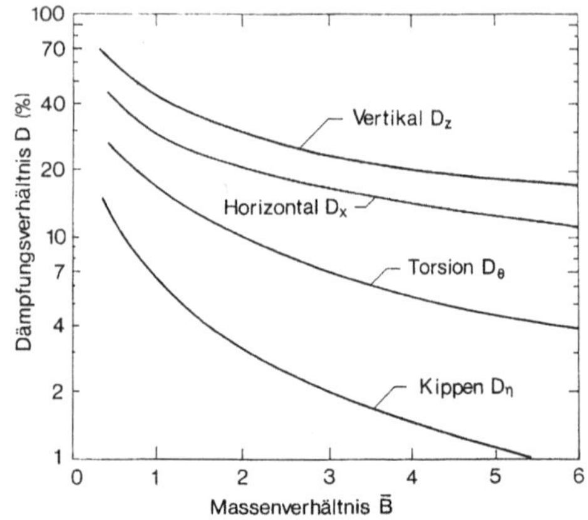

$\bar{B}$ nach der elastischen Halbraumtheorie und nach dem Einmassenschwinger-Analogon. Die Ordinate enthält den dynamischen Vergrößerungsfaktor V

$$V = \frac{A}{P_0/k} = \frac{A}{P_0 \dfrac{1-\nu}{4Gr}}, \tag{6.8}$$

d.h. das Verhältnis zwischen dynamischer und statischer Einsenkung, die Abszisse die dimensionslose Frequenz a_0, definiert in (6.5).

Das Einmassenschwinger-Analogon stellt, wie man in Bild 6.5 für die Vertikalschwingung leicht sieht, für $a_0 < 2$ eine sehr gute Näherung zur exakten Halbraum-Lösung dar. Für die übrigen Schwingungstypen, d.h. Horizontal-, Kipp- und Torsionsschwingungen sind die Abweichungen sogar noch kleiner als in Bild 6.5 (Richart et al., 1970).

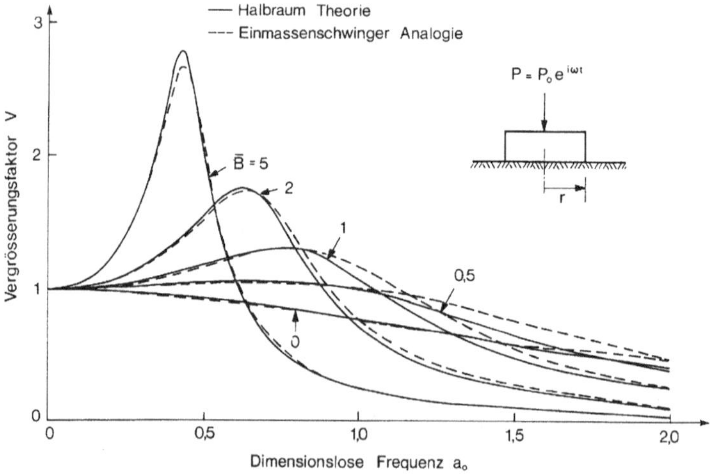

Bild 6.5. Vergleich des Einmassenschwinger-Analogons mit der exakten Lösung für die Vertikalschwingung eines Kreisfundamentes auf dem elastischen Halbraum

6.1.3.2 Lösungsmethode mit Impedanzfunktionen

Im vorangegangenen Abschnitt wurde die dynamische Berechnung der starren Platte auf dem elastischen Halbraum mit Hilfe des Einmassenschwinger-Analogons beschrieben. Das Problem wird dabei mit Hilfe einer Näherungslösung auf die bekannte Bewegungsgleichung, zurückgeführt;

$$m\ddot{x} + c\dot{x} + kx = P(t) \tag{6.9}$$

wobei für m, c und k frequenzunabhängige Größen eingesetzt werden. Bei der Impedanzmethode wird dieselbe Einmassenschwinger-Gleichung verwendet, doch werden frequenzabhängige Größen, die sogenannten Impedanzfunktionen, eingeführt. Dieses Verfahren eignet sich deshalb besonders im Falle harmonischer Anregung. Bei transienter Anregung ist man praktisch gezwungen, im Frequenzbereich zu arbeiten, oder man verwendet als Näherung die Werte der Impedanzfunktion für die entsprechende dominante Eigenfrequenz des Systems – meist die Grundfrequenz.

Wird ein starres Fundament gemäß Bild 6.6 durch eine harmonische Belastung angeregt, so ergibt sich als stationärer Anteil der Bewegung eine harmonische Schwingung x(t) und dementsprechend eine harmonische Bodenreaktion R(t). Wie in Bild 6.6 angedeutet, verlaufen diese 3 Größen im Allgemeinen nicht in Phase. Die Bewegungsgleichung für die Vertikalschwingung lautet

$$m\ddot{x} + R(t) = P(t)\,, \tag{6.10}$$

wobei mit m die Gesamtmasse von Fundament und Maschine, R(t) die gesamte vertikale Bodenreaktion und mit P(t) die vertikale Anregung bezeichnet wird. Vergleicht man (6.10) mit der Einmassenschwingergleichung (6.6), so sieht man, dass Dämpfungs- und Federterm zusammengefasst sind in R(t).

Bei einer harmonischen Schwingung des Fundamentes, d.h. für $x(t) = x_0 e^{i\omega t}$, ergibt sich auch eine im Allgemeinen phasenverschobene Bodenreaktion $R(t) = R_0 e^{i\omega t + \Phi}$. Das Verhältnis zwischen R(t) und x(t), das für jede

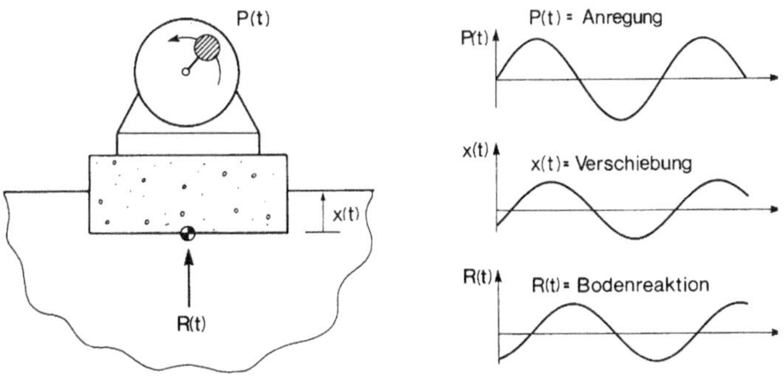

Bild 6.6. Maschinenfundament auf elastischem Untergrund (stationärer Zustand)

Frequenz einen bestimmten Wert annimmt, stellt eine dynamische Steifigkeit dar und wird „Impedanzfunktion“ genannt. Obwohl dieser Name eigentlich nicht korrekt ist – unter Impedanz versteht man in der Physik normalerweise ein Verhältnis zwischen einer Kraft und einer Geschwindigkeit –, wird er in der Bodendynamik doch verwendet. Als Impedanzfunktion wird also bezeichnet:

$$K = \frac{R(t)}{x(t)}, \tag{6.11}$$

wobei K wegen der Phasenverschiebung eine komplexe Größe darstellt. Mit (6.11) lautet die Bewegungsgleichung des starren Fundamentes

$$m\ddot{x}(t) + K\,x(t) = P(t), \tag{6.12}$$

was sich, sobald die Impedanzfunktion $K(\omega)$ vorliegt, für eine harmonische Anregung sehr einfach lösen lässt.

Ähnlich wie die statische Steifigkeit eine Reaktion infolge einer Einheitsverschiebung darstellt, ist die Impedanz (in der hier verwendeten Definition) die dynamische Reaktion auf eine harmonische Verschiebung mit Einheitsamplitude. Für das Fundament in Bild 6.6 ist K die gesamte dynamische Vertikalreaktion inklusive Schubspannungen an den Fundamentwänden bei einer Vertikalschwingung mit einer Amplitude von eins. Sofern in K die Einflüsse der Einbettung, der Schichtung, der verschiedenen Bodenparameter, usw. exakt berücksichtigt sind, ergibt (6.12) die exakte Lösung für die Vertikalschwingung.

Zur Veranschaulichung der Impedanzfunktion wollen wir die Analogie zwischen einem masselosen starren Fundament und dem Einmassenschwinger betrachten: Die Bewegung des Einmassenschwingers (stationäre Lösung) unter harmonischer Anregung lässt sich berechnen, indem man den Ansatz $x(t) = x_0 e^{i\omega t}$ in die Einmassenschwingergleichung $m\ddot{x} + c\dot{x} + kx = P_0 e^{i\omega t}$ einsetzt. Dadurch erhält man:

$$(k - m\omega^2) + ic\omega = \frac{P(t)}{x(t)}. \tag{6.13}$$

Stellt man diese Gleichung der Bewegungsgleichung (6.12) für ein masseloses Fundament ($m = 0$) gegenüber, so ergibt sich die Definition der dynamischen Impedanzfunktion für den Einmassenschwinger

$$K = (k - m\omega^2) + ic\omega = K_1 + iK_2. \tag{6.14}$$

Man sieht, dass die Impedanz für den Einmassenschwinger tatsächlich eine komplexe Größe ist mit einem frequenzabhängigen realen Teil, der die Steifigkeits- und die Trägheitseigenschaften des Systems darstellt, und einem frequenzabhängigen imaginären Teil, der den Einfluss der Dämpfung erfasst. (6.14) lässt sich mit $\omega_n^2 = k/m$, $D = c/2m\omega_n$ und $\beta = \omega/\omega_n$ vereinfachen zu

$$K = k[(1-\beta^2) + i c\omega/k] = k(k_s + i\omega c_s) = k\left(k_s + i\omega\frac{2D}{\omega_n}\right) \qquad (6.15)$$

mit

$$k_s = 1 - \beta^2 \text{ und } c_s = c/k.$$

Daraus erkennt man, dass die Impedanzfunktion eines Einmassenschwingers als ein Produkt der Federsteifigkeit k und einer frequenzabhängigen komplexen Größe $(k_s + i\omega c_s)$ dargestellt werden kann, welche die dynamischen Charakteristiken des Systems beschreibt und folglich als dynamischer Teil der Impedanz bezeichnet wird. Geht die Frequenz gegen null, wird der dynamische Teil real und hat den Wert 1,0. Die Impedanz geht erwartungsgemäß in die statische Federsteifigkeit k über. k_s und c_s werden als Steifigkeits- bzw. Dämpfungskoeffizienten der Impedanzfunktion bezeichnet; ihr Verlauf ist für den Einmassenschwinger in Bild 6.7a dargestellt. Man sieht, dass k_s als quadratische Parabel mit zunehmender dimensionsloser Frequenz abnimmt, während c_s konstant bleibt.

Da die starre kreisförmige Platte auf dem elastischen Halbraum ein ähnliches Schwingungsverhalten wie ein Einmassenschwinger aufweist (vgl. Bild 6.2), ist zu erwarten, dass die Impedanzfunktion der kreisförmigen Platte einen ähnlichen Verlauf hat wie diejenige des Einmassenschwingers. Tatsächlich sind die Kurven für $\nu = {}^1/_2$, wie man in Bild 6.7b sieht, sehr ähnlich.

Anhand dieser Gegenüberstellung wird auch unmittelbar klar, wie negative Werte der Größe k der Impedanzfunktion zu verstehen sind. Es handelt sich nicht etwa um „negative", das System destabilisierende Steifigkeiten. Der Vorzeichenwechsel in k bedeutet einzig einen Phasenwechsel: Wäre c null, ergäbe

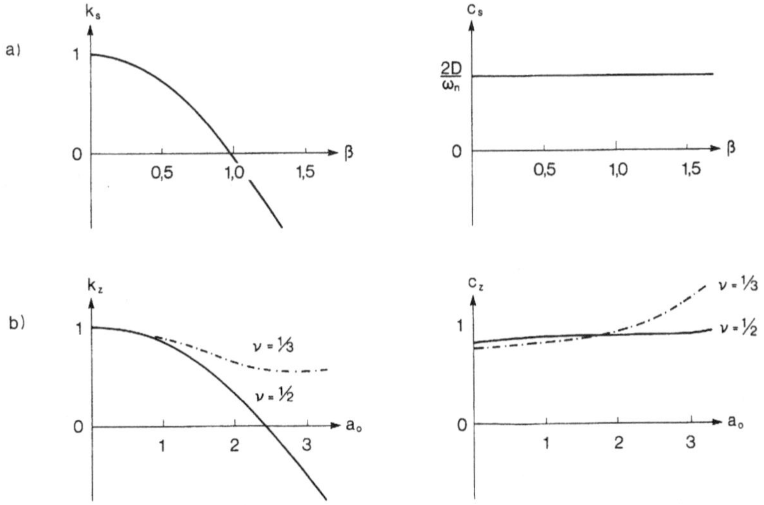

Bild 6.7. Steifigkeits- und Dämpfungskoeffizienten: **a** für die Impedanzfunktion des Einmassenschwingers, **b** für die Impedanzfunktion des starren Kreisfundamentes auf elastischem Halbraum für $\nu = {}^1/_2$ und $\nu = {}^1/_3$

sich ein Phasensprung um π, wie er für jedes ungedämpfte schwingende System beim Durchgang durch eine Resonanzstelle zu beobachten ist. Negative Werte für c hingegen sind für ein „passives" System ausgeschlossen, da dies einem Energieeintrag ins System entspräche.

Im Allgemeinen haben die Impedanzfunktionen einen recht komplizierten Verlauf, der von der Art der Anregung, der Geometrie, Steifigkeit und Einbettung des Fundamentes und von der Schichtung und den Deformationseigenschaften des Bodens abhängt. Die Impedanzfunktion lässt sich aber in allen Fällen als Produkt eines statischen und eines dynamischen Faktors darstellen (vgl. (6.15)). Sehr oft wird auch die dimensionslose Frequenz a_0 gemäß (6.5) eingeführt, womit (6.15) wie folgt geschrieben werden kann:

$$K = k\,(k_s + i\,a_0\,c)\,, \tag{6.16}$$

mit

$c = c_s v_S / r$,
v_S = Scherwellengeschwindigkeit,
r = charakteristische Abmessung des Fundamentes, z. B. Radius des Kreisfundamentes oder Fundamentbreite.

Materialdämpfung

Bis anhin wurde vorausgesetzt, dass der Boden ideal-elastisch ist und keine Materialdämpfung aufweist. Die Dämpfung in (6.16) ist allein auf die geometrische Dämpfung, d.h. auf die Abstrahlung der Energie durch die Wellenausbreitung zurückzuführen. Wie Experimente zeigen, ist die Materialdämpfung in Böden im Bereich bis etwa 100 Hz weitgehend frequenzunabhängig, dafür aber abhängig von den Deformationsamplituden. Zur Beschreibung dieser Dämpfung eignet sich, zumindest im Frequenzbereich, am ehesten ein linearhysteretisches Dämpfungsgesetz (im Gegensatz zu einem linear-viskosen Gesetz): Dieses geht davon aus, dass sich die Dämpfung aus innerer Reibung beziehungsweise bei jedem Belastungszyklus aus dem Durchlaufen einer Hystereseschlaufe ergibt. Es spielt dabei keine Rolle, wie schnell dieser Zyklus durchlaufen wird. Ein mathematischer Ansatz, der dieser Art Dämpfung entspricht, lautet

$$K = k(k_s + i\,a_0\,c)(1 + 2iD)\,, \tag{6.17}$$

wobei D das Dämpfungsverhältnis für die Materialdämpfung allein darstellt.

Bei homogenem Baugrund kann im Allgemeinen, außer bei sehr tieffrequenten Kippschwingungen mit bedeutenden Amplituden, die Materialdämpfung im Vergleich zur Abstrahldämpfung vernachlässigt werden. Bei wenig mächtigen Schichten auf Felsunterlage hingegen verschwindet die Abstrahldämpfung für tiefe Frequenzen (unterhalb der „Cutoff"-Frequenz, vgl. Abschnitt 6.1.4.2) fast vollständig, weshalb in diesen Fällen die Materialdämpfung unbedingt berücksichtigt werden sollte. Zu beachten ist, dass die Materialdämpfung nicht nur den Wert von c erhöht, sondern auch denjenigen von k_s etwas absenkt.

6.1.3.3 Methoden zur Berechnung von Impedanzfunktionen

Historisch gesehen wurden die ersten Impedanzfunktionen mit Hilfe analytischer Methoden der Kontinuumsmechanik erarbeitet. Hierbei waren die Wellengleichungen für die dem betrachteten Fall entsprechenden Randbedingungen zu lösen, wobei letztere oft idealisiert werden mussten, damit überhaupt eine Lösung möglich wurde. Generell sind nur Fälle einfacher Geometrie analytischen Lösungen zugänglich, weshalb vollständig analytische Verfahren heute keine Rolle mehr spielen.

Die Fortschritte der Computertechnik haben bewirkt, dass in den 70er- und 80er-Jahren mehr und mehr numerische Lösungen für Impedanzfunktionen ausgearbeitet wurden. Dabei stand die Methode der Randwertelemente (Boundary Elements) im Vordergrund. Diese Methode verwendet analytische Lösungen für Punktanregungen („Green'sche Funktionen") und erfüllt damit exakt die Wellen-Abstrahlbedingungen ins Unendliche. Dies ist der entscheidende Vorteil gegenüber der Methode der Finiten Elemente, die sich a priori zur Lösung elastisch-dynamischer Fragestellungen weniger eignet. Weil bei dieser grundsätzlich nur ein endliches Gebiet modelliert werden kann und damit unweigerlich Wellen an den Modellrändern reflektiert werden, wird die Energieabstrahlung ins Unendliche nicht richtig erfasst.

Wird mit Finiten Elementen gerechnet, so werden in der Praxis sogenannte „energieabsorbierende Ränder" angenommen, um die Energieabstrahlung ins Unendliche wenigstens näherungsweise zu erfassen. Vorsicht ist bei den oft verwendeten einfachen Dämpfern an den Modellrändern geboten, da diese nur im Grenzfall hoher Frequenzen einigermaßen befriedigende Ergebnisse liefern. In neuerer Zeit sind aber methodische Fortschritte erzielt worden, die es erlauben, die Energieabstrahlung ins Unendliche zufriedenstellender zu modellieren; einige vielversprechende Methoden finden sich etwa in Wolf und Song (1996).

Schließlich noch eine ausdrückliche Warnung: Bei dynamischen Berechnungen von Strukturen, die zweidimensional modelliert werden dürfen, besteht infolge wachsender Computerleistungen die Versuchung, den Boden im Umfeld der Fundation ebenfalls zweidimensional mitzumodellieren, anstatt Impedanzfunktionen zu verwenden. Ein solches Vorgehen ist jedoch, außer für sehr lange Fundamente ($l/b > 4$), nicht konservativ. Wird ein dreidimensionales Fundament zweidimensional, mit Hilfe eines „äquivalenten" Streifenfundamentes, modelliert, so ergibt sich eine zu große Energieabstrahlung ins Unendliche, wie Wolf (1994) im Detail erläutert. Obwohl auf den ersten Blick paradox anmutend, führt eine zweidimensionale Wellenausbreitung tatsächlich zu einer signifikant stärkeren Energieabfuhr ins Unendliche als eine dreidimensionale.

6.1.3.4
Dynamische Berechnung eines starren Fundamentes mittels Impedanzfunktion

Wir betrachten ein starres Maschinenfundament mit rechteckigem Grundriss, wie es in Bild 6.8 dargestellt ist. Bei einem solchen Fundament existieren folgende Schwingungen: Die Vertikal- und die Torsionsschwingung sowie die Horizontal- und Kippschwingung. Vertikal- und Torsionsschwingungen sind bei einem Fundament wie in Bild 6.8, bei welchem zwei vertikale Symmetrieebenen angenommen werden dürfen, nicht gekoppelt, d.h. die beiden Schwingungsarten sind unabhängig voneinander. Die Horizontal- und Kippschwingungen hingegen sind gekoppelt, da die Wirkungslinie der resultierenden horizontalen Trägheitskraft nicht mit der Wirkungslinie der horizontalen Reaktionskraft zusammenfällt.

Die Bewegungsdifferentialgleichungen, formuliert für den Schwerpunkt S des gesamten Systems, lauten:

$$
\begin{aligned}
&m\ddot{z}(t) + R_z(t) = P_z(t) \\
&I_z\ddot{\theta}(t) + T_z(t) = M_z(t) \\
&m\ddot{x}(t) + R_x(t) = P_x(t) \\
&I_y\ddot{\eta}(t) + T_y(t) - R_x(t)\,z_s = M_y(t),
\end{aligned}
\tag{6.18}
$$

dabei bedeuten:

m = Masse von Fundament und Maschine,
I_z = Massenträgheitsmoment bezüglich der vertikalen Achse,
I_y = Massenträgheitsmoment bezüglich der horizontalen Hauptachse durch den Massenschwerpunkt,
z = vertikale Bewegung,
x = horizontale Bewegung,
θ = Rotation um vertikale Achse,
η = Rotation um horizontale Achse.

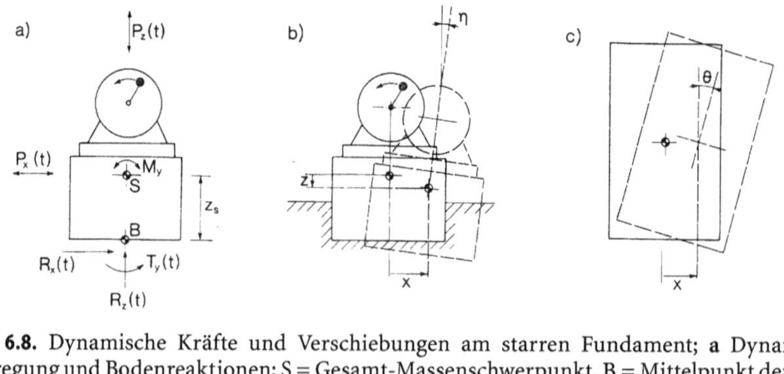

Bild 6.8. Dynamische Kräfte und Verschiebungen am starren Fundament; **a** Dynamische Anregung und Bodenreaktionen; S = Gesamt-Massenschwerpunkt, B = Mittelpunkt der Basis; **b** Verschiebungen und Rotationen im Schnitt; **c** Verschiebungen und Rotationen im Grundriss

R_z und R_x stellen die vertikale und horizontale Bodenreaktion dar, T_z und T_y die Torsions- und Kipp-Bodenreaktion, die in der Mitte der Fundamentbasis (B) (vgl. Bild 6.8a) angreift. P_z, P_x, M_z und M_y sind die entsprechenden Belastungsterme, die im Massenschwerpunkt S des Systems angreifen. Sie entstehen z.B. durch die Unwuchtkräfte der Maschine. Als Belastung betrachten wir nur harmonische Anregungen, da die meisten Maschinen tatsächlich nur harmonisch variierende Unwuchtkräfte erzeugen. Überdies lassen sich nicht-harmonische Belastungen mittels Fouriertransformation in harmonische zerlegen. Die Belastung kann somit dargestellt werden als

$$\begin{aligned} P_z &= \hat{P}_z e^{i(\omega t + \Phi_z)} \\ M_z &= \hat{M}_z e^{i(\omega t + \Phi_\theta)} \\ P_x &= \hat{P}_x e^{i(\omega t + \Phi_x)} \\ M_y &= \hat{M}_y e^{i(\omega t + \Phi_\eta)} , \end{aligned} \tag{6.19}$$

wobei $\hat{P}_z$, $\hat{P}_x$, $\hat{M}_z$ und $\hat{M}_y$ die reellwertigen Amplituden der harmonischen Anregungen darstellen. Mit Φ_i werden die Phasenverschiebungen der einzelnen Anregungen berücksichtigt.

Für die in (6.19) beschriebenen Anregungen lautet der stationäre Teil der Fundamentschwingung

$$\begin{aligned} z(t) &= \hat{z} e^{i\omega t}; \quad \hat{z} = z_1 + i z_2 \\ \theta(t) &= \hat{\theta} e^{i\omega t}; \quad \hat{\theta} = \theta_1 + i\,\theta_2 \\ x(t) &= \hat{x} e^{i\omega t}; \quad \hat{x} = x_1 + i x_2 \\ \eta(t) &= \hat{\eta} e^{i\omega t}; \quad \hat{\eta} = \eta_1 + i\,\eta_2 , \end{aligned} \tag{6.20}$$

d.h. er wird wie beim Einmassenschwinger als harmonische Schwingung mit der Frequenz der Anregung ausgedrückt. Man beachte, dass $\hat{z}$, $\hat{\theta}$, $\hat{x}$ und $\hat{\eta}$ nicht einfach reelle Schwingungsamplituden, sondern komplexwertige Größen darstellen, mit denen auch die Phasenverschiebung zwischen Anregung und Bewegung des Fundamentes berücksichtigt wird.

Die Bodenreaktionen können ebenfalls als harmonische Kräfte dargestellt werden:

$$\begin{aligned} R_z &= \hat{R}_z e^{i\omega t} \\ T_z &= \hat{T}_z e^{i\omega t} \\ R_x &= \hat{R}_x e^{i\omega t} \\ T_y &= \hat{T}_y e^{i\omega t} , \end{aligned} \tag{6.21}$$

wobei die Amplituden $\hat{R}_z$, $\hat{T}_z$, $\hat{R}_x$ und $\hat{T}_y$ in (6.21) über die Impedanzfunktion mit den entsprechenden Verschiebungen bzw. Rotationen verknüpft werden können. Berücksichtigt man, dass die Bewegungsgleichungen (6.18) bezüglich des Massenschwerpunktes formuliert sind, erhält man für die Bewegung des Massenschwerpunktes

$$\begin{aligned} \hat{R}_z &= K_z \hat{z} \\ \hat{T}_z &= K_\theta \hat{\theta} \\ \hat{R}_x &= K_x (\hat{x} - z_s \hat{\eta}) + K_{x\eta} \hat{\eta} \\ \hat{T}_y &= K_\eta \hat{\eta} + K_{x\eta} (\hat{x} - z_s \hat{\eta}). \end{aligned} \tag{6.22}$$

Die Ausdrücke für R_x und T_y in obigen Gleichungen sind gekoppelte Gleichungen, und dies aus zwei Gründen: Erstens erzeugt eine Rotation η um den Massenschwerpunkt im Mittelpunkt der Fundamentbasis zusätzlich eine Horizontalverschiebung von $-z_s \eta$. Zweitens ergibt sich auch eine Kopplung vom Verhalten des Halbraumes her: eine aufgezwungene, horizontale translatorische Verschiebung der Fundamentsohle ruft als Reaktion nicht nur eine Horizontalkraft, sondern auch ein Kippmoment $K_{x\eta} x$ hervor; entsprechend bewirkt eine Rotation η um den Sohlenmittelpunkt neben einem Kippmoment auch eine Horizontalkraft $K_{x\eta} \eta$. Diese zweite Kopplung, Kreuzsteifigkeit genannt, ist vor allem bei eingebetteten Fundamenten bedeutsam, während sie bei Oberflächenfundamenten schwach bleibt und deshalb in der Praxis meist vernachlässigt werden kann.

Werden die Gleichungen (6.19), (6.20), (6.21) und (6.22) in (6.18) eingesetzt, erhält man

$$\begin{aligned} &\bullet\ m\omega^2 \hat{z} + K_z \hat{z} = \hat{P}_z e^{i\Phi_z} \\ &\bullet\ I_z \omega^2 \hat{\theta} + K_\theta \hat{\theta} = \hat{M}_z e^{i\Phi_\theta} \\ &\bullet\ m\omega^2 \hat{x} + K_x (\hat{x} - z_s \hat{\eta}) + K_{x\eta} \hat{\eta} = \hat{P}_x e^{i\Phi_x} \\ &\bullet\ I_y \omega^2 \hat{\eta} + K_\eta \hat{\eta} + K_{x\eta} (\hat{x} - z_s \hat{\eta}) \\ &\qquad - [K_x (\hat{x} - z_s \hat{\eta}) + K_{x\eta} \hat{\eta}]\, z_s = \hat{M}_y e^{\Phi_\eta}. \end{aligned} \tag{6.23}$$

Durch algebraische Umformungen erhält man schließlich die komplexwertigen Ausdrücke für die vier Verschiebungs- bzw. Rotationsamplituden im Massenschwerpunkt:

$$\begin{aligned} \hat{z} &= \frac{\hat{P}_z e^{i\Phi_z}}{K_z - m\omega^2} \\ \hat{\theta} &= \frac{\hat{M}_z e^{i\Phi_\theta}}{K_\theta - I_z \omega^2} \\ \hat{x} &= (\hat{P}_x K_\eta^* e^{i\Phi_x} - \hat{M}_y K_{x\eta}^* e^{i\Phi_\eta})\, N \\ \hat{\eta} &= (\hat{M}_y K_x^* e^{i\Phi_\eta} - \hat{P}_x K_{x\eta}^* e^{i\Phi_x})\, N, \end{aligned} \tag{6.24}$$

wobei folgende Abkürzungen verwendet werden:

$$
\begin{aligned}
K_x^* &= K_x - m\omega^2 \\
K_{x\eta}^* &= K_{x\eta} - K_x z_s \\
K_\eta^* &= K_\eta - I_y \omega^2 + K_x z_s^2 - 2 K_{x\eta} z_s \\
N &= (K_x^* K_\eta^* - K_{x\eta}^{*\,2})^{-1}.
\end{aligned}
\tag{6.25}
$$

Die dynamische Berechnung von starren Maschinenfundamenten mit Hilfe von Impedanzfunktionen hat sich somit auf die Lösung der vier Gleichungen (6.24) reduziert und benötigt, sofern für den zu untersuchenden Fall Impedanzfunktionen vorliegen, nicht wesentlich mehr Aufwand als die Lösung mit Hilfe des Einmassenschwinger-Analogons. Für eine große Anzahl von Fundament-Baugrund-Systemen mit unterschiedlichen Fundamentgrundrissen, Einbettungstiefen und Bodenschichtungen, existieren auch bereits Impedanzfunktionen, so dass sich die Berechnung effektiv auf das Herauslesen der Impedanzwerte für die Anregungsfrequenz ω und die Auswertung der komplexen Gleichungen (6.24) beschränkt. In Kap. 6.1.4.2 sind die Impedanzfunktionen für die am häufigsten auftretenden Fälle zusammengestellt.

6.1.3.5
Verfeinerte physikalische Modelle

Impedanzfunktionen sind im Frequenzbereich definiert und variieren insbesondere bei geschichteten Böden sehr stark in Funktion der Frequenz. Zur praktischen Behandlung transienter Vorgänge, etwa bei Stoßproblemen, eignen sie sich deshalb nicht oder nur bedingt. Gesucht sind deshalb rheologische Modelle, mit deren Hilfe die dynamische Reaktion des Bodens auf eine in diesem fundierte Struktur näherungsweise beschrieben werden kann. Solche Modelle sollen die Frequenzabhängigkeit der dynamischen Steifigkeit des Bodens erfassen, gleichzeitig aber nur aus einer möglichst geringen Anzahl Federn, Dämpfern und Massen mit frequenzunabhängigen Konstanten bestehen. Je ausgeprägter die Frequenzabhängigkeit der nachzubildenden Impedanzfunktion, desto mehr Elemente sind notwendig. Die zu den einzelnen Elementen gehörenden Konstanten werden mit Curve Fitting an den bekannten Impedanzfunktionen geeicht.

Bild 6.9 zeigt als Beispiel zwei einander gleichwertige Modelle, mit denen die vertikale Reaktion einer Oberflächenfundation auf einem elastischen Halbraum erfasst werden kann. Die Federkonstante k entspricht der statischen Steifigkeit, und vier weitere (frequenzunabhängige) Parameter erlauben die Beschreibung des dynamischen Verhaltens (m_1 ist eine fiktive Zusatzmasse, die im konkreten Fall zur tatsächlichen Fundamentmasse hinzuzuschlagen ist). Es handelt sich also gewissermaßen um eine Verfeinerung des Einmassenschwingeransatzes von Lysmer, bei welchem nur zwei freie Parameter für die Dynamik zur Verfügung standen, nämlich die Dämpfung und eine fiktive Zusatzmasse (vgl. Abschnitt 6.1.3.1).

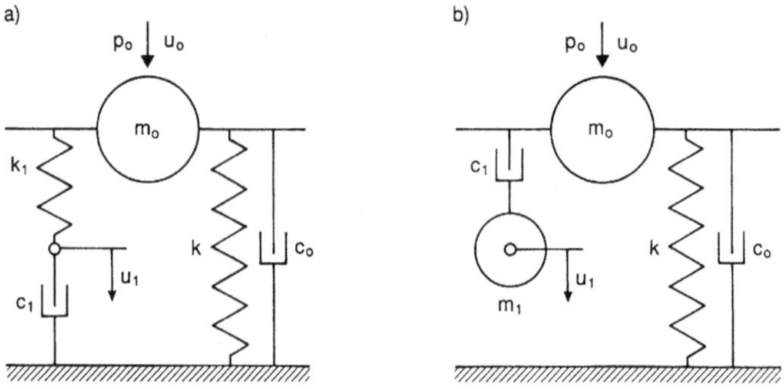

Bild 6.9. Beispiele für Masse-Feder-Dämpfer-Modelle

Beide Modelle in Bild 6.9 weisen einen internen Freiheitsgrad auf. Das Masse-Feder-Dämpfer-Modell links im Bild ist anschaulich, seine Parameter sind alle reell, aber nicht notwendigerweise positiv. Das Modell rechts im Bild, „Affenschwanz"-Modell genannt, kann komplexe Parameter aufweisen und ist intuitiv etwas weniger anschaulich: die am Dämpfer „hängende" Masse m_1 fällt „mit der Zeit" nicht etwa ab, wie man auf den ersten Blick befürchten könnte, ganz einfach, weil nur deren Trägheit, aber nicht deren Gewicht berücksichtigt wird. Beide Modelle können im Rahmen von Standard-FE-Programmen Schwierigkeiten hervorrufen, wenn, wie oft der Fall, das Programm nicht für negative oder komplexe Eingabeparameter vorgesehen ist. Rein methodisch würden aber solch negative oder komplexe Parameter keine grundsätzlichen Schwierigkeiten darstellen.

Wichtig ist zu wissen, dass Modelle im Stil von Bild 6.9 existieren und für transiente Berechnungen gegenüber der Verwendung von Impedanzfunktionen entscheidende praktische Vorteile aufweisen können. Dies gilt ganz besonders bei Stoßproblemen, da dort Reaktionen des Untergrundes über einen sehr breiten Frequenzbereich eine Rolle spielen. Herleitungen entsprechender Modelle sowie umfangreiche Angaben zu deren Parametern findet der Leser bei Wolf (1994), weshalb hier auf weitere Ausführungen verzichtet wird.

Als Ergänzung sei erwähnt, dass sogenannte Kegelmodelle erlauben, näherungsweise Impedanzfunktionen für Fälle zu berechnen, für die sich in der Literatur keine strengen Lösungen finden lassen. Dabei wird der Halbraum durch einen Kegelstumpf ersetzt, dessen Öffnungswinkel über eine Abstimmung der statischen Steifigkeiten zwischen Halbraum und Kegelmodell festgelegt wird. In diesem Kegelstumpf existiert nur noch eine Art von Wellen, entsprechend dem betrachteten Freiheitsgrad eine Längs- oder eine Scherwelle, die von der Fundamentsohle in Achsrichtung des Kegelstumpfes wegläuft und an vorhandenen Schichtgrenzen teilweise reflektiert und transmittiert wird. Es handelt sich hier um eine Art Ingenieurtheorie (englisch: „Strength-of-Materials"-Theorie), welche die Anzahl der zu betrachtenden Dimensionen reduziert, etwa ähnlich, wie beispielsweise die Euler-Bernoulli-Theorie erlaubt, dreidimensionale Kontinuumsgleichungen durch eindimensionale Balkengleichungen zu ersetzen. Eine ausführliche Herleitung dieser Kegelmodelle findet der Leser ebenfalls bei Wolf (1994).

6.1.4 Diagramme für die Berechnung von Maschinenfundamenten

6.1.4.1 Resonanzkurven für das Einmassenschwinger-Analogon

Mit den Angaben in Tabelle 6.1 im Kap. 6.1.3.1 lässt sich die dynamische Berechnung von starren Fundamenten auf dem elastischen Halbraum problemlos durchführen. Alle Beziehungen, die in Kap. 2 für den Einmassenschwinger hergeleitet wurden, gelten hier ebenfalls. Zur Vereinfachung der Berechnung sind in den Bildern 6.10–6.13 die dimensionslosen Resonanzkurven für die vier Schwingarten, bei konstanter und bei quadratischer Anregung, aufgezeichnet. Die Ordinate enthält den Verstärkungsfaktor V, die Abszisse die dimensionslose Frequenz a_0, wobei (z.B. für die vertikale Anregung) V wie folgt definiert ist:

- für konstante Anregung: $$V = \frac{A}{P_0/k} = \frac{A}{P_0}\,\frac{4Gr}{1-\nu}\,, \tag{6.26}$$

- für quadratische Anregung: $$V = \frac{AM}{em}\,, \tag{6.27}$$

mit

A = Schwingungsamplitude,
P_0 = Anregungsamplitude (Fundament und Maschine),
M = Schwingende Masse,
m = Rotierende Masse,
e = Exzentrizität von m,
G = Schubmodul,
r = Fundamentradius.

Die dimensionslose Frequenz a_0 ist definiert als

$$a_0 = \frac{\omega r}{v_S}\,, \tag{6.5/6.28}$$

mit

ω = Anregungsfrequenz,
v_S = Scherwellengeschwindigkeit.

Das Massenverhältnis $\bar{B}$ ist in Tabelle 6.1 angegeben.

Aus Bild 6.10a und b kann somit für verschiedene Massenverhältnisse $\bar{B}$ die Verstärkung der Schwingung für beliebige Frequenzen herausgelesen werden. Oft interessiert man sich jedoch nur für die Resonanzfrequenz (a_0 bei V_{max}), oder man will den Verstärkungsfaktor bei Resonanz (d.h. V_{max}) kennen.

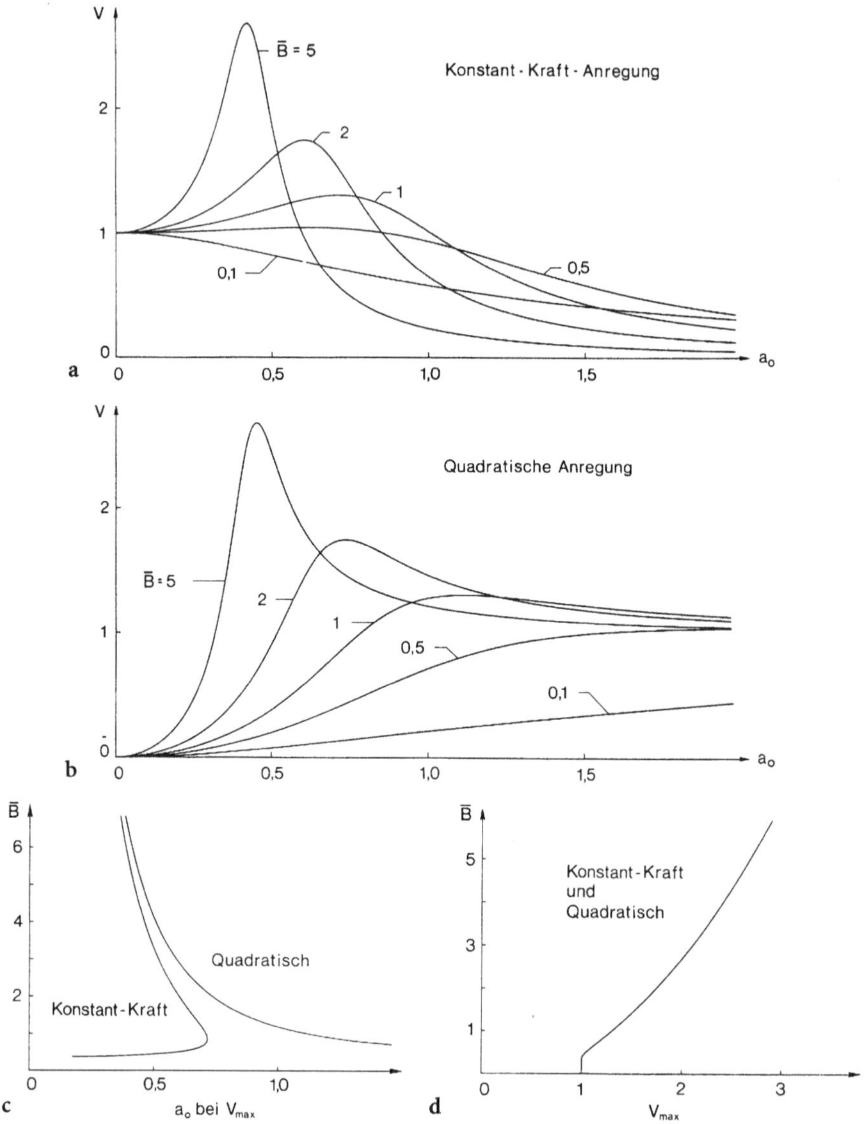

Bild 6.10. Einmassenschwinger-Analogon, Resonanzkurven für die Vertikalschwingung

Für diesen Fall sind die Diagramme in Bild 6.10 c und d besser geeignet. Für die Torsions-, Horizontal- und Kippschwingungen sind die entsprechenden Diagramme in Bild 6.11, 6.12 und 6.13 dargestellt.

Mit dem Einmassenschwinger-Analogon lässt sich sehr rasch und ohne großen mathematischen Aufwand die dynamische Berechnung eines starren kreisförmigen Maschinenfundamentes durchführen. Auch rechteckige Fun-

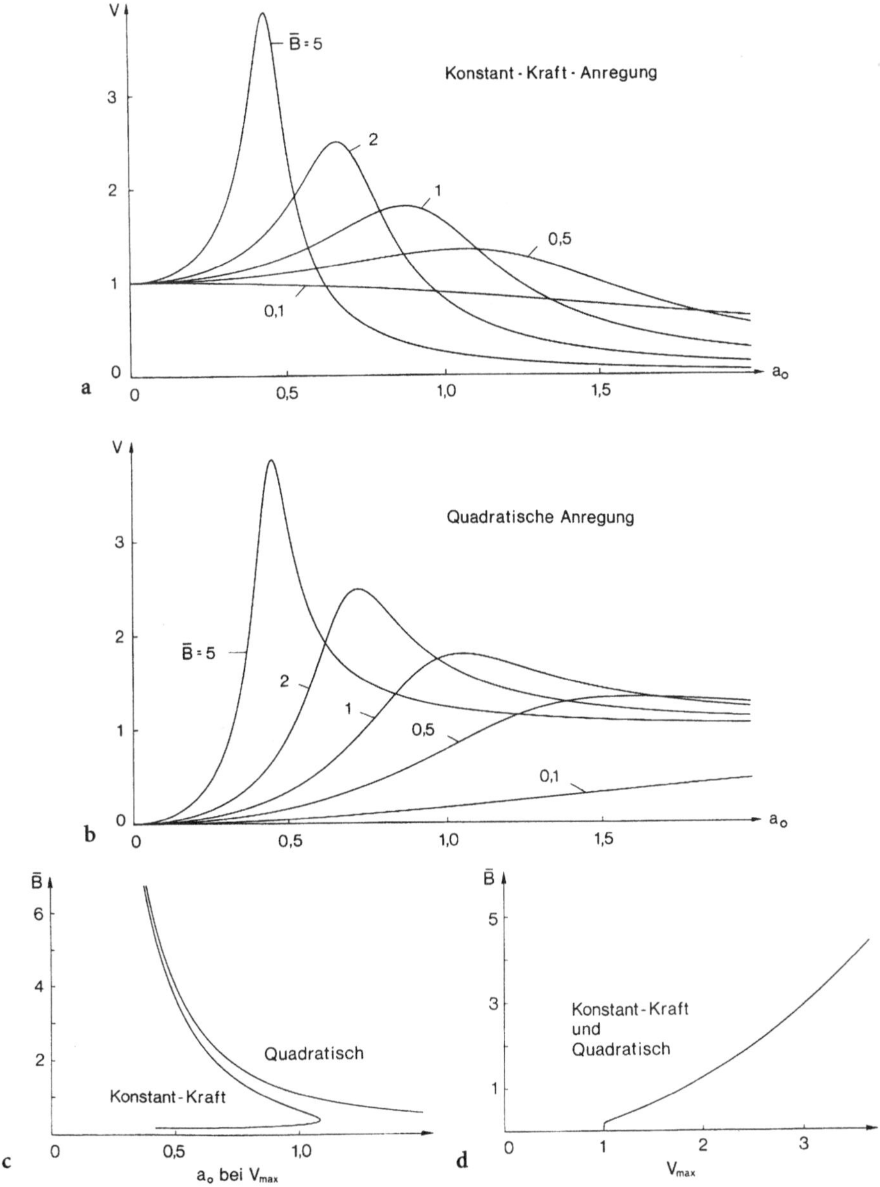

Bild 6.11. Einmassenschwinger-Analogon, Resonanzkurven für die Horizontalschwingung

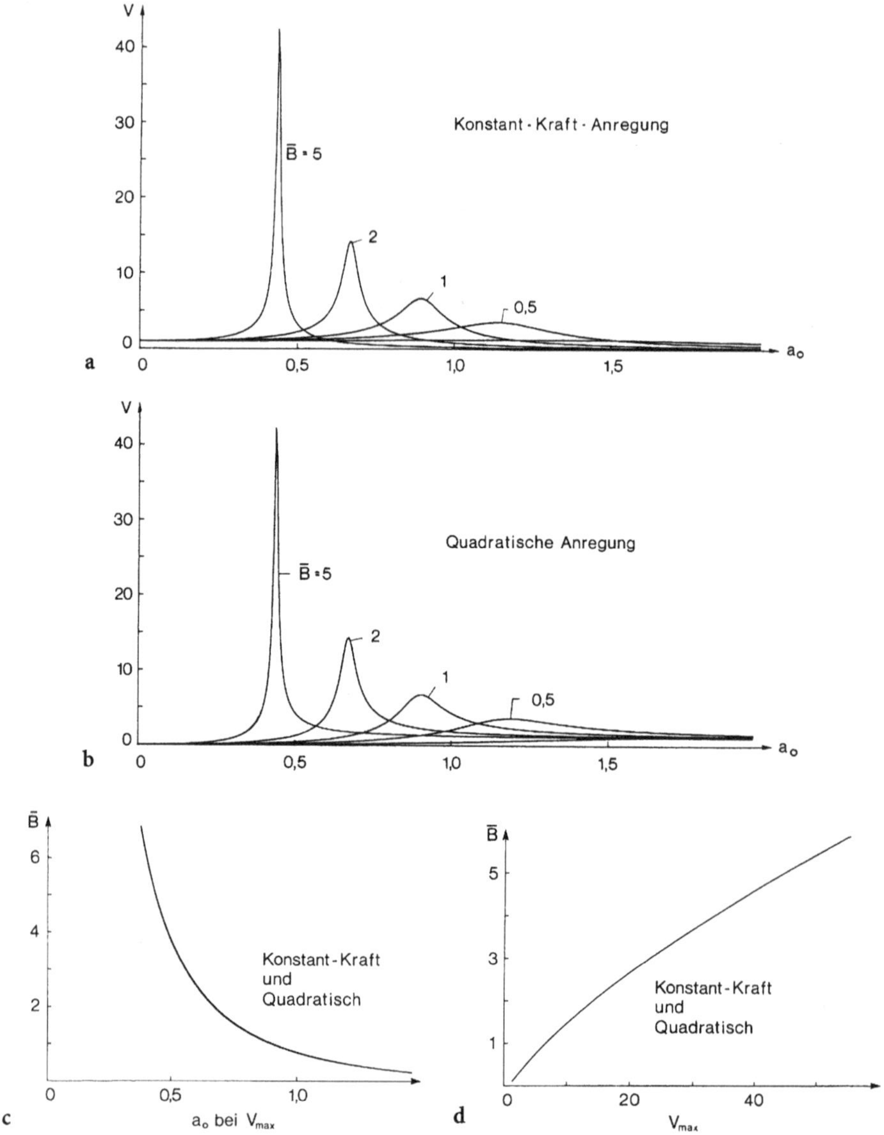

Bild 6.12. Einmassenschwinger-Analogon, Resonanzkurven für die Kippschwingung

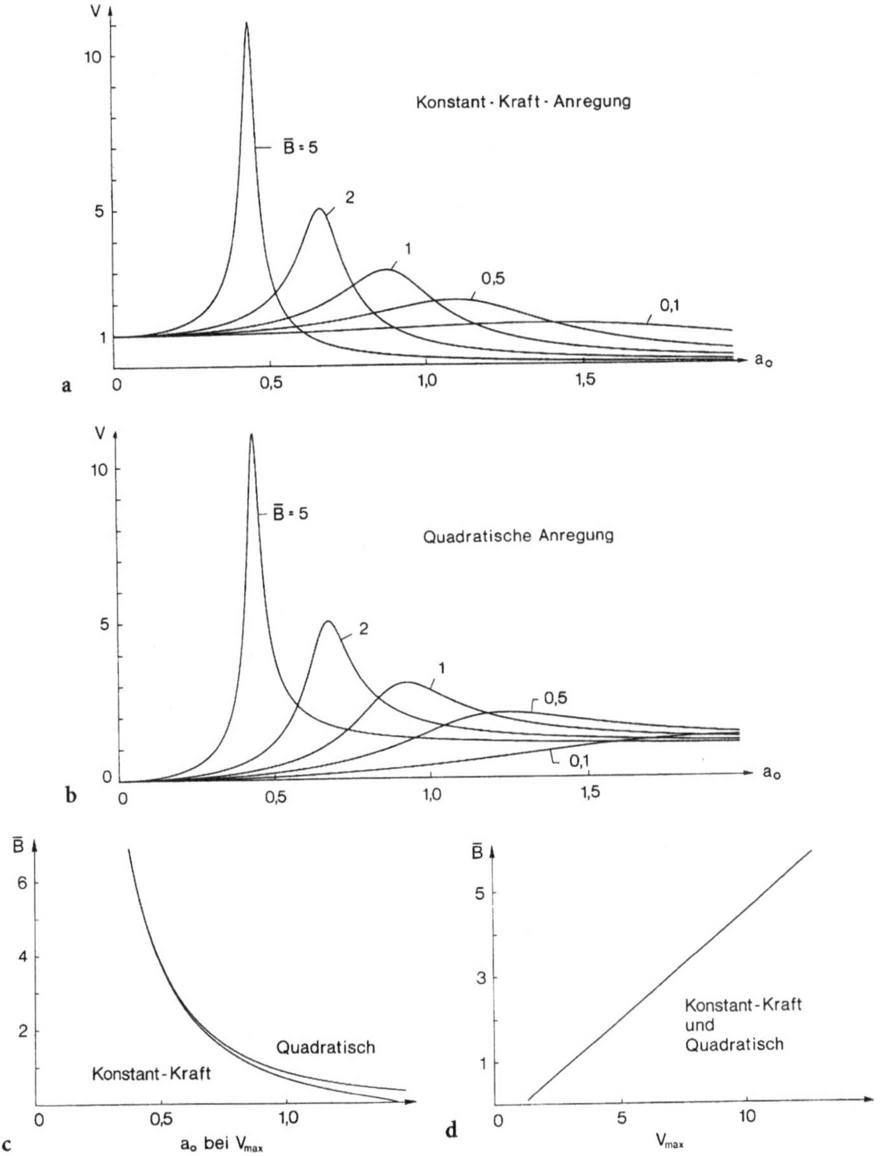

Bild 6.13. Einmassenschwinger-Analogon, Resonanzkurven für die Torsionsschwingung

damente bis zu einem Seitenverhältnis von 1 zu 4 können mit dieser Methode näherungsweise berechnet werden, indem solche Fundamente in flächengleiche Kreisfundamente umgewandelt werden. Für die Berechnung der Vertikal- und Horizontalschwingung ist das Rechteckfundament in ein flächengleiches Kreisfundament, für die Torsions- und Kippschwingung in ein Kreisfundament mit gleichem Flächenträgheitsmoment umzurechnen. Die zugehörigen Umrechnungsformeln lauten

$$r = \sqrt{\frac{b\,l}{\pi}} \quad \text{für die Vertikal- und Horizontalschwingung} \tag{6.29}$$

$$r = \sqrt[4]{\frac{b^3 l}{3\pi}} \quad \text{für die Kippschwingung und} \tag{6.30}$$

$$r = \sqrt[4]{\frac{b\,l\,(b^2 + l^2)}{6\pi}} \quad \text{für die Torsionsschwingung.} \tag{6.31}$$

Die Methode des Einmassenschwinger-Analogons beschränkt sich auf kreisförmige und rechteckige Fundamente an der Oberfläche des elastischen Halbraumes bei Frequenzen $a_0 < \sim 2$, so dass weder Einbettung noch Schichtung des Bodens berücksichtigt werden können. Für solche Fälle ist die Impedanzmethode besser geeignet.

6.1.4.2 Impedanzfunktionen

Für die wichtigsten, in der Praxis am häufigsten auftretenden Fälle sind die Impedanzfunktionen in diesem Abschnitt zusammengestellt. Die Werte aus diesen Diagrammen können direkt in (6.24) eingesetzt werden. Damit lässt sich sehr rasch das dynamische Verhalten eines Maschinenfundamentes auch bei etwas komplizierteren Baugrundverhältnissen mit genügender Genauigkeit bestimmen, ohne dass aufwendige Computerberechnungen gemacht werden müssen. Bild 6.14 zeigt, für welche Fälle Impedanzfunktionen zusammengestellt sind. Die Diagramme der Bilder 6.15, 6.16 und 6.18 stammen aus Gazetas (1983), diejenigen von Bild 6.17 aus Wong und Luco (1985). Die zur Zeit wohl umfassendste Zusammenstellung von Impedanzfunktionen für hier nicht behandelte Fälle findet der Leser in Sieffert und Cevaer (1992).

Starre Fundamente an der Oberfläche des elastischen Halbraums

Ein Baugrund, der bis in große Tiefen gleichförmig ist, lässt sich sehr gut als elastischer Halbraum modellieren. In Bild 6.15 sind die Impedanzfunktionen für ein starres kreisförmiges Fundament auf einem solchen elastischen Halbraum dargestellt. Die Kurven stellen die Werte für die in Kap. 6.1.3.2 hergeleitete Gleichung $K = k(k_s + i a_0 c)$ für die vier Schwingungsarten dar. Die Funktionen für die dynamischen Kreuzsteifigkeiten, d.h. $k_{x\eta}$, sind hier nicht aufge-

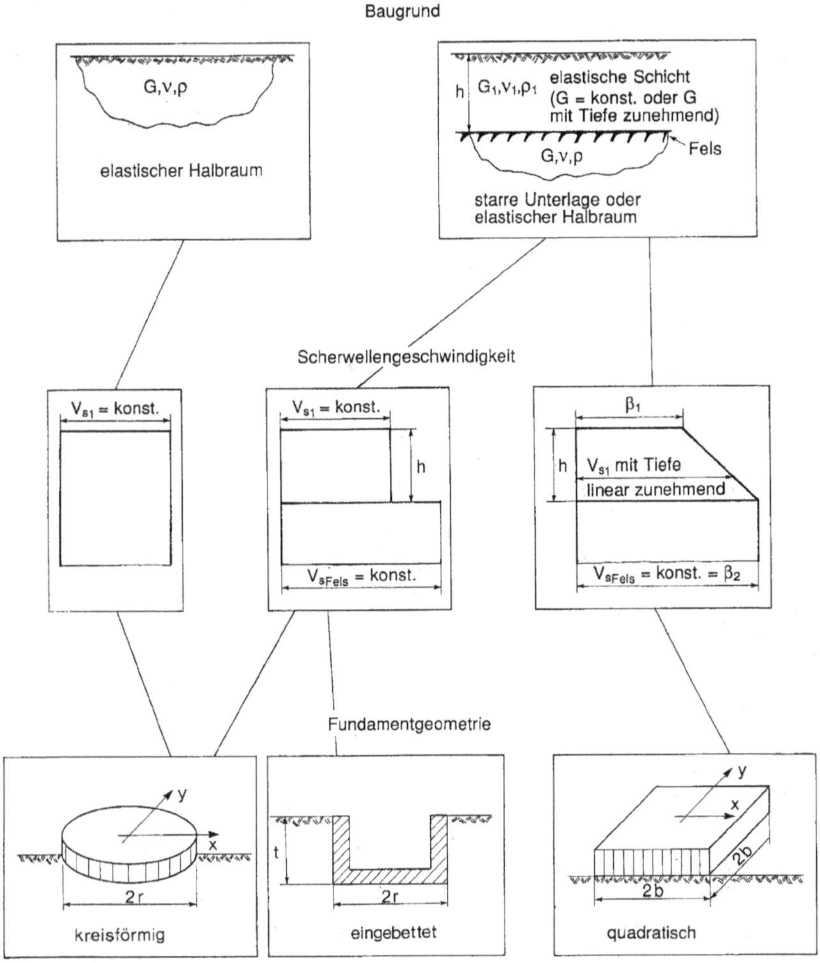

Bild 6.14. Baugrund und Fundamentgeometrien, für welche im Text Impedanzfunktionen angegeben sind

führt, da sie praktisch gleich null sind. Die Werte für die statische Steifigkeit k sind in Tabelle 6.2 zusammengestellt.

Aus dem Verlauf der Impedanzfunktionen für den elastischen Halbraum (Bild 6.15) lassen sich verschiedene Phänomene erkennen, die für das dynamische Verhalten von Fundamenten typisch sind:

- Die Vertikal- und die Kippschwingungen zeigen eine starke Abhängigkeit von der Poissonzahl ν, während die Horizonalschwingungen wenig, die Torsionsschwingung überhaupt nicht von ν beeinflusst wird. Dies hängt damit zusammen, dass bei der Vertikal- und bei der Kippschwingung ein großer Anteil an P-Wellen erzeugt wird, bei der Horizontalschwingung jedoch nur ein kleiner. Bei der Torsionsschwingung werden überhaupt nur Scherwellen erzeugt.

- Die Dämpfungskoeffizienten für die Vertikal- und für die Horizontalschwingungen haben relativ hohe und über den ganzen Frequenzbereich annähernd konstante Werte, während die Koeffizienten für die Torsions- und Kippschwingung stark frequenzabhängig sind und wesentlich kleinere Werte erreichen. Dies bedeutet, dass bei Torsions- und Kippschwingungen eine geringere Energieabstrahlung stattfindet als bei den anderen beiden Schwingungsarten. Für die praktische Anwendung bedeutet dies, dass bei Torsions- und Kippschwingung die Materialdämpfung mitberücksichtigt werden sollte. Bei der Horizontal- und noch mehr bei der Vertikalschwingung ist der Einfluss der Materialdämpfung wesentlich geringer und kann neben der viel stärkeren geometrischen Dämpfung ohne große Einbuße an Genauigkeit vernachlässigt werden.

Für rechteckige Fundamente auf elastischem Halbraum existieren ähnliche Impedanzfunktionen, wie sie in Bild 6.15 für das Kreisfundament dargestellt sind, doch unterscheiden sie sich außer für extrem lange Fundamente nicht sehr stark von den Impedanzfunktionen für das „äquivalente" Kreisfundament. Äquivalent heißt hierbei gleiche Fläche für Vertikal- und Horizontalschwingungen sowie gleiches Flächenträgheitsmoment für Kipp- und Torsionsschwingungen. Ein Vergleich der beiden Impedanzfunktionen zeigt folgendes:

- Sogar für längliche Fundamente mit einem Seitenverhältnis $l/b = 8$ ergeben sich mit dem äquivalenten Kreisfundament keine größeren Fehler in der Steifigkeit als 30 %.
- Für Seitenverhältnisse $l/b < 4$ stimmen die Resultate für das rechteckige und das äquivalente Kreisfundament sehr gut überein. Die Abweichung liegt in der Größenordnung von 10 % und ist somit für praktische Anwendungen belanglos.

Starre Fundamente auf einer elastischen Schicht konstanter Steifigkeit

Böden mit gleichbleibenden Eigenschaften bis in große Tiefen findet man sehr selten. Häufiger trifft man in nicht allzugroßer Tiefe auf eine härtere Schicht. Die Impedanzfunktionen für ein starres Kreisfundament auf einer weicheren Schicht über einer starren Unterlage sind in Bild 6.16 für verschiedene Verhältnisse h/r dargestellt. Die Werte für die statische Steifigkeit k sind in Tabelle 6.3 zusammengestellt; sie lassen deutlich erkennen, dass eine Felsun-

Tabelle 6.2. Statische Steifigkeit k für ein starres kreisförmiges Fundament auf dem elastischen Halbraum

Schwingung	Vertikal	Horizontal	Kippen	Torsion
Steifigkeit k	$\frac{4Gr}{1-\nu}$	$\frac{8Gr}{2-\nu}$	$\frac{8Gr^3}{3(1-\nu)}$	$\frac{16Gr^3}{3}$

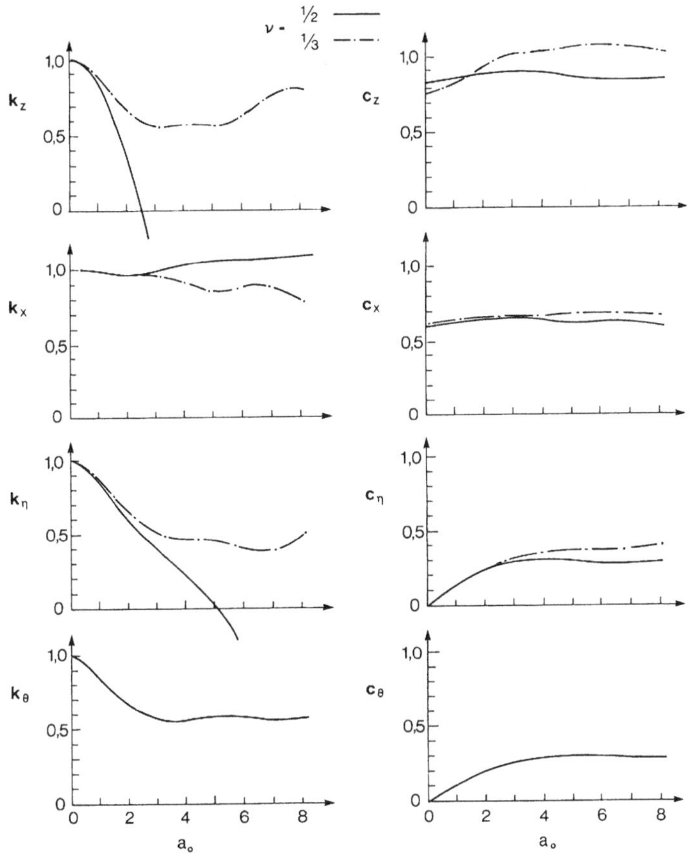

Bild 6.15. Impedanzfunktionen des starren, kreisförmigen Fundamentes auf dem homogenen elastischen Halbraum (nach Gazetas, 1983)

terlage in geringer Tiefe die statische Steifigkeit, insbesondere die vertikale, stark erhöhen kann.

Ein Fundament auf einer weichen Schicht beschränkter Dicke über einem signifikant steiferen Untergrund verhält sich wesentlich anders als im Fall eines homogenen Bodens. Die dynamische Steifigkeit unterliegt starken Schwankungen in Abhängigkeit der Frequenz und kann sogar negative Werte annehmen, was ein Zeichen von Resonanzphänomenen ist. Viel wichtiger aber ist, und dies ist Praktikern oft nicht bewusst, dass bei tiefen Frequenzen praktisch keine geometrische Dämpfung vorhanden ist.

Das Fehlen geometrischer Dämpfung bei tiefen Frequenzen erklärt sich daraus, dass eine weiche Schicht auf harter Unterlage sogenannte „Cutoff"-Frequenzen aufweist; für Frequenzen kleiner als diese ist keine Ausbreitung fortschreitender Wellen innerhalb der betreffenden Schicht möglich. Die Cutoff-Frequenzen entsprechen dabei, wie bei allen Systemen, die ein sol-

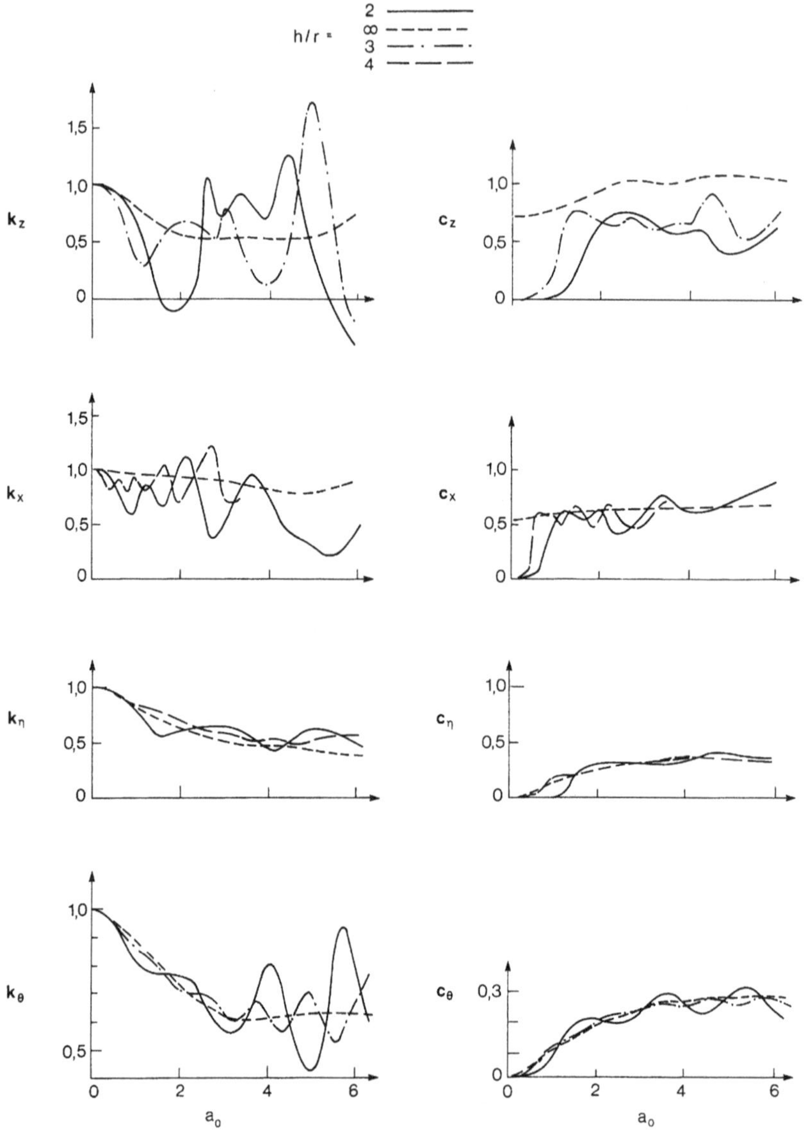

Bild 6.16. Impedanzfunktionen des starren kreisförmigen Fundamentes auf elastischer Schicht über starrer Felsunterlage für verschiedene Verhältnisse h/r, (h = Mächtigkeit der elastischen Schicht, $\nu = 1/3$, D = 0,05, nach Gazetas, 1983)

Tabelle 6.3. Statische Steifigkeit für ein starres kreisförmiges Fundament auf einer elastischen Schicht über starrer Felsunterlage. Die Bedeutung der Symbole r, h und t ist in Bild 6.14 dargestellt (nach Gazetas, 1983)

Schwingung	Statische Steifigkeit	Geltungsbereich
Vertikal	$\frac{4\,G\,r}{1-\nu}\left(1+1{,}28\,\frac{r}{h}\right)$	$h/r > 2$
Horizontal	$\frac{8\,G\,r}{2-\nu}\left(1+\frac{1\,r}{2\,h}\right)$	$h/r > 1$
Kippen	$\frac{8\,G\,r^3}{3\,(1-\nu)}\left(1+\frac{1\,r}{6\,h}\right)$	$4 \geqq h/r > 1$
Torsion	$\frac{16}{3}\,G\,r^3$	$h/r \geqq 1{,}25$

ches Phänomen aufweisen, den Grundeigenfrequenzen der Schicht (ohne Fundamentmasse), $c_s/(4\,h)$ für Horizontal- und Torsionsschwingungen sowie $c_p/(4\,h)$ für Vertikal- und Kippschwingungen.

Bei Maschinenfundamenten sind die tolerierbaren Schwingungsamplituden meist so klein, dass im Boden nur geringe Materialdämpfungen mobilisiert werden. Liegt dann die Grundfrequenz unter der entsprechenden Cutoff-Frequenz, so können sich ausgeprägte Resonanzen ergeben. Dies ist bei Tiefabstimmungen zu beachten, da dort die Resonanzfrequenzen beim An- und Abfahren der Maschine zu durchlaufen sind.

Starre Fundamente auf Schicht mit zunehmender Steifigkeit

Gewöhnlich nimmt die Steifigkeit und damit die Scherwellengeschwindigkeit in Lockergesteinsablagerungen mit wachsender Tiefe zu. Hierfür gibt es zahlreiche Gründe: wachsende mittlere Hauptspannung σ'_m, höhere Lagerungsdichte, zunehmendes Alter der Ablagerung mit entsprechend besserer Verkittung, etc..

Bild 6.17 zeigt Impedanzfunktionen nach Wong und Luco (1985) für ein quadratisches Fundament (Seitenlänge 2b) auf einer Schicht, deren Scherwellengeschwindigkeit linear mit zunehmender Tiefe anwächst, bis sie in einen konstanten Wert einer darunterliegenden (visko)elastischen Felsunterlage übergeht. Die Scherwellengeschwindigkeit an der Oberfläche beträgt β_1, beim Übergang zum Fels β_2. Bild 6.17a zeigt den Fall $\beta_1/\beta_2 = 0{,}6$, Bild 6.17b den Fall $\beta_1/\beta_2 = 0{,}3$, je für die Werte $\nu = 0{,}33$ und $\nu = 0{,}45$, die vernünftige Annahmen für ungesättigte beziehungsweise gesättigte Böden darstellen. Die zitierte Arbeit deckt noch weitere Parameterwerte ab, doch sind die Resultate leider nur in Form von Tabellen ohne Schaubilder dargestellt.

Bild 6.17 ist eine etwas andere Darstellung als in den Bildern 6.15, 6.16 und auch 6.18; die zitierten Autoren haben keine explizite Aufteilung in einen statischen und einen dynamischen Teil vorgenommen. Die in Bild 6.17 auf-

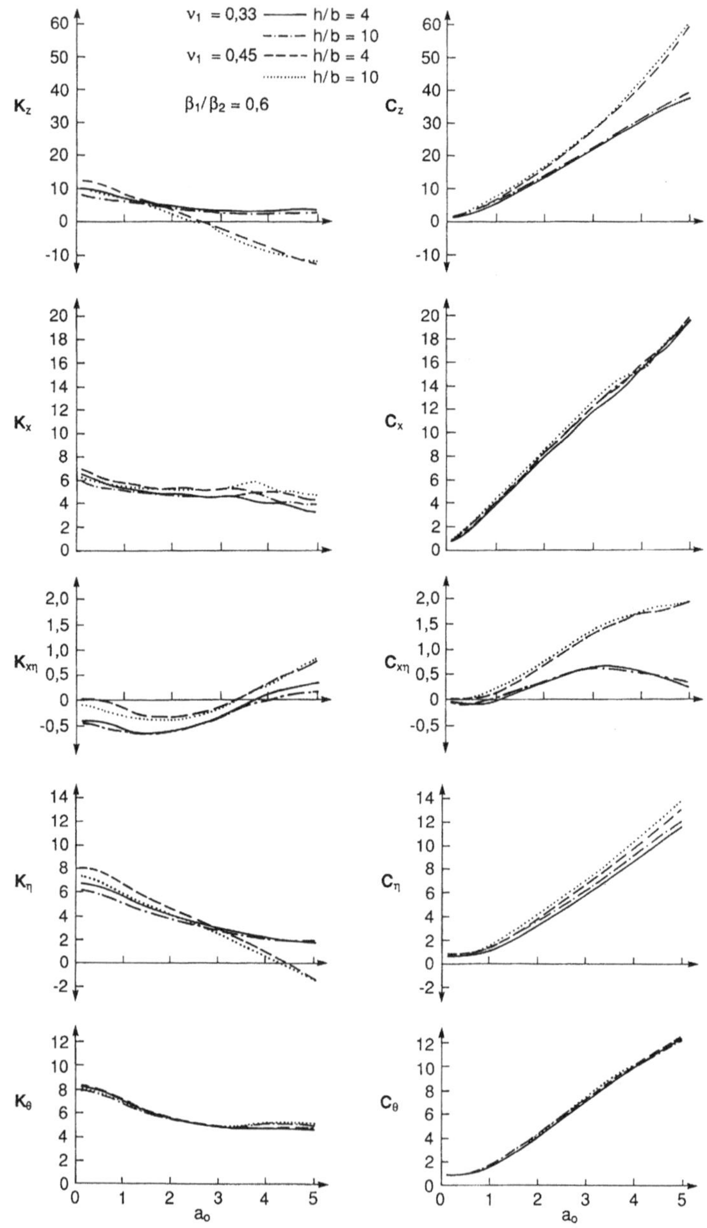

Bild 6.17a. Impedanzfunktion eines starren rechteckigen Fundamentes (halbe Seitenlänge b) auf viskoelastischer Schicht mit bis zur Tiefe h linear zunehmender, danach konstanter Scherwellengeschwindigkeit für $\beta_1/\beta_2 = 0{,}6$ (β_1: Wert an Oberfläche, β_2: Wert in Tiefe h), für verschiedene h/b und ν (D = 0,05) (Wong und Luco, 1985)

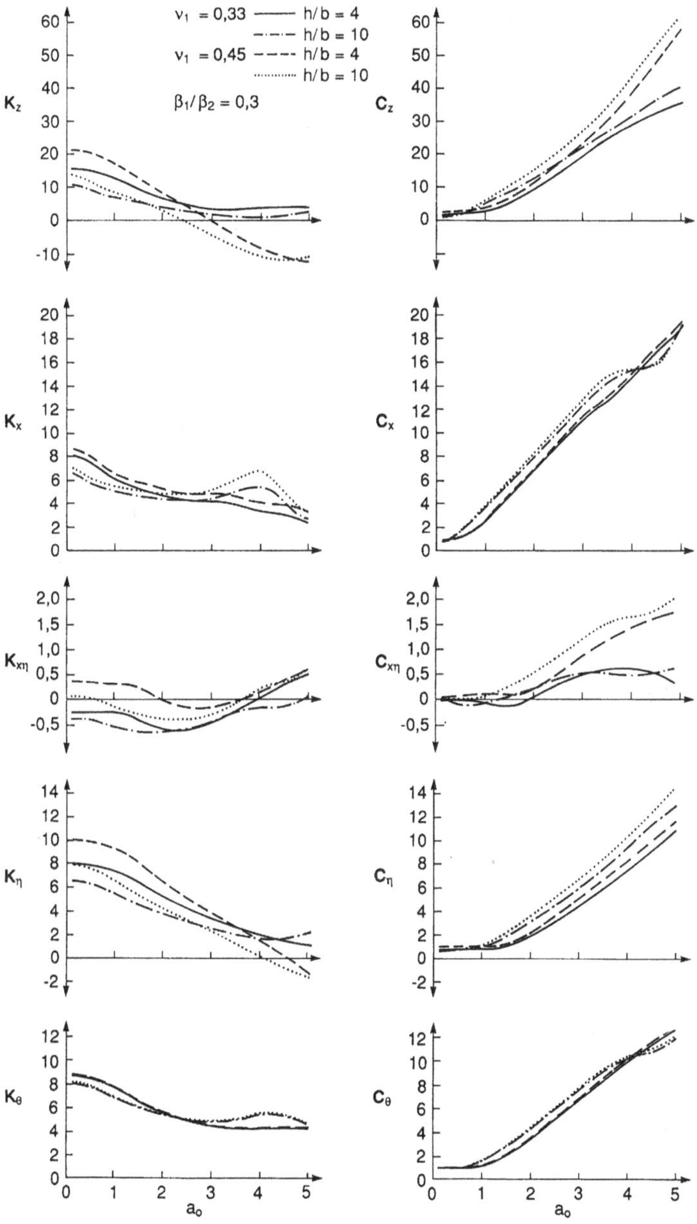

Bild 6.17 b. Impedanzfunktion eines starren rechteckigen Fundamentes (halbe Seitenlänge b) auf viskoelastischer Schicht mit bis zur Tiefe h linear zunehmender, danach konstanter Scherwellengeschwindigkeit für $\beta_1/\beta_2 = 0{,}3$ (β_1: Wert an Oberfläche, β_2: Wert in Tiefe h), für verschiedene h/b und ν (D = 0,05) (Wong und Luco, 1985)

getragenen Größen entsprechen daher den Gleichungen

$$\begin{aligned} R_z &= G\,b\,(K_z + i\,C_z)\,u_z \\ R_x &= G\,b\,[(K_x + i\,C_x)\,u_x + (K_{x\eta} + i\,C_{x\eta})\,b\,\eta] \\ T_y &= G\,b^3\,[(K_\eta + i\,C_\eta)\,\eta + (K_{x\eta} + i\,C_{x\eta})\,u_x/b] \\ T_z &= G\,b^3\,(K_\theta + i\,C_\theta)\,\theta \end{aligned} \tag{6.32}$$

R_z, R_x, T_y und T_z sind die Bodenreaktionen, wie in (6.21) bzw. Bild 6.8 definiert. u_x und u_z sind die Verschiebungen des Fundamentmittelpunktes. Für G ist hier der Wert an der Oberfläche (= β_1) einzusetzen – auch bei der Berechnung der dimensionslosen Frequenz a_0.

Die resultierenden Impedanzfunktionen unterscheiden sich nicht allzu sehr von denjenigen des homogenen Halbraumes (Bild 6.15). (Beim Vergleich des Imaginärteiles ist zu beachten, dass hier im Gegensatz zu Bild 6.15 kein a_0 als Faktor ausgeklammert wurde.)

Starre eingebettete Fundamente

Die Einbettung eines Fundamentes in den Boden bewirkt grundsätzlich eine Erhöhung der Steifigkeit und eine Vergrößerung der Dämpfung. In Bild 6.18 sind die Impedanzfunktionen für ein eingebettetes Fundament in einer elastischen Schicht über starrer Unterlage wiedergegeben. Tabelle 6.4 enthält die statischen Steifigkeitswerte. Es ist zu beachten, dass diese Werte für ein eingebettetes, kreisförmiges Fundament mit einem perfekten Kontakt zum umliegenden Boden gelten.

Anhand der Kurven in Bild 6.18 sieht man, dass die Einbettung bei niederen Frequenzen keinen großen Einfluss auf k hat. Für die Torsions- und Kipp-

Tabelle 6.4. Statische Steifigkeit eines eingebetteten, kreisförmigen Fundamentes über starrer Unterlage (nach Gazetas, 1983)

Schwingung	Statische Steifigkeit	
Vertikal	$\frac{4Gr}{1-\nu}\left(1+1{,}28\frac{r}{h}\right)\left(1+\frac{1}{2}\frac{t}{r}\right)\left(1+\left[0{,}85-0{,}28\frac{t}{r}\right]\frac{t/h}{1-t/h}\right)$	
Horizontal	$\frac{8Gr}{2-\nu}\left(1+\frac{1}{2}\frac{r}{h}\right)\left(1+\frac{2}{3}\frac{t}{r}\right)\left(1+\frac{5}{4}\frac{t}{h}\right)$	
Kippen	$\frac{8Gr^3}{3(1-\nu)}\left(1+\frac{1}{6}\frac{r}{h}\right)\left(1+2\frac{t}{r}\right)\left(1+0{,}7\frac{t}{h}\right)$	
Gekoppelt (Hor. u. Kippen)	$0{,}40\,K_x\,t$	$\frac{t}{r}<2$
Torsion	$\frac{16}{3}Gr^3\left(1+2{,}67\frac{t}{r}\right)$	$\frac{t}{h}\leqq 0{,}5$

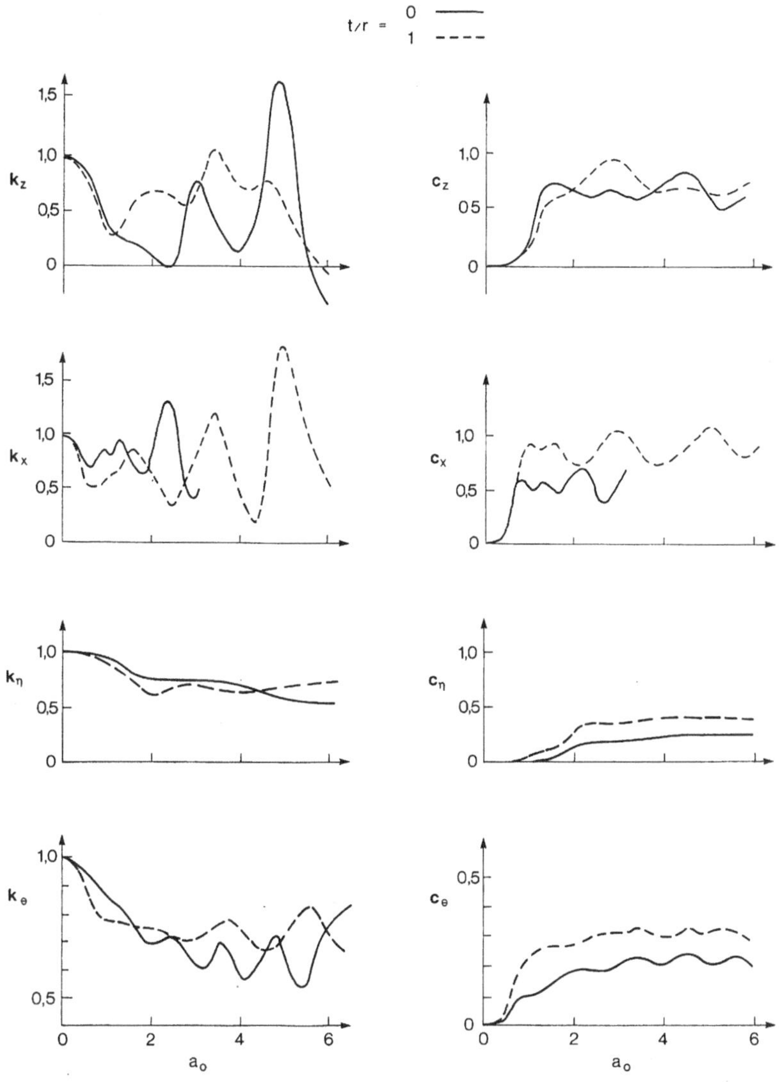

Bild 6.18. Einfluss der Einbettung auf die Impedanzfunktionen für ein starres kreisförmiges Fundament auf elastischer Schicht über starrer Felsunterlage (t = Tiefe der Einbettung, h/r = 3, $\nu = 1/3$, D = 0,05, nach Gazetas, 1983)

schwingung hat sie auch bei höheren Frequenzen nur einen untergeordneten Einfluss auf k. Die Dämpfung hingegen nimmt bei allen Schwingarten beträchtlich zu.

Allerdings bewirkt die weiche Schicht auf steifer Unterlage auch hier (vgl. Bild 6.17), dass im tiefen, in der Praxis oft wichtigen Frequenzbereich fast keine geometrische Dämpfung existiert.

Bei eingebetteten Fundamenten darf die dynamische Kreuzsteifigkeit für die gekoppelte Horizontal- und Kippschwingung nicht mehr vernachlässigt werden. Die statische Kreuzsteifigkeit $k_{x\eta}$ beträgt ungefähr 0,4 $k_y t$, die zugehörigen Werte für die Impedanzfunktion können als frequenzunabhängig angenommen werden, d.h. $k_y = 1$ und $c_y = 0$.

6.1.5 Fundamentschwingungen auf realem Boden

In Kapitel 4 wurde gezeigt, dass für kleine Dehnungen, wie sie bei Maschinenfundamenten vorkommen, Fels und Lockergestein sich nahezu linear-elastisch verhalten. Die Anwendung der Elastizitätstheorie für die Schwingungsberechnung ist deshalb gerechtfertigt. Trotzdem ist mit Abweichungen zu rechnen, da namentlich in der Kontaktzone Fundament-Untergrund höhere Spannungen auftreten können, die nicht mehr ein linear-elastisches Verhalten zeigen. Die Tendenz dieser Abweichung kann aufgrund der folgenden einfachen Überlegung abgeschätzt werden. Bei einem starren kreisförmigen Fundament auf dem elastischen Halbraum treten theoretisch in den Randzonen unendlich große Spannungen auf. Dies ist in einem realen Boden nicht möglich und es wird sich je nach Schwingungsart eine etwas andere Spannungsverteilung einstellen. Dies bewirkt eine Steifigkeitsreduktion des Untergrundes. Dadurch wird die effektive Resonanzfrequenz etwas kleiner und die effektive Bewegung etwas größer als die berechnete werden. Je kleiner die Schwingungsamplituden sind und je steifer der Untergrund ist, desto geringer werden diese Abweichungen ausfallen. Beispiele zur Berechnung einfacher Systeme finden sich in den Empfehlungen des Arbeitskreises 1.4 der Deutschen Gesellschaft für Geotechnik (AK 1.4, 2003)

6.1.6 Kriterien beim Entwurf eines Maschinenfundamentes

Die folgenden wichtigsten Gesichtspunkte sind beim Entwurf einer Maschinenfundation abzuklären:

1. statische Lasten:
   - Tragfähigkeit
   - Setzungen, Deformationen
2. statische und dynamische Lasten:
   - Tragfähigkeit
   - Setzungen, Deformationen
3. Grenzwerte während des Betriebes:
   - Deformations-, Geschwindigkeits- und Beschleunigungsamplituden der Vibrationen bei verschiedenen Betriebszuständen

4. Gefahr eines Ermüdungsbruches:
   - Maschine, Komponenten
   - Verbindungsstellen
   - Fundament, Tragsystem
5. Einfluss auf die Umgebung:
   - Einfluss auf Personen
   - andere Einrichtungen, wie Präzisionsmaschinen etc.
   - Bauwerk, Nachbargebäude

Dabei soll auch der Einfluss von möglichen Änderungen im Laufe der Zeit von Maschinen und Fundament, z.B. infolge Alterungseffekten hervorgerufene größere Unwuchten oder Materialveränderungen, berücksichtigt werden.

Zur Beurteilung obiger Gesichtspunkte können allgemein übliche Kriterien herangezogen werden. Schwierigkeiten ergeben sich nur etwa bei der Beurteilung der Zulässigkeit der Vibrationen auf den Betrieb der Maschine oder deren Einfluss auf die Umgebung.

Inwieweit Vibrationen den Betrieb einer Maschine beeinträchtigen, hängt stark vom Typ und der Aufgabe der einzelnen Maschine ab. Grenzwerte sind hierzu vom Hersteller zu liefern. Einen Hinweis auf generell zu beachtende Vibrationsbereiche gibt Bild 6.19. Zur Beurteilung der Auswirkungen auf die Umgebung sei auf Kapitel 5.2.1 und 5.2.2 hingewiesen. Die dort angegebenen Grenzwerte können teilweise direkt übernommen bzw. sinnvoll übertragen werden.

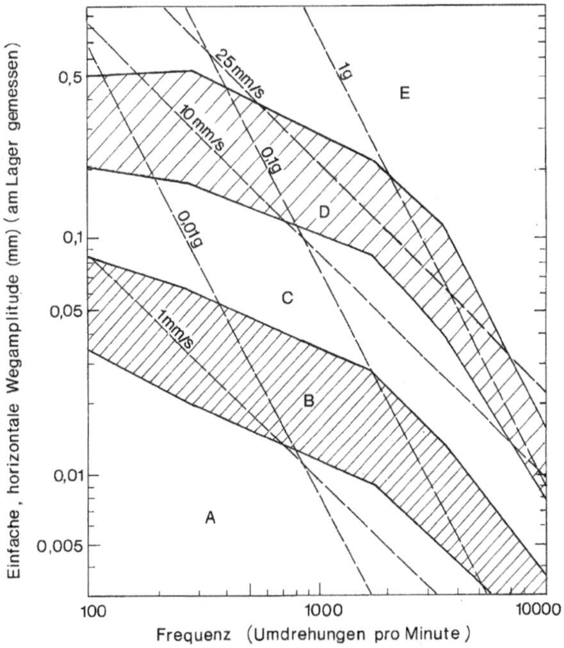

Bild 6.19. Vibrationsbereiche von Maschinen (nach Blake, 1964)
- **A** Typisch für fabrikneue Anlagen
- **B** Vibrationen infolge kleinerer Unwuchten, etc.; Maßnahmen unnötig
- **C** Mittlere Vibrationen. Innerhalb von 10 Tagen in Ordnung bringen, um Unterhaltskosten zu sparen
- **D** Unzulässige Vibrationen. Um einen Maschinenbruch zu vermeiden, innerhalb von zwei Tagen in Ordnung bringen
- **E** Gefährliche Vibrationen. Maschine sofort stoppen. Gefahr eines Maschinenbruches

6.2 Bleibende Verformungen und Veränderungen der Tragfähigkeit

6.2.1 Allgemeines

Bleibende Veränderungen des Baugrunds bei zyklisch und dynamisch belasteten Fundationen können sowohl die Tragwirkung der Gründung verändern als auch durch eine Akkumulation von Verformungen zu Tage treten. Insbesondere die Betrachtung der Gebrauchstauglichkeit einer Konstruktion erfordert die Abschätzung der Verformungsentwicklung eines Bauwerks mit zunehmender Anzahl von Lastzyklen. Neben einem Verlust der Gebrauchstauglichkeit kann sich aus dieser Verformungszunahme bei ausreichender Verformung und der damit verbundenen Änderungen im Boden ebenfalls ein Verlust der Standsicherheit einstellen, wobei die Bodenverflüssigung eigentlich einem Spezialfall dieses Phänomens entspricht. Einige Normen (z. B. Schweizer Normen SIA 260/261/267) führen daher mit der Einführung des Konzeptes der Teilsicherheitsbeiwerte einen vierten Grenzzustand der Tragsicherheit, die Ermüdung, ein.

Bleibende Verformungen bzw. dauerhaft in den Baugrund eingetragene Veränderungen sind bei einer Vielzahl von Fragestellungen zu beachten. Diese reichen im Falle von einfachen Gründungen von Maschinenfundamenten über Verkehrsbauwerke wie Widerlager oder auch der festen Fahrbahn bei Hochgeschwindigkeitstrassen der Bahn bis hin zu Windenergieanlagen. Im Weiteren sind Fragestellungen dieser Art bei nahezu allen Offshore Bauwerken zu beachten, da hier neben der planmäßigen zyklischen bzw. dynamischen Belastung eine ständige Beanspruchung aus Wind, Wellen und Gezeiten beachtet werden muss. Weiter sollten auch Bauwerke betrachtet werden, welche wie z. B. Quaimauern ständig zusätzlich zu der Wellenbelastung durch Stöße durch anlegende Schiffe beansprucht werden. Die Bestimmung der Belastung auf die jeweilige Fundation ergibt sich in der Regel aus der Aufgabenstellung. Für die Bestimmung der Belastung aus Wind, Wellen und Gezeiten sei hier auf Wagner (1990) verwiesen.

Aktuell beschäftigen sich eine Vielzahl von Forschungsvorhaben mit den unterschiedlichen Fragestellungen, z. B. Feste Fahrbahn (DFG 1015, 2007) oder auch Gründungssysteme für Offshore Windanlagen (z. B. Gigawind, 2007). Daher beschränkt sich dieses Kapitel auf die grundlegenden Fragestellungen und Anwendungen an idealen Gründungssystemen.

Grundsätzlich ist bei allen möglichen Gründungssystemen zu unterscheiden, ob eine Akkumulation von Verformungen zu einem Verlust der Tragsicherheit führen kann oder ob die Gebrauchstauglichkeit gefährdet ist (vgl. Bild 4.30). Für diese Entscheidung ist es erforderlich, die Mechanismen der Tragwirkung einer Fundation zu kennen und aus diesen Mechanismen auf die Entwicklungen der Verformungen und daraus resultierenden Änderungen im Tragverhalten einer Gründung einzugehen. Bei dieser Betrachtung sind die im Kapitel 4.4 diskutierten Einflussfaktoren auf die Akkumulation der Verfor-

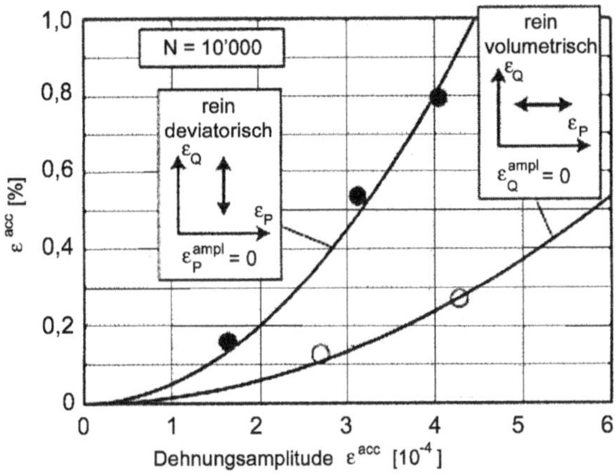

Bild 6.20. Verformungen (ε^{acc}) in Abhängigkeit der zyklischen Dehnungsamplitude (ε^{ampl}) bei ansonsten gleichen Versuchsrandbedingungen nach 10000 Lastzyklen (Wichtmann, 2005)

mungen zu berücksichtigen. Neben dem Einfluss der Belastungsgrößen sind als maßgebende Mechanismen das Tragverhalten durch Zusammendrückung (Kompression) und der Anteil der Aktivierung von Scherkräften zu unterscheiden. Bei einer reinen Kompression sind der Verdichtung und damit auch der Verformungszunahme Grenzen gesetzt, die nur bei einer Änderung im Korngerüst (Kornzertrümmerung) eine weitere Verformungszunahme erlauben. Im Gegensatz dazu stehen Gründungssysteme, die im Tragverhalten Reibungskräfte aktivieren. Diese wiederholt aktivierte Reibung führt zu einer Akkumulation von Verformungen und kann je nach Tragsystem zu einem schlagartigen Bruch führen. Dieser Zusammenhang ist im Bild 6.20 noch einmal anhand von Untersuchungen im Labor dargestellt. Nach 10000 Lastzyklen zeigen sich bei gleichbleibender Dehnungsamplitude der aufgebrachten Lasten mehr als doppelt so große Vertikalverformungen für eine Scherbeanspruchung (deviatorisch) als bei einer reinen Kompression (volumetrisch). Da in einer Fundation oder einem Stützbauwerk in der Regel beide Komponenten zur Tragfähigkeit beitragen, ist eine Beschreibung der Verformungsentwicklung anhand der Tragwirkung zu abstrakt. Daher erfolgt hier eine Betrachtung anhand von vertikal belasteten Flachfundamenten wie auch von vertikal und ideal horizontal belasteten Pfählen. Auf die Berücksichtigung eines zyklisch und dynamisch eingeleiteten Momentes wird hier verzichtet, da sich der Tragmechanismus aus einer Kombination der betrachteten Fälle ergibt. Andere Bauwerke, wie zum Beispiel Brückenwiderlager oder Pfahlroste setzen sich in ihrer Tragwirkung ebenfalls aus einer Kombination der idealen Fälle zusammen.

6.2.2
Entscheidungskriterien unabhängig von der Gründungsart

Es gibt kein allgemein gültiges Entscheidungskriterium, ob eine Gefahr zunehmender Verformungen bei der Berechnung einer Fundation berücksichtigt werden muss. Ein solches hängt in jedem Fall von den Anforderungen an die Gebrauchstauglichkeit der Fundation ab. Trotzdem lassen sich für ideale Mechanismen Bereiche finden, die eine Grenzwertbetrachtung ermöglichen. Diese Grenzwertbetrachtung hängt, wie bereits im Kapitel 4.4 beschrieben, von der Belastungsart, der Größe der Belastung und auch wesentlich von der Anzahl der Lastzyklen während der Lebensdauer des Bauwerkes ab. Das hier vorgestellte Kriterium ist kompatibel mit den Begriffen, die bereits im Bild 4.30 definiert worden sind, wobei ergänzend erwähnt werden muss, dass ein konvergierendes Verhalten bei genügend großer Anzahl von Lastzyklen durch Überschreiten einer Verformungsgrenze auch in ein fortschreitendes Versagen übergehen kann. Ebenso kann nach einer anfänglichen Verfestigung des Bodenverhaltens eine Auflockerung eintreten, die im Extremfall zu einem Verlust der Tragfähigkeit führen kann.

Das hier gezeigte Entscheidungskriterium ist das Kriterium von Vucetic (1994), welches im Bild 6.21 dargestellt ist. Dieses Entscheidungskriterium berücksichtigt die deviatorischen Belastungen bzw. Verformungen. In Abhängigkeit der Scherdehnungen und des Plastizitätsindexes werden zwei Bereiche unterschieden, die durch einen Schwellenwert der Scherdehnung (Grenzscherdehnung) getrennt werden. Bei einer zyklischen Dehnungsamplitude unterhalb dieses Schwellenwertes ist das Verformungsverhalten als elastisch anzusehen, auch wenn sich hier minimale bleibende Verformungen einstellen können.

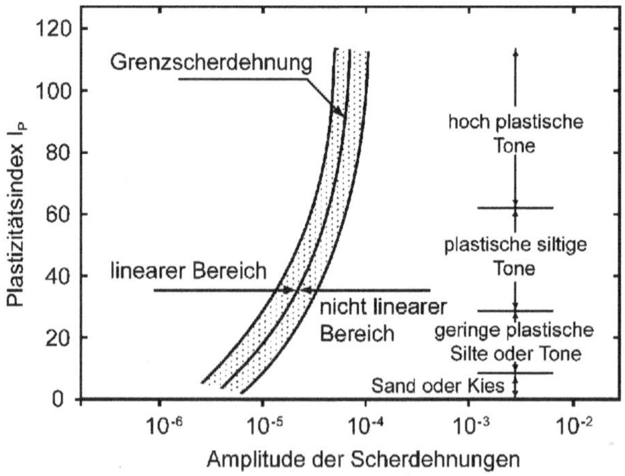

Bild 6.21. Grenzscherdehnung für den nicht linearen Bereich (Vucetic, 1994)

Im Bereich sehr kleiner Dehnungen $\gamma_c < \gamma_{tl}$ (Grenzscherdehnung – „linear treshold shear strain") gilt praktisch ein linear elastisches Bodenverhalten. Die Grenzscherdehnung $\gamma_{t,l}$, zwischen dem linearen und dem nicht linearen Bereich des Bodenverhaltens, liegt zwischen $5 \cdot 10^{-6}$ für Sande / Kiese und $5 \cdot 10^{-5}$ für hochplastische Tone.

Oberhalb der Grenzscherdehnung kann ein zweites Entscheidungskriterium gewählt werden. Dieses unterscheidet den Bereich kleiner Dehnungen, die für eine Verformungsberechung maßgebend werden können, von dem Bereich mittlerer bis großer Dehnungen, bei denen durch die Akkumulation der Verformungen auch ein Tragfähigkeitsverlust auftreten kann. Dieser Schwellenwert wird nach Vucetic (1994) als „volumetrische Scherdehnung, γ_{tv}" definiert. Diese volumetrische Scherdehnung reicht von ca. $1{,}5 \cdot 10^{-4}$ für Sande / Kiese zunehmend bis ca. $1{,}5 \cdot 10^{-3}$ für hochplastische Tone (Bild 6.22). Der Bereich zwischen der linearen Scherdehnungsgrenze $\gamma_{t,l}$ und volumetrischen Scherdehnung γ_{tv} ist der Bereich kleiner Scherdehnungen mit ebenfalls kleinen bleibenden Verformungen. Größere bleibende Verformungen und Veränderungen der mechanischen Bodeneigenschaften treten erst auf, wenn die volumetrische Scherdehnung γ_{tv} erreicht oder überschritten wird. Wie aus den beiden vorher genannten Graphiken deutlich zu erkennen, reagieren Böden mit zunehmender Plastizität flexibler und benötigen daher eine größere zyklische Scherdehnung γ_{tv} für nicht elastisches Stoffverhalten und signifikante Strukturveränderungen im Boden.

Dieses Unterscheidungskriterium kann zum Beispiel bei der Bewertung von Bahntrassen herangezogen werden. Überschreiten die zyklischen Scherdehnungsamplituden die volumetrische Scherdehnung γ_{tv}, so wird von einer dynamischen Instabilität der Böden bereits bei kurzzeitigen dynamischen Einwirkungen ausgegangen (Hu, 2003). Im Bereich kleiner Scherdehnungen zwischen der linearen Scherdehnungsgrenze γ_{tl} und der volumetrischen Scherdehnung γ_{tv} sind die auftretenden, dynamisch verursachten permanenten Verformungen zu ermitteln.

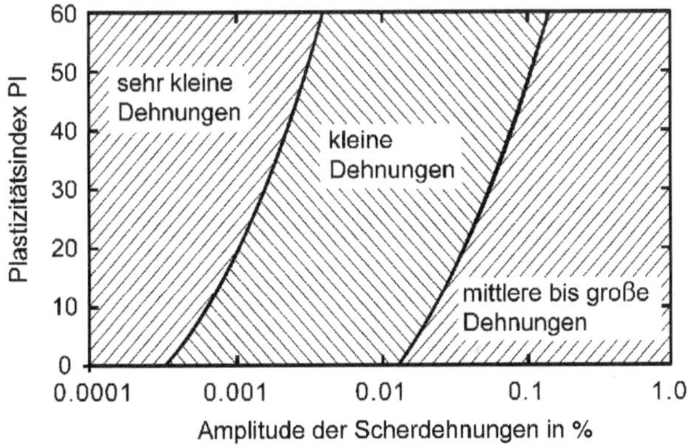

Bild 6.22. Grenzscherdehnungen in % für den linearen wie auch den Bereich kleiner bzw. großer Dehnungen

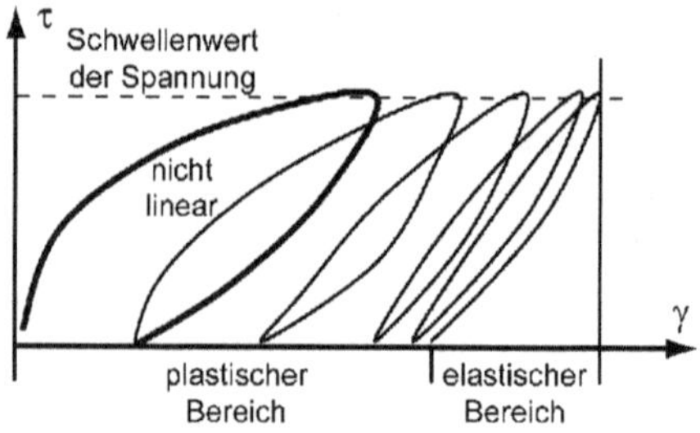

Bild 6.23. Shake Down Verhalten bei andauernder Belastung (Schmidt und Laue, 2008)

Entsprechend dieses Entscheidungskriteriums werden für Dehnungsbereiche unterhalb der Grenzscherdehnung keine bleibenden Verformungen oder auch im gesättigten Fall granularer Böden keine Änderungen der Porenwasserdrücke erwartet. Obwohl in Experimenten in diesem Dehnungsbereich ebenfalls Formänderungen durch Strukturveränderungen und auch geringe Steifigkeitserhöhungen in Abhängigkeit von der Zyklenzahl beobachtet worden sind, können diese für Praxisanwendungen vernachlässigt werden. Dies gilt insbesondere dann, wenn in der Nachweisführung bereits normgerechte Sicherheiten in die Berechnung einfließen. Es muss aber nochmals darauf hingewiesen werden, dass der Übergang zwischen den einzelnen Bereichen fließend ist und somit die Entscheidung, ob eine Betrachtung der fortschreitenden Verformungen erforderlich wird, stark von der Empfindlichkeit eines Bauwerkes abhängt. Auch ist zu berücksichtigen, dass sich durch die Akkumulation von Verformungen der Boden verdichten kann und sich damit während einer Belastungsphase ein Wechsel in der Beurteilung einstellt. Dies ist exemplarisch im Bild 6.23 dargestellt. Nach einer finiten Anzahl von Lastzyklen werden die Dehnungen in den weiteren Lastzyklen so klein, dass ab dieser Anzahl von Lastzyklen nur noch mit einem kleinen Anstieg der Verformungen zu rechnen sein sollte.

Die Größe des Bereiches, in dem plastische Verformungen betrachtet werden müssen, kann mit sogenannten „Shakedown-Theorien" beschrieben werden (z. B. Sharp und Booker, 1984, Alonso-Marraquin et al., 2004). Mit Einführung zyklischer „threshold" oder „shakedown" Spannungen (Bild 6.23) werden irreversible Verformungen („granular ratcheting") ermittelt.

6.2.3
Akkumulation von vertikalen Verformungen bei Flachfundamenten

Die ideale Situation vertikal belasteter Flachfundamente findet sich vor allem bei Maschinenfundamenten, Kranbahnen und Bahntrassen. Belastungen in horizontaler Richtung oder auch aus einer Ausmittigkeit werden bei dieser Betrachtung vernachlässigt. Das mechanische Modell, welches das Verhalten eines solchen Systems beschreiben kann, ist im Bild 6.24 dargestellt. Im Unterschied zum visko-elastischen Einmassenschwinger ist zusätzlich ein St. Venantsches Gleitelement angeordnet.

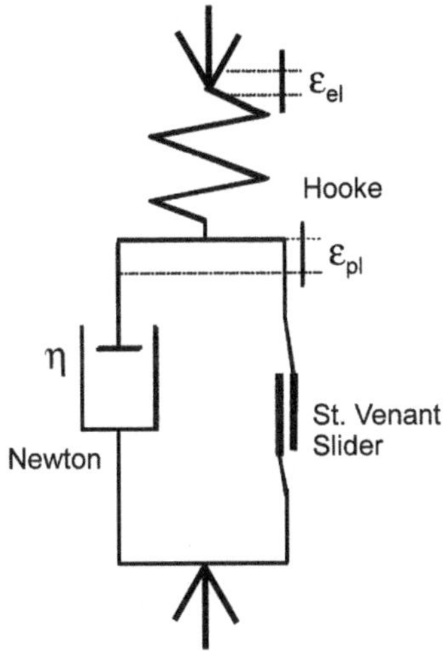

Bild 6.24. Modell eines visko-elastoplastischen Stoffverhaltens

Die Schwierigkeit bei der Berechnung dieses Gleitelementes besteht darin, dass sich die Größe des Gleiters nur bei großen stoßartigen Belastungen, wie zum Beispiel dem Aufprall eines Steines beim Steinschlag (vgl. Chikatamarla, 2006), durch eine Bruchbedingung formulieren lässt. Im Unterschied hierzu stellen sich bleibende irreversible Verformungen in den meisten Fällen bereits bei Lasten ein, die weit unterhalb der Bruchlast liegen.

Untersuchungen an verschiedenen Gründungssystemen haben gezeigt, dass sich die Verformungszunahme bei einem konvergierenden Bodenverhalten durch exponentielle oder logarithmische Ansätzen abschätzen lassen, die das beobachtete Verhalten in vielen Fällen ausreichend genau beschreiben wie z. B.:

$$s_N = s_0 + b \ln N \tag{6.33}$$

Dabei errechnet sich die Setzung s_N nach einer Anzahl von Lastzyklen N aus der initialen Setzung s_0 und der logarithmisch abnehmenden Setzungszunahme pro Lastzyklus b. Wenn durch bereits bekannte Gründungen oder geeignete Versuche bzw. numerische Berechnungen der Steigungsbeiwert b bekannt ist, können Setzungen aufgrund einwirkender dynamischer Belastung abgeschätzt werden. Die Größe der Zunahmen hängt zusätzlich zu den bereits im Kapitel 4 diskutierten Einflussparametern von den unterschiedlichen Anteilen der deviatorischen und volumetrischen Verformungen ab, die sich aus der Wahl der Größe einer Fundation und ihres Tragmechanismus ergeben. Bei kleinen Flachfundamenten ist der Anteil der Scherbeanspruchungen größer als bei großflächigen Plattenfundamenten, und damit stellen sich größere Werte für den Faktor b ein. Die unterschiedlichen Anteile am Tragverhalten von Fundationen sind bereits in früheren Veröffentlichungen und Lehrbüchern der Bodenmechanik bei der Beschreibung von Setzungen beschrieben worden. Häufig wird der deviatorische Anteil an den Setzungen dort mit dem Anteil der Setzung aus seitlichem Ausweichen beschrieben (z. B. Kögler und Scheidig, 1948). Die Bestimmung des Steigungsbeiwertes b ist leider nur schwer möglich. Hierzu sollten Vergleichswerte aus ähnlichen Gründungen oder auch Modellversuche oder explizite Berechnungen mit einem geeigneten Materialgesetz (vgl. 6.2.6) durchgeführt werden. Für erste Abschätzungen können Ergebnisse von Triaxialversuchen herangezogen werden, wobei diese bei Flachfundamenten die Verformungsempfindlichkeit des Systems eher überschätzen. Zum Teil finden sich in der Literatur (z. B. Mallwitz, 1992) auch Ansätze zur Bestimmung des Steigungsparameters b mit Hilfe von Oedometerversuchen. Die Verwendung dieser Eingangsparameter sollte jedoch sehr vorsichtig erfolgen, da diese Versuche das Systemverhalten in den meisten Fällen zu steif abbilden und Verformungen daher unterschätzen.

Neben der Wahl des Steigungsbeiwertes b zur Berechung der Setzungszunahme liegt eine weitere Schwierigkeit in der Bestimmung der Setzung aus dem ersten Belastungszyklus. Der oben beschriebene Ansatz erfordert die Kenntnis der Setzung im normal konsolidierten bzw. unvorbelasteten Baugrund. In der Regel ist dies aber für keinen Boden in der beschriebenen Form gegeben. Die Setzung aus dem ersten Belastungszyklus muss daher zunächst für den vorbelasteten Zustand ermittelt werden. Weiter muss anschließend der Überkonsolidierungsgrad OCR des Baugrundes bestimmt werden. Dies kann zum Beispiel mit Laborversuchen erfolgen und ist ähnlich einer rechnerischen Bestimmung der Module Ev1 und Ev2 aus Plattendruckversuchen. In einem nächsten Schritt werden dann die Verformungen des Systems berechnet, die sich ergeben, wenn die Fundation mit der Größe der Vorbelastung belastet worden wäre. Damit errechnet sich ein zur real messbaren Setzung im ersten Lastzyklus unterschiedlicher Anfangswert (C) im Bild 6.25.

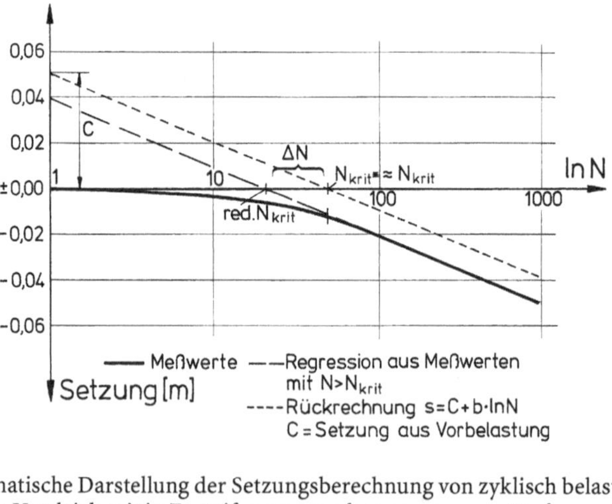

Bild 6.25. Schematische Darstellung der Setzungsberechnung von zyklisch belasteten Flachfundamenten im Vergleich mit in Zentrifugenversuchen gemessenen Verformungen (Laue, 1996)

In Bild 6.25 ist das vorher beschriebene Vorgehen noch einmal dargestellt. Aufgetragen ist die Verformungsentwicklung in Abhängigkeit der Anzahl der Lastzyklen im logarithmischen Maßstab. Die negative Achse der Verfomungsentwicklung ist als virtuell für die Berechung erforderlich zu betrachten. Die durchgezogene Linie beschreibt das zu erwartende bzw. das beobachtete Verhalten einer Fundation, während die gestrichelt dargestellte Linie den Vorgang der Berechung aufzeigt. Die Lastzyklenanzahl N_{krit} stellt den Nulldurchgang der rechnerischen Verformung dar. Da bei einer Gründung auch vorher schon Verformungen auftreten, ist dieser Wert N_{krit} um einen Wert ΔN zu reduzieren, so dass diese Verformungen mit in die Berechung einfließen können. Die einfachste Möglichkeit besteht darin, auch den Steigungsbeiwert b für die ers-ten Lastzyklen zu bestimmen und damit die Verformungen bei N_{krit} zu berechnen. Mit diesem Wert lässt sich dann die rechnerische Kurve auf die zu erwartende Verformungsbeziehung parallel verschieben.

Für größere Überkonsolidierungsgrade bzw. einen größeren Einfluss der Vorgeschichte des Baugrundes ist es nicht trivial, die Setzungen zu bestimmen. Hier bietet sich eine einfache Abschätzung der Setzung im ersten Lastzyklus mit einem hyperbolischen Ansatz an. Die Berechnung kann mit der Gleichung

$$S_0 = 1/k_s * 1/(1/q-1/q_B) \tag{6.34}$$

mit
k_s = elastische Federsteifigkeit nach Kapitel 6.1 (Tabelle 6.1)
q = Belastung der Fundation
q_B = Bruchspannung der Fundation nach Terzhagi (z. B. Lang et al, 2007)

erfolgen, wobei die Eingangsparameter in diesem Ansatz die elastische Steifigkeit einer Gründung k_s und die statische Grundbruchlast Q_B (oder Bruchspannung q_B) sind (Bild 6.26).

Ein Vorteil des hier vorgestellten Verfahrens ist, dass sich der Einfluss von Vorbelastungen auf die Akkumulation von Setzungen bestimmen lässt. Damit ist es auch möglich, den Einfluss der Verdichtung zum Beispiel durch eine dynamische Intensivverdichtung oder auch aus einer statischen Vorbelastung und durch den Baubetrieb vor Inbetriebnahme einer Fundation in einer Berechnung zu berücksichtigen.

Für erste Abschätzungen lassen sich die Steigungsparameter b aus Laborversuchen verwenden. Dabei muss beachtet werden, dass Steigungsbeiwerte aus Triaxialversuchen die Verformungen tendenziell überschätzen, wohin gegen Steigungsbeiwerte aus Oedometerversuchen die Akkumulation der Verformungen eher unterschätzen.

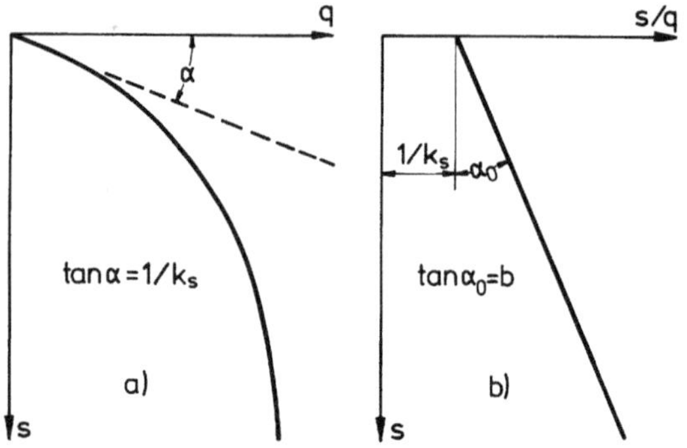

Bild 6.26. Prinzipielle Darstellung der Last – Setzungsbeziehung und Idealisierung in der s – s/q Ebene

6.2.4 Pfahlfundationen

Das Verhalten von Pfahlgründungen hängt entscheidend von der Belastungsrichtung wie auch von der Nutzung des Pfahles ab. Untersuchungen zum Langzeitverhalten sind nur für horizontal belastete Pfähle bei Offshore Bauwerken in größerer Anzahl durchgeführt worden. Diese sogenannte Horizontalbelastung ist in den meisten der Untersuchungen eine gekoppelte Belastung aus horizontaler Kraft und einem Hebelarm und damit einem Moment an der Bodenoberkante. Für zyklisch axial belastete Fundationen sind nur vereinzelte Untersuchungen vorhanden, wobei bei axial belasteten Pfählen und einer reinen Druckschwellbelastung auf Analogien zu Flachgründungen zurückgegriffen werden kann. Untersuchungen am Gesamtsystem im Feld sind insbesondere bei Pfahlfundationen sehr aufwändig, so dass vor allem die Offshore Industrie hier auf Untersuchungen in geotechnischen Zentrifugen zurückgreift (vgl. Kap. 4.9).

Axial belaste Pfähle

Bei axial belasteten Pfählen ist vor allem darauf zu achten, ob eine Schwell- oder eine Wechselbeanspruchung vorliegt. Dies bedeutet, ob ein Pfahl nur auf Druck oder auch in einem Belastungszyklus auf Zug belastet wird. Wechselbeanspruchungen (d.h. Zug–Druck-Lastwechsel) führen zu größeren Verformungen und können je nach Größe der Belastung zu einem schlagartigen Tragfähigkeitsverlust des Pfahles im Zugbereich führen. Eine Anordnung von Pfählen im reinen Zugbereich unter zyklischen Lasten sollte aufgrund der Gefahr des nicht messbaren plötzlichen Versagens nur mit größter Vorsicht erfolgen.

Der Zusammenhang zwischen der Akkumulation von Verformungen mit der Art der Belastung (Schwell- oder Wechselbelastung) wie auch die Ähnlich-

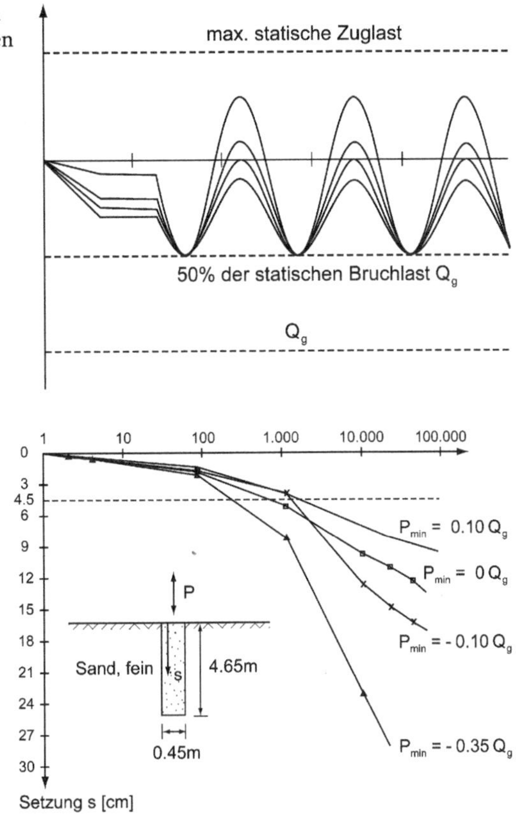

Bild 6.27. Verformungsentwicklung an Pfählen in Zentrifugenmodellversuchen unter unterschiedlichen Belastungsfunktionen (Helm et al., 2003 nach Staupe, 1998)

keit des Systemverhaltens axial belasteter Pfähle mit Flachfundamenten ist in Bild 6.27 gut ersichtlich. Vergleicht man die im Bild 6.27 dargestellten Versuche an Pfählen in einem trockenen Sand bei gleicher maximaler Druckbelastung (ca. 50% der statischen Bruchlast), zeigt sich bei kleiner Anzahl von Lastzyklen nur eine geringe Verformungszunahme durch den Einfluss der Belastungsgeschichte und der Lagerung der Körner. Mit zunehmender Anzahl der Zyklen folgt auf den Übergangsbereich die Zunahme der Verformungen bei großen Lastzyklen, die mit der Gleichung 6.33 beschrieben werden kann. Bei Belastungen im Schwellbereich ist die Zunahme der Verformungen merklich geringer als bei Belastungen im Zugbereich. Bei einer Belastungsfunktion mit einer minimalen Last von 35% der maximal aufnehmbaren Zugbelastung stellte sich nach etwas mehr als 10000 Lastzyklen ein Versagen ein.

In der Offshore-Industrie hat dieser Zusammenhang zur Formulierung von Grenzbereichen geführt, die eine ähnliche Form haben wie das Kriterium von Vucetic (Bild 6.22). Dieses Grenzkriterium ist in Bild 6.28 dargestellt. In Abhängigkeit der Belastungsgrößen im Verhältnis zur Bruchlast können drei Bereiche zur Entscheidung über die Tragfähigkeit und den Tragmechanismus definiert werden.

Bild 6.28. Wesentliche Bestandteile des zyklischen Stabilitätsdiagrammes nach Hoeg, 1986 und Poulos, 1988 aus Chaney and Demars, 1991

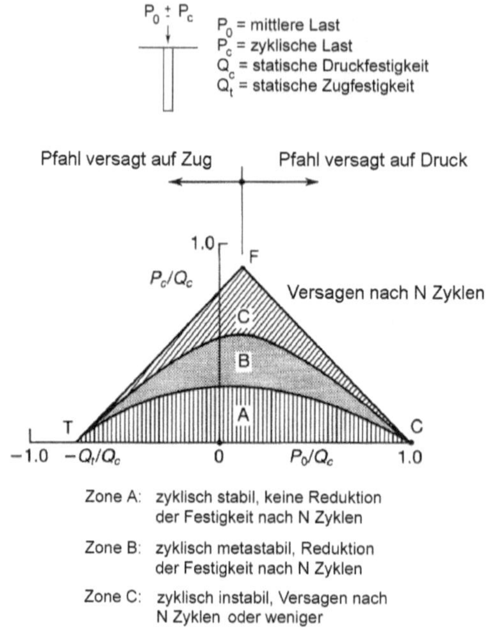

Bild 6.29. Reduktion der Mantelreibung, bestimmt im statischen Belastungsversuch für Ton nach einer zyklischen Vorbelastung (Poulos, 1981)

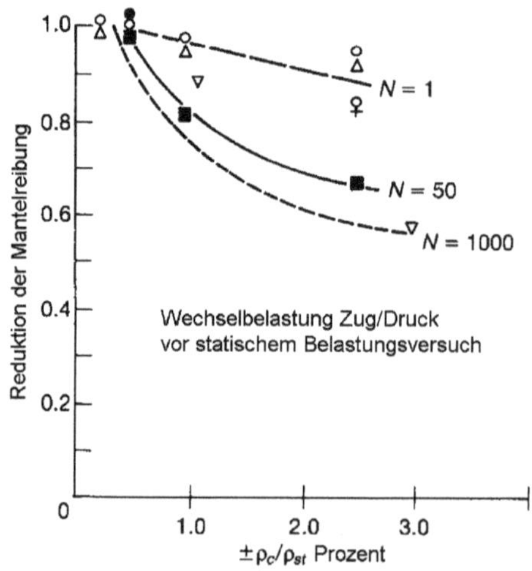

Diese drei Bereiche der zyklischen Stabilität (Zone A), der Metastabilität (Zone B) und der zyklischen Instabilität (Zone C) können mit den zu erwartenden Verformungen gleichgesetzt werden. In Zone A stellt sich im Wesentlichen ein elastisches Verhalten ein, so dass nur mit einer geringen Verformungszunahme gerechnet werden muss. In Zone B werden Verformungen maßgebend und dies führt zu einer Reduktion der angesetzten Steifigkeiten. Bei Belastungen in der Zone C ist mit einem Versagen bei begrenzter Anzahl von Lastzyklen auszugehen.

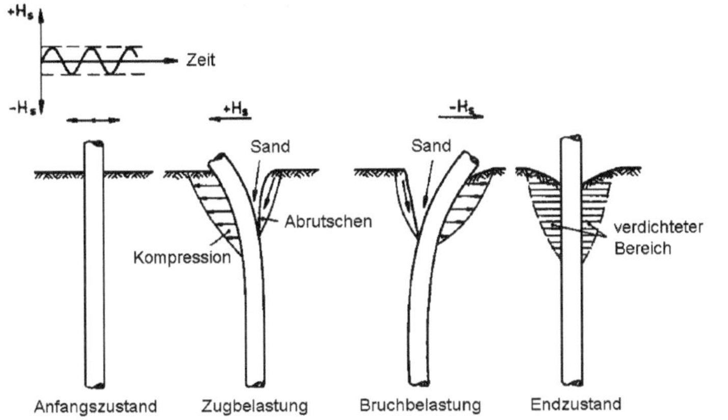

Bild 6.30. Prinzipielle Darstellung der Boden-Bauwerksinteraktion von horizontal belasteten Pfählen (Antes et al. 1996)

Die Empfindlichkeit von Pfählen insbesondere im Wechselbereich erklärt sich zum einen aus der Empfindlichkeit von Böden gegen eine Schubumkehr und zum anderen daraus, dass bei einer Belastung im Zugbereich nur noch die Mantelreibung als Widerstand zur Verfügung steht. Daher kann schon bei geringer Anzahl von Lastzyklen eine Reduktion der Mantelreibung in Abhängigkeit der Größe der zyklischen Vorbelastung beobachtet werden (vgl. Bild 6.29).

Horizontal belastete Pfähle

Das Tragverhalten zyklisch horizontalbelasteter Pfähle ist von einer Veränderung des Tragmechanismus geprägt. Die Effekte, die zu einer Veränderung im Tragmechanismus führen, sind in Bild 6.30 skizziert. Sie werden sich auch bei einer Verdrehungsmöglichkeit der Pfähle in einer ähnlichen Form bei einer Momentenbelastung einstellen. Im Wesentlichen treten Umlagerungen im Sand auf, die zu einer Auflockerung des Sandes bis hin zu einem Hohlraum an der Oberfläche führen, während die Steifigkeit des Bodens etwas tiefer durch einen Verdichtungseffekt zunimmt.

Inwieweit sich eine solche Änderung in einem Mechanismus auf die Verformungsentwicklung auswirkt, hängt von der aufgebrachten Belastung und der Möglichkeit der Verformung des Pfahlkopfes ab. Wenn die Belastung nicht einen kompletten Zyklus um Null erfährt, sondern einseitig wirkt, können sich die Verformungen aufsummieren und ein „Zurückdrücken“ des Pfahles wird aufgrund der verdichteten Zone nahezu unmöglich sein. Die Verformungszunahme ist durch die Verformungsmöglichkeiten und die statische Ausbildung des Pfahles begrenzt. Die verdichtete Zone hat einen Einfluss auf die Momentenverteilung im Pfahl.

Die Berechnung horizontal belasteter Pfähle erfolgt in der Regel über den Ansatz von visko-elastischen Elementen, wie in der Abbildung 6.31 dargestellt.

Bild 6.31. Mechanisches Modell zur Berechnung von horizontal belasteten Pfählen

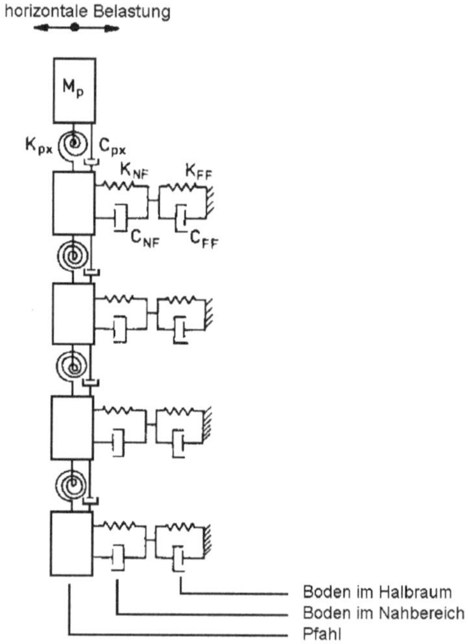

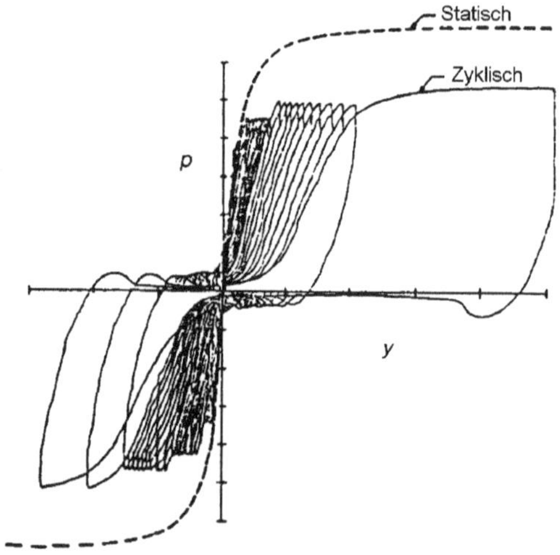

Bild 6.32. Last-Verformungsbeziehung für einen Pfahl mit freiem Pfahlkopf (Bea, 1980)

Die Beschreibung des Feder-Dämpfer Systems wird über meist experimentell bestimmte Last-Verformungsbeziehungen („p-y curves") erreicht. Oft werden unterschiedliche Ansätze für den Nah- und den Fernbereich verwendet. Bei zyklisch belasteten Pfählen müssen diese Beziehungen in Abhängigkeit der Anzahl der Belastungszyklen formuliert werden.

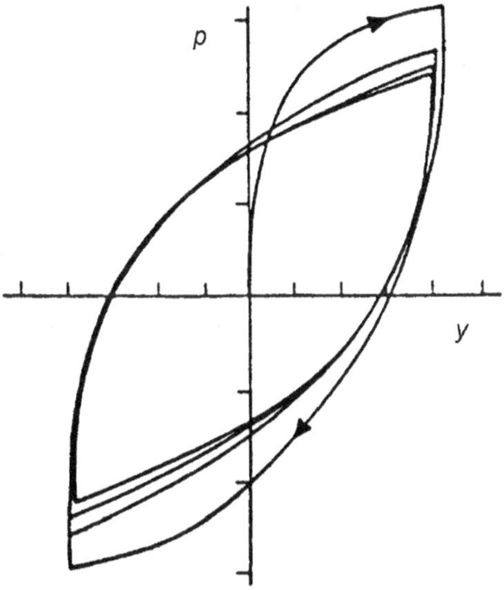

Bild 6.33. Last-Verformungsbeziehung von horizontal belasteten Pfählen bei beschränkter Verformungsmöglichkeit des Pfahlkopfes (Bea, 1980)

Bei der Bestimmung der möglichen Last-Verformungsbeziehung müssen die möglichen Verformungsbedingungen des zu berechnenden Pfahles betrachtet werden. Grundsätzlich stellt sich eine Abnahme der Steifigkeit ein. Jedoch ist zu beachten, ob ein Pfahl sich wie ein Einzelpfahl verhält oder ob die Verformungen am Pfahlkopf behindert sind. Wenn keine Verformungsbeschränkungen existieren (Einzelpfahl), kann ein Pfahl mit einer in jedem Lastzyklus zunehmenden Verformung auf die eingeleitete Last reagieren (Bild 6.32). Bei einer Verformungsbeschränkung durch die Behinderung der Verformung am Pfahlkopf, zum Beispiel durch ein Bauwerk, kann ein Pfahl dann mit zunehmender Anzahl von Lastzyklen nur jeweils kleinere zyklische Belastungen aufnehmen (vgl. Bild 6.33). Für diese Art von Belastungen der Pfähle bei Erdbeben sei auch auf das Kapitel 7.5 verwiesen.

6.2.5
Einfluss des Porenwasserdruckes

In Ergänzung zu den grundsätzlichen Änderungen der Tragmechanismen ist nicht nur bei Offshore-Bauwerken, sondern überall dort, wo der Boden mindestens nahezu wassergesättigt ist (vgl. Bild 4.29), mit einer Erhöhung des Porenwasserdruckes aufgrund der angreifenden zyklischen oder dynamischen Belastung zu rechnen. Diese Erhöhung des Porenwasserdruckes, und die dadurch erzeugte Reduktion der effektiven Spannungen im Korngerüst, kann, insbesondere wenn sie bis hin zur Verflüssigung des Bodens (vgl. Kap. 4.9)

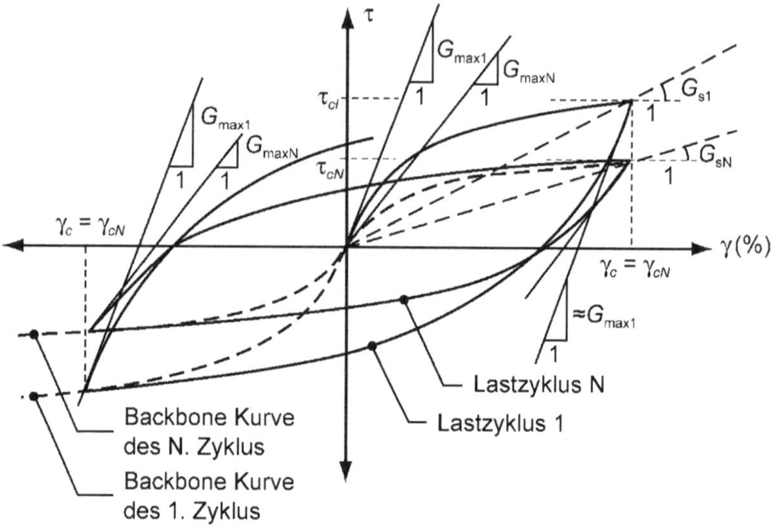

Bild 6.34. Zyklische Scherversuche an wassergesättigtem Ton (Vucetic 1994)

führt, einen maßgebenden Einfluss auf das Tragverhalten einer zyklisch belasteten Gründung haben. Im Unterschied zum Erdbeben, wo dieser Porenwasserdruckanstieg nur durch das Erdbeben verursacht wird und im Anschluss an das Beben ausreichend Zeit besteht, dass sich der Wasserdruck wieder abbaut, spielt die Porenwasserdruckerhöhung bei länger andauernden Belastungen nicht nur im Sand eine Rolle. Auch in einem Ton muss der Einfluss des Porenwasserdruckanstieges berücksichtigt werden, wenn durch die andauernde Belastung (zum Beispiel bei Stürmen oder auch aktiv belasteten Maschinenfundamenten) keine Konsolidation möglich ist. Der Anstieg führt dabei nicht nur zu einer Reduktion der Scherfestigkeit durch eine Reduktion der effektiven Spannungen im Boden, sondern auch zu einer Reduktion in der Steifigkeit des Bodens (vgl. Bild 6.34). Weiter muss in tonigen Böden bzw. in Böden mit geringer Durchlässigkeit berücksichtigt werden, dass die Zeit zum Abklingen des Porenwasserdruckes mit geringer werdender Durchlässigkeit stark zunimmt, so dass dauerhaft von einer Reduktion der Festigkeit ausgegangen werden muss.

Unter undränierten Bedingungen steigt bei Scherdehnungen im Bereich $γ_c > γ_{tl}$ (Bilder 6.22 und 6.23) der Porenwasserdruck mit wachsender Zyklenzahl permanent an. Die Scherspannungen $τ_c$ und der Schubmodul G verringern sich bei anwachsender Zyklenzahl ebenso wie die effektiven Spannungen. Bei etwa gleichen Scherdehnungen $γ_c$ ist der Steifigkeitsverlust in hochplastischen Böden geringer als in geringplastischen Böden. Mit dem Abbau der Porenwasserdrücke (Konsolidation) erfolgt eine weitere Volumenverringerung mit gleichzeitigem Anwachsen der Bodensteifigkeit.

6.2.6 Abschließende Bemerkungen

Die Problematik langdauernder Belastungen und deren Einfluss auf die Akkumulation von Verformungen und Veränderungen im Tragverhalten ist Bestandteil einer großen Anzahl von aktuellen Forschungsvorhaben. Dies liegt daran, dass die augenblicklich vorhandenen Lösungen nur eine gröbere Abschätzung ermöglichen. Auf der anderen Seite ist die Verwendung von geeigneten Materialgesetzen in numerischen Berechnungen noch immer eine große Herausforderung, da hier eine „statische“ Berechnung N-fach wiederholt werden muss, um eine große Anzahl von Lastzyklen zu simulieren. Materialgesetze und Berechnungsmethoden befinden sich in der Entwicklung, mit der versucht wird, beide Methoden zu vereinen (z. B. Wichtmann et al. 2004, Niemunis et al. 2005). Diese Stoffgesetze und Berechnungsalgorithmen berechnen die Verformungszunahme explizit. Das heißt, dass nicht jeder Belastungszyklus komplett berechnet wird, sondern dass die Berechnung, basierend auf einer Eichung an der impliziten Berechnung einzelner Lastzyklen, mit Hilfe empirischer Zusammenhänge analog zur Gleichung (6.33) erfolgt. Niemunis et al. (2005) verwenden dabei eine Formulierung der Verformungszunahme auf der Basis eines Kriechgesetzes. Die Berechnung der impliziten Zyklen basiert dann auf der Berechnung mit höherwertigen Stoffgesetzen, wie sie zum Beispiel in Kapitel 4.4 beschrieben sind. Diese impliziten Berechnungen können natürlich auch für die Berechnung kurzfristiger Belastungsereignisse mit wenigen Zyklen verwendet werden.

KAPITEL 7

Geotechnisches Erdbebeningenieurwesen

7.1 Erdbeben

Unter geotechnischem Erdbebeningenieurwesen versteht man die ingenieurmäßige Behandlung von Problemen, die bei Erdbeben auftreten können und die maßgeblich von geotechnischen Parametern abhängen. Aufbau und Verhalten des Bodens können das Ausmaß und die räumliche Verteilung der bei einem Erdbeben auftretenden Schäden signifikant beeinflussen. Diese Tatsache ist vielen Ingenieuren erst seit verhältnismäßig kurzer Zeit bewusst und wird daher häufig nur unzureichend berücksichtigt.

Zur Lösung geotechnischer Probleme bei Erdbeben ist meist ein umfassendes Verständnis zahlreicher Aspekte aus Geologie, Ingenieurseismologie, Materialwissenschaften, Boden- und zum Teil auch Strukturdynamik notwendig. Das vorliegende Kapitel gibt deshalb eine Einführung in das geotechnische Erdbebeningenieurwesen im weiteren Sinne, wobei insbesondere auch Aspekte der Ingenieurseismologie behandelt werden.

7.1.1 Wirkung von Erdbeben

Die Wirkung eines stärkeren Erdbebens ist schematisch in Bild 7.1 dargestellt. Je nach Topographie, Geologie und baulicher Situation treten nicht alle Wirkungen gleichzeitig auf. Einerseits ist mit Schäden durch Bodenverschiebungen, andererseits mit Schäden, die durch die Erdbebenerschütterung verursacht werden, zu rechnen. Bodenverschiebungen treten vor allem lokal etwa längs Verwerfungen oder bei Erdrutschen und Sackungen auf. Schäden infolge Erdbebenerschütterungen erstrecken sich auf ein wesentlich größeres Gebiet.

Inwieweit sichtbare Verwerfungen (A) und die damit verbundenen Zerreißeffekte an Bauwerken (B) auftreten, hängt vom Typ der Verwerfung und von der Mächtigkeit der Lockergesteinsschichten ab. Größere Lockergesteinsüberlagerungen absorbieren oft die direkten Auswirkungen einer Verwerfung. Während die direkten Effekte der Verwerfung auf Verschiebungen beruhen, sind die meisten anderen Wirkungen durch die durch das Erdbeben ausgelösten Erschütterungen verursacht. Die lokale Geologie beeinflusst die Bebenintensität stark. Dieser Effekt wird in Kapitel 7.2 behandelt. Durch die Erschütte-

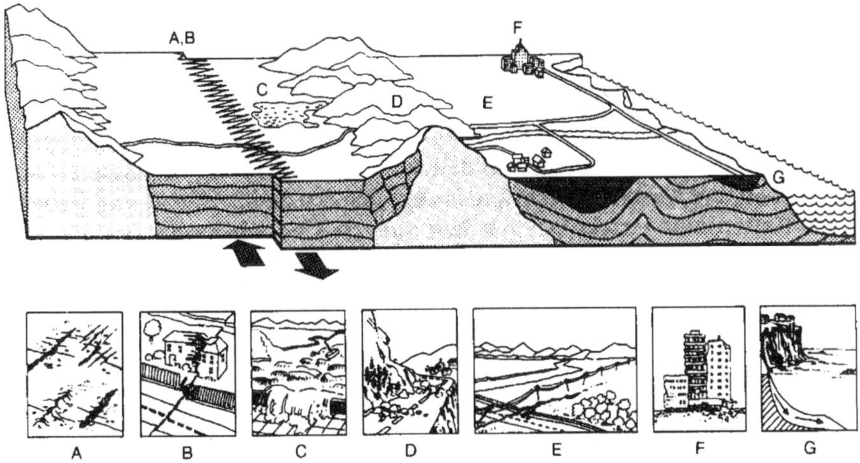

Bild 7.1. Erdbebenschäden

A Sichtbare Effekte der Verwerfung, z. B. horizontale oder vertikale Versetzung. Spalten im Boden, etc.

B Primäre Verwerfungen zerreißen alle Bauwerke längs ihrer Ausdehnung. Aus den beobachteten Verschiebungen kann grob auf die Magnitude des Bebens geschlossen werden.

C Bei Beben im Meer entstehen Flutwellen (Tsunamis), die entfernte Küsten bedrohen können. In Seen können Flutwellen (Seiches) ausgelöst werden, die die Ufer überschwemmen.

D Erdbeben vermögen ausgedehnte Fels- und Lockergesteinsrutschungen auszulösen. Dabei können einerseits Trägheitskräfte, aber auch Festigkeitsverluste, die durch Porenwasserdruckanstiege bedingt sind, ausschlaggebend sein.

E Lockergesteinsformationen verstärken üblicherweise die Erschütterungen (vgl. Kapitel 7.2). Bei wassergesättigten, locker gelagerten Sanden kann Bodenverflüssigung auftreten (vgl. Kapitel 7.5).

F In großer Entfernung vom Erdbebenherd werden überwiegend Hochhäuser durch die langperiodischen Oberflächenwellen angeregt.

G Längs Küsten treten ebenfalls Erdrutsche auf. Unterwasserrutsche können sehr ausgedehnt sein und Hafen- und Unterwasser-Anlagen, wie Kabel oder Pipelines, beschädigen.

rungen können in sandigen und siltigen Böden Porenwasserspannungen induziert werden, wodurch die Festigkeit des Bodens herabgesetzt wird. Fundationen, Stützbauwerke und Böschungen sind davon betroffen. Gegenmassnahmen werden in Kapitel 7.6 dargestellt. Inwieweit eine Wechselwirkung zwischen Bauwerk und Untergrund stattfindet, behandeln Kapitel 7.4 und 7.5. Kapitel 7.9 zeigt schließlich, wie alle in Bild 7.1 dargestellten Erdbebenwirkungen in einer erdbebengerechten Orts- und Regionalplanung, einer sogenannten Mikrozonierung, berücksichtigt werden können.

7.1.2 Grundlagen und Begriffe

Erdbeben sind Bruchphänomene in der Erdkruste. Sie sind grundsätzlich eine Folge der Relativbewegungen von kontinentalen Platten und der dabei aufge-

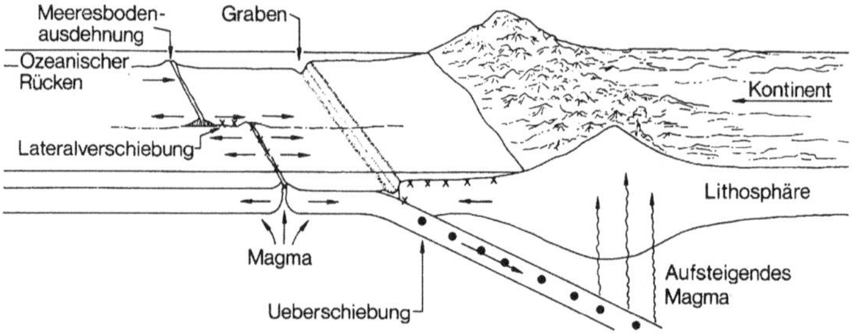

Bild 7.2. Vorgänge an den Plattenrändern; x Oberflächennahe Erdbeben, ● Tiefe Erdbeben; nach Press und Siever (1982)

bauten Spannungen. Sie entstehen am häufigsten an den Rändern dieser Platten, zum Teil aber auch an Schwachstellen innerhalb der Platten. Grundsätzlich sind auch innerhalb der Platten mittelstarke Erdbeben nicht auszuschließen (EPRI 1994), auch wenn sie seltener auftreten.

Der Zusammenhang zwischen Erdbeben und den Vorgängen an den Plattenrändern ist in Bild 7.2 gezeigt. Es sind hier drei Arten von Plattenrändern dargestellt:

1. der ozeanische Rücken, bei dem die Platten sich auseinanderbewegen und neues heißes Material aus dem Erdinnern hochsteigt,
2. die Lateral-Verschiebung, bei der sich die Platten zur Hauptsache horizontal und parallel zum Plattenrand verschieben, und
3. die Überschiebung, bei der eine Platte unter die andere Platte geschoben und dabei aufgeschmolzen wird.

An diesen Plattenrändern finden die meisten spektakulären geologischen Vorgänge wie Gebirgsbildung, Vulkane und eben auch Erdbeben statt.

Bild 7.3 zeigt die Grundschematik von Verwerfungen. Meistens liegen in der Natur Kombinationsmechanismen vor. Viele Verwerfungen sind, vor allem wenn sie von mächtigen Lockergesteinsschichten überlagert sind, an der Erdoberfläche nicht sichtbar. Bild 7.4 definiert die wichtigsten Begriffe für Erdbebenquellen.

Zur Beschreibung der Stärke eines Erdbebens werden zwei Größen verwendet: Intensität und Magnitude. Die Intensität beschreibt die ohne Messgeräte beobachtbare Wirkung des Erdbebens an einem bestimmten Ort entsprechend einer Skala, die z.B. im Falle der in Europa gebräuchlichen EMS-Skala (EMS = European Macroseismic Scale) zwölf Intensitätsstufen umfasst und eine Erweiterung der alten MSK-Skala (MSK = Medev, Sponheuer, Karnik) ist. Sie wird von der Europäischen Seismologischen Kommission empfohlen, da sie die einzige Skala ist, welche bei der Klassifikation moderne Bauweisen berücksichtigt und auch für Szenarienuntersuchungen (vgl. Kap 7.9.1) verwendet werden kann. Sie verknüpft Verletzlichkeitsklassen (Tabelle 7.1a) mit den beobachteten Schadensgraden (Tabelle 7.1.b, für Mauerwerksbauten) sowie der Schadenhäufigkeit (Tabelle 7.1c). Tabelle 7.1d enthält eine Übersicht

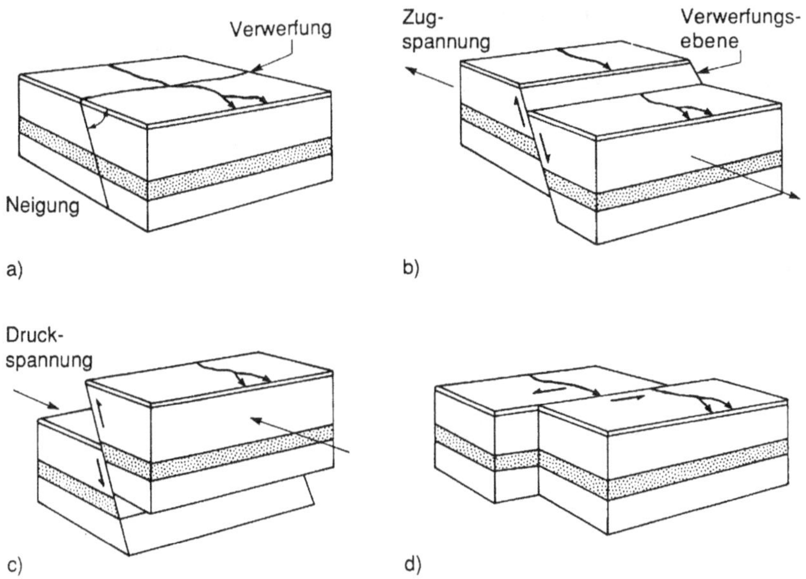

Bild 7.3. Verwerfungstypen: **a** Verhältnisse vor Aktivierung, **b** Abschiebung („normal fault") infolge Zugspannungen, **c** Aufschiebung infolge Druckspannungen („thrust fault"), **d** seitliche Verschiebung („lateral strike slip fault") infolge Schubspannungen

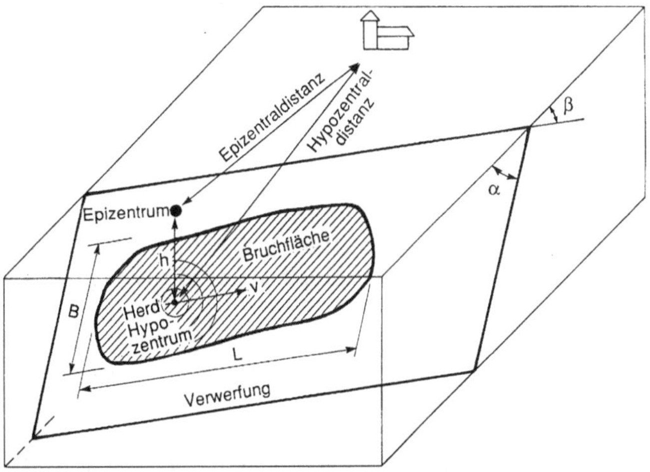

Bild 7.4. Definition von Verwerfungsebene, Einfallwinkel α, Streichwinkel β, Bruchfläche (L = Länge, B = Breite), Herd (Hypozentrum), Herdtiefe h, Epizentrum, Bruchausbreitungsgeschwindigkeit v, Hypozentral- und Epizentraldistanz

Tabelle 7.1a. Verletzlichkeitsklassen (nach EMS-98)

Material	Bautyp	Verletzlichkeitsklasse					
		A	B	C	D	E	F
Mauerwerk	Geröllsteine, Feldsteine	○					
	Adobe (getrocknete Erdsteine)	○	—				
	Einfaches Mauerwerk	⋯	○				
	Mauerwerk aus massiven Steinen		—	○	⋯		
	Nicht armiert, mit industriell erstellten Mauersteinen	⋯	○	⋯			
	Nicht armiert, mit Geschossdecken aus armiertem Beton		—	○	⋯		
	Armiert oder umwickelt			⋯	○	—	
Stahlbeton	Rahmen ohne erdbebengerechte Bemessung	⋯	—	○	⋯		
	Rahmen mit geringer erdbebengerechter Bemessung		⋯	—	○	—	
	Rahmen mit hoher erdbebengerechter Bemessung			⋯	—	○	—
	Wände ohne erdbebengerechte Bemessung		⋯	○	—		
	Wände mit geringer erdbebengerechter Bemessung			⋯	○	—	
	Wände mit hoher erdbebengerechter Bemessung				⋯	○	—
Stahl	Stahlbauten			⋯	—	○	—
Holz	Holzbauten		⋯	—	○	—	

○ Wahrscheinlichste Verletzlichkeitsklasse
— Wahrscheinlicher Bereich
⋯ In Ausnahmefällen möglich

der makroseismischen Wirkung auf Mensch, Bauten und Natur. Für praktische Anwendungen sollte die Originalfassung der EMS-Skala verwendet werden.

Bild 7.5 vergleicht verschiedene regionale, noch gebräuchliche Intensitätsskalen. Die Intensität, als Beschreibung der Wirkung eines Erdbebens an einem bestimmten Ort, enthält implizit die Stärke des Erdbebens (Magnitude), dessen Herdcharakteristiken, sowie die Einflüsse der regionalen Geologie (Abminderungsbeziehungen) und der lokalen Geologie und Topographie (Standorteinflüsse). Sie liefert, obwohl grundsätzlich ein subjektiver Beobachtungsmaßstab, dank quantitativer Vorschriften zur Bewertung der Beobachtungen und deren detaillierter Zuordnung zu Intensitätsstufen erfahrungsgemäß weitgehend reproduzierbare Resultate.

Da man sich bei der Ermittlung der Intensität auf Beobachtungen abstützt, ist die Zuverlässigkeit der Intensitätsbestimmung von Umfang und Aussagekraft der verwendeten Dokumentation abhängig. Je älter das Ereignis ist,

Tabelle 7.1b. Schadensgrade (nach EMS-98)

Definition des Schadengrades für Mauerwerksbauten

Schadengrad 1: Vernachlässigbarer bis leichter Schaden (kein Schaden am Tragwerk, leichter Schaden an nichttragenden Bauelementen)
- Haarrisse in sehr wenigen Wänden
- Abplatzen von kleinen Verputzstücken
- In wenigen Fällen Herunterfallen von lockeren Steinen aus den oberen Teilen des Gebäudes

Schadengrad 2: Mittlerer Schaden (leichter Schaden am Tragwerk, mittlerer Schaden an nichttragenden Bauelementen)
- Risse in vielen Wänden
- Abplatzen von größeren Verputzstücken
- Teilweises Herunterfallen von Kaminen

Schadengrad 3: Substanzieller bis schwerer Schaden (mittlerer Schaden am Tragwerk, schwerer Schaden an nichttragenden Bauelementen)
- Ausgedehnt breite Risse in den meisten Wänden
- Dachziegel sind gelöst
- Auf Höhe des Daches abreißen der Kamine
- Versagen von einzelnen nichttragenden Elementen (Zwischenwände, Giebelwände)

Schadengrad 4: Sehr schwerer Schaden (schwerer Schaden am Tragwerk, sehr schwerer Schaden an nichttragenden Bauelementen)
- Bedeutendes Versagen der Wände
- Teilweiser Einsturz von Böden und Dach

Schadengrad 5: Sehr schwerer Schaden (sehr großer Schaden am Tragwerk)
- Teilweiser bis vollständiger Einsturz

Tabelle 7.1c. Mengenklassen (nach EMS-98)

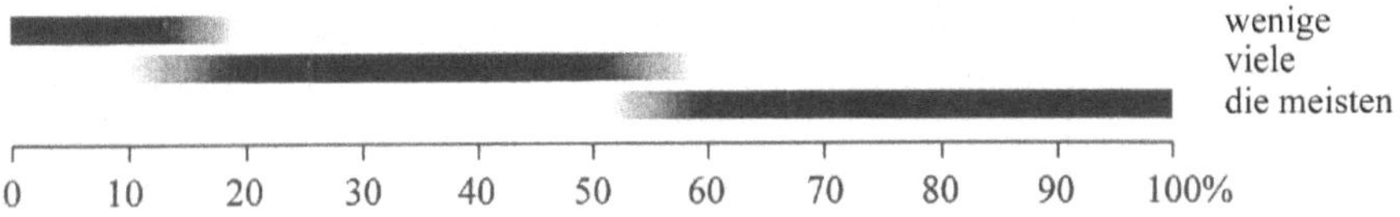

Tabelle 7.1d. Übersicht der makroseismischen Wirkungen nach der EMS-98 Skala Schadenskriterien

a) Wirkung auf Menschen
b) Wirkung auf Gebäude
c) Wirkung auf Gegenstände und Natur

Grad	Stärke/Definition	Wirkung auf Menschen	Wirkung auf Gebäude	Wirkung auf Gegentände und die Natur
I	nicht fühlbar	Nicht fühlbar, selbst bei günstigsten Verhältnissen.	Keine Schäden.	Keine Effekte.
II	kaum bemerkbar	Nur sehr vereinzelt von ruhenden Personen wahrgenommen.	Keine Schäden.	Keine Effekte.
III	schwach	Von wenigen Personen in Gebäuden wahrgenommen. Ruhende Personen fühlen ein leichtes Schwingen oder Erschüttern.	Keine Schäden.	Hängende Gegenstände schwingen leicht (z. B. Hängelampen)
IV	deutlich	Im Freien vereinzelt, in Gebäuden von vielen Personen wahrgenommen. Einige Schlafende erwachen. Der Grad der Erschütterungen ist noch nicht erschreckend.	Keine Schäden.	Geschirr, Gläser und Fenster klirren, Türen klappern. Hängende Gegenstände schwingen. In wenigen Fällen schwingt leicht das Mobiliar sichtbar.
V	stark	Im Freien von wenigen, in Gebäuden von den meisten Personen wahrgenommen. Viele Schlafende erwachen. Wenige werden erschreckt.	Gebäude werden insgesamt erschüttert. Wenige Bauten der Verletzlichkeitsklasse A und B erleiden Schadengrad 1.	Hängende Gegenstände pendeln stark, kleine Gegenstände werden verschoben. Türen und Fenster schlagen auf oder zu. In wenigen Fällen brechen Fenster. Flüssigkeiten können aus vollen Gebinden heraus laufen. Haustiere können unruhig werden.
VI	leichte Gebäudeschäden	Viele Personen erschrecken und flüchten ins Freie.	An vielen Häusern, vornehmlich in schlechterem Zustand, entstehen leichte Schäden wie feine Mauerrisse und das Abfallen von z. B. kleinen Verputzteilen. Viele Bauten der Verletzlichkeits-	Einige Gegenstände fallen um. Möbel können verschoben werden. In wenigen Fällen brechen Gläser und Geschirr. Nutztiere erschrecken

			klasse A und B erleiden Schadengrad 1, wenige Schadengrad 2. Wenige Bauten der Verletzlichkeitsklasse C erleiden Schadengrad 1.	auch im Freien. Vereinzelt Risse in feuchten Böden.
VII	Gebäudeschäden	Die meisten Personen erschrecken und flüchten ins Freie. Viele Personen haben Schwierigkeiten, aufrecht zu stehen, besonders in höheren Stockwerken.	An vielen Häusern solider Bauart treten mäßige Schäden auf (kleine Mauerrisse, Abfall von Putz, Herabfallen von Schornsteinteilen). Vornehmlich Gebäude in schlechterem Zustand zeigen größere Mauerrisse und Einsturz von Zwischenwänden. Viele Bauten der Verletzlichkeitsklasse A erleiden Schadengrad 3, wenige Schadengrad 4. Viele Bauten der Verletzlichkeitsklasse B erleiden Schadengrad 2, wenige Schadengrad 3. Wenige Bauten der Verletzlichkeitsklasse C erleiden Schadengrad 2. Wenige Bauten der Verletzlichkeitsklasse D erleiden Schadengrad 1.	Möbel werden verschoben, schwere Möbel können umkippen. Gegenstände fallen in großen Mengen aus Regalen. Wasser spritzt aus Gebinden, Tanks und Bassins. Vereinzelt Erdrutsche an steilen Abhängen.
VIII	schwere Gebäudeschäden	Viele Personen verlieren das Gleichgewicht, selbst im Freien.	An vielen Gebäuden einfacher Bausubstanz treten schwere Schädenauf; d.h. Giebelteile und Dachgesimse stürzen ein. Einige Gebäude sehr einfacher Bauart stürzen ein. Viele Bauten der Verletzlichkeitsklasse A erleiden Schadengrad 4, wenige Schadengrad 5. Viele Bauten der Verletzlichkeitsklasse B erleiden Schadengrad 3, wenige Schadengrad 4. Viele Bauten der Verletzlichkeitsklasse C erleiden Schadengrad 2, wenige Schadengrad 3. Wenige Bauten der Verletzlichkeitsklasse D erleiden Schadengrad 2.	Möbel können umkippen, Gegenstände wie Fernseher, Computer usw. fallen zu Boden. In vereinzelten Fällen können Grabsteine verschoben werden oder umkippen. Wellen können in sehr weichen Böden gesehen werden. Veränderungen in Quellen, Erdrutsche an Straßendämmen.
IX	zerstörend	Allgemeine Panik unter den Betroffenen. Personen werden zu Boden geworfen.	Selbst gut gebaute gewöhnliche Bauten zeigen sehr schwere Schäden und teilweisen Einsturz tragender Bauteile. Viele schwächere Bauten stürzen ein. Viele Bauten der Verletzlichkeitsklasse A erleiden Schadengrad 5. Viele Bauten der Verletzlichkeitsklasse B erleiden Schadengrad 4, wenige Schadengrad 5. Viele Bauten der Verletzlichkeitsklasse C erleiden Schadengrad 3, wenige Schadengrad 4. Viele Bauten der Verletzlichkeitsklasse D erleiden Schadengrad 2, wenige Schadengrad 3. Wenige Bauten der Verletzlichkeitsklasse E erleiden Schadengrad 2.	Viele Monumente und Säulen kippen oder werden verbogen. Wellen werden in weichen Böden gesehen. Bodenrisse, Bergstürze, viele Erdrutsche.

Tabelle 7.1d. (Fortsetzung)

Grad	Stärke/Definition	Wirkung auf Menschen	Wirkung auf Gebäude	Wirkung auf Gegentände und die Natur
X	sehr zerstörend		Viele gut gebaute Häuser werden zerstört oder erleiden schwere Beschädigungen. Die meisten Bauten der Verletzlichkeitsklasse A erleiden Schadengrad 5. Viele Bauten der Verletzlichkeitsklasse B erleiden Schadengrad 5. Viele Bauten der Verletzlichkeitsklasse C erleiden Schadengrad 4, wenige Schadengrad 5. Viele Bauten der Verletzlichkeitsklasse D erleiden Schadengrad 3, wenige Schadengrad 4. Viele Bauten der Verletzlichkeitsklasse E erleiden Schadengrad 2, wenige Schadengrad 3. Wenige Bauten der Verletzlichkeitsklasse F erleiden Schadengrad 2.	Abgleiten von Lockerböden an Hängen, Aufstau neuer Seen.
XI	verwüstend		Die meisten Bauwerke, darunter einige mit gutem erdbebengerechtem Konstruktionsentwurf und -ausführung, werden zerstört. Die meisten Bauten der Verletzlichkeitsklasse B erleiden Schadengrad 5. Die meisten Bauten der Verletzlichkeitsklasse C erleiden Schadengrad 4, viele Schadengrad 5. Viele Bauten der Verletzlichkeitsklasse D erleiden Schadengrad 4, wenige Schadengrad 5. Viele Bauten der Verletzlichkeitsklasse E erleiden Schadengrad 3, wenige Schadengrad 4. Viele Bauten der Verletzlichkeitsklasse F erleiden Schadengrad 2, wenige Schadengrad 3.	Umfangreiche Veränderungen des Erdbodens, Flutwellen.
XII	vollständig verwüstend		Nahezu alle Konstruktionen werden zerstört. Alle Bauten der Verletzlichkeitsklasse A und B sowie praktisch alle Bauten der Verletzlichkeitsklasse C sind zerstört. Die meisten Bauten der Verletzlichkeitsklasse D, E und F sind zerstört.	Tiefgreifende Umgestaltung der Erdoberfläche, Flutwellen.

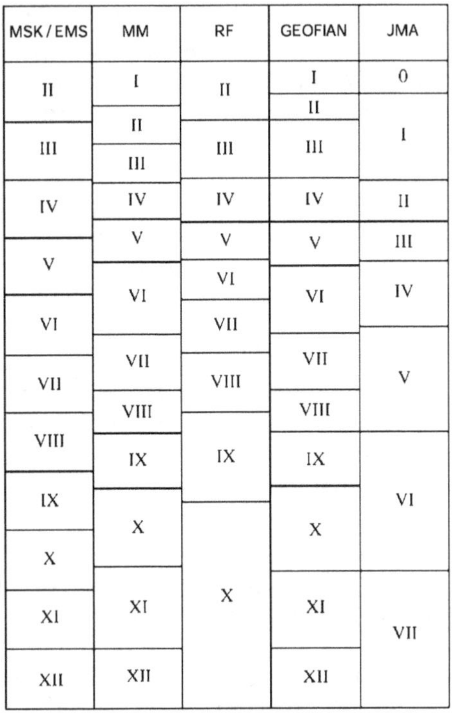

MSK Medev, Sponheuer, Karnik Scale (1964)
EMS European Macroseismic Scale (1998)
MM Modified Mercalli Scale (USA)
RF Rossi-Forell Scale (Schweiz bis 1964)
GEOFIAN Russische Skala
JMA Japan Meteorological Agency Scale

Bild 7.5. Vergleich verschiedener Intensitäts-Skalen

umso heikler wird im Allgemeinen die Intensitätszuweisung. Zu beachten ist, dass die Intensität eine statistische Größe für ein bestimmtes Gebiet ist und nicht aus Schäden an einem Einzelobjekt, z. B. einer Kirche, abgeleitet werden darf. Es hat sich gezeigt, dass die aus älteren Dokumenten ermittelten Intensitäten eher über- als unterschätzt werden. Die historische Seismizität sollte deshalb nur unter Einbezug eines multidisziplinären Teams, bestehend aus Ingenieuren, Historikern, Seismologen und Statistikern, analysiert werden.

Da die Intensität physikalische Größen wie maximale Beschleunigung, Frequenzgehalt, Dauer etc. des Erdbebens am Standort nur implizit enthält und zudem die lokalen geologischen Daten meist nicht zuverlässig dokumentiert sind, ist die Umrechnung der Intensität z. B. in maximale Beschleunigung mit großen Unsicherheiten behaftet. Erdbeben mit verschiedenen physikalischen Parametern (maximale Bodenbeschleunigung, Frequenzspektrum, Dauer) können sehr wohl ähnliche Schadenbilder erzeugen.

Im Gegensatz zur Intensität, die ein Maß für den Schaden an einem bestimmten Standort darstellt, ist die Magnitude ein Maß für die in Form von seismischen Wellen, freigesetzte Energie. Der Begriff der Magnitude wurde 1935 von Richter eingeführt. Sie wird aus instrumentellen Aufzeichnungen eines standardisierten Wood-Anderson-Seismographen in einer Distanz von 100 km vom Epizentrum abgeleitet. Aktuelle Daten müssen also distanzmäßig korrigiert werden. Die Daten zur Definition der Richter-Magnitude (M_L) stammen aus einem Umkreis von 600 km für kalifornische Erdbeben. Die Richter-Magnitude M_L entspricht deshalb einer Magnitude, welche die lokalen Verhältnisse berücksichtigt. Sie wird auch heute noch weltweit zu Vergleichszwecken ermittelt. In der Zwischenzeit wurden verschiedene andere Magnitudendefinitionen eingeführt, wie z. B. M_S, m_b und M_W (vgl. nachfolgende Abschnitte und Bild 7.6).

Die Magnitude ist eine logarithmische Skala. Sie beschreibt die Energieabstrahlung im Erdbebenherd. Nach Gutenberg und Richter (1954) gilt für die abgestrahlte Energie E:

$$\log E\,[\mathrm{Nm}] = 1{,}5\,M_s + 4{,}8 \tag{7.1}$$

Eine Magnitudeneinheit entspricht gemäß (7.1) der Änderung der Energiefreisetzung um den Faktor 31,6. Die Magnitudendefinition hat keinen oberen und unteren Grenzwert. Die tektonischen Gegebenheiten begrenzen jedoch die maximal mögliche Magnitude. Die größte bisher beobachtete Magnitude liegt bei M_w=9.5 (Chile Erdbeben 1960 (Kanamori, 1977)). Am unteren „Ende“ der Skala sind aufgrund des logarithmischen Maßstabs auch negative Magnituden möglich, welche mit den heutigen empfindlichen Messinstrumenten erfasst werden können.

Um die verschiedenen Verhältnisse bei Erdbeben besser zu berücksichtigen, sind heute verschiedene Definitionen von Magnituden gebräuchlich:

Die Oberflächenwellen-Magnitude (M_S) wird aus tieffrequenten Rayleigh-Wellen (mit einer Periode T von ungefähr 20s) abgeleitet. Diese sind allerdings nur bei „oberflächennahen“ Erdbeben (weniger als 70 km Herdtiefe) und größeren Epizentraldistanzen (z. B. für $M_S = 5$ mehr als 1000 km) maßgebend. M_S kann deshalb weder für sehr tiefe noch für kleinere lokale Beben ermittelt werden. Zur Charakterisierung starker destruktiver Erdbeben wird sie aber weltweit am häufigsten verwendet.

Die Raumwellen-Magnitude m_b wird aus der maximalen Amplitude der ersten P-Wellen-Zyklen der Vertikalkomponente eines Seismographen abgeleitet. Diese P-Wellen haben in größeren Distanzen typischerweise eine Periode um eine Sekunde. m_b ist im Gegensatz zu M_S auch geeignet, um tiefe Beben zu skalieren. Allerdings ist das Maß wiederum beschränkt, da es unmittelbar von der direkten P-Welle bzw. derjenigen P-Welle abhängt, die sich unter der relativ dünnen Erdkruste fortpflanzt und am besten in Epizentraldistanzen von über 600 km beobachtbar ist. Zudem werden nur die ersten, relativ hochfrequenten Wellen berücksichtigt. m_b ist deshalb nicht geeignet, kleine bzw. lokale Erdbeben zu charakterisieren, bei denen der Frequenzinhalt wesentlich höher liegt.

Oberflächen- und Raumwellen-Magnituden sind über weltweite Abminderungsbeziehungen kalibriert. Sie erfassen regionale Variationen nicht. Dazu sind sogenannte lokale Magnituden M_L besser geeignet. Eine typische lokale Magnitude ist die bereits diskutierte Richter-Magnitude.

Die von Hanks und Kanamori (1979) vorgeschlagene Moment-Magnitude (M_W) stützt sich auf das seismische Moment M_0. Der Vorteil ist, dass das seismische Moment weitgehend für alle Erdbebenstärken, Tiefen und Orte ermittelt werden kann. Es ist definiert als:

$$M_0 = \mu \cdot A \cdot D, \tag{7.2}$$

wobei

- μ: Scherfestigkeitsmodul der Materialien der Bruchzone,
- A: Bruchfläche,
- D: mittlere Verschiebung zwischen den beiden Seiten der Bruchfläche.

M_0 wird aus Seismographenaufzeichnungen in Epizentraldistanzen, die wesentlich größer als die Bruchlänge sind, abgeleitet. M_0 stützt sich zudem auf den tieffrequenten Teil des Spektrums ab. Der Vorteil dieser Größe gegenüber Oberflächen- und Raumwellen-Magnituden ist, daß sie sich auf Größe und Eigenschaften des Herdes direkt bezieht. Sie stützt sich zudem nicht nur auf einen Wellentyp ab. Nachteilig ist, dass sie nicht einfach und schnell aus den Seismogrammen ableitbar ist.

Hanks und Kanamori (1979) definierten aus dem seismischen Moment die Moment-Magnitude (M_w) wie folgt:

$$M_W = (2/3) \log M_0 \,[\mathrm{Nm}] - 6{,}0. \tag{7.3}$$

Bild 7.6 zeigt einen mittleren Vergleich verschiedener Magnitudendefinitionen, der für überschlägige Umrechnungen verwendet werden kann.

Bild 7.6 zeigt deutlich, dass mit Ausnahme der Moment-Magnitude (M_W) alle Magnituden ab einer bestimmten Größe eine Sättigung erreichen. Die tatsächlichen Beziehungen zwischen den verschiedenen Magnituden können

M_L
Lokal-Magnitude
M_S
Oberflächenwellen-Magnitude (Periode ca. 20s)
M_{JMA}
Japanische Magnitude
m_B
Raumwellen-Magnitude (Periode ca. 5s)
m_b
Raumwellen-Magnitude (Periode ca. 1s)
M_W
Moment-Magnitude

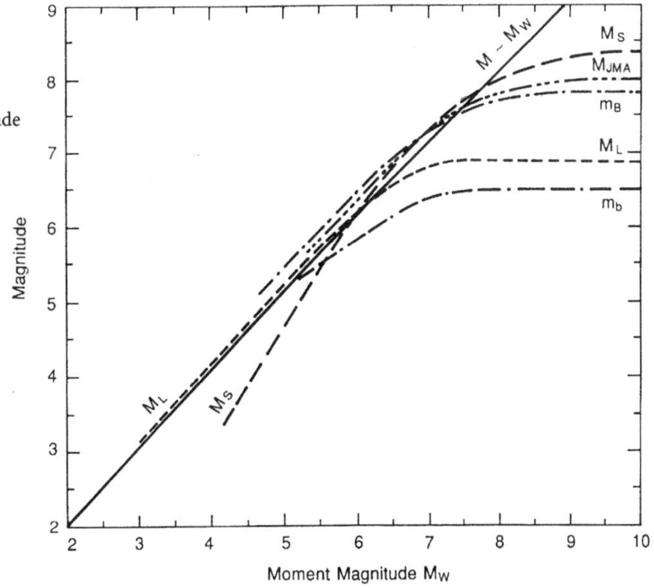

Bild 7.6. Vergleich der Moment-Magnitude M_w mit anderen Magnitudendefinitionen (nach Heaton, Tajima und Mori, 1986)

aber im Einzelfall von diesen abweichen (je nach Herdtiefe, geologischer Situation, etc.). Für Gefährdungsberechnungen muss man sich auf Kataloge historischer Intensitäten und instrumenteller Aufzeichnungen abstützen. Es ist deshalb wichtig, die unterschiedlichen Definitionen von Intensitäten und Magnituden zu berücksichtigen, um eine einheitliche Datenbasis (z.B. nur M_W) zu erhalten. Da immer auch eine Umrechnung erforderlich ist, ergibt sich für die Werte in homogenisierten Katalogen eine Unschärfe von +/- ½ Magnitudeneinheit.

7.2 Erdbebenerschütterung am Bauwerksstandort

Die Erdbebenerschütterung kann von einem Standort zum andern stark variieren. Generell können, ähnlich wie bei den Erschütterungsproblemen in Kap. 5, drei Bereiche unterschieden werden (vgl. Bild 7.7): Herdbereich (Quelle), Übertragungsweg und Standort (Empfänger).

Beim *Herdbereich* spielen einerseits der Erdbebentyp (Verwerfungstyp, einfacher oder mehrfacher Bruch), andererseits der Herdmechanismus (Spannungsabfall, Größe und Form der Bruchflächen, Verschiebung, Direktivität) eine wichtige Rolle.

Auf dem *Übertragungsweg* werden die Erdbebenwellen wegen der geologischen Schichtung, d.h. durch die zahlreichen Reflexionen und Refraktionen an den Schichtgrenzen, und durch die Materialdämpfung stark verändert.

Am *Standort* wird die Erschütterung durch die den Fels überlagernden Lockergesteinsschichten und gegebenenfalls durch die topographischen Verhältnisse nochmals stark beeinflusst.

Dank der zunehmenden Leistungsfähigkeit der Computer ist es heute grundsätzlich möglich, alle drei Bereiche in einem einzigen numerischen Mo-

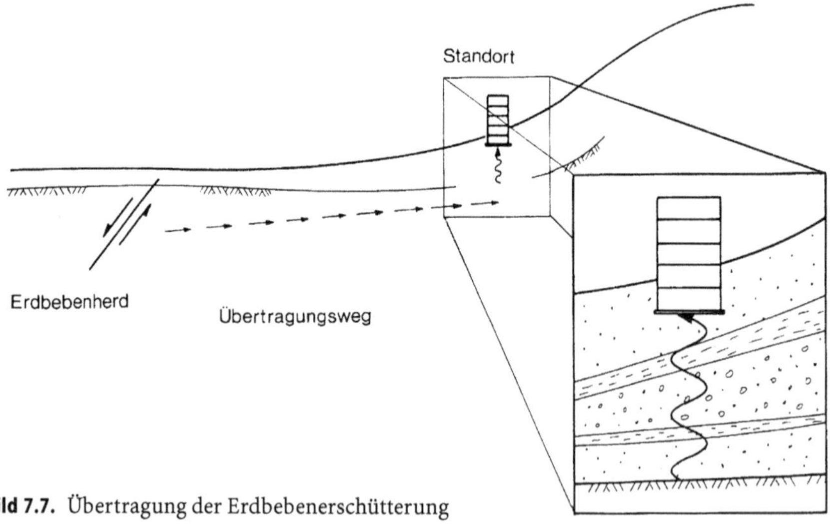

Bild 7.7. Übertragung der Erdbebenerschütterung

dell zu erfassen. Das Hauptproblem aber ist die Vielzahl notwendiger Kennwerte, deren Beschaffung sehr aufwändig oder gar unmöglich ist. In der Ingenieurpraxis beschränkt man sich eher darauf, die verschiedenen Aspekte einzeln und mit Hilfe empirischer Relationen zu erfassen.

Während Erdbebenbelastungsannahmen für gewöhnliche Bauten in Baunormen vorgegeben sind, werden diese für wichtige Bauten wie Stauanlagen, Kernkraftanlagen, etc. standortspezifisch hergeleitet. Aber auch bei wichtigen Infrastruktur- oder Industrieanlagen kann es, vor allem bei der Überprüfung der Erdbebensicherheit von bestehenden Bauten, deren Ertüchtigung oft sehr kostspielig ist, durchaus sinnvoll sein, standortspezifische Belastungsannahmen herzuleiten. Erdbebenbelastungsannahmen in Baunormen besitzen im allgemeinen eine größere Konservativität als standortspezifische Belastungsannahmen, da sie einen größeren Bereich von möglichen Standortgegebenheiten abdecken müssen.

In den Kapiteln 7.2 und 7.3 ist dargelegt, welche Überlegungen anzustellen sind, um die maßgebende Erdbebenanregung an einem bestimmten Standort festzulegen. In einem ersten Schritt wird oft ein Bemessungsbeben für einen hypothetischen Felsstandort bestimmt, und erst in einem zweiten Schritt wird der lokale Einfluss des Baugrundes und allenfalls der Topographie erfasst. Unter Punkt 7.2.1 wird auf den ersten Schritt eingegangen, bei welchem die sogenannten Abminderungsbeziehungen eine zentrale Rolle spielen. Unter den Punkten 7.2.2 und 7.2.3 werden die lokalen Baugrundeinflüsse und die Auswirkungen der Topographie besprochen.

7.2.1 Herd- und Wellenausbreitungseinflüsse

In der Praxis werden die Bodenbeschleunigungen infolge eines Bebens einer bestimmten Magnitude in gegebener Distanz von einer angenommenen Quelle meistens mit Hilfe empirischer Relationen, sogenannter Abminderungsbeziehungen, berechnet. Der Ausdruck „Abminderungsbeziehung“ ist insofern etwas irreführend, als nicht nur die Abminderung mit der Distanz im eigentlichen Sinne, sondern auch der Einfluss der Erdbebenquelle selbst in diesen Beziehungen implizit enthalten ist.

Sowohl die Charakteristik der Quelle als auch die des Übertragungsmediums hängen von den tektonischen und geologischen Verhältnissen ab, weshalb diese von Region zu Region etwas unterschiedlich sein können. Beispielsweise ist bekannt, dass europäische Erdbeben im Vergleich zu kalifornischen Beben bei gleicher Magnitude und Distanz tendenziell im tieffrequenten Bereich weniger, im hochfrequenten Bereich mehr Energie enthalten. Die Gründe hierzu sind im Detail nicht bekannt; eine wesentliche Rolle dürfte der jeweilige Spannungsabfall im Erdbebenherd spielen, der in Europa tendenziell höher ist (Intraplatten- vs. Plattenranderdbeben).

Abminderungsbeziehungen für messbare Größen wie maximale Bodenbeschleunigungen lassen sich selbstverständlich nur für Gebiete bestimmen, für die genügend Starkbeben-Aufzeichnungen vorliegen. Diese Voraussetzung traf für Zentraleuropa bisher nicht zu, weshalb hier vorherrschend mit Intensitäts-Abminderungsbeziehungen gearbeitet werden musste. Diese ließen sich aufgrund sorgfältiger Interpretationen von Beschreibungen historischer Erdbeben sowie einer Vielzahl von sogenannten Isoseisten-Karten bestimmen. Unbefriedigend ist dabei, dass damit keinerlei Information über den Frequenzgehalt vorliegt; für die gefundene Standortintensität muss dann mehr oder weniger willkürlich ein geeignetes Antwortspektrum angenommen werden, bei dessen Wahl man sich an Beispielen aus „ähnlichen seismotektonischen“ Verhältnissen orientiert.

Wenn immer möglich werden heutzutage spektrale Abminderungsbeziehungen verwendet. Eine für europäische Verhältnisse geeignete empirische Beziehung stammt von Ambraseys et al. (2005a). Sie wurde aus 595 sorgfältig bearbeiteten triaxialen Aufzeichnungen von 135 Erdbeben mit einer Magnitude $M_w \geq 5.0$ von 338 verschiedenen Aufzeichnungsstationen in Europa und im Nahen Osten hergeleitet. Über 80% der verwendeten Aufzeichnungen stammen aus Italien, der Türkei, Griechenland und Island. In Ambraseys (2005b) sind die Daten der älteren Beziehung Ambraseys (1996), welche in der zweiten Auflage des vorliegenden Buches dargestellt war, integriert. Sie ersetzt somit die ältere Abminderungsbeziehung. Bei jeder Periode wurde jeweils diejenige horizontale Komponente verwendet, welche auf den größeren Spektralwert führte. Daraus ergab sich:

$$\log(y) = a_1 + a_2 M_w + (a_3 + a_4 M_w) \log\sqrt{d^2 + a_5{}^2} + a_6 S_S + a_7 S_A + a_8 F_N + a_9 F_T + a_{10} F_O \tag{7.4}$$

Hierin bedeuten:

log(y) Wert des Logarithmus zur Basis 10 des Beschleunigungsantwortspektrums für horizontale Beschleunigungen bei 5 % kritischer Dämpfung
a_i empirischer Koeffizient (siehe Tabelle 7.2),
M_w Moment-Magnitude,
d kürzeste Strecke zur Projektion der Verwerfungsfläche auf die Erdoberfläche, in [km]
S_S = 1 für „weichen“ Untergrund ($v_s < 360$ m/s im Mittel in den obersten 30 m des Bodenprofils); = 0 sonst,
S_A = 1 für „steifen“ Untergrund (360 m/s $< v_s <$ 750 m/s im Mittel in den obersten 30 m des Bodenprofils); = 0 sonst,
F_N = 1 für eine Abschiebung („normal fault“); = 0 sonst,
F_T = 1 für eine Aufschiebung („thrust fault“); = 0 sonst,
F_O = 1 für einen stark gemischten Verwerfungsmechanismus („odd fault“); = 0 sonst.

Die Tabelle 7.2 gibt die empirischen Koeffizienten a_i in Funktion der Periode T (Frequenz: l/T) sowie die Werte der Standardabweichungen. Die gesamte Standardabweichung σ_{tot} beträgt logarithmisch etwa 0,3, was im linearen Bereich einem Faktor 2 (!) entspricht. Der Wert von σ_{tot} hat im Rahmen probabi-

Tabelle 7.2. Auszug der Koeffizienten der Abminderungsbeziehung (7.4) nach Ambraseys et al. (2005). σ_1 ist die Standardabweichung zwischen verschiedenen Erdbeben und σ_2 diejenige innerhalb eines Erdbebens; die gesamte Standardabweichung σ_{tot} ist die Wurzel aus der Summe der Quadrate von σ_1 und σ_2.

Periode T (s)	a_1	a_2	a_3	a_4	a_5	a_6	a_7	a_8	a_9	a_{10}	σ_1	σ_2
PGA	2.522	-0.142	-3.184	0.314	7.6	0.137	0.050	-0.084	0.062	-0.044	$0.665-0.065M_w$	$0.222-0.022\ M_w$
0.100	3.596	-0.258	-3.511	0.360	7.9	0.065	0.025	-0.095	0.076	-0.047	$0.747-0.075M_w$	$0.249-0.025M_w$
0.120	3.330	-0.214	-3.300	0.329	8.0	0.070	0.045	-0.081	0.065	-0.046	$0.753-0.075M_w$	$0.240-0.024M_w$
0.140	2.993	-0.154	-3.088	0.297	8.2	0.065	0.042	-0.074	0.053	-0.067	$0.650-0.059M_w$	$0.218-0.020M_w$
0.160	2.738	-0.120	-2.912	0.274	8.2	0.085	0.049	-0.069	0.090	-0.061	$0.734-0.072M_w$	$0.251-0.025M_w$
0.180	2.665	-0.110	-2.907	0.276	8.1	0.098	0.049	-0.057	0.087	-0.054	$0.736-0.073M_w$	$0.251-0.025M_w$
0.200	2.632	-0.109	-2.990	0.289	8.1	0.124	0.070	-0.033	0.090	-0.039	$0.784-0.080M_w$	$0.251-0.026M_w$
0.240	2.212	-0.051	-2.823	0.265	7.6	0.156	0.087	-0.037	0.090	-0.020	$0.770-0.077M_w$	$0.235-0.024M_w$
0.280	1.896	-0.010	-2.732	0.251	7.5	0.193	0.074	-0.023	0.112	0.027	$0.947-0.104M_w$	$0.285-0.031M_w$
0.320	1.728	0.001	-2.688	0.251	7.1	0.207	0.073	-0.021	0.118	0.008	$0.917-0.098M_w$	$0.273-0.029M_w$
0.360	1.477	0.034	-2.641	0.244	6.9	0.230	0.091	-0.013	0.107	-0.011	$0.846-0.087M_w$	$0.254-0.026M_w$
0.400	1.070	0.091	-2.474	0.219	6.3	0.256	0.097	-0.013	0.115	-0.020	$0.793-0.078M_w$	$0.244-0.024M_w$
0.440	1.045	0.085	-2.540	0.231	6.3	0.269	0.114	-0.016	0.114	-0.028	$0.787-0.077M_w$	$0.241-0.024M_w$
0.500	0.624	0.139	-2.410	0.212	6.1	0.289	0.133	0.004	0.126	-0.026	$0.798-0.079M_w$	$0.246-0.024M_w$
0.600	0.359	0.158	-2.343	0.206	5.4	0.311	0.136	0.008	0.118	-0.028	$0.919-0.099M_w$	$0.308-0.033M_w$
0.700	-0.014	0.198	-2.305	0.205	4.8	0.327	0.154	-0.011	0.105	-0.032	$0.803-0.080M_w$	$0.298-0.030M_w$
0.800	-0.567	0.279	-2.083	0.170	5.2	0.332	0.178	-0.003	0.083	-0.062	$0.661-0.059M_w$	$0.240-0.021M_w$
0.900	-0.485	0.249	-2.246	0.199	4.5	0.354	0.191	-0.003	0.072	-0.082	$0.714-0.067M_w$	$0.263-0.025M_w$
1.000	-1.359	0.403	-1.848	0.124	6.0	0.357	0.211	-0.013	0.024	-0.101	0.305	0.120
1.200	-1.982	0.477	-1.636	0.095	5.4	0.389	0.226	-0.014	-0.017	-0.095	0.297	0.120
1.400	-2.419	0.533	-1.541	0.080	6.0	0.408	0.237	0.028	-0.040	-0.091	0.290	0.115
1.700	-2.695	0.564	-1.564	0.086	6.5	0.380	0.212	0.001	-0.081	-0.141	0.302	0.117
2.000	-3.063	0.586	-1.372	0.070	4.2	0.421	0.177	0.008	-0.019	-0.174	0.282	0.134
2.500	-4.203	0.768	-0.714	-0.044	5.1	0.325	0.103	-0.026	-0.063	-0.155	0.285	0.137

listischer Berechnungen der Auftretenswahrscheinlichkeit einen nicht zu unterschätzenden Einfluss; je größer σ_{tot}, desto höher auch – bei sonst unveränderten Parametern – die resultierende mittlere Gefährdung.

Nach Möglichkeit sollten im konkreten Fall mehrere Abminderungsbeziehungen verwendet werden. Dank der weltweit zunehmenden Zahl installierter Starkbebenmessstationen nimmt die Zahl vorhandener Aufzeichnungen laufend zu, so dass zu erwarten ist, dass in Zukunft immer zuverlässigere und regional gültige Abminderungsbeziehungen veröffentlicht werden. Eine Übersicht über publizierte Abminderungsbeziehungen gibt Douglas (2001, 2002). Eine zur Gleichung (7.4) analoge Abminderungsbeziehung für vertikale Erdbebenbeschleunigungen befindet sich in Ambraseys et al. (2005b). Eine Beziehung, welche spezifisch für Nahbeben (Distanz <15 km) entwickelt worden ist, befindet sich in Ambraseys und Douglas (2003).

Es ist zu beachten, dass die oben erwähnten Abminderungsbeziehungen in der Regel Felsstandorten mit Scherwellengeschwindigkeiten zwischen 500 und 800 m/s entsprechen.

Sind an einem Lockergesteins-Standort Schichtstärken und Materialkennwerte bis in größere Tiefen einigermaßen zuverlässig bekannt, so ist es angezeigt, (7.4) zu verwenden, als handle es sich um einen Felsstandort - und den Einfluss der Bodenschichtung anschließend explizit zu berücksichtigen, wie dies im folgenden Kapitel dargestellt wird.

7.2.2
Einfluss der Baugrundeigenschaften

Bei fast allen Erdbeben treten starke Einflüsse der lokalen Baugrundeigenschaften zutage. Schäden an identischen Bauwerken können in räumlich engen Grenzen sehr stark variieren. Eine Übersicht über den Kenntnisstand der Wissenschaft Ende der 90er-Jahre, welcher sich bis heute nur in Details verändert hat, gewähren Bard und Riepl-Thomas (1999).

Bei einem Erdbeben wird, in dem den Ingenieur hauptsächlich interessierenden Bereich, die seismische Wellenenergie vor allem von P- und S-Wellen im Felsuntergrund übertragen. Der Fels besitzt eine relativ geringe Materialdämpfung, und infolge seiner Steifigkeit ist die Ausbreitungsgeschwindigkeit im Vergleich zu derjenigen im Lockergestein relativ groß. Vom Felsuntergrund werden die Wellen durch die Lockergesteinsüberdeckung an die Bodenoberfläche übertragen. Die Lockergesteinsüberdeckung ist je nach geologischer Situation sehr kompliziert. Schichten von Sanden, Kiesen und Tonen wechseln sich in verschiedener Mächtigkeit ab. Alle diese Materialien haben sehr unterschiedliche und nicht-lineare Deformationseigenschaften. Deshalb können die lokalen Baugrundeigenschaften einen großen Einfluss auf die Erschütterungen an der Oberfläche haben. Durch das Lockergestein wird an der Oberfläche sowohl die Amplitude wie auch der Frequenzinhalt beeinflusst.

Die wichtigsten Baugrund-Kennwerte, die lokal die Erschütterung beeinflussen können, sind:

- Dynamische Deformationseigenschaften
  - Schub- oder Elastizitätsmodul und Poissonzahl des Bodens,
  - Materialdämpfung,
  - Nichtlinearität der Bodeneigenschaften,
- Bodenaufbau
  - Dichte der einzelnen Bodenschichten,
  - Tiefe und Neigung des Felsuntergrundes,
  - Neigung und Mächtigkeit der einzelnen Schichten,
  - Abfolge der Schichten,
  - Inhomogenitäten und Diskontinuitäten,
  - Grundwasserspiegel.

Dynamisch wirkt sich die Schichtung eines Untergrundes umso deutlicher aus, je stärker sich die Impedanzen der einzelnen Schichten unterscheiden. Unter Impedanz versteht man hier die Größe $\rho \cdot v_s = \sqrt{(G \cdot \rho)}$. Beim Übergang einer Welle in eine Schicht mit signifikant geringerer Impedanz (z.B. beim Übergang von Fels zu Ton oder lockerem Sand) wird die Partikelgeschwindigkeit verstärkt, im Extremfall bis zu einem theoretischen maximalen Faktor 2 (während die Spannung kleiner wird); wird diese Welle danach an der freien Oberfläche reflektiert und läuft wieder zur Schichtgrenze zurück, jetzt in Richtung zunehmender Impedanz, wird der größte Teil der Welle reflektiert. Eine weiche Schicht auf (sehr viel) steiferem Untergrund wirkt deshalb als eigentliche Wellen- oder Energiefalle. Starke lokale Amplifikationen treten deshalb tendenziell vor allem dort auf, wo

- der Impedanzsprung zwischen Fels und Lockergestein sehr ausgeprägt ist,
- und die Materialdämpfung im Lockergestein niedrig ist, was insbesondere bei Tonen mit hohem Plastizitätsindex und generell bei geringen Amplituden der Fall ist.

Die Mächtigkeit der Lockergesteinsüberdeckung hat bei einem gegebenen Materialtyp vor allem einen großen Einfluss auf den Frequenzinhalt des Bebens an der Oberfläche. Der Frequenzinhalt der Erdbebenerschütterung ist von ebenso großer Bedeutung wie die Größe der maximalen Amplituden. Entspricht die vorherrschende Frequenz einer Erschütterung an einem Standort einer der Eigenfrequenzen eines Bauwerkes oder seiner Bauelemente, so treten Resonanzeffekte auf. Dadurch wird das entsprechende Bauwerk wesentlich stärker beansprucht.

Am folgenden Beispiel älteren Datums – dem Erdbeben von Caracas vom 29. Juli 1967 – soll gezeigt werden, dass es sich hier keineswegs um eine neue Erkenntnis handelt, auch wenn diese bis heute von zahlreichen Erdbebennormen noch nicht hinreichend gewürdigt wird. Das Beben von Caracas war von mittlerer Stärke mit einer Richter-Magnitude von 6,4. Das Epizentrum lag etwa 55 km von Caracas entfernt. Es bewirkte den Einsturz von vier 10- bis 12-stöckigen Hochhäusern und den Einsturz der obersten 4 Stockwerke des 12-stöckigen Charaima-Hauses in Caraballeda, einer Küstenstadt in gleicher Entfernung vom Epizentrum wie Caracas. Bild 7.8 zeigt die berechneten Be-

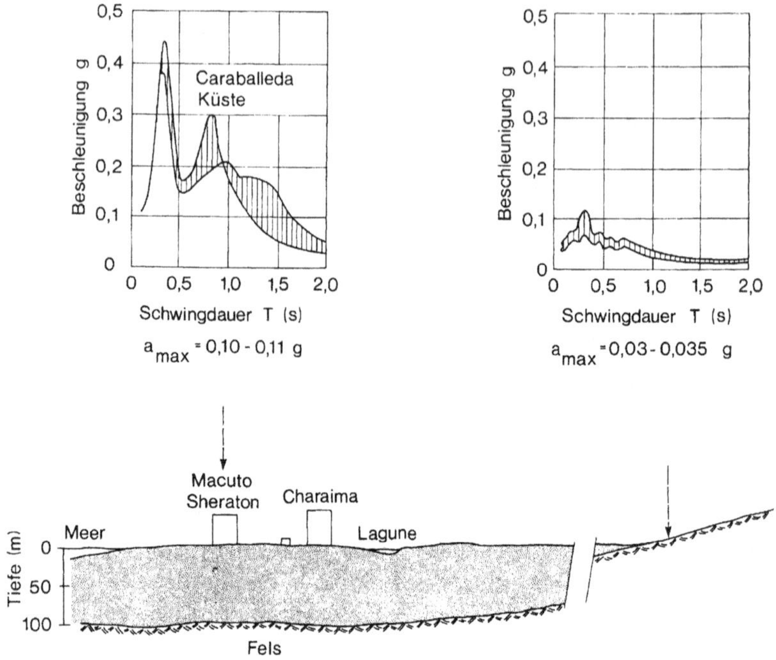

Bild 7.8. Einfluss der Lockergesteinsüberdeckung auf die Antwortspektren des Erdbebens (nach Seed und Alonso, 1974)

schleunigungsantwortspektren für zwei verschiedene Standorte in Caraballeda. Man erkennt die große Verstärkung durch die Lockergesteinsschicht.

Typisch für dieses Erdbeben war, dass die Schäden an einzelnen Gebäudetypen auf relativ kleine Gebiete beschränkt waren. Die vier total zerstörten Gebäude und praktisch alle mehr als 14-stöckigen Gebäude, die Schäden erlitten, lagen in der Gegend von Palos Grandes, im Osten von Caracas mit größerer Mächtigkeit des Lockergesteins. In der gleichen Gegend waren jedoch die Schäden an weniger hohen Gebäuden relativ klein. In anderen Gebieten war das Schadenbild gerade umgekehrt: Starke Schäden an Häusern mit wenigen Stockwerken, geringe Schäden an Häusern mit vielen Stockwerken.

Eingehende Studien zeigten, dass die lokalen Baugrundverhältnisse für dieses Schadenbild verantwortlich gemacht werden konnten. Die Schadenhäufigkeit an Bauwerken einer bestimmten Gebäudehöhe ließ sich eindeutig mit der Mächtigkeit der Lockergesteinsüberdeckung und damit der Grundschwingzeit dieser Bodenschicht korrelieren. Bild 7.9 zeigt diesen Zusammenhang deutlich. Hohe Gebäude haben eine tiefere Eigenfrequenz als kleinere Gebäude. Lockergesteinsschichten von großer Mächtigkeit haben tiefere Eigenfrequenzen als solche von geringer Mächtigkeit. Eine Lockergesteinsschicht wirkt bei einer Erdbebenanregung wie eine Art Filter, indem Bebenfrequenzen in der Nähe der Eigenfrequenzen der Erdüberdeckung angefacht und Frequenzen außerhalb der Eigenfrequenzen abgeschwächt werden.

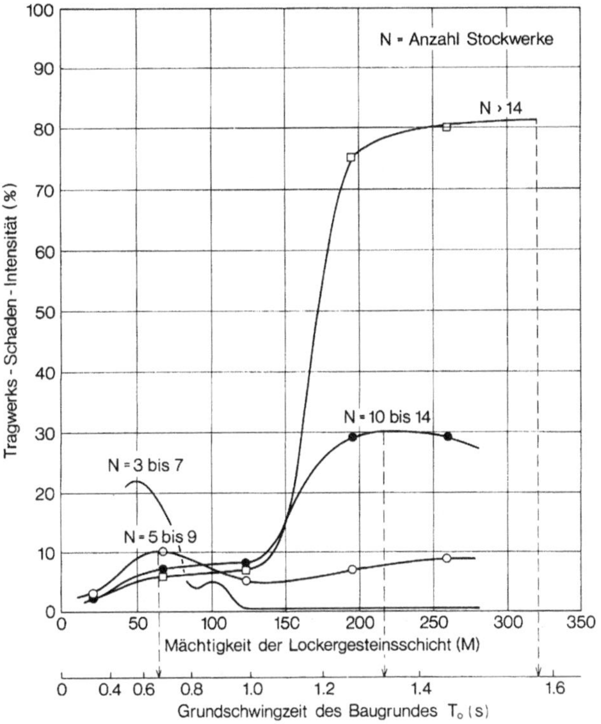

Bild 7.9. Beziehung zwischen Schaden-Intensität und berechneter Grundschwingzeit des Baugrundes (aus Seed und Idriss, 1982)

Die Erfahrungen von Caracas wurden während des Michoacan-Bebens von 1985 in Mexico City in eindrücklicher Weise bestätigt. Ein Teil der Metropole ist auf einer etwa 30 bis 50 m tiefen Seeablagerung aus Ton mit ausgesprochen hohem Plastizitätsindex gebaut. Die Grundfrequenz dieser Seeablagerung liegt im Bereich von 0,5 Hz. Entsprechend kollabierten in erster Linie mittelhohe Gebäude, deren Grundfrequenz in diesem Bereich lagen beziehungsweise infolge zunehmender Schädigung (die Starkbebenphase dauerte außergewöhnlich lange) in diesen Bereich zu liegen kamen.

Einfluss der Nichtlinearität der Bodeneigenschaften

Wie in Kapitel 4 dargestellt, sind die maßgebenden Bodeneigenschaften stark nicht-linear. Aus diesem Grunde wird die Veränderung der Charakteristik der Bodenbeschleunigungen durch eine Lockergesteinsschicht auch von der Stärke des Bebens selbst abhängen. Dies bedeutet, dass von Mikrobeben-Aufzeichnungen nur mit Vorbehalt auf das Verhalten bei Starkbeben geschlossen werden darf.

In den 70er- und 80er-Jahren bestand eine Art wissenschaftlicher Grabenkrieg zwischen Seismologen und Geotechnikern. Die Seismologen waren überzeugt, bei Starkbeben im Wesentlichen dieselben Amplifikationen zu beobachten, wie sie sich auch bei Aufzeichnungen von Mikrobeben ergaben; die von Geotechnikern vor allem in Laborversuchen beobachteten nicht-lineare Materialverhalten schienen sie nicht zur Kenntnis nehmen zu wollen. Andererseits bezweifelten die Geotechniker die Möglichkeit einer Verstärkung der Beschleunigungen im Bereich mittlerer und hoher Frequenzen bereits ab 0,15 g Spitzenbeschleunigung am Fels. Inzwischen haben zahlreiche, instrumentell gut erfasste Starkbeben beide Lager eines besseren belehrt und die Kluft zwischen diesen hat sich im Laufe der 90er-Jahre deutlich verringert.

Es war in erster Linie das Beben von Loma Prieta (1989), welches bei den Seismologen die Diskussion um Nicht-Linearitäten entfachte. Im Epizentralgebiet dieses Bebens ließen sich im hochfrequenten Bereich für Beschleunigungswerte über 0,3 g keine Amplifikationen mehr feststellen. Andererseits führten die signifikanten Amplifikationen in der San Francisco Bay - wie auch die Erfahrungen von Mexiko City (1985) - dazu, frühere Vorstellungen drastisch zu revidieren (Idriss, 1990). Die in Bild 7.10 dargestellte empirische Beziehung zwischen den Spitzenbeschleunigungen auf Lockergestein und Fels lässt nun erwarten, dass bis zu einem Wert von 0,4 g die Spitzenbeschleunigung auf Lockergestein im Mittel höher ausfällt als auf Fels; zuvor war das „Crossover"-Niveau bei etwa 0,13 g (Seed und Idriss, 1982) angenommen worden.

In Einzelfällen können auch wesentlich höhere Amplifikationen auftreten, als Bild 7.10 erwarten ließe. In Kobe (1995) wurden an zwei Stellen auf mittelsteifem Alluvium Spitzen-Bodenbeschleunigungen von 0,8 g gemessen, während ein auf Fels befindliches Gerät in unmittelbarer Nähe nur einen Wert von 0,31 g anzeigte.

Je nach Dicke und Art der Lockergesteinsschicht ist zu erwarten, dass nichtlineare Effekte ab Beschleunigungsniveaus für Fels von 0,1 bis 0,2 g beginnen, signifikant zu werden. Amplifikationen auch im hochfrequenten Bereich sind aber trotz zunehmender Nicht-Linearitäten noch bis zu Beschleunigungswerten auf Fels von 0,3 bis 0,5 g möglich. Tendenziell scheinen sich Tone erst bei höheren Beschleunigungswerten signifikant nicht-linear zu verhalten als etwa Sande; dies gilt ganz besonders für Tone mit verhältnismäßig hohem Plastizitätsindex (vgl. Abschnitt 4.2.3).

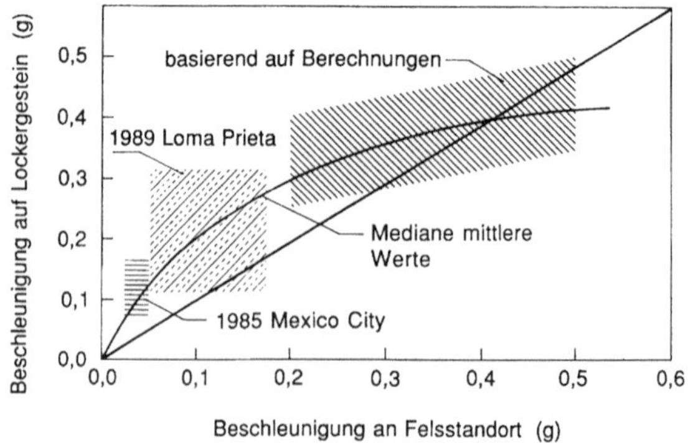

Bild 7.10. Spitzenbeschleunigungen auf Lockergestein im Vergleich zu Spitzenbeschleunigungen an (nahegelegenen) Felsstandorten (nach Idriss, 1990)

Berechnung des Einflusses des lokalen Untergrundes

Im Falle eines einigermaßen horizontalen Schichtaufbaus mit relativ großer horizontaler Ausdehnung kann das Modell der sich vertikal fortpflanzenden Scherwelle verwendet werden (Bild 7.11). Dieses einfache Modell entspricht dem in Kapitel 3.1 behandelten. Allerdings kann bei diesem Modell nur eine Komponente der Erdbebenanregung auf einmal behandelt werden. Oft beschränkt man sich auf die explizite Berechnung der stärkeren horizontalen Komponente. Ist man auch an der vertikalen Komponente interessiert, sollte diese als vertikal aufsteigende P-Welle berechnet werden.

Für eindimensionale Berechnungen existieren zahlreiche Computerprogramme, die in ihrer Mehrzahl aus den 70er-Jahren stammen. Wohl am meisten verwendet wird SHAKE (Schnabel et al. 1972). Dieses Programm arbeitet mit linear-äquivalenten Materialparametern, was nicht-lineares Materialverhalten näherungsweise zu erfassen erlaubt (vgl. Kapitel 4.2). Allerdings zeigt die Erfahrung, dass SHAKE im höherfrequenten Bereich, etwa oberhalb von 5 bis 10 Hz, die Wirkung der Dämpfung tendenziell überschätzt. Mittels linear-äquivalenten Bodenparametern können bleibende Deformationen nicht erfasst werden.

Im Falle horizontaler, weicher Schichten auf hartem Untergrund kann die Grundeigenfrequenz des Lockergesteins f_0 mit folgender Formel abgeschätzt werden:

$$f_0 = \sqrt{G^*/\rho^*}/4\,H \tag{7.5}$$

mit:

$$\rho^* = \frac{1}{H} \cdot \sum_{i=1}^{n} \rho_i \cdot H_i \tag{7.6a}$$

$$G^* = \frac{1}{H} \cdot \sum_{i=1}^{n} G_i \cdot H_i, \tag{7.6b}$$

wobei:

H = gesamte Schichtdicke der weichen Schichten (Lockergesteinsüberdeckung),
H_i = Schichtdicke der i-ten Schicht,
G_i = Schubmodul der i-ten Schicht,
ρ_i = Dichte der i-ten Schicht.

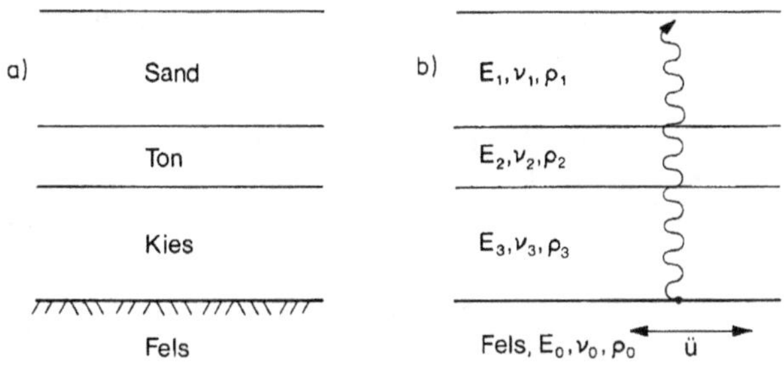

Bild 7.11. Modell für eindimensionale Berechnung des Einflusses der lokalen Geologie

Werden für die Schubmoduli Werte aus Feldversuchen, z. B. Crosshole-Versuchen, eingesetzt, so wird die Frequenz f_0 etwas überschätzt, da die effektiven Schubmoduli mit wachsendem Deformationsniveau abnehmen.

Es ist angezeigt, die Auswirkungen des lokalen Untergrundes genauer zu untersuchen, wenn folgende Bedingungen erfüllt sind:

- das zu projektierende oder zu überprüfende Bauwerk ist im Erdbebenfall wichtig, erlaubt überdurchschnittliche Menschenansammlungen oder weist ein besonderes Gefahrenpotenzial für die weitere Umgebung auf,
- die Bauwerks-Grundfrequenz liegt ungefähr im Bereich von f_0, der Grundfrequenz der Lockergesteins-Ablagerung gemäß (7.5),
- das Impedanzverhältnis q zwischen Felsunterlage und Lockergestein ist ausgeprägt; als Faustregel kann ein Wert größer als etwa 3 angenommen werden (eher größer für weiche Schichten mit hoher Dämpfung, eher kleiner für solche geringer Dämpfung), also

$$q = \frac{\rho_0 \cdot v_0}{\rho^* \cdot v^*} > \approx 3, \quad \text{mit} \quad v^* = \sqrt{G^*/\rho^*} \tag{7.7}$$

wobei

v_0 = Scherwellengeschwindigkeit der Felsunterlage,
v^* = mittlere Scherwellengeschwindigkeit des Lockergesteins,
ρ_0 = Dichte der Felsunterlage.

G^* und ρ^* sind gegeben in (7.6).

Bei nicht horizontaler Schichtung, oder wenn die horizontale Ausdehnung im Verhältnis zur Dicke der Lockergesteinsüberdeckung nicht groß ist, müssten genauere Berechnungen mit Hilfe der Methoden der Boundary Elemente oder Finiten Elemente durchgeführt werden. Doch übersteigt der hierzu notwendige Aufwand den für eine eindimensionale Berechnung notwendigen um ein Vielfaches, weshalb solche Berechnungen bis heute weitgehend der Wissenschaft vorbehalten sind. In der Ingenieurpraxis wird gewöhnlich nur eindimensional gerechnet, was aber oft nicht konservativ ist, da seitliche Reflektionen nicht berücksichtigt werden.

Bei verhältnismäßig engen Tälern – mit maximaler Tiefe bis zum Fels von typischerweise mehr als etwa einem Zehntel der Breite der Lockergesteinsfüllung des Tales – können die Amplifikationen der Bodenbeschleunigungen besonders in Talmitte deutlich höher ausfallen als eine eindimensionale Berechnung ergibt. Solch höhere Amplifikationen sind für Frequenzen $f \geq f_0$ zu erwarten, wobei f_0 für die Grundeigenfrequenz des Tales steht. Diese ist geringfügig höher als die Eigenfrequenz einer horizontal ausgedehnten Lockergesteinsablagerung analog zu derjenigen an der tiefsten Stelle des Tales. Die erwähnten Amplifikationen sind entweder auf eine Schubwellenresonanz der gesamten Talfüllung oder aber auf an den Talrändern sekundär entstehende Oberflächenwellen zurückzuführen. Diese Oberflächenwellen führen in der Regel dazu, dass die Starkbebenphase im Bereich der Talfüllung im Vergleich zu benachbarten Felsstandorten deutlich länger dauert – im Extremfall bis um einen Faktor 2 und mehr. Einen guten Einblick in die zu erwartenden Phänomene bieten Chávez-García und Faccioli (2000).

Ein gefürchtetes Phänomen sind die sogenannten Tal- oder Beckenrandeffekte („basin edge effects"). Diese entstehen bei einer konstruktiven Interferenz zwischen von der Tiefe her einfallenden Raumwellen und am Talrand sekundär entstehenden Oberflächenwellen. Dieses Phänomen bewirkte beispielsweise beim Erdbeben von Kobe (1995), dass sich ein langgezogener, etwa parallel zum Beckenrand verlaufender Streifen ergab, in dem die weitaus stärksten Gebäudeschäden zu beobachten waren. Eine grobe Abschätzung des Ausmaßes solcher Beckenrandeffekte ohne allzu großen Aufwand erlaubt die Veröffentlichung von Paolucci und Morstabilini (2006).

In der Nähe der Talflanken ergeben sich oft geringere Amplifikationen als in Talmitte; möglich sind aber auch, je nach Topographie des Felsuntergrundes, starke Amplifikationen bei verhältnismäßig hohen Frequenzen. Gelegentlich ist auch ein anderer, sehr lokaler Effekt zu beobachten: Im Fall ausgeprägter lateraler Diskontinuität enstehen größere differentielle Verschiebungen, und zwar auf der „weichen" Seite der Diskontinuität und typischerweise auf einen Streifen von weniger als hundert Metern beschränkt. Dies kann lokal zu höheren Bauschäden führen als in der unmittelbaren Umgebung.

Das Hauptproblem bei Berechnungen lokaler Amplifikationen ist die Unsicherheit in der Kenntnis des Untergrundes, sowohl was dessen Aufbau in größerer Tiefe wie auch was dessen Materialkennwerte anbetrifft. Geotechnische Standardberichte enthalten gewöhnlich keine dynamischen Kennwerte (v_s, D, etc.) und oft lässt das Projektbudget auch keine zusätzlichen dynamischen Untersuchungen zu. Dynamische Kennwerte müssen deshalb häufig aufgrund geotechnischer Beschreibungen geschätzt werden. Oft werden empirische Relationen zwischen Scherwellengeschwindigkeiten und Anzahl Schlägen N von Standard Penetration Tests (SPT) verwendet, die sich ohne großen Aufwand durchführen lassen. Solche Relationen sind bei inhomogenen Böden allerdings mit größter Vorsicht anzuwenden.

Die Unsicherheiten in der Kenntnis des Untergrundes sind rechnerisch über Parametervariationen abzudecken. Eine weitverbreitete Praxis ist beispielsweise, die „besten Schätzwerte" der Schubmoduli einmal mit einem Faktor zu multiplizieren und einmal zu dividieren, und so gesamthaft drei Rechenläufe durchzuführen. Basieren die wichtigsten Schubmodulwerte auf dynamischen Feld- oder Labormessungen, genügt ein Faktor 1,5 (d.h. zirka 20% Variation der Scherwellengeschwindigkeiten); basieren sie hingegen auf Schätzungen, etwa aufgrund von SPT-Werten, so ist ein Faktor 2 angezeigt. Gewöhnlich wird dann ein die so erhaltenen Resultate umhüllendes Spektrum als relevant betrachtet. Genauso wichtig wie die Variation der Schubmodul-Ausgangswerte wäre im Grunde genommen auch eine Variation des nichtlinearen Materialverhaltens oder der Profilgeometrie. Es ist im Einzelfall Erwägenssache, welche Parameter am sinnvollsten zu variieren sind, um die Kenntnisunschärfen vernünftig abzudecken.

Eine Möglichkeit, die erwähnten Unschärfen etwas einzuschränken, bietet die H/V-Methode, auch Methode von Nakamura genannt (Nakamura, 1989).

Sie erlaubt es, die Grundfrequenz einer Lockergesteinsablagerung - für sehr geringe Deformationen - mit bescheidenem Aufwand experimentell zu bestimmen. Die Anfänge dieser Methode gehen auf Beobachtungen verschiedener japanischer Seismologen in den 60er- und 70er-Jahren zurück, aber erst die in englischer Sprache verfasste Publikation von Nakamura (1989) fand ein internationales Echo. Die japanischen Seismologen haben beobachtet, dass das Verhältnis der Fourierspektren zwischen horizontaler und vertikaler Komponente, „Verhältnis H/V“ genannt, an der Stelle der Grundfrequenz für Scherwellen systematisch ein Maximum aufweist. Dies gilt sowohl für Messungen von Mikrobeben wie auch, und dies ist für die Praxis besonders interessant, für Aufzeichnungen der „natürlichen“ Bodenunruhe („ambient noise“ oder zutreffender „ambient vibrations“), die im tieffrequenten Bereich (< 1 Hz) in erster Linie auf die Brandung an den Meeresküsten und auf Wind und bei höheren Frequenzen auf menschliche Aktivitäten zurückzuführen ist.

Die Kenntnis der Grundfrequenz einer Lockergesteinsablagerung ermöglicht eine kostengünstige Ajustierung beziehungsweise Einschränkung der sinnvollen Parametervariationen eines Rechenmodelles, da experimentelle und (für kleine Deformationen) rechnerische Grundfrequenz übereinstimmen sollten. Die scheinbare Einfachheit der H/V-Methode verleitet oft zu einer unsachgemäßen Anwendung, sowohl was die Messungen als auch was deren Interpretation anbetrifft. Im Rahmen eines europäischen Forschungsprojektes mit 14 beteiligten Institutionen wurden deshalb die Grundlagen der Methode eingehend untersucht und praxisorientierte Richtlinien für deren Anwendung ausgearbeitet (SESAME, 2004). Diese Richtlinien definieren konkrete Anforderungen an die Qualität der eigentlichen Messungen und weisen auf die „Fallstricke“ hin, die zu Fehlinterpretationen der H/V-Verhältnisse führen können. Insbesondere wird mit Nachdruck empfohlen, dass alle mit vernünftigem Aufwand beschaffbaren geologischen und geotechnischen Kenntnisse des Untergrundes zur Interpretation der H/V-Verhältnisse beigezogen werden sollten. Die Befolgung der erwähnten Richtlinien stellt eine wissenschaftlich einwandfreie Anwendung der H/V-Methode sicher.

Die Amplitude des H/V-Maximums wird gelegentlich als Standort-Amplifikation interpretiert, die bei einem Erdbeben gegenüber einem benachbarten Felsstandort zu erwarten wäre. Diese Interpretation entbehrt jeglicher wissenschaftlichen Grundlage, wie Bild 7.12 eindrücklich darlegt. Lachet und Bard (1994) haben schon Mitte der 90er-Jahre mit Hilfe numerischer Simulationen an 15 verschiedenen Bodenprofilen gezeigt, dass die Frequenz des H/V-Maximums gut mit der Frequenz maximaler Amplifikation vertikal einfallender S-Wellen übereinstimmt (Bild 7.12a), dass aber kaum eine Korrelation zwischen den Amplituden besteht (Bild 7.12b). Diese theoretischen Befunde wurden seither anhand von zahlreichen Messungen an verschiedenen Standorten, für die Erdbebenaufzeichnungen vorliegen, bestätigt. Während sich in der Regel, von wenigen Ausnahmen abgesehen, eine gute Korrelation für die Frequenzen ergibt (Bild 7.12c), lässt sich keine klare Korrelation zwischen den Amplituden nachweisen (Bild 7.12d). Es kann einzig festgehalten werden, dass das H/V-

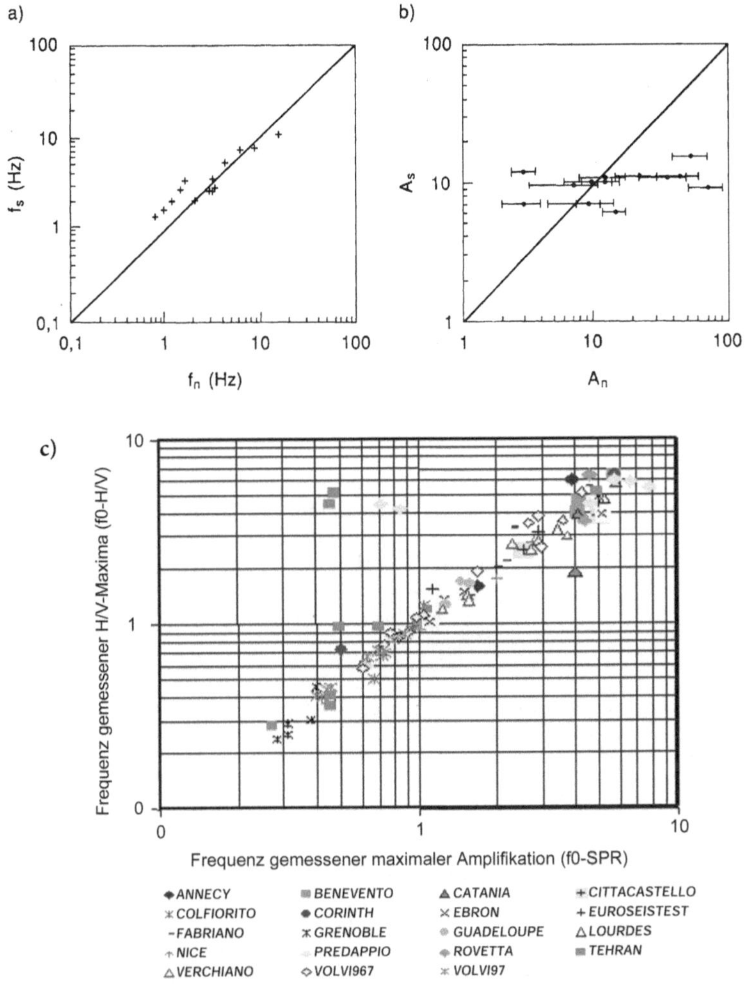

Bild 7.12. **a** Vergleich der Resonanzfrequenz für vertikal einfallende, ebene S-Wellen (f_s) mit der Frequenz des H/V-Maximums (f_n): gute Übereinstimmung (Lachet und Bard, 1994); **b** Vergleich der Amplifikation vertikal einfallender S-Wellen (A_S) mit der Amplitude des H/V-Maximums (A_n): schlechte Korrelation (Lachet und Bard, 1994); **c** Vergleich der Frequenz gemessener maximaler Amplifikation horizontaler Bodenbewegungen bei Erdbeben (f0-SPR) für 19 Standorte mit der Frequenz gemessener H/V-Maxima (f0-H/V): gute Übereinstimmung (SESAME, 2004);

d)

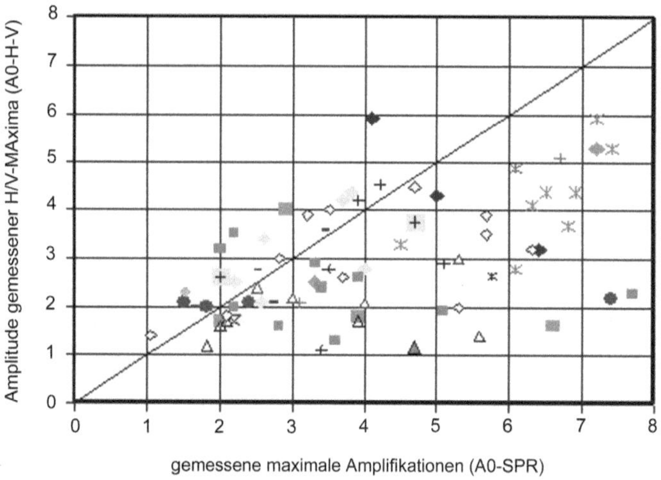

Bild 7.12. d Vergleich der gemessenen maximalen Amplifikationen horizontaler Bodenbewegungen bei Erdbeben für 19 Standorte (AO-SPR) mit der Amplitude gemessener H/V-Maxima (AO-H/V) : schlechte Korrelation (SESAME, 2004)

Maximum oft - aber nicht immer - die Amplifikation des Fourierspektrums (und nicht etwa des Antwortspektrums) der horizontalen Bodenbewegungen bei einem Erdbeben unterschätzt. Die Amplitude des H/V-Verhältnisses ist einzig ein qualitativer Hinweis: Je deutlicher ein Maximum aus dem übrigen Bereich herausragt, desto ausgeprägter ist in der Regel der Impedanzsprung beim Übergang vom Lockergestein zum Fels.

Bei stark geneigter Felsoberfläche werden unter Umständen keine klaren H/V-Maxima gefunden, auch wenn beim Übergang zwischen Lockergestein und Fels ein ausgeprägter Impedanzsprung vorhanden ist.

Einfluss der Topographie

Sowohl makroseismische Studien historischer Erdbeben wie instrumentelle Untersuchungen zeigen, dass ausgeprägte topographische Elemente die Bodenbewegungen bei Erdbeben merklich beeinflussen. Auf Bergkämmen oder längs der oberen Kante von Klippen werden systematisch Verstärkungen, in engen Tälern, am Fuß steiler Bergketten oder längs der unteren Kante von Klippen Abschwächungen am Felshorizont beobachtet. Die Amplifikationen sind breitbandiger als bei Resonanzphänomenen von weichen Schichten, aber trotzdem häufig in ihrer Bandbreite beschränkt. Die spektralen Amplifikationsfaktoren übersteigen nur selten einen Wert von 2 bis 3 in Bezug auf einen Referenzfall ohne topographische Besonderheit (ebene Oberfläche). Man findet in der Literatur zwar höhere Werte, die sich dann aber meistens auf das Verhältnis zwischen Bergkamm und Bergfußbereich beziehen, so dass die verstärkten Bewegungen mit abgeschwächten verglichen werden.

Nach heutigem, noch lückenhaftem Kenntnisstand spielen bei den topographischen Einflüssen die folgenden physikalischen Phänomene eine Rolle:

- die Fokussierung oder Defokussierung von aus der Tiefe eintreffenden Wellen an der „gekrümmten" Oberfläche,
- die Sensitivität des Reflexionsverhaltens eintreffender Wellen in Bezug auf deren Einfallswinkel, insbesondere bei SV-Wellen (vertikal polarisierten S-Wellen),
- die Streuung (Diffraktion) eintreffender Wellen an der topographischen „Unregelmäßigkeit", was Interferenzen zwischen diesen eintreffenden und den diffraktierten auslaufenden Wellen ergibt und vor allem längs von Berghängen zu ausgeprägteren differenziellen Bewegungen führen kann.

Bild 7.13 zeigt ein von Pedersen et al. (1994) untersuchtes Beispiel einer sehr steilen Klippe in den französischen Alpen. Mit Hilfe von fünf Seismometern

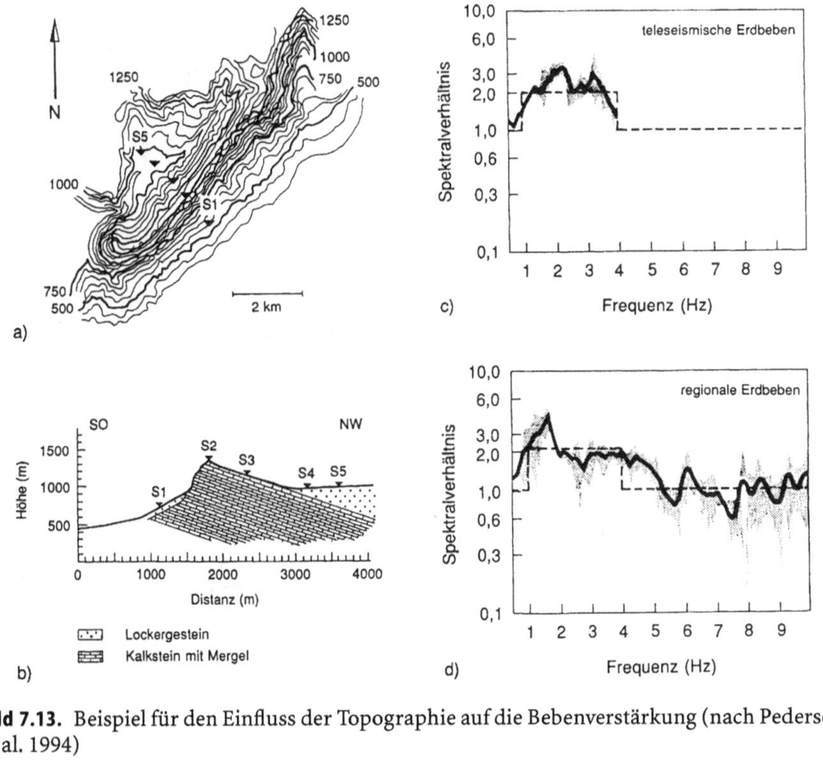

Bild 7.13. Beispiel für den Einfluss der Topographie auf die Bebenverstärkung (nach Pedersen et al. 1994)

links: Geometrie des Mont St-Eynard (**a**) Höhenkurven und (**b**) Schnitt mit den Standorten der seismischen Stationen;

rechts: beobachtete spektrale Verhältnisse (S2/S3) mit Standardabweichung (schattierter Bereich) für teleseismische (**c**) und regionale (**d**) Erdbeben. Gestrichelt ist die rechnerische Amplifikation gemäß Faustformel (7.8) eingezeichnet wurden sieben teleseismische d ≥ 3000 km und fünf regionale d ≤ 1000 km Erdbeben registriert und ausgewertet. Wie sich herausstellte, verstärkten die Lockergesteinsablagerungen bei den Stationen S1, S4 und S5 die Bodenbewegungen viel stärker, als dies auf dem Grat (S2) infolge der Topographie der Fall war. Bild 7.13 zeigt deshalb die spektralen Verhältnisse für die Stationen S2 und S3, beide auf Fels, für die horizontale Ost-West-Komponente (EW), die etwa in einem Winkel von 45° zum Grat orientiert ist; S3 auf halber Höhe kann in grober Näherung als einigermaßen „neutrale" Station betrachtet werden. Die beobachteten Amplifikationen überschreiten den Wert von 3 kaum und bleiben im Übrigen auf Frequenzen von etwa 1 Hz bis gut 4 Hz beschränkt.

Theoretische Modellierungen führen gewöhnlich auf Resultate, die qualitativ, aber bei weitem nicht immer quantitativ mit den Beobachtungen in der Natur übereinstimmen. Oft unterschätzen Berechnungsversuche experimentell belegte Amplifikationen (selten umgekehrt), ohne dass die Gründe hierzu klar wären. Mögliche Erklärungen sind zusätzliche Einflüsse wie etwa Interferenzen mit benachbarten Bergen und Tälern oder in der Berechnung vernachlässigte dreidimensionale Einflüsse. Wichtig könnten auch nicht erkannte, vor allem im Kammbereich ausgebildete Felsverwitterungen sein, welche dem geometrischen Effekt einen solchen einer weicheren Oberflächenschicht überlagern könnten.

Der heutige Kenntnisstand erlaubt es noch nicht, dem Ingenieur einfache, wissenschaftlich abgestützte quantitative Formeln für topographische Amplifikationsfaktoren anzugeben. Deshalb werden auch topographische Effekte bis heute in den meisten Baunormen nicht berücksichtigt. Dieser Zustand ist allerdings insofern unbefriedigend, als das Vorhandensein dieser Einflüsse unbestritten ist und sich diese qualitativ doch einigermaßen voraussagen lassen.

Aki (1988) hat eine Faustformel vorgeschlagen, die vom einfachen Fall von SH-Wellen (horizontal polarisierter S-Wellen) ausgeht, die vertikal von unten auf einen langen Bergkamm oder ein langes Tal eintreffen (vgl. Bild 7.14). Bilden Bergkamm oder Tal einen Winkel von $\alpha \cdot \pi$, so ergibt sich in Bezug auf den

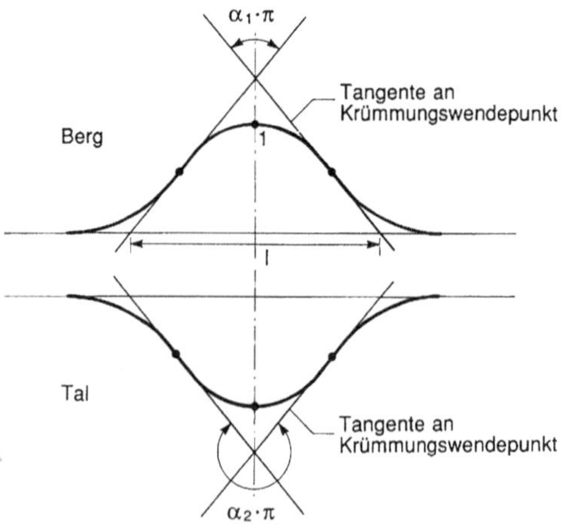

Bild 7.14. Definition der in der Faustformel (7.8) verwendeten topographischen Parameter

Fall einer Ebene theoretisch ein frequenzunabhängiger Amplifikations- oder Desamplifikationsfaktor A von

$$A = 1/\alpha \tag{7.8a}$$

Zahlreiche numerische Modellierungen wie auch instrumentelle Aufzeichnungen haben gezeigt, dass sich der Einfluss der Topographie vor allem bei Wellenlängen bemerkbar macht, die etwa der Basisbreite l (vgl. Bild 7.14) der topographischen Besonderheit entsprechen. Es ist deshalb vernünftig, die mit (7.8a) berechnete Amplifikation auf etwa folgendes Frequenzband zu beschränken:

$$v_s/2l < f < 2v_s/l, \tag{7.8b}$$

wobei v_s für die Scherwellengeschwindigkeit steht. Diese Faustformeln dürften im Allgemeinen die topographischen Einflüsse unterschätzen; trotzdem liefern sie in qualitativer Hinsicht und meist auch größenordnungsmäßig Korrekturwerte, mit denen man der Realität näher kommt als bei völliger Vernachlässigung der topographischen Einflüsse.

Wendet man diese Faustformeln auf das Beispiel von Bild 7.13 an, so ergibt sich mit l = 1400 m und v_s = 2800 m/s ein Amplifikations-Frequenzband von 1 Hz bis 4 Hz und ein Amplifikationsfaktor von 2. Wie ersichtlich, wird die Amplifikation im zentralen Bereich um 2 Hz etwas unterschätzt, doch ergibt sich größenordnungsmäßig, insbesondere auch bezüglich relevantem Frequenzbereich, eine einigermaßen befriedigende Übereinstimmung.

Nur sehr ausgeprägte topographische „Unregelmäßigkeiten" führen zu signifikanten Einflüssen auf die Bodenbewegungen, so dass man in der Ingenieurpraxis selten mit diesem Problem konfrontiert ist. An potenziell empfindlichen Stellen findet man am ehesten Fernmeldetürme, touristische Infrastrukturanlagen und natürlich alte Burgen und Schlösser.

7.3 Vorgehenskonzepte zur Ermittlung von Erdbebenbemessungsgrößen

Große Erdbeben sind seltene Ereignisse mit einem großen Gefährdungspotenzial. Auf welchem Sicherheitsniveau dieser Gefährdung begegnet werden soll, kann wissenschaftlich nicht definiert werden, sondern ist ein gesellschaftspolitischer Entscheid (vgl. Studer und Koller, 1994).

Für Anlagen mit erhöhtem Gefährdungspotenzial (Kernkraftwerke, große Talsperren, etc.) ist das für die Auslegung maßgebende Erdbeben realistisch festzulegen. Es hat sich in der Praxis durchgesetzt, als Sicherheitsbeben nicht das weltweit maximal mögliche Erdbeben, sondern das maximal denkbare Erdbeben (Maximal Credible Earthquake, MCE) für den Standort zu wählen. In seismisch stark aktiven Gebieten kann das MCE im Allgemeinen aus den seismischen Daten abgeleitet werden. Die Wiederkehrperiode eines solchen Ereignisses wird in der Regel einige tausend Jahre betragen. In seismisch wenig aktiven Gebieten haben sich für die sicherheitsrelevanten Teile dieser Bauten Wiederkehrperioden von 10^4 bis 10^5 Jahren für das Bemessungserdbeben durchgesetzt.

Zur Ermittlung der maßgebenden Erdbeben (MCE) sind sorgfältige wissenschaftliche Abklärungen unabdingbar, da in vielen Gegenden die Beobachtungsdauer der Erdbebenaktivität kurz ist. In seismisch wenig aktiven Gebieten wird die Wiederkehrperiode des MCE für Bauten mit erhöhtem Gefährdungspotenzial oft in der Größenordnung von 10^4 Jahren gewählt. Die Beobachtungsdauer der historischen Seismizität hingegen beträgt auch bei günstigen Verhältnissen nur wenige 100 Jahre. So beträgt zum Beispiel die Wahrscheinlichkeit $P_t(n)$, ein Erdbeben mit einer mittleren jährlichen Auftretensrate von $\lambda = 10^{-4}$ [1/a] in einem Zeitraum t von z.B. 500 Jahren einmal zu beobachten, nur 4,8 %:

$$P_t\,(n) = P_{500}\,(1) = \lambda\, t\, e^{-\lambda t} = 0{,}048 \tag{7.9}$$

„Normale" Bauten werden im Allgemeinen auf eine Wiederkehrperiode der Erschütterung von 475 Jahren ausgelegt; dies bedeutet, dass die Wahrscheinlichkeit 10 % beträgt, dass eine Erschütterung der betrachteten Stärke oder stärker in 50 Jahren zumindest einmal auftritt.

Auf einen wesentlichen Punkt, der in der Praxis häufig zu Missverständnissen führt, soll kurz hingewiesen werden. Bei einer individuellen Verwerfung kann die Auftretenswahrscheinlichkeit eines Erdbebens einer bestimmten Stärke aufgrund von Beobachtungen hergeleitet werden. Man spricht dabei auch von „Wiederkehrperiode" eines Erdbebens. Wiederkehrperioden in Baunormen oder Resultate einer probabilistischen Gefährdungsberechnung sind hingegen nicht auf einzelne Erdbeben bezogen, sondern zeigen die Auftretenswahrscheinlichkeit („probability of exceedance") einer bestimmten Grösse (z.B. der maximalen Bodenbeschleunigung). Diese kann jedoch verschiedene Erdbeben als Ursache haben.

Das der seismischen Auslegung eines Bauwerkes zugrunde zu legende Bemessungserdbeben ist kein reales Erdbeben, sondern eine Belastungsannahme, die eine angemessene Dimensionierung der Anlage ermöglicht. Das Bemessungserdbeben wird deshalb gegenüber realen Erdbeben unterschiedliche Charakteristiken aufweisen, so zum Beispiel ein frequenzmäßig breiteres Antwortspektrum. Der erste Schritt zur Ermittlung der Bemessungsgrößen für den Standort oder die Region ist eine Gefährdungsanalyse, welche auf einem seismotektonischen Modell im weiteren Umkreis des Standortes basiert. Aus der Gefährdungsanalyse werden unter Wahl eines der Bedeutung des Bauwerkes zugeordneten Sicherheitsniveaus die eigentlichen Bemessungsgrößen, d.h. Bemessungsspektrum und Starkbebendauer, abgeleitet.

Generell lassen sich für seismische Gefährdungsberechnungen deterministische und/oder probabilistische Methoden anwenden, die sich aufgrund der Art und Eigenschaften der zugrunde liegenden Modelle unterscheiden.

7.3.1 Seismotektonisches Modell

Als Grundlage für jede Gefährdungsanalyse ist ein regionales seismotektonisches Modell um den interessierenden Standort zu erstellen. Die Größe der zu untersuchenden Region ist so zu wählen, dass alle den Standort beeinflussenden Erdbebenquellen erfasst sind. Für Anlagen mit besonderem Gefährdungspotential, wie z.B. Kernkraftwerke, ist der zu berücksichtigende Umkreis oft in Regelwerken (z.B. KTA, NRC) vorgeschrieben. Das seismotektonische Modell wird im Allgemeinen von Seismologen oder Geologen allein erstellt. Die Praxis zeigt aber, dass diese oft die Bedürfnisse des Ingenieurs zu wenig kennen. Da das seismotektonische Modell eine der wesentlichen Grundlagen zur Festlegung eines Bemessungserdbebens darstellt, sind Kenntnisse dieser Grundlagen für den Erdbebeningenieur unumgänglich. Ein seismotektonisches Modell umfasst:

- Seismotektonische Störungen, die aufgrund der vorhandenen Daten als seismisch aktiv identifiziert werden können (z.B. Verwerfungen, „punktförmige" Quellen (Vulkane)),
- Gebiete diffuser Seismizität (in denen meistens, jedoch nicht immer, kleinere bis mittlere Erdbeben auftreten), die nicht diskreten linearen oder „punktförmigen" geologischen Strukturen zugeordnet werden können oder in denen die aktiven Strukturen einfach nicht bekannt sind.

Beim Erarbeiten eines seismotektonischen Modells sind alle vorhandenen seismologischen, geophysikalischen und geologischen Daten heranzuziehen. Das Modell soll die vorhandenen Daten weitestgehend reflektieren und erklären. Das im Allgemeinen komplexe seismotektonische Modell wird anschließend, zur einfacheren Bearbeitung, zu räumlich definierten seismotektonischen Provinzen (entsprechend den Gebieten mit diffuser Seismizität) und seismotektonischen Störungen (Verwerfungen) reduziert. Das Ziel dabei ist, Einheiten mit möglichst einheitlichem Erdbebenpotenzial festzulegen. Wie diese Reduzierung im einzelnen vorgenommen wird und wie diese seismotektonischen Provinzen und Störungen charakterisiert werden, hängt vom Typ und den Anforderungen der nachfolgenden Berechnungsmethodik ab. Widersprechen sich einzelne Datensätze, so müssen unter Umständen verschiedene Modelle erarbeitet werden.

Anschließend sind für jede seismotektonische Störung und jedes Gebiet diffuser Seismizität die Wiederkehrperioden der Erdbeben, die maximale Magnitude und die räumliche Verteilung zu ermitteln.

In der Theorie entstehen Erdbeben in Bruchzonen, auch Verwerfungen („faults") genannt. Vergleicht man aber kartierte Verwerfungen mit kartierten Erdbebenherden von instrumentell gemessenen oder beobachteten Erdbebenereignissen, so zeigt sich im Allgemeinen kaum eine Übereinstimmung. Dies rührt daher, dass z.B. Überschiebungen von Gesteinsschichten oder dicke Lockergesteinsüberlagerungen vorhanden sind, welche die Bruchzonen verdecken. Zudem ist die Lokalisierung von Erdbebenherden, namentlich bei historischen Erdbeben vor Beginn der instrumentellen Erfassung, mit einer großen Unschärfe behaftet. Bei seismisch weniger aktiven Gebieten, wie z.B. Europa und den mittleren und östlichen USA, beschränkt man sich in der Praxis deshalb weitgehend auf flächenmäßige seismische Quellzonen, die auf der Basis der beobachteten seismischen Aktivität definiert werden. Auch in seismisch sehr aktiven Gebieten (wie der Türkei oder dem Iran) mit einer Vielzahl von kleineren und größeren Verwerfungen, ist es oft sehr schwierig, die beobachteten Ereignisse eindeutig einer Verwerfung zuzuordnen und damit auch genügend Ereignisse zur Bestimmung der Charakteristiken einer einzelnen Verwerfung zu erhalten. Auch hier zeigt sich, dass die Wahl von flächenmäßigen seismischen Quellen meistens am sinnvollsten ist, wobei die stärksten, eindeutig erkennbaren Verwerfungen als längliche Quellzonen mit einer bestimmten Breite behandelt werden.

Das Erdbebenpotenzial von Verwerfungen kann im Allgemeinen aus der historischen Seismizität, den geologischen Verschiebungsgrößen und -richtungen sowie den Abmessungen der Störung und einem Vergleich mit anderen, ähnlichen Strukturen abgeleitet werden. Wird hauptsächlich auf die Abmessungen der Störung abgestützt, so ist abzuschätzen, welcher Anteil der totalen Abmessungen in einem Einzelereignis bewegt werden kann (vgl. z. B. Wells und Coppersmith (1994)).

Das Erdbebenpotenzial in Gebieten diffuser Seismizität kann aus der historischen Seismizität und den seismotektonischen Charakteristiken abgeleitet werden. Da das Verständnis für die erdbebenrelevanten Abläufe in Gebieten diffuser Seismizität noch mangelhaft ist, wird zur Ermittlung eines realistischen Erdbebenpotenzials auf vergleichbare Erfahrungswerte abgestellt. Namentlich in Gebieten diffuser Seismizität ist es schwierig, das maximale Erdbeben einer Zone zu bestimmen. Es ist deshalb angezeigt, mittels verschiedener Annahmen die Sensitivität der Resultate zu überprüfen.

In der Praxis ist es sehr schwierig, die detaillierten tektonischen Verhältnisse zu bestimmen, weshalb man sich primär auf die Seismizität abstützt.

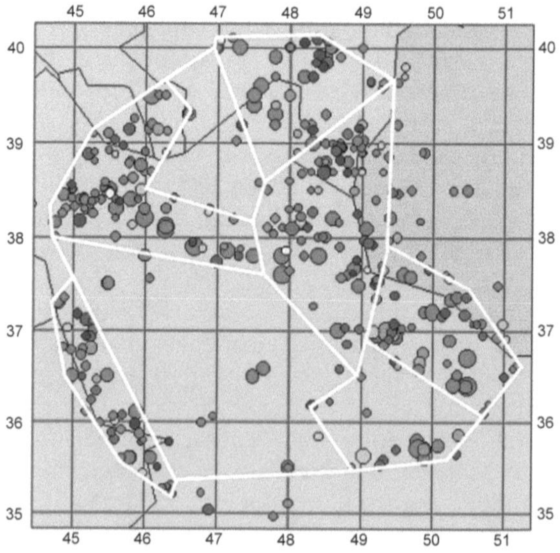

Bild 7.15. Beispiel eines seismischen Quellenmodells für einen Standort im Iran; Standort: D

In diesem Fall ist es deshalb sinnvoller, von einem „seismischen Quellenmodell“ zu sprechen.

Bild 7.15 zeigt ein Beispiel eines seismischen Quellenmodells als Grundlage einer PSHA („**P**robabilistic **S**eismic **H**azard **A**ssessment“) oder DSHA („**D**eterministic **S**eismic **H**azard **A**ssessment“). Die Quelleneinteilung ist relativ grob und folgt im Wesentlichen der Verteilung der historischen Seismizität.

Mit den heutigen Berechnungsmethoden ist es auch möglich, die einzelnen beobachteten Erdbeben mit ihren Unschärfen (Erdbebenstärke, Lage von Epizentrum und Herdtiefe) direkt – ohne Definition von seismotektonischen Provinzen – in eine Gefährdungsberechnung einzuführen (z. B. Egozcue et al. (1991), Rüttener (1995), Woo (1999)). Dies erlaubt, im Vergleich mit den klassischen Methoden, ein realistischeres Erfassen der Gefährdung für Zeiträume, welche kürzer als der Beobachtungszeitraum sind.

7.3.2 Deterministische Methoden (DSHA): Konzept, Vor- und Nachteile

Die deterministischen Methoden wurden zur seismischen Gefährdungsermittlung von Anlagen mit erhöhtem Gefährdungspotenzial (kerntechnische Anlagen, große Talsperren) entwickelt. Zur Festlegung des Bemessungsbebens für normale Bauten eignen sie sich nicht. Grundlage ist ein seismisches Quellenmodell (vgl. Kap. 7.3.1).

Deterministische Analysen verwenden diskrete, eindeutig bestimmte Ereignisse oder Modelle, um die Erdbebengefährdung als Szenario zu beschreiben. Sie sind zuerst für Gebiete mit eindeutig erkennbaren seismotektonischen Strukturen wie Verwerfungen entwickelt worden. Hier lässt sich aufgrund der Abmessungen der seismotektonischen Struktur sowie der Auswertung geologischer Indizien (Schichtversetzungen etc.) das Erdbebenpotenzial und die Aktivität der Verwerfung abschätzen und daraus die Gefährdung eines bestimmten Standorts unter Berücksichtigung der Distanz zwischen Standort und Verwerfung ermitteln.

Für Gebiete mit diffuser Seismizität wird üblicherweise angenommen, dass in dieser seismotektonischen Einheit Erdbeben zeitlich und räumlich gleichmäßig verteilt sind. Heikler ist die Wahl eines maximalen Erdbebens in dieser Einheit. Dies ist wissenschaftlich ohne vertiefte Bearbeitung, wie es bei probabilistischen Methoden üblich ist, nicht möglich. In der Praxis behilft man sich damit, dass man das maximale historische Erdbeben z. B. um eine halbe Magnitude oder um eine Intensitätsstufe erhöht. Dies ist ein subjektiver Ingenieurentscheid und wissenschaftlich schlecht begründbar. Oft wird das maximale Erdbeben mittels einer Gumbel-Extrapolation ermittelt. Man muss sich aber im Klaren sein, dass diese Annahmen nicht unbedingt auf der sicheren Seite liegen.

Ausgehend vom seismischen Quellenmodell gliedert sich die deterministische Gefährdungsanalyse grundsätzlich in folgende Schritte (vgl. Bild 7.16):

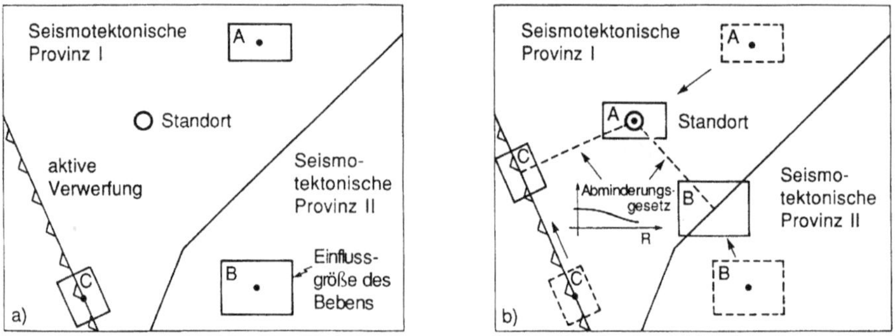

Bild 7.16. Schema zur deterministischen Gefährdungsberechnung

- Bei jeder seismotektonischen Störung (Verwerfung) ist das maßgebende Erdbeben, z. B. das MCE, zu bestimmen.
- Das maßgebende Erdbeben jeder seismotektonischen Provinz wird an die dem Standort nächstgelegene Grenze verschoben.
- In der seismotektonischen Provinz, in welcher der Standort liegt, wird das MCE zu einer festgelegten Distanz zum Standort verschoben. Die Größe der gewählten Distanz muss die Größe des Nahfeldes des maßgebenden Erdbebens berücksichtigen. Der Umkreis um den Standort bei Anlagen mit erhöhtem Gefährdungspotenzial wird im Allgemeinen von den Behörden festgelegt. Er kann wenige Kilometer bis mehrere Dutzend Kilometer betragen. Das Regelwerk des KTA verlangt z. B. das Verschieben direkt an den Standort.
- Über entsprechende Abminderungsbeziehungen sind anschließend die maximalen Bodenbewegungsparameter für die ingenieurmäßigen Berechnungen (max. Beschleunigung, Antwortspektrum, Dauer) zu ermitteln. Den lokalen Untergrundverhältnissen ist dabei Rechnung zu tragen. Je nach Gegebenheiten müssen mehrere Bemessungserdbeben, z. B. Nahbeben (meist relativ hohe Beschleunigungen, hochfrequent, kurze Dauer) und Fernbeben (etwas niedrigere Beschleunigungen, tiefere Frequenzanteile, lange Dauer), ermittelt werden. Die gleiche maximale Standortintensität kann von unterschiedlichen Erdbeben hervorgerufen werden (z. B. starkes Fernbeben, schwächeres Nahbeben).

Oft ist in amtlichen Regelwerken deterministischer Gefährdungsanalysen heute noch die maximale Standortintensität als maßgebender Parameter zu wählen. Modernere Methoden basieren anstelle von Intensitäten auf Magnituden als Datenbasis. Die maximalen Bodenbewegungsparameter werden dann direkt über spektrale Abminderungsbeziehungen ermittelt.

Ein Vorteil der deterministischen Methode ist die leicht zu verstehende Methodik und die Einfachheit des Vorgehens für ingenieurmäßige Zwecke. Im Weiteren ist der Aufwand im Vergleich zur probablistischen Gefährdungsanalyse wesentlich geringer, da man sich auf die größten Erdbeben konzentrieren kann und nicht alle Ereignisse eines Kataloges bearbeiten muss.

Nachteile sind:

- Die Beschreibung der Gefährdung ist auf szenarioähnliche Angaben beschränkt. In den Ergebnissen der deterministischen Analyse werden die Unschärfen im Allgemeinen nicht quantitativ erfasst. Insbesondere wird die starke Variation der Abminderungsbeziehungen in der Regel nicht berücksichtigt, was äußerst problematisch ist und zu einer Unterschätzung der Gefährdung führen kann. Aussagen über die Konservativität der so ermittelten Ereignisse sind nicht möglich.
- Eine Aussage über die Häufigkeit der seismischen Erschütterungen am Standort im Vergleich zur Lebensdauer des Bauwerks ist nicht möglich.

Obwohl in der Praxis gerne angewandt und in verschiedenen Regelwerken (z.B. ICOLD) noch zulässig, sind zahlreiche namhafte Seismologen der Ansicht, dass die deterministische Methode nicht mehr dem heutigen Stand der Technik entspricht. Eine vertiefte Diskussion der Problematik ist z.B. in Bommer (2002) zu finden.

7.3.3 Probabilistische Methoden (PSHA): Konzepte

Probabilistische Gefährdungsberechnungen sind heute Stand der Technik. Die Gefährdungsbeschreibungen umfassen dabei die Auswirkungen aller erdenklichen Erdbeben, die auf einen gegebenen Standort einwirken könnten, und behandeln Unschärfen und Erdbebenhäufigkeiten explizit.

Es bestehen zahlreiche probabilistische Methoden zur Ermittlung der seismischen Gefährdung, die sich zum Teil nur in Details voneinander unterscheiden. Sie lassen sich jedoch in zwei Hauptgruppen einteilen:

- klassische Methoden wie z.B. Cornell (1968), bei denen Regionen mit bekannter zeitlicher und räumlicher Erdbebenverteilung als Grundlage verwendet werden („zoning approach“);
- neuere Methoden wie z.B. Egozcue et al. (1991), Rüttener (1995), Woo (1999), bei denen die Unschärfe in Herdlage, Abminderung und Stärke für jedes Ereignis explizit berücksichtigt wird („zoneless approach“).

Diese Methoden werden dabei von einem sehr breiten Kreis von Wissenschaftern und Ingenieuren bei unterschiedlichen Fragestellungen und daraus resultierenden unterschiedlich komplexen Niveaus angewandt. Zudem sind verschiedene Programme zur Computerberechnung auf dem Markt vorhanden. Dabei zeigten sich in der Praxis die folgenden Probleme:

- Studien von unterschiedlichen Gruppen für unterschiedliche Bedürfnisse zeigen häufig nicht kongruente Resultate für identische Regionen oder Standorte,

- Probabilistische Gefährdungsanalysen können recht kostspielig werden. Auftraggebern fällt es meist schwer, ein der Aufgabenstellung angepasstes Untersuchungsniveau vorzugeben, da im Allgemeinen der Aufwand für die Datenbeschaffung stark unterschätzt wird.

Man muss sich im Klaren sein, dass die Kosten einer probabilistischen Gefährdungsanalyse weitgehend durch die Beschaffung und Verifikation der seismischen, geologischen und geotechnischen Datengrundlage bestimmt wird. Die Erfahrung zeigt aber auch, dass neben dem wissenschaftlichen Verständnis auch vor allem die Fähigkeit der Integration der Daten in Hinblick auf die vorliegende, praktische Aufgabenstellung wichtig ist.

Klassische Methoden der PSHA

Eine deduktive probabilistische seismische Gefährdungsanalyse nach Cornell (1968) besteht aus folgenden vier oder fünf Schritten (siehe Bild 7.17):

1. Definition der seismischen Quellen auf der Grundlage eines seismotektonischen Modells, basierend auf einem Erdbebenkatalog (siehe Kap. 7.3.1).
2. Beschreibung der zeitabhängigen Seismizität jeder Quelle durch Wiederkehrperioden und Zeitreihenmodelle. Jede Zone wird durch folgende Parameter charakterisiert:

   - in der Berechnung zu berücksichtigende minimale und maximale Magnitude
   - Gutenberg-Richter Erdbebenauftretensparameter b, vgl. (7.10)
   - Aktivitätsrate a der Quelle, entsprechend der jährlichen Anzahl Ereignisse mit minimaler Magnitude oder größer, vgl. (7.10)
   - mittlere Herdtiefe

Die Faktoren, welche die zeitliche Verteilung der Erdbeben beeinflussen, sind zwar teilweise bekannt, wie z.B. die Driftgeschwindigkeit der Platten oder die Materialeigenschaften der im Bruchbereich vorhandenen Gesteine. Trotzdem lassen sich mit den heutigen Kenntnissen noch keine zuverlässigen Modelle für die Auftretenswahrscheinlichkeit der Erdbeben in Funktion der Zeit herleiten. Im Allgemeinen wird bei seismischen Gefährdungsberechnungen wegen der einfachen mathematischen Form die Poisson-Verteilung verwendet. Dieses Modell entspricht zwar mit seiner Annahme, dass das Auftreten eines Ereignisses unabhängig von den vorhergegangenen sei, keineswegs den physikalischen Gegebenheiten, doch scheint sich trotzdem oft eine gute Übereinstimmung mit der zeitlichen Verteilung größerer Ereignisse zu ergeben. In neueren wissenschaftlichen Untersuchungen werden Gefährdungsberechnungen unter Berücksichtigung der vorhergegangenen Ereignisse untersucht. Dabei müssen allerdings umfangreiche Abschätzungen über den effektiv vorhandenen Spannungszustand in den Bruchzonen gemacht werden, was wiederum mit großen Unsicherheiten behaftet ist.

Bild 7.17. Schema zur deduktiven probabilistischen Gefährdungsberechnung (nach Cornell 1968)

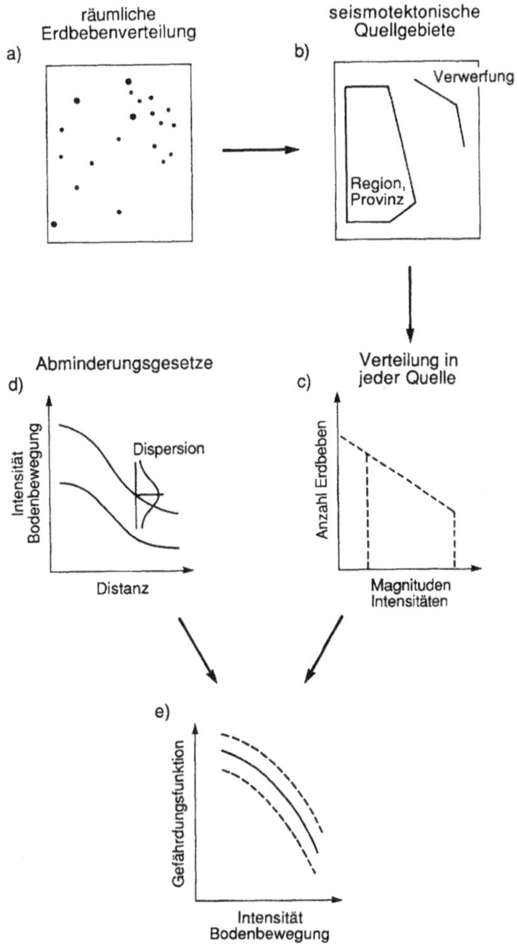

Grundlage für die meisten heute verwendeten Magnituden-Häufigkeitsbeziehungen bildet die von Gutenberg und Richter (1954) vorgeschlagene Beziehung:

$$\text{Log } N(M) = a - bM \qquad (7.10)$$

wobei:

- $N(M)$: jährliche Anzahl Beben mit Magnitude gleich oder größer M
- a: jährliche Anzahl der Erdbeben mit $M > 0$, Maß für Seismizität der Region
- b: relative Häufigkeit der Magnituden. Die Ermittlung des b-Wertes verlangt Erfahrung, da die Datenbasis oft unvollständig ist. Im weltweiten Mittel beträgt der b-Wert etwa 1.

3. Beschreibung der Abminderungsbeziehungen und ihrer Unschärfen (z. B. Douglas 2001/2002). Abminderungsbeziehungen können auf zwei verschiedene Arten abgeleitet werden: Entweder empirisch aus vorhandenen Starkbebenaufzeichnungen, oder theoretisch mittels eines seismologischen Modells, welches synthetische Erschütterungen unter Berücksichtigung der Charakteristiken des Herdes, des Übertragungsweges und des Standortes herleitet. In der Literatur finden sich eine große Anzahl von Abminderungsbeziehungen. Sie unterscheiden sich bezüglich der Herkunft der verwendeten Daten. Moderne Beziehungen enthalten auch Angaben über die Unschärfe. Bei der Wahl der Abminderungsbeziehungen ist auf eine möglichst gute Übereinstimmung mit den seismotektonischen Gegebenheiten des Untersuchungsgebietes zu achten (siehe auch Kap. 7.2.1). Typische Abminderungsbeziehungen zeigt Bild 7.18.
4. Probabilistische Berechnung der Standortgefährdung durch Kombination der Verteilungen aus Schritt 2 und 3.
5. Die erhaltene jährliche Überschreitenswahrscheinlichkeit einer Erdbebenkenngröße setzt sich aus Anteilen verschiedener Erdbeben zusammen. Durch eine sogenannte Magnitude-Distanz-Deaggregation wird das Erdbeben, welches den größten Beitrag zur Gefährdung am Standort leistet, ermittelt. Dieses Resultat ist die Grundlage zur Wahl von sinnvollen Zeitverläufen für nichtlineare Berechnungen der Struktur. Bild 7.19 zeigt das Resultat einer Magnitude-Distanz-Deaggregation.

Seit der Publikation der klassischen Methode durch Cornell im Jahre 1968 sind verschiedene Modifikationen erarbeitet worden. In der ursprünglichen Form wird eine zeitliche Unabhängigkeit der einzelnen Erdbeben zugrunde gelegt (Poisson-Modell; d.h. die Erdbeben sind voneinander unab-

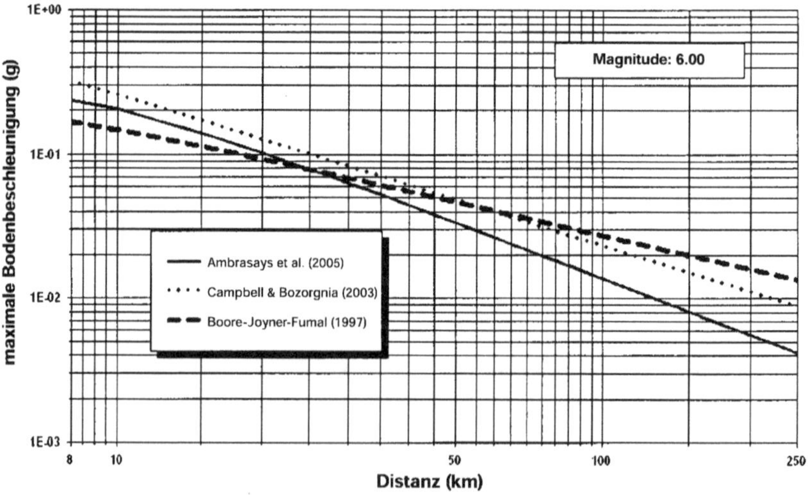

Bild 7.18. Beispiel von typischen Abminderungsbeziehungen für ein Erdbeben der Magnitude 6

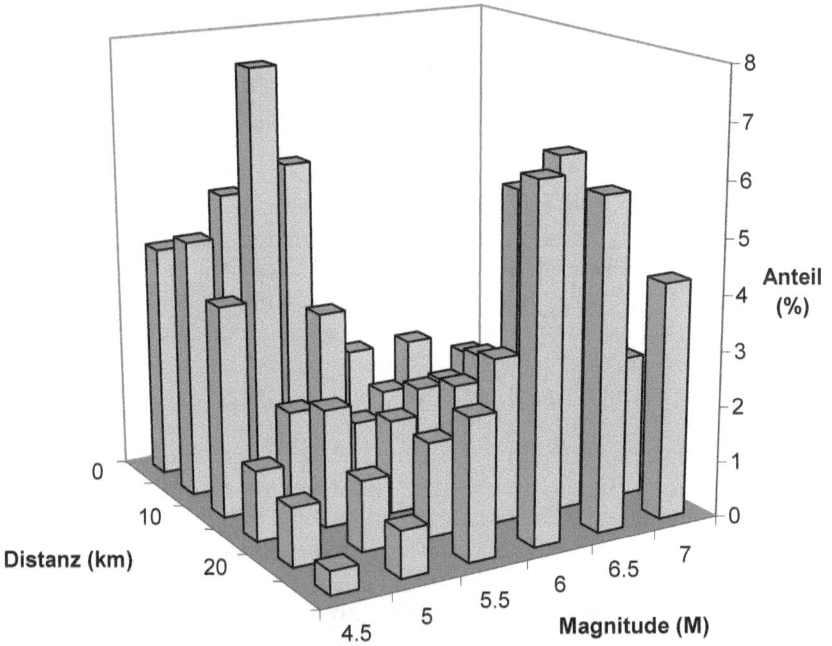

Bild 7.19. Resultat einer Deaggregation. Sie zeigt, welche Erdbeben/Distanz-Paare den größten Beitrag für eine maximale Bodenbeschleunigung von 0.4g leisten

hängig; Vor- und Nachbeben sind im Katalog zu eliminieren). Oft treten Erdbeben jedoch in Schwärmen auf. Dies kann durch ein stochastisches Modell (Vere-Jones, 1970) angenähert werden. Eine weitere Form des klassischen Cornell-Modells besteht darin, das homogene räumliche Auftretensmodell der Erdbeben in der seismotektonischen Provinz durch ein nichthomogenes Modell, in dem die Seismizitätsrate und die maximale Magnitude nicht konstant sind, zu ersetzen. So können räumliche Charakteristiken der Quellregionen (z. B. an den Rändern) berücksichtigt werden.

Bei der Erarbeitung von seismischen Gefährdungskarten benachbarter Länder durch lokale Teams zeigte sich, dass infolge unterschiedlicher Interpretationen der geologischen und seismischen Daten sowie der Anwendung unterschiedlicher Berechnungsansätze teilweise unterschiedliche Resultate in gemeinsamen Grenzbereichen erhalten wurden. Deshalb wurde verschiedentlich versucht, eine gewisse Homogenisierung mittels einer gemeinsamen Datenbearbeitung durch internationale Teams zu erzielen. Die größten Projekte dieser Art sind wohl GSHAP (Shedlock et al., 2000) oder SESAME (Jimenez et al., 2003). Auch bei der Bearbeitung der seismischen Gefährdung im Zusammenhang mit der Überprüfung der Kernanlagen in den seismisch weniger aktiven Gebieten der mittleren und östlichen USA zeigte sich, dass infolge der großen Unsicherheiten in den geologischen Daten und deren Modellierung stark unterschiedliche Interpretationen durch verschiedene Experten möglich sind. Im Auftrag der NRC überprüfte deshalb ein „Senior Seismic Hazard Analysis Committee" (SSHAC) die seit den 80er-Jahren in den USA durchgeführten probabilistischen Studien und erarbeitete Empfehlungen (NUREG/CR-6372-V19) zur Verbesserung des Standes der Technik. Die wesentliche Erkenntnis war, dass Unterschiede in den Ergebnissen einer PSHA mehr durch das generelle Vorgehen und weniger durch die technischen Details begründet waren. Sie erarbeiteten deshalb Empfehlungen bezüglich dem Vorgehen und der Rolle von Experten in solchen Studien. Dabei werden vier mögliche Untersuchungsniveaus unterschieden. Die entsprechenden Niveaus berücksichtigen mit unterschiedlichem Umfang den Kenntnisstand der „Wissensgemeinschaft" (was grundsätzlich alle zur Zeit bekannten Methoden umfasst), benötigen dazu aber einen stark unterschiedlichen Aufwand:

- Niveau 1: Der Projektverantwortliche ermittelt und bewertet die Daten und Modelle auf Grund einer Literaturstudie und seiner eigenen Erfahrung. Er diskutiert die Daten und Resultate informell mit Fachkollegen. Er schätzt die Unschärfen basierend auf seiner Erfahrung mit verschiedenen Methoden.
- Niveau 2: Der Projektverantwortliche stützt sich zusätzlich auf Kontakte mit verschiedenen Experten, um offene Fragen und Interpretationen bezüglich Daten und Methoden sowie Unschärfen formell individuell zu diskutieren.
- Niveau 3: Der Projektverantwortliche organisiert zusätzlich gemeinsame Workshops mit den Experten, um zusammen Daten und Methoden zu diskutieren, und erarbeitet darauf basierend seine Interpretation und erforscht die Unschärfen.
- Niveau 4 unterscheidet sich von den andern dadurch, dass ein formaler Panel von Experten den Kenntnisstand der „Wissensgemeinschaft" darstellt. Dies führt zu einer umfassenderen Berücksichtigung des Kenntnisstandes der „Wissensgemeinschaft". Dabei wird aber auch der Aufwand wesentlich gesteigert. Die Experten führen eine gegenseitige Begutachtung durch. Die Modelle werden dann mittels eines logischen Baumes miteinander verknüpft.

Die meisten Studien werden in der Praxis durch Einzelpersonen oder Gruppen durchgeführt. Dies entspricht den Niveaus 1 bis 3. Das heißt, es wird im Allgemeinen nicht die gesamte Wissensbasis abgedeckt. Im ungünstigsten Fall wird lediglich subjektiv bewertet und entschieden. Untersuchungen streng auf Niveau 4 existieren bis 2006 erst zwei, das Yucca Mountain Projekt (USA, Endlager Hochradioaktiver Abfälle, 2002) und das PEGASOS Projekt (Schweiz, Überprüfung der Gefährdung der Kernkraftwerke, 2004).

Behandlung der Unschärfen

Wie oben gezeigt wurde, sind in der Praxis verschiedene Interpretationen der seismotektonischen Daten möglich, ebenso bei der Wahl der Abminderungsbeziehungen sowie bei den Standortseigenschaften. Es sind deshalb Parameterstudien mit unterschiedlichen Kombinationen von seismotektonischen Modellen, Abminderungsbeziehungen und Standorteigenschaften durchzuführen. Die Erfahrung zeigt, dass die Wahl der Abminderungsbeziehungen den größten Einfluss auf die Resultate hat. Das Bemessungserdbeben ist schließlich mittels Ingenieurentscheid oder besser mit Hilfe eines logischen Baumes zu ermitteln. Bild 7.20 zeigt dazu ein einfaches Beispiel. Damit lassen sich Unschärfen besser erfassen. Im Allgemeinen werden die logischen Bäume relativ komplex und groß.

Da bei Gefährdungsanalysen eine Vielzahl von Annahmen notwendig ist und verschiedene Interpretationen von Daten möglich sind, ist auf eine klare Transparenz der Berechnung und der Darstellung der Resultate zu achten.

Es wird zwischen „epistemischer" und „aleatorischer" Unschärfe unterschieden:

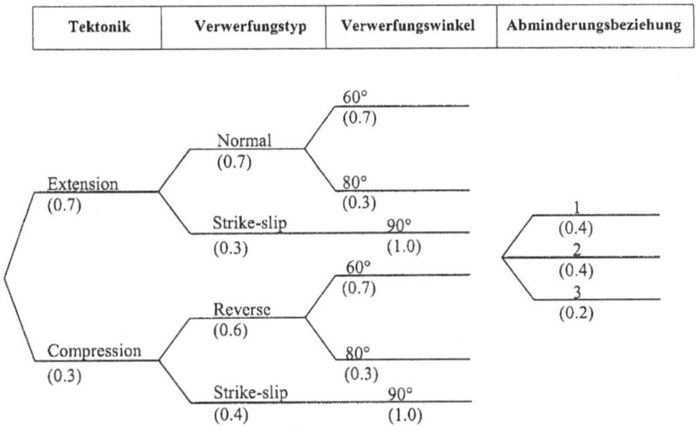

Bild 7.20. Beispiel eines einfachen logischen Baumes, mit welchem der Einfluss der angenommenen Tektonik („Extension" oder „Compression"), des Verwerfungstyps („Normal" oder „Strike-slip" bei „Extension", „Reverse" oder „Strike-slip" bei „Compression"), des Verwerfungswinkels (Einfallswinkel 60° oder 80° für „Normal" oder „Reverse", 90° für „Strike-slip") und der gewählten Abminderungsbeziehung (im Beispiel Nummer 1 bis 3) untersucht wird. Jeder Ast des logischen Baumes muss gewichtet werden, wobei die Summe der Gewichtungen bei jeder Verzweigung 1 ergeben muss. Im Beispiel sind die Gewichtungen bei jedem Ast in Klammern angegeben. Der logische Baum wird von links nach rechts durchlaufen, wobei verschiedene Pfade möglich sind, in Funktion der gewählten Verästelung. Unter der Annahme, dass die verschiedenen Einflüsse unabhängig voneinander sind, ergibt sich die Gesamtgewichtung jedes einzelnen Pfades durch Multiplikation der entsprechenden Gewichtungen. Beispielsweise ergibt sich in Bild 7.20 die Gesamtgewichtung für eine Verwerfung des Typs „Reverse" mit Einfallswinkel 60° und der 3. Abminderungsbeziehung zu $0{,}3 \cdot 0{,}6 \cdot 0{,}7 \cdot 0{,}2 =$ 2.52%

- Die epistemische Unschärfe wird durch mangelndes Wissen über den physikalischen Vorgang bei einem Bruchprozess verursacht. Um die Natur berechenbar zu machen, muss stets eine Modellvorstellung erarbeitet werden. Diese Modellvorstellung wird jedoch die Komplexität der Wirklichkeit nie vollständig widerspiegeln können.
- Die aleatorische Unschärfe ergibt sich aus der erratischen Natur des Bruchvorganges bei einem Erdbeben. Bei einem Erdbeben mit vorgegebener Magnitude sind Bruchgeometrie und Bruchdynamik nicht vollständig festgelegt. Ebenso tragen Übertragungsweg und Standorteffekte zur aleatorischen Unschärfe bei.

In der Praxis geben Parameterstudien Hinweise auf den Einfluss der aleatorischen Unschärfe. Pragmatisch werden in der Praxis alle Unschärfen, die nicht mit vertretbarem Aufwand zu reduzieren sind, den aleatorischen zugeschlagen, die übrigen den epistemischen. Detaillierte Hinweise zu Unschärfen gibt Knetsch (2004).

Infolge der mangelhaften Datengrundlage sind die Unschärfen in seismisch weniger aktiven Gebieten generell größer als in Gebieten hoher Seismizität. Dies zeigt Bild 7.21 deutlich.

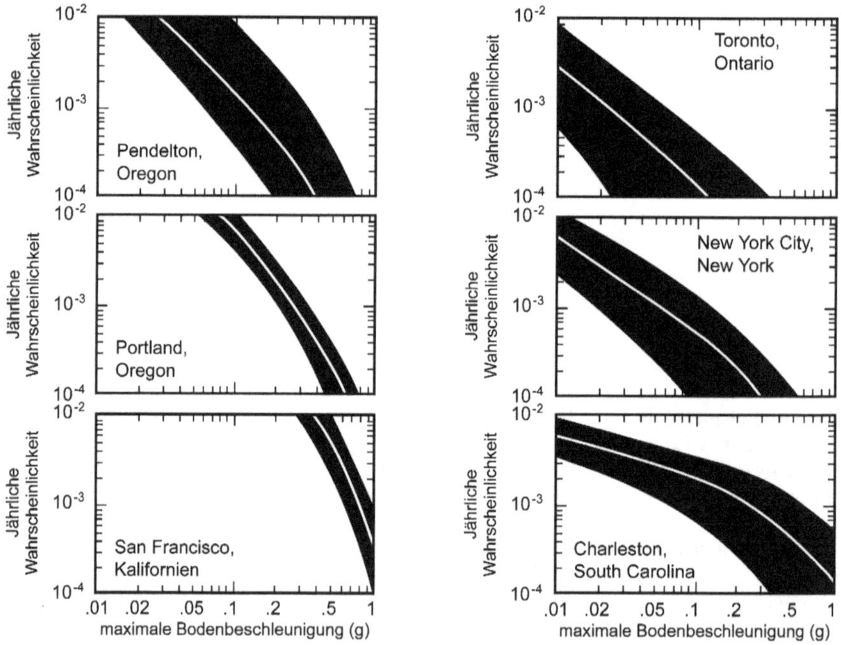

Bild 7.21. Beispiel von Unschärfen in der Gefährdung für verschiedene amerikanische Standorte. Klar erkennbar ist, dass die Unschärfen in seismisch aktiven Gebieten wie Portland und San Francisco wesentlich kleiner sind als in Gebieten mit geringer Seismizität (Daten K. Coppersmith, 2004)

Vor- und Nachteile probabilistischer Methoden

Vorteile sind:

- Probabilistische Ansätze können ein breites Spektrum von Beobachtungen und Einschätzungen berücksichtigen und miteinander verknüpfen.
- Auftretenswahrscheinlichkeiten bestimmter Größen wie maximale Beschleunigungen etc. können explizit ermittelt werden.
- Konkurrierende Modelle können samt deren Unschärfen berücksichtigt werden. So kann z. B. die Sensitivität der berechneten Gefährdung in Bezug auf verschiedene Abminderungsbeziehungen oder der Einfluss der theoretisch maximalen Ereignisse pro Quelle untersucht werden.
- Die probabilistische Gefährdungsanalyse liefert die Wahrscheinlichkeiten für seismische Ereignisse. Die ermittelten seismischen Gefährdungswerte können dadurch mit anderen Gefahren verglichen werden.
- Spektren einheitlicher Gefährdung („Uniform Hazard Spectra") werden direkt erhalten.

Nachteile sind:

- Alle Ereignisse müssen weitgehend in gleicher Vollständigkeit und ähnlicher Zuverlässigkeit in einer Datenbank erfasst werden. Das heißt unter anderem, dass die historische Seismizität und die gemessene Seismizität ineinander übergeführt werden müssen. Man darf sich dabei nicht nur auf Einzelereignisse wie bei deterministischen Methoden konzentrieren, sondern muss den ganzen Katalog einheitlich bearbeiten, was eine geradezu exponentielle Vervielfachung des Aufwandes gegenüber deterministischen Methoden bewirkt.
- Bei großen Extrapolationen über den Beobachtungszeitraum hinaus, beeinflussen die Modellannahmen der Gefährdungsberechnungen die Resultate so entscheidend, dass deren Zuverlässigkeit fraglich wird.

7.3.4 Ermittlung der Bemessungsgrößen a_{max}, Antwortspektrum, Dauer der Starkbebenphase

Maximale Bodenbeschleunigung a_{max}

Die maximale Bodenbeschleunigung ist auch heute noch neben der Intensität der in der Praxis am meisten verwendete Parameter, um die Stärke eines Erdbebens zu charakterisieren. Dies vor allem deshalb, da sich damit über das Newton'sche Gesetz direkt Kräfte berechnen lassen.

Trotz dieser „Popularität" beschreibt die maximale Beschleunigung als Einzelwert ein Erdbeben nur schlecht. Amplituden, Frequenzgehalt und Dauer und damit die Schadenwirkung zweier Erdbeben können sehr unterschiedlich sein, selbst wenn beide Erdbeben dieselben maximalen Bodenbeschleunigungen aufweisen.

In der Literatur bestehen verschiedene Korrelationen zwischen maximaler Beschleunigung und anderen Parametern wie Intensität oder Distanz vom Hypozentrum (in Funktion der Magnitude). Diese Korrelationen unterscheiden sich durch die Anzahl der verwendeten Datensätze sowie ihrer Zuordnung zu seismotektonischen Verhältnissen und zur lokalen Geologie. Zu beachten ist, dass die Streuung dieser Korrelationen sehr groß ist, und dass sich die Extremwerte um mehr als eine Größenordnung unterscheiden können. Werden solche Korrelationen verwendet, ist die Übertragbarkeit auf die seismotektonischen und geologischen Verhältnisse am betreffenden Standort zu überprüfen.

Im Allgemeinen geben die publizierten Korrelationen Medianwerte an, in der jüngeren Literatur sind aber auch Standardabweichungen aufgeführt.

Murphy und O'Brien (1977) stellt wohl die am häufigsten verwendete Beziehung zwischen Intensität und maximaler Beschleunigung dar. Die Autoren haben, basierend auf einem umfassenden, weltweiten Datensatz, folgende Relationen für die horizontale und vertikale Spitzenbeschleunigung hergeleitet:

$$\log a_h = 0{,}25\ I_{MM} - 1{,}75$$
$$\log a_v = 0{,}30\ I_{MM} - 2{,}54, \qquad (7.11)$$

wobei

a_h: horizontale Spitzenbeschleunigung [m/s²],
a_v: vertikale Spitzenbeschleunigung [m/s²],
I_{MM}: Modified-Mercalli-Intensity (die in Europa verwendete EMS/MSK-Intensität unterscheidet sich im mittleren Intensitätsbereich von der MM-Intensität, vgl. Bild 7.5).

Antwortspektren

Die in Baunormen verwendeten Bemessungsspektren sind aus Antwortspektren abgeleitet. Antwortspektren stellen eine maßgebende ingenieurmäßige Charakterisierung eines Erdbebens dar. Im Antwortspektrum sind die Charakteristiken der Erdbebenquelle, die Abminderung der Erdbebenerschütterungen vom Hypozentrum zum Standort sowie der Einfluss der lokalen Geologie implizit enthalten. Bild 7.22 zeigt schematisch die physikalische Bedeutung des Antwortspektrums.

Antwortspektren werden aus Beschleunigungszeitverläufen von Starkbebenaufzeichnungen abgeleitet. Sie können für verschiedene Strukturdämpfungswerte ermittelt werden; üblicherweise verwendet man Spektren mit 5% Dämpfung. Obwohl heute weltweit eine Vielzahl von Starkbebeninstrumenten installiert ist, lässt die Anzahl von verfügbaren Spektren noch immer zu wünschen übrig. Die Starkbebenaufzeichnungen werden nach Charakteristiken der Quellgebiete, nach Erdbebenstärke, Untergrundcharakteristiken etc. gegliedert. Um statistisch genügend Aufzeichnungen verwenden

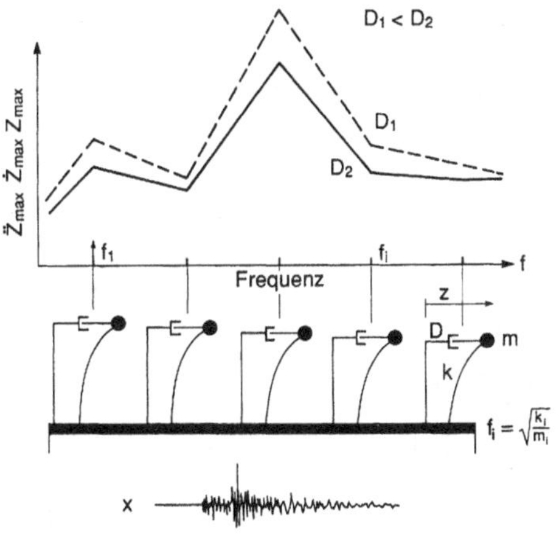

Bild 7.22. Physikalische Bedeutung eines Antwortspektrums. Auf einer starren Unterlage werden einheitlich gedämpfte Einmassenschwinger mit unterschiedlichen Eigenfrequenzen durch die Bodenbeschleunigung angeregt. Das Beschleunigungsantwortspektrum besteht aus den maximalen Beschleunigungen der Einmassenschwinger infolge der Anregung $\ddot{x}_b(t)$, aufgetragen über der jeweiligen Eigenfrequenz f_i. Analog werden Geschwindigkeits- bzw. Verschiebungsantwortspektren abgeleitet. Anschließend wird die Berechnung für ein anderes Dämpfungsverhältnis durchgeführt.

Werden anstelle der aus $\ddot{x}_b(t)$ direkt berechneten Geschwindigkeits- und Verschiebungsantwortspektren diese Spektren aus dem Beschleunigungsantwortspektrum durch Division mit ω, bzw. ω^2 ermittelt, so spricht man von Pseudo-Geschwindigkeits- bzw. Pseudo-Verschiebungsantwortspektrum. Mit diesen Größen lässt sich das Antwortspektrum in kombinierter doppelt-logarithmischer Form, gemäß Bild 7.23, darstellen

zu können, werden solche aus anderen Gebieten mit ähnlichen Gegebenheiten (Geologie, Erdbebenstärke, Art der Plattenbewegungen etc.) zusammengefasst. Diese Technik ist weltweit akzeptiert. Je nachdem wie spezifisch die Auswahl erfolgte, unterscheidet man nachfolgend dargestellte Typen der Antwortspektren.

Zur Zeit sind vier Typen von Antwortspektren (Bemessungsspektren) gebräuchlich:

Standard-Antwortspektren. Sie sind aus einer Vielzahl von Antwortspektren von Erdbeben unterschiedlicher seismischer Quellgebiete abgeleitet und umfassen deshalb einen relativ breiten Frequenzbereich.

Standard-Antwortspektren sind im Allgemeinen auf eine maximale Bodenbeschleunigung von 1g normiert. Mittels der maßgebenden maximalen Beschleunigung am Standort als „Einhängewert“ werden die Standard-Antwortspektren skaliert. Typische Vertreter sind z.B. das US Regulatory Guide 1.60-Spektrum (vgl. Bild 7.23) oder die Spektren Typ 1 und 2 im Eurocode 8.

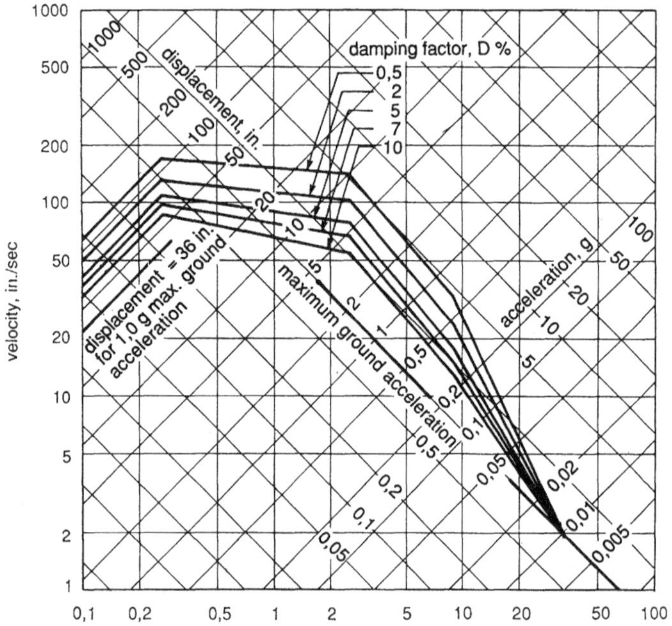

Bild 7.23. FE-US Regulatory Guide 1.60-Bemessungsantwortspektrum (kombinierte doppeltlogarithmische Darstellung)

Standortspezifische Antwortspektren. Solche Spektren würden idealerweise mittels Starkbebenaufzeichnungen am Standort selbst abgeleitet. Dies ist jedoch im Allgemeinen nicht möglich. Zur Herleitung stützt man sich deshalb auf Starkbebenaufzeichnungen aus Gebieten, die eine möglichst ähnliche seismische Charakteristik und möglichst ähnliche lokale Untergrundeigenschaften aufweisen wie der Standort.

Intensitätsabhängige Antwortspektren. Zur Ableitung dieser Spektren werden Starkbebenaufzeichnungen gleicher Intensität zusammengefasst. Solche Spektren können je nach den vorhandenen Daten generell oder standortspezifisch abgeleitet werden. Da die einzelnen Spektren einer Intensitätsklasse zugeordnet sind, ergibt sich die maximale Bodenbeschleunigung aus dem hochfrequenten Teil des Spektrums (f > 33 Hz) und muss deshalb nicht mehr mit einer Intensitäts-Beschleunigungskorrelation ermittelt werden.

Spektren einheitlicher Gefährdung („Uniform Hazard Spectra"). Bei den oben erwähnten Antwortspektrentypen ist die Überschreitenswahrscheinlichkeit nicht für alle Frequenzen gleich. Uniform Hazard Spektren werden mittels Regression für verschiedene Frequenzbereiche des Spektrums derart abgeleitet, dass für alle Frequenzen des Antwortspektrums die gleiche

Überschreitenswahrscheinlichkeit gilt. Solche Spektren können, je nach vorhandenen Daten, generell oder standortspezifisch abgeleitet werden. Werden bei der Cornell-Methode spektrale Abminderungsbeziehungen verwendet, so ergibt dies direkt Uniform Hazard Spektren.

Grundsätzlich wären intensitätsabhängige oder standortspezifische Antwortspektren den Standard-Antwortspektren vorzuziehen, da sie die physikalischen Gegebenheiten für den Standort besser wiedergeben sollten. In der Praxis zeigt es sich allerdings, dass für solche Unterteilungen die Zahl der verfügbaren Starkbebenaufzeichnungen auch heute meist noch ungenügend ist und die statistische Zuverlässigkeit der Spektren entsprechend geringer wird.

Während Antwortspektren einzelner Erdbebenaufzeichnungen einen sehr unregelmäßigen Verlauf haben, werden für die Bemessung sogenannte Bemessungsspektren durch Glättung erzeugt.

Naturgemäß weisen Antwortspektren verschiedener Erdbeben - auch vom gleichen Standort - große Streuungen auf. Bei der Ermittlung der Bemessungsspektren muss dem Rechnung getragen werden. Die Wahl der als hinreichend konservativ betrachteten Fraktile bei der Erstellung von Bemessungsspektren hängt vom Konzept der Gefährdungsberechnung und dem allgemeinen Bemessungs- und Sicherheitskonzept ab. In den meisten Ländern werden für Anlagen mit erhöhtem Gefährdungspotential 84% Fraktil-Werte (Mittelwert plus Standardabweichung) verlangt, in einigen Ländern sind in gewissen Fällen aber auch 50% Fraktil-Werte (Medianwerte) zugelassen.

Die „Konservativität“ eines Bemessungsspektrums zeigt sich in der Überhöhung und der Breite des mittleren Frequenzbereichs gegenüber dem hohen Frequenzbereich ($f > 33$ Hz). Diese Überhöhung hängt neben den Erdbebencharakteristiken auch von der Fraktile, die dem Bemessungsspektrum zugrunde gelegt wurde, ab. Bemessungsspektren mit 84% Fraktilen zeigen größere spektrale Überhöhungen als solche mit 50% Fraktilen. Typische Überhöhungen für Beschleunigungsspektren mit 5% Dämpfung liegen für 84% Fraktilen im Bereich von 3 und für 50% Fraktilen im Bereich von etwa 2,5. Bemessungsspektren mit breiterem Frequenzbereich der Überhöhung sind konservativer als Spektren, bei denen dieser Frequenzbereich enger ist. So sind Standard-Bemessungsspektren konservativer als standortabhängige Bemessungsspektren. Das rührt daher, dass für Standard-Bemessungsspektren die Auswahlkriterien weniger spezifisch sind.

Dauer der Starkbebenphase

Die Dauer der Starkbebenphase ist ein weiterer wichtiger Parameter zur Beschreibung des Schadenpotentials eines Erdbebens.

Die Dauer der Erschütterung am Standort wird von folgenden Faktoren maßgeblich bestimmt:

- Dauer des Bruchvorgangs (Bruchlänge, Mechanismus der Bruchausbreitung, Bruchfortpflanzungsgeschwindigkeit)
- Geologie des Übertragungsweges
- Hypozentraldistanz
- Geologie und Topographie am Standort

Es bestehen verschiedene Möglichkeiten, die Dauer eines Erdbebens zu definieren, wie z.B. die Zeitdauer, während der die Beschleunigung einen bestimmten Schwellenwert (meist 0,05 g) überschreitet (Hays 1975). Die am häufigsten verwendete Definition der Erdbebendauer beruht auf dem Husid-Diagramm (vgl. Bild 7.24). Unter Berücksichtigung der Beschleunigung oder der Schwinggeschwindigkeit oder der Deformation lautet die Funktion:

$$h = \int_0^t \begin{pmatrix} a \\ v \\ d \end{pmatrix}^2 (t)\, dt \Big/ \int_0^{t_f} \begin{pmatrix} a \\ v \\ d \end{pmatrix}^2 (t)\, dt \qquad (7.12)$$

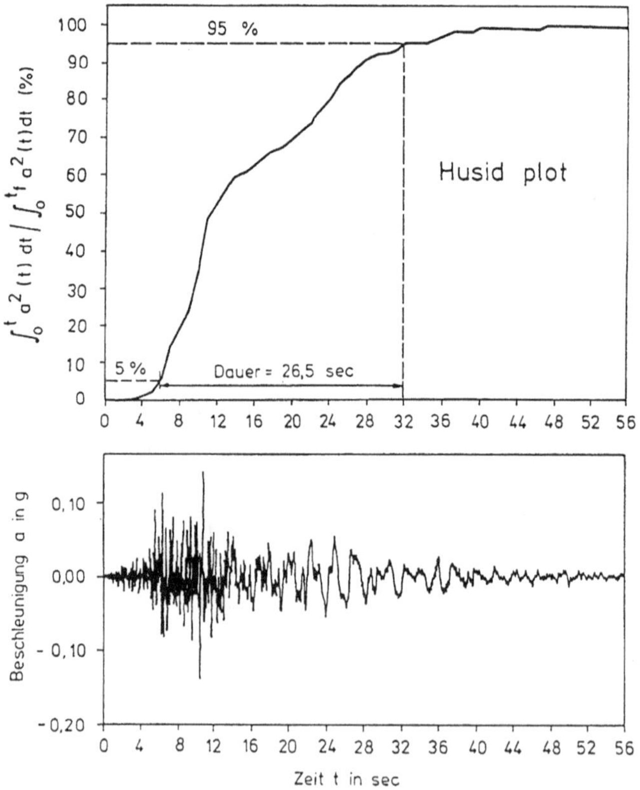

Bild 7.24. Husid-Diagramm zur Definition der Erdbebendauer

Der Divisor in (7.12) multipliziert mit $\frac{\pi}{2g}$ wird auch Arias-Intensität genannt. Die Erdbebendauer wird als die Zeit zwischen h = 5% und h = 95% definiert, das heißt, dass in dieser Zeitspanne 90% der Energie enthalten ist (t_f: beliebige, hinreichend lange Zeitspanne, so dass das ganze Erdbeben erfasst wird).

7.3.5 Zeitverläufe für nichtlineare Berechnungen

Das im Bauwesen meist verwendete Antwortspektrumverfahren darf nur bei linear elastischen Modellen angewandt werden. Nichtlineare Berechnungen benötigen Beschleunigungs-Zeitverläufe als Eingangsgröße. Bei deren Wahl ist es sinnvoll, sich auf erdbebenähnliche Belastungsverläufe zu konzentrieren. Dabei soll die Erdbebendauer mindestens demjenigen Erdbeben entsprechen, das für die Gefährdung den größten Beitrag liefert. Dies wird bei einer probabilistischen seismischen Gefährdungsanalyse durch die Deaggregation ermittelt.

Beschleunigungs-Zeitverläufe für nichtlineare Berechnungen können prinzipiell durch zwei verschiedene Ansätze erzeugt werden, die im Bearbeitungsaufwand stark variieren: Entweder werden Zeitverläufe gesucht oder erzeugt, deren Antwortspektrum einem vorgegebenen Bemessungs-Antwortspektrum entsprechen, oder es wird effektiv der Bruchvorgang für das maßgebende Erdbeben simuliert, um anschließend die Bewegung an einem Standort mittels Wellenfortpflanzung zu berechnen.

Anpassung an ein vorgegebenes Bemessungs-Antwortspektrum

Grundsätzlich bestehen drei Verfahren, mit denen geeignete Zeitverläufe, die ein vorgegebenes Bemessungsspektrum haben, erzeugt werden können.

1. Wahl von effektiv gemessenen Zeitverläufen, welche evtl. einer einfachen Skalierung bedürfen. In der Praxis kann es jedoch meistens schwierig und aufwändig sein, vernünftige Zeitverläufe zu finden, die sich dem Zielspektrum gut anpassen. Die Möglichkeit besteht, verschiedene geeignete Zeitverläufe zu wählen und die einzelnen Resultate durch (arithmetische oder geometrische) Mittelwertbildung zusammenzufügen.
2. Erzeugung von vollkommen zufälligen, künstlichen Zeitverläufen. Bei diesem Verfahren wird ein zufälliger Zeitverlauf („weißes Rauschen") so im Amplitudenspektrum abgeändert, dass ein vorgegebenes Spektrum erreicht wird. Ein typischer Vertreter dieser Methode ist das Programm SIMQKE (1976). Hier fehlt jedoch jeder Bezug zu einem reellen Erdbebenverlauf, mit Ausnahme des erreichten Antwortspektrums. Deshalb wird diese Methode heute nicht mehr empfohlen.
3. Abändern von reellen, gemessenen Zeitverläufen, so dass sie das vorgegebene Spektrum annähern. Hier werden verschiede Methoden unterschieden:

a. Frequenzbereichsmethode: Dabei wird das Fourier-Amplitudenspektrum eines frei gewählten gemessenen Beschleunigungszeitverlaufs iterativ solange modifiziert, bis die geforderte Übereinstimmung erreicht wird. Dieser Ansatz ist beispielsweise im Programm RASCAL (1987) implementiert und wird heute in der Praxis am häufigsten ver wendet.
b. Zeitbereichsmethode: Mit dieser Methode werden dem gemessenen Beschleunigungsverlauf kleine Wellenelemente im Zeitbereich bei gefügt. Vom mathematischen Standpunkt her ist dies die komplizierteste Methode, da dabei der Einfluss der Wellenelemente bei jeder Spektralfrequenz berücksichtigt werden muss. Auch hier bestehen entsprechende Computerprogramme. Da der Aufwand dieser Methode größer ist als für Methode 3a und sie zu ähnlichen Resultaten führt, wird sie in der Praxis weniger angewandt.

Simulation des Bruchvorganges und der Wellenfortpflanzung

Mit heutigen Methoden ist es möglich, synthetische Seismogramme zu erzeugen, welche die Charakteristiken der Erdbebenquelle, des Übertragungsweges und des Standortes berücksichtigen. Deren Anwendung ist jedoch in der Praxis aufwändig und eher Spezialisten vorbehalten.

Als Beispiel sei die Methode der „Empirischen Green-Funktionen“ dargestellt. Hartzell (1978) hat diese Methode erstmals vorgestellt: Bei einem gemessenen schwachen Nachbeben darf angenommen werden, dass die Anregung an der Quelle (Hypozenter) einem Puls ähnlich ist und deshalb die Quelle auch als Punktquelle betrachtet werden darf. Der Hauptvorteil der Verwendung von gemessenen Nachstößen gegenüber anderen Methoden (z.B. Reflexions-Methode nach Fuchs und Müller, 1971) ist, dass die Eigen-

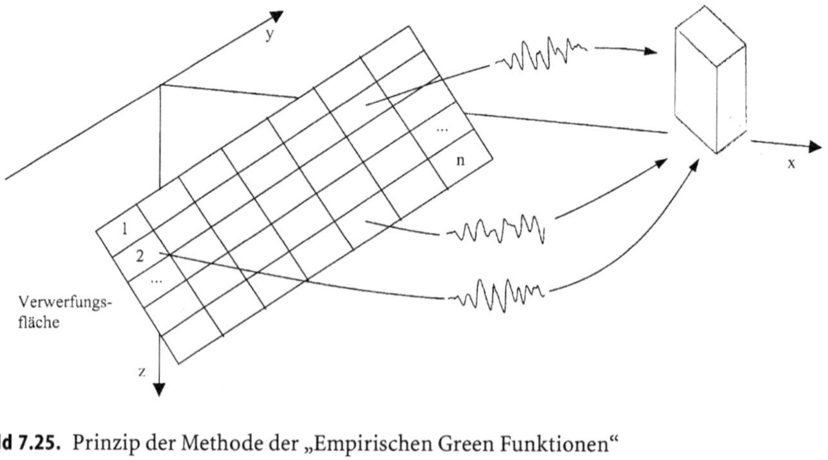

Bild 7.25. Prinzip der Methode der „Empirischen Green Funktionen“

schaften des Übertragungsweges und des Standortes implizit in der Aufzeichnung enthalten sind. Das heißt, die Methode berücksichtigt bereits die vorhandenen Gegebenheiten und benötigt kein zusätzliches Modell der Erde, wie dies bei einer umfassenden Simulation der Fall ist. Erweiterungen und Verfeinerungen finden sich bei Hartzell 1990, 1991, 1994.

Bild 7.25 stellt das Prinzip der empirischen Green-Funktionen dar. Die Idee besteht darin, dass das vollständige Seismogramm eines Erdbebens an einem Standort durch die Überlagerung von einzelnen kleinen Stößen, hervorgerufen durch einzelne Brüche auf der Bruchfläche, unter Berücksichtigung der räumlichen und zeitlichen Abfolge, berechnet werden kann. Jeder einzelne Bruch wird als Dirac-Stoß und dessen Bruchfläche als individuelle Punktquelle angenommen. Dabei sind der Bruchvorgang und dessen Charakteristiken, die Geometrie der Bruchfläche sowie die Green'schen Funktionen festzulegen. Bei dieser Methode wird vorausgesetzt, dass sich der Untergrund einerseits linear elastisch verhält, da sonst die Überlagerung nicht möglich ist, und andererseits die Charakteristiken des Hauptstoßes denen der kleineren Brüche ähnlich sind.

Eine Variante der Simulation von Erdbeben-Beschleunigungszeitverläufen findet sich in Sabetta und Pugliese (1996), wobei der Vorteil dieser Methodik darin besteht, dass die simulierten Parameter (wie maximale Bodenbeschleunigung, Fourier-Spektrum und Antwortspektrum) mit der gewünschten Magnitude, Distanz und den Bodeneigenschaften korreliert werden können. Die komplexe Simulation der Erdbebenquelle (wie in Bild 7.25) und der Wellenfortpflanzung entfällt somit. Entsprechende Algorithmen der Methode Sabetta und Pugliese sind in Computerprogrammen integriert worden.

7.3.6
Durch menschliche Aktivitäten induzierte seismische Ereignisse

Beim Aufstau des Lake Mead (USA, 1935) (Hoover Dam, 220 m hohe Bogenmauer) wurden erstmals seismische Aktivitäten infolge des Reservoiraufstaus beobachtet, heute als „reservoirinduzierte Seismizität" („Reservoir Triggered Seismicity" (RTS)) bezeichnet. Als Einzelereignisse erhielten sie jedoch wenig Beachtung, bis sich in den späten 60er-Jahren solche Phänomene an verschiedenen Orten teilweise mit signifikanten Schäden häuften. Aber auch durch andere menschliche Aktivitäten können seismische Ereignisse aktiviert werden, so z.B. durch Wasserinjektionen in Ölförderfeldern zum Erreichen einer höheren Förderung (siehe z.B. Rayleigh et al., 1976). Ein Beispiel im deutschsprachigen Raum sind die Erbebenschwärme zur Jahreswende 2006/2007 in Basel mit Magnituden bis 3.4, welche durch Wasserinjektionen zur Vergrößerung der Felsklüftung beim Erdwärmeprojekt „Deep Heat Mining Basel" ausgelöst wurden.

Heute herrscht Übereinstimmung, dass RTS die Reaktion der lokalen Erdkruste auf den Reservoiraufstau ist. Dazu müssen aber bestimmte Vorbedingungen bereits existieren. So müssen in der Erdkruste Bruchzonen bereits nahe dem Versagensbereich vorhanden sein. Nur so kann, durch den Aufbau des Überlagerungsdruckes sowie durch erhöhten Porenwasserdruck in der Bruchzone, ein Erdbeben ausgelöst werden. Das heißt aber auch, dass die Größe eines induzierten Erdbebens nicht größer sein kann als das seismische Potenzial dieser Bruchzone. In seismisch aktiven Gebieten mit einer großen Anzahl historischer Erdbeben ist es relativ einfach, das Potenzial einer Bruchzone abzuschätzen. In Regionen mit geringer historischer Seismizität sind jedoch spezielle Untersuchungen notwendig, um das Vorhandensein aktiver Verwerfungen und deren seismisches Potenzial zu erfassen. Aufgrund der heutigen Erkenntnisse ist damit zu rechnen, dass bei allen großen Talsperren, speziell bei solchen mit Höhen ab 100 m, RTS Phänomene auftreten.

Die größte durch RTS hervorgerufene beobachtete Magnitude beträgt 6.3. Allen (1979) meint, dass dies als oberer Grenzwert betrachtet werden darf. Allerdings muß man sich im Klaren sein, dass nur wenige Ereignisse mit Magnituden im Bereich von über 6 beobachtet worden sind, bei Tausenden von Ereignissen mit kleinen Magnituden.

Um das Potenzial solch induzierter Erdbeben abschätzen zu können, sind Untersuchungen, wie sie auch für die Ermittlung der Bemessungserdbeben notwendig sind, durchzuführen. Das sind namentlich:

- Historische Seismizität der Region.
- Detaillierte Untersuchung der standortnahen Verwerfungen.
- Untersuchung des Grundwasserregimes.

Dazu kommt bei Talsperren ab einer Höhe von 80–100m ein frühzeitiger Aufbau (vor Baubeginn) eines Mikrobebennetzes sowie eine Überwachung der seismischen Aktivität während des Aufstaus. Treten größere Erdbeben auf, so ist der Füllvorgang zu unterbrechen. Allerdings ist diese Vorsichtsmaßnahme nur „notwendig, aber nicht hinreichend“, um ein größeres Ereignis auszuschließen, da RTS Ereignisse mit größerer zeitlicher Verzögerung von mehreren Wochen oder Monaten auftreten können.

Zusätzliche Informationen über Fallstudien sowie Untersuchungshinweise gibt ICOLD (2004).

7.4 Dynamische Boden-Bauwerk-Interaktion

7.4.1 Wesen und Bedeutung der Boden-Bauwerk-Interaktion bei Erdbeben

Die Wechselwirkung zwischen Bauwerk und Baugrund kann das Verhalten eines Bauwerkes wesentlich beeinflussen (Bild 7.26). Es ist deshalb bei jedem Projekt abzuklären, ob diese Wechselwirkung quantitativ von Bedeutung ist oder ob Bauwerk und Boden getrennt voneinander untersucht werden können.

Ein auf Fels fundiertes Bauwerk kann normalerweise als starr eingespannt betrachtet werden. Bewegt sich der Boden, etwa infolge eines Erdbebens, so macht das Bauwerk die gesamte Bewegung mit; ist die Bodenbewegung beispielsweise rein horizontal, so erleidet das (undeformierte) Gebäude über seine ganze Höhe dieselbe Beschleunigung. Dies gilt aber nicht mehr bei einem verhältnismäßig weichen Boden, wie man sich leicht anschaulich vorstellen kann.

Bewegt sich ein weicher Boden im Freifeld rein horizontal, etwa infolge vertikal aufsteigender, ebener SH-Wellen, so wird das Bauwerk wegen der Nachgiebigkeit des Bodens nicht mehr die gesamte Bewegung mitmachen. Es wird sich in erster Linie eine die Bodenbewegung tendenziell kompensierende Kippbewegung einstellen, so dass die oberen Stockwerke im Allgemeinen eine geringere Bewegungsamplitude erfahren werden als der Fußpunkt, und selbst dieser wird infolge lokaler Deformationen um das Fundament herum nicht die ganze sogenannte Freifeldbewegung mitmachen – die Bewegung, die sich aus den eintreffenden Wellen allein, ohne Vorhandensein des Bauwerkes, ergäbe. Damit zwingt also das Bauwerk dem umliegenden Boden zusätzliche Deformationen auf – eine Kippbewegung sowie eine Reduktion der horizontalen Freifeldbewegung. Diese Wechselwirkung nennt man Boden-Bauwerk-Interaktion.

Die bisherige Beschreibung hat sich streng genommen auf die sogenannte Trägheitsinteraktion beschränkt. Darüber hinaus existiert aber auch eine so-

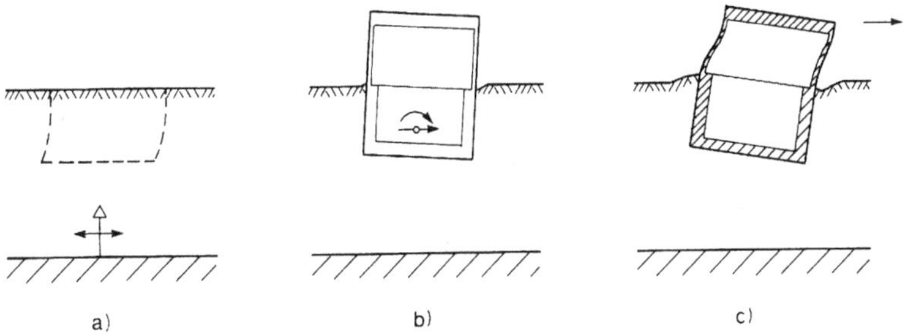

Bild 7.26. Effekte, die auf Lockergestein eine Rolle spielen können: **a** Einfluss des lokalen Bodenprofils (vgl. Kapitel 7.2) auf die Erdbebenanregung; **b** kinematische Boden-Bauwerk-Interaktion; **c** Trägheitsinteraktion

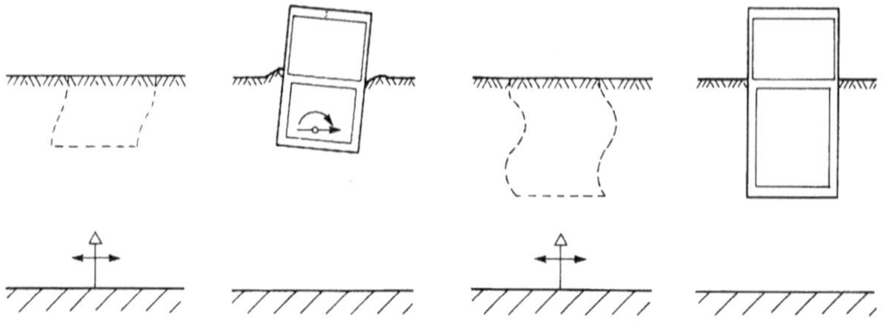

Bild 7.27. Kinematische Interaktion; **a** und **b** geringe Einbettung; **c** und **d** tiefe Einbettung

genannte kinematische Interaktion, die man sich am einfachsten anhand eingebetteter Fundationen, wie in Bild 7.27 angedeutet, veranschaulicht.

In Bild 7.27 a ist ein Lockergesteins-Standort während eines Erdbebens dargestellt. Die unterbrochene Linie stellt die deformierte Lage derjenigen Punkte dar, die später entlang des Gebäudefundamentes liegen werden. Durch den Einbau eines starren, vorderhand masselos angenommenen Fundamentes wird sich der Boden, wie in Bild 7.27 b skizziert, an die Geometrie des starren Fundamentes anpassen. Die Horizontalkomponente wird dadurch etwas kleiner sein als bei der Freifeld-Bewegung, hingegen wird sich zusätzlich eine Kippbewegung einstellen. Dieser Effekt wird als kinematische Interaktion bezeichnet. Bei stark eingebetteten Fundamenten kann die kinematische Interaktion, wie in Bild 7.27 c und d angedeutet, sogar zu einer deutlichen Abschwächung der Anregung führen, da die höheren Frequenzen (ab Wellenlängen im Bereich der Einbettungstiefe) nicht auf das Bauwerk übertragen werden.

Da in Wirklichkeit eine Erdbebenanregung nicht nur aus vertikal aufsteigenden, ebenen Wellen besteht, ergibt sich auch bei Oberflächenfundationen eine kinematische Interaktion. Beispielsweise können an Standorten mit weichen Böden Oberflächenwellen eine wichtige Rolle spielen, und deren hohe Frequenzen werden dann analog „ausgefiltert", wie dies in Bild 7.27 d für die vertikale Richtung angedeutet ist. Zu beachten ist, dass durch die kinematische Interaktion auch Torsionsanregungen auftreten können.

Die bisherigen Ausführungen lassen drei verschiedene Konsequenzen der Boden-Bauwerk-Interaktion erkennen:

- Die Anregung des Bauwerkes unterscheidet sich von der Freifeldbewegung: die horizontale Komponente wird gewöhnlich verringert, dafür entsteht eine zusätzliche Kippbewegung. Alles in allem wirkt sich dies in vielen Fällen günstig aus.
- Die Nachgiebigkeit des Bodens bewirkt eine Reduktion der Eigenfrequenz im Vergleich zu einem starr fundierten Bauwerk. Je nach Lage dieser Frequenzen im Vergleich zu den am Standort dominanten Frequenzen der Anregung kann sich dies günstig oder ungünstig auswirken. Bei Offshore-Plattformen beispielsweise kann die Reduktion der Grundfrequenz zu

Resonanzerscheinungen führen, da dort die relevante Anregung aus relativ langperiodischen Meereswellen besteht.

- Die dem Boden vom Bauwerk aufgezwungenen Bewegungen erzeugen zusätzliche Materialdämpfungskräfte im Boden und, was viel wichtiger ist, Wellen, die in vielen Fällen Schwingungsenergie ins „Unendliche" wegzutragen vermögen. Dieser Energieabfluss wurde in Kapitel 6 „geometrische Dämpfung" genannt; im Fall einigermaßen homogener Verhältnisse bei sehr mächtigen Lockergesteinsablagerungen bewirkt er eine wesentliche Erhöhung der effektiven Dämpfung. Bei eher dünnen, weichen Schichten auf steifem Untergrund hingegen ist ein solcher Energieabfluss für Frequenzen unterhalb der Eigenfrequenz der weichen Ablagerung nicht möglich (vgl. hierzu Kapitel 6.1.3.2, Impedanzfunktionen), so dass dann de facto nur die verhältnismäßig bescheidene Materialdämpfung wirksam wird.

Die letzten beiden Punkte entsprechen dem, was schon in Kapitel 6.1 bei der Behandlung von Maschinenfundamenten besprochen wurde.

Obwohl sich die Boden-Bauwerk-Interaktion als solche meistens günstig auswirkt, werden Bauwerke auf Lockergestein in der Regel stärker beansprucht als solche an Felsstandorten. Der Grund hierzu ist, wie in Kapitel 7.2 dargelegt, dass Lockergesteinsablagerungen die Erdbebenanregung im für Bauten relevanten Frequenzbereich meistens verstärken, und dieser Einfluss ist gewöhnlich viel stärker als etwaige positive Einflüsse der Boden-Bauwerk-Interaktion.

Für kleinere Bauwerke auf gutem Baugrund hat die Boden-Bauwerk-Interaktion als solche eine untergeordnete praktische Bedeutung, und auch bei flexiblen Strukturen wie Rahmentragwerken bleibt die Interaktion in der Regel vernachlässigbar. Bei steifen Bauwerken wirkt sich vor allem die vergrößerte Dämpfung günstig aus, die sich aus der Energieabstrahlung in den Untergrund ergibt.

7.4.2 Berechnungsmethoden

Für die Berechnung der Boden-Bauwerk-Interaktion bieten sich grundsätzlich zwei Methoden an: die „direkte Methode" und die sogenannte „Substruktur-Methode". Beide Berechnungsarten haben ihre spezifischen Vor- und Nachteile; sie führen bei richtiger Anwendung zum gleichen Ergebnis.

Bei der direkten Methode wird das Bauwerk gemäß Bild 7.28 mit dem Boden als zusammenhängendes Finite-Element-System modelliert. Ein Vorteil dieser Methode liegt sicher in der einfachen Handhabung. Bodenelemente unterscheiden sich in der Berechnung grundsätzlich nicht von den Bauwerkselementen. Dazu kommt, dass der Boden als nicht-lineares Material behandelt werden kann, was bei der Substruktur-Methode nicht ohne weiteres möglich ist.

Der Nachteil der „direkten Methode" liegt darin, dass mit vernünftigem Aufwand nur ein beschränkter Bereich des Bodens in die Berechnung einbezogen werden kann. Für statische Lasten, wo sich der Einflussbereich der Be-

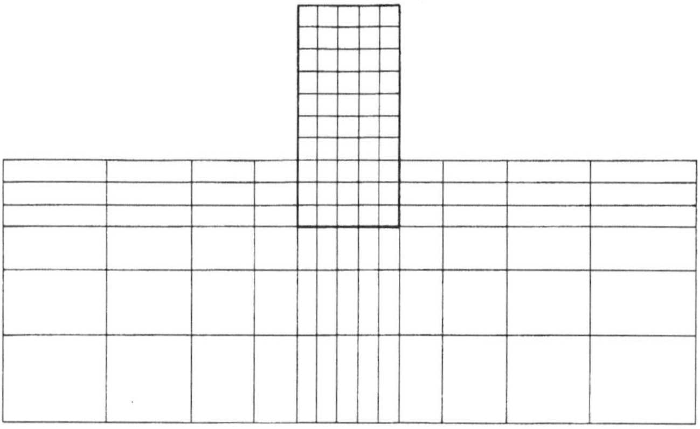

Bild 7.28. FE-Modell für die Berechnung der Boden-Bauwerk-Interaktion

lastung in die Tiefe auf etwa das Zwei- bis Dreifache der Fundamentbreite beschränkt, ist dies kein Nachteil. Bei dynamischen Belastungen hingegen muss ein sehr viel größerer Bodenbereich berücksichtigt werden. Die Grenzen des Bodenbereichs müssen so weit weg vom Bauwerk gewählt werden, dass keine reflektierten Wellen zum Bauwerk zurück kommen. Die Anzahl Freiheitsgrade im Bodenbereich wird damit sehr groß, was zu einem sehr hohen Rechenaufwand führt. Durch energieabsorbierende Ränder kann zwar der zu berücksichtigende Boden eingeschränkt werden, doch vermag die Formulierung dieser Ränder in den seltensten Fällen allen Anforderungen zu genügen. Im Übrigen wird, wie in Kapitel 6.1 bereits erwähnt, eine ebene Berechnung den Verhältnissen der in Wirklichkeit dreidimensionalen Wellenausbreitung nicht gerecht. Es sollten deshalb dreidimensionale oder rotationssymmetrische Modellierungen verwendet werden.

Bei der „Substruktur-Methode" werden Bauwerk und Boden in einem ersten Schritt getrennt behandelt. Der Boden wird, wie in Bild 7.29 angedeutet, als unendlich ausgedehnter, gegebenenfalls horizontal geschichteter Halbraum behandelt. Für diejenigen Freiheitsgrade, welche mit den Knotenpunkten des Bauwerkes zusammenfallen (leere Kreise in Bild 7.29), wird die dynamische Steifigkeit, die sog. Impedanzfunktion, bestimmt. Diese Steifigkeitskoeffizienten können physikalisch als verallgemeinerte (frequenzabhängige) Feder-Dämpfer-Elemente gemäß Bild 7.29 betrachtet werden. Im nächsten Schritt wird das Bauwerk inklusive Feder-Dämpfer-System der Frei-Feld-Bewegung unterworfen. Schließlich wird das Bauwerk mit einem Standard-FE-Programm berechnet.

Durch die Verwendung der Substruktur-Methode wird die Berechnung der Wechselwirkung zwischen Boden und Bauwerk in zwei leichter zu behandelnde Teilprobleme aufgeteilt. Der Baugrund kann, der Wirklichkeit eher entsprechend, als unendlich ausgedehnter Halbraum behandelt werden, ohne dass dadurch eine große Anzahl Freiheitsgrade zu berücksichtigen wäre. Es sind, wie bereits erwähnt, nur für diejenigen Punkte des Baugrundes Impe-

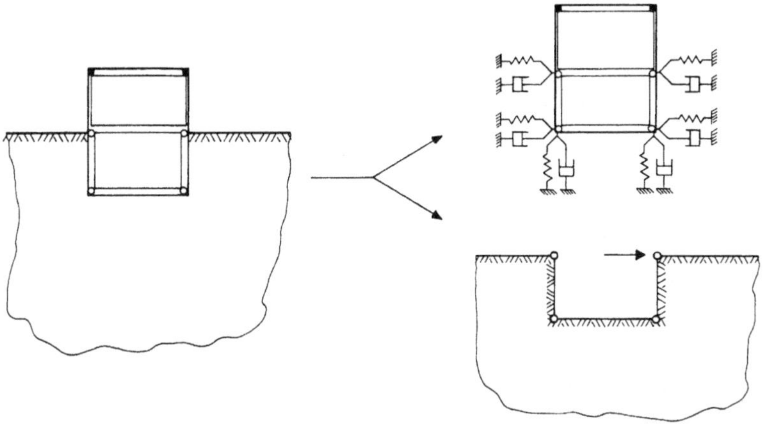

Bild 7.29. „Substruktur-Methode" zur Berechnung der dynamischen Boden-Bauwerk-Interaktion

danzfunktionen zu bestimmen, die mit den Knotenpunkten des Bauwerkes zusammenfallen. Die dynamische Berechnung selbst wird mit Vorteil im Frequenzbereich durchgeführt, da dadurch die Frequenzabhängigkeit der Federsteifigkeiten und der Dämpfung berücksichtigt werden kann, oder aber die Berechnung erfolgt im Zeitbereich mit Hilfe der Masse-Feder-Dämpfer-Modelle nach Wolf (1994) (vgl. Kapitel 6.1.3.5).

Bei einer Berechnung im Frequenzbereich wird die Anregung in einer Fourier-Reihe ausgedrückt, d.h. in eine Vielzahl von harmonischen Schwingungen zerlegt. Die resultierende Bewegung des Bauwerkes wird dann als Überlagerung der Anteile aus den einzelnen Frequenzen bestimmt. Diese Berechnung setzt somit lineares bzw. quasi-lineares Verhalten des Bodens und des Bauwerkes voraus. Eine Berechnung im Zeitbereich hingegen erlaubt, ein nicht-lineares Verhalten des Bauwerkes zu berücksichtigen.

7.4.3
Einfaches Modell für die Berechnung der Boden-Bauwerk-Interaktion

Für die erste Beurteilung, ob Boden-Bauwerk-Interaktion zu berücksichtigen ist, und für qualitative Parameterstudien ist das im Folgenden behandelte Einmassen-Schwinger-Modell geeignet. Mit diesem wird nur die Trägheitsinteraktion erfasst, die jedoch meist, und insbesondere bei Flachfundationen, den wichtigsten Interaktionseffekt darstellt. Das Modell in Bild 7.30 kann als Idealisierung eines Bauwerkes mit konzentrierter Masse, z.B. eines Wasserturmes oder eines Brückenpfeilers wie in Bild 7.31a und b, aber auch für die Berechnung der ersten Eigenfrequenz eines allgemeinen Bauwerkes (Bild 7.31c) verwendet werden.

Das Bauwerk selbst wird als Einmassenschwinger modelliert. Masse m, Steifigkeit k und Dämpfung c entsprechen den Größen der Grundschwingungsform für starre Fußpunkteinspannung („fundamental rigid base

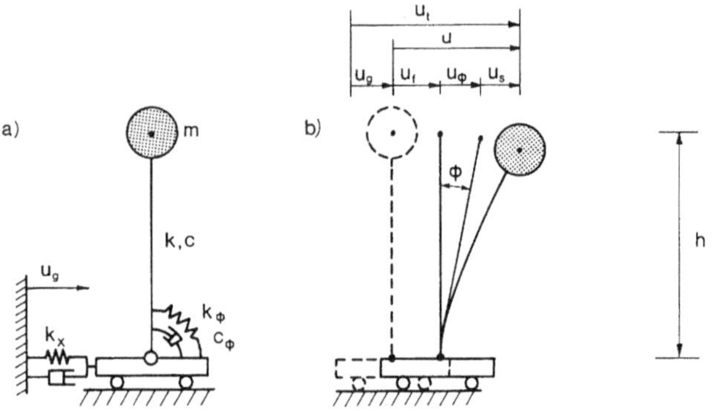

Bild 7.30. Einmassenschwinger mit elastischer Lagerung

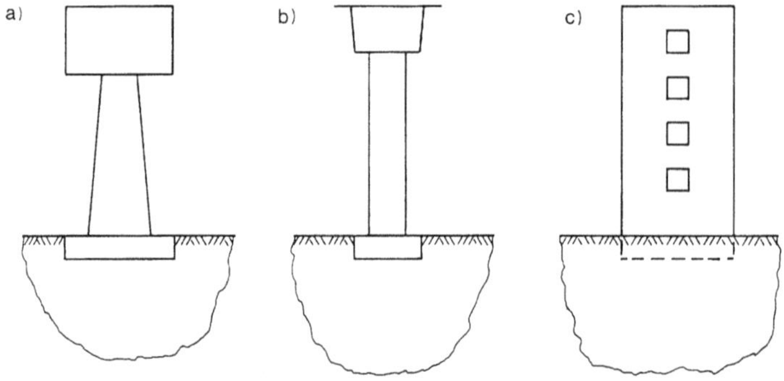

Bild 7.31. Bauwerke, die als Einmassenschwinger modelliert werden können

mode"), und die Höhe h ist die vertikale Distanz von der Fundamentsohle bis zum Kräfteschwerpunkt der am Bauwerk angreifenden Trägheitskräfte. Die Eigenkreisfrequenz für starre Fußpunkteinspannung lautet $\omega_s = \sqrt{k/m}$. Die elastische Einbettung, welche eine horizontale Verschiebung und eine Kippbewegung zulässt, wird durch die Federn k_x bzw. k_Φ und die Dämpfer c_x bzw. c_Φ wiedergegeben. Als Folge einer horizontalen Bodenbewegung u_g beginnt die Masse m zu schwingen; ihre totale Auslenkung u_t setzt sich wie folgt zusammen:

$$u_t = u_g + u_f + u_\Phi + u_s \tag{7.13}$$

mit

u_g = Freifeld-Bewegung,
u_f = Verschiebung des Fundamentes relativ zur Freifeld-Bewegung,
u_Φ = Verschiebung der Masse infolge Kippbewegung relativ zum starren Fundament ($u_\Phi = h \cdot \Phi$),
u_s = Relativverschiebung von m infolge Deformation des Bauwerkes.

An der Masse m greift im ungedämpften Fall (neben der Trägheitskraft) nur die von der Struktur ausgeübte Federkraft $k \cdot u_s$ an; die Bewegungsdifferenzialgleichung lautet somit:

$$m\ddot{u} + k u_s = -m\ddot{u}_g \tag{7.14}$$

mit $u = u_F + u_\Phi + u_s$, vgl. Bild 7.30.

Querkraft und Moment im Fußpunkt können „vom Boden her“ und „von der Struktur her“ berechnet und, da das Fundament masselos angenommen wurde, gleichgesetzt werden. Dies führt auf

$$k_x u_f = k u_s, \tag{7.15}$$

$$k_\Phi \Phi = k u_s h, \tag{7.16}$$

woraus folgende Gleichungen für Φ und u_f resultieren:

$$\Phi = \frac{k}{k_\Phi} u_s h, \tag{7.17}$$

$$u_f = \frac{k}{k_x} u_s. \tag{7.18}$$

Einfachheitshalber sind hier auch die Dämpfungsterme der Lagerung auf dem Boden vernachlässigt worden, obwohl dies eigentlich nicht zulässig wäre: Selbst bei ideal elastischem Verhalten ergibt sich im Allgemeinen eine Dämpfung infolge Energieabstrahlung ins „Unendliche“ (geometrische Dämpfung). Die im Folgenden hergeleiteten Resultate bleiben jedoch gültig, auch wenn Abstrahl- und Materialdämpfung in üblicher Näherung berücksichtigt werden, wie beispielsweise von Wolf (1994) anhand einer ausführlicheren Herleitung gezeigt wird.

Die Beziehungen (7.17) und (7.18) eingesetzt in $u = u_s + u_\Phi + u_f$ ergibt:

$$u_s = u \Big/ \left(1 + \frac{k}{k_x} + \frac{k h^2}{k_\Phi}\right). \tag{7.19}$$

In (7.14) eingesetzt folgt damit für die Bewegung der Masse relativ zur Freifeldbewegung die Differenzialgleichung:

$$m\ddot{u} + \frac{k u}{1 + \frac{k}{k_x} + \frac{k h^2}{k_\Phi}} = -m\ddot{u}_g, \tag{7.20}$$

aus der sich die Eigenkreisfrequenz ω_0 ablesen lässt als

$$\omega_0 = \left[\frac{k}{m} \frac{1}{1 + \frac{k}{k_x} + \frac{k h^2}{k_\Phi}}\right]^{1/2}. \tag{7.21}$$

Aus (7.21) wird ersichtlich, dass die Boden-Bauwerk-Interaktion immer zu einer Verringerung der Eigenfrequenz im Vergleich zu einer starr (auf Fels) gelagerten Struktur führt. Je nach Frequenzgehalt der Anregung wirkt sich dies günstig oder ungünstig auf die Beanspruchungen aus.

Mit Hilfe von (7.19) kann (7.20) auch in eine Bewegungsgleichung für die Verschiebung u_s allein umgeformt werden:

$$m\ddot{u}_s + \frac{k\,u_s}{1 + \frac{k}{k_x} + \frac{k\,h^2}{k_\Phi}} = -m\left(\frac{\omega_0}{\omega_s}\right)^2 \ddot{u}_g. \tag{7.22}$$

Nach wie vor ist die Eigenkreisfrequenz gegeben durch (7.21). Doch lässt diese Darstellungsweise einen weiteren Effekt der Boden-Bauwerk-Interaktion zutage treten: Die Schwingungen, welche Deformationen und somit die Beanspruchungen innerhalb der Struktur ergeben, werden im Vergleich zu einer starren Lagerung in abgeschwächter Weise angeregt, und dieser Effekt wirkt sich bei allen Frequenzen günstig aus.

Die äquivalente Dämpfung bei Resonanz berechnet sich nach Wolf (1994) zu

$$D = D_s\left(\frac{\omega_0}{\omega_s}\right)^2 + \left(1 - \frac{\omega_0^2}{\omega_s^2}\right)D_b + \left(\frac{\omega_0}{\omega_x}\right)^2 D_x + \left(\frac{\omega_0}{\omega_\Phi}\right)^2 D_\Phi \tag{7.23}$$

mit

D_s = Dämpfung des Bauwerks allein,
D_b = Materialdämpfung im Boden,
D_x = Geometrische Dämpfung für horizontale Schwingung,
D_Φ = Geometrische Dämpfung für Kippschwingung,
ω_0 = Eigenkreisfrequenz des Gesamtsystems,
ω_s = Eigenkreisfrequenz der starr gelagerten Struktur = $\sqrt{k/m}$,
$\omega_x = \sqrt{k_x/m}$,
$\omega_\Phi = \sqrt{k_\Phi/mh^2}$.

Da die Systemantwort im Resonanzbereich oft dominiert, kann die Dämpfung bei Resonanz in erster Näherung für den gesamten Frequenzbereich verwendet werden.

Die dynamische Boden-Bauwerk-Interaktion wirkt sich vor allem für steife Strukturen großer Masse aus, die auf weichem Boden gelagert sind. Die Bedeutung der Interaktion lässt sich quantitativ am besten anhand des Steifigkeitsverhältnisses

$$\bar{s} = \omega_s h/v_s, \tag{7.24}$$

des Schlankheitsgrades

$$\bar{h} = h/r_0 \tag{7.25}$$

und des Massenverhältnisses

$$\bar{m} = m/\rho r_0^3 \tag{7.26}$$

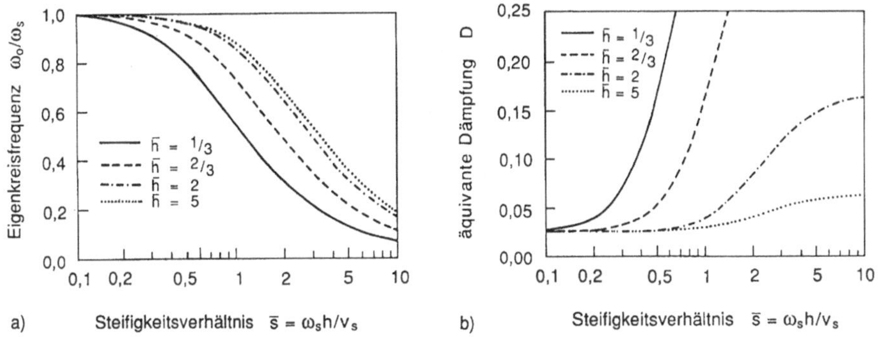

Bild 7.32. Einfluss der Boden-Bauwerk-Interaktion auf das Einmassen-Schwinger-Modell für verschiedene Schlankheitsgrade $\bar{h}$ (vgl. Text, nach Wolf, 1994) und $\bar{m}=1$; **a** Reduktion der Eigenfrequenz, **b** äquivalente Dämpfung

veranschaulichen. Hierin bedeuten ρ die Dichte des Bodens und r_0 den äquivalenten Fundamentradius. Da ω_s mit zunehmender Bauhöhe gewöhnlich abnimmt, bleibt das Produkt $\omega_s h$ oft nahezu konstant, so dass $\bar{s}$ vor allem bei abnehmender Bodensteifigkeit zunimmt.

Bild 7.32 (nach Wolf 1994) zeigt den Einfluss der Boden-Bauwerk-Interaktion auf die System-Eigenfrequenz und die äquivalente Dämpfung für verschiedene Schlankheitsgrade $\bar{h}$ in Abhängigkeit des Steifigkeitsverhältnisses $\bar{s}$ für den Fall des homogenen Halbraumes. Das Massenverhältnis $\bar{m}$ wurde hierbei zu 1 angenommen, und weiter wurde vorausgesetzt: $\nu = {}^1/_3$, $D_s = 2{,}5\%$, $D_b = 5\%$. Auffallend ist, dass die äquivalente Dämpfung für schlanke Strukturen auch bei weichen Böden sehr gering bleibt - praktisch auf dem Niveau der Materialdämpfung des Bodens. Dies ist eine Konsequenz der mit zunehmender Schlankheit überhand nehmenden Kippbewegungen; diese rufen nur eine sehr geringe Abstrahldämpfung hervor.

Bild 7.33 ist eine zu Bild 7.32 analoge Darstellung für verschiedene Massenverhältnisse $\bar{m}$ bei konstantem $\bar{h} = 2$.

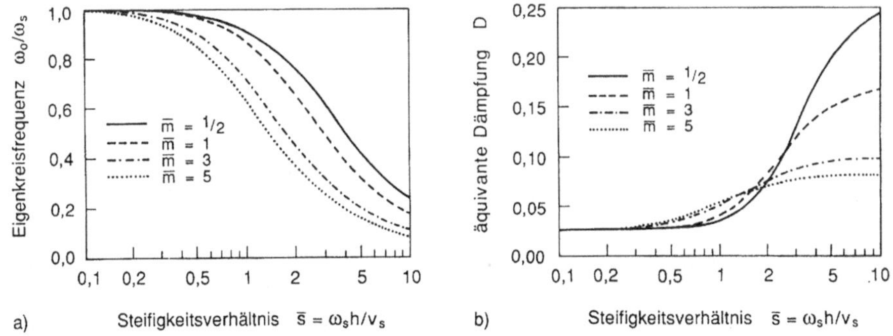

Bild 7.33. Einfluss der Boden-Bauwerk-Interaktion auf das Einmassen-Schwinger-Modell für verschiedene Massenverhältnisse $\bar{m}$ (vgl. Text, nach Wolf, 1994) und $\bar{h}=2$; **a** Reduktion der Eigenfrequenz, **b** äquivalente Dämpfung

Die Abminderung der System-Eigenfrequenz ist bei geschichtetem Halbraum ähnlich derjenigen bei homogenem Halbraum mit den Materialeigenschaften der obersten Schicht. Die äquivalente Dämpfung hingegen fällt deutlich geringer aus, wenn die System-Eigenfrequenz unterhalb der Eigenfrequenz der weichen Schicht liegt, was oft vorkommt: im relevanten Frequenzbereich ergibt sich dann praktisch keine Abstrahldämpfung.

7.5 Erdbebenbemessung von Fundationen und Stützkörpern

Nicht nur Trägheitskräfte gefährden Bauten bei Erdbeben, auch übermäßige Verformungen in der Fundation können verheerende Schäden bewirken. Im Folgenden werden deshalb kurz die Grundsätze einer erdbebengerechten Fundation diskutiert.

7.5.1 Grundsätze zur Standortwahl

Mit einer geeigneten Standortwahl wird eine wesentliche Voraussetzung für die Erdbebensicherheit eines Bauwerkes geschaffen. Der Standort soll so beschaffen sein, dass unzulässige Deformationen infolge einer Verwerfung, erdbebeninduzierter Bodenverflüssigung, Geländeinstabilität oder Setzung vermieden werden. Neben diesen spezifisch erdbebenbezogenen Kriterien gelten ebenfalls die allgemeinen Grundsätze einer guten Fundation. So gilt es insbesonders, Inhomogenitäten in der Fundation so weit wie möglich zu vermeiden. Bauten mit einer bereits unter statischen Verhältnissen ungünstigen Fundation sind bei einem Erdbeben stark gefährdet.

Grundsätzlich sollten keine Bauten in unmittelbarer Nähe einer aktiven Verwerfung erstellt werden. Als aktiv wird eine Verwerfung bezeichnet, die Bewegungen im späten Quartär erlitten hat (vgl. Slemmons und McKinney, 1977). In unmittelbarer Nähe einer aktiven Verwerfung muss stets mit sehr hohen Bodenbeschleunigungen (bis über 1 g) und unzulässigen Untergrunddeformationen gerechnet werden. Für wichtige Bauten in der Nähe einer potenziell aktiven Verwerfung sind spezielle Untersuchungen durch Spezialisten anzuordnen, um die Gefährdung genauer spezifizieren zu können. Während Normen weltweit Bauten im Nahbereich von aktiven an die Oberfläche durchbrechenden Verwerfungen verbieten, zeigt es sich in der Praxis, dass diese Forderungen wegen der im Detail nicht bekannten Lage der Verwerfung in einem nächsten Erdbeben zu größeren nicht bebaubaren Zonen führt, und daher nur für Bauwerke mit einem großen Gefahrenpotential beibehalten werden kann. Die Erfahrung (z.B. Hanshin Erdbeben 1995, Kocaeli Erdbeben, 1999) zeigt auch, dass oft Bauten die in unmittelbarer Nähe einer Verwerfung lagen das Erdbeben mit verhältnismäßigen Schäden überstanden haben. Gazetas et al. (2007) zeigt anhand von FE Analysen und Fallbeispielen wie sich eine Verwerfung auf flachfundierte und pfahlfundierte Bauwerke auswirkt. Bei der Bemessung der Bauwerke auf einer Verwerfung sollten jedoch Sollbruchstellen in Fundation und Bauwerk berücksichtigt werden.

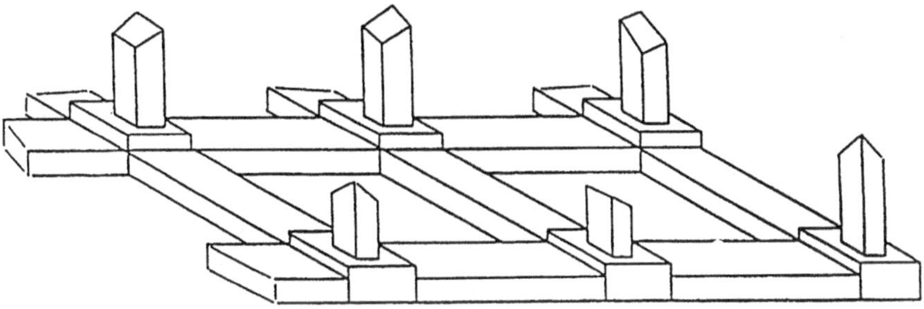

Bild 7.34. Riegel, die Einzelfundamente verbinden, bewirken eine signifikante Verbesserung des Erdbebenverhaltens

Bauten in Hanglage oder in der Nähe eines Hanges sind bezüglich Hangstabilität zu untersuchen. Im Gegensatz zum Fall statischer Lasten, bei denen ein Sicherheitsfaktor als Sicherheitskriterium dient, gilt es bei Erdbeben die Zulässigkeit der auftretenden Deformationen im Hinblick auf Gebrauchstauglichkeit und Tragsicherheit zu ermitteln (vgl. Kapitel 7.6).

Sind im Untergrund mächtige Schichten aus losen, ungesättigten, kohäsionslosen Materialien vorhanden, so ist bei Erdbeben mit starken Setzungen zu rechnen.

7.5.2 Flachfundationen

Heterogene Fundationsverhältnisse sind bereits bei ausschließlich statisch belasteten Bauwerken ungünstig. Durch Wahl eines geeigneten Fundationssystems ist dafür Sorge zu tragen, dass sich vertikale und horizontale differenzielle Deformationen aus statischen und dynamischen Einwirkungen in akzeptablen Grenzen halten. Bei wichtigen Bauwerken sind deshalb Einzelfundamente zu vermeiden. Schematisch zeigt dies Bild 7.34.

Wenn immer möglich ist anzustreben, das Bauwerk so zu dimensionieren, dass zuerst ein duktiles Versagen bei der oberirdischen Struktur auftritt, bevor die Fundation ihre Tragreserve erreicht hat.

Bei größeren Bauwerken bietet es sich an, eine Fundamentplatte als Fundation anzuordnen, die gewährleistet, dass einem Bauwerk keine differenziellen Verformungen durch Versagen einzelner Gründungselemente aufgezwängt werden. Gerade in verflüssigungsgefährdeten Zonen stellt sich immer wieder heraus, dass plattenfundierte Gebäude zwar möglicherweise ihre Gebrauchstauglichkeit verlieren, aber nicht einstürzen.

7.5.3 Tieffundationen

Die nachzuweisenden Grenzzustände entsprechen sinngemäß denjenigen für statische Einwirkungen.

Das Verhalten bei Erdbeben ist sehr komplex: Unter Erdbebeneinwirkungen wird der Pfahl durch die aufwärtswandernden Scherwellen auf Biegung beansprucht. Überbau und Pfahlfundation beeinflussen sich gegenseitig durch die Trägheitskräfte. Boden und Pfähle sind kinematisch miteinander verknüpft, das Erdbeben kann im Boden erhöhte Porenwasserdrücke induzieren (dadurch wird die Mantelreibung und die seitliche Stützung reduziert), und schließlich verhält sich der Boden nichtlinear. In Böden, in denen Verflüssigung eintritt, können die Pfähle großen Deformationen ausgesetzt sein. Dabei werden auch Kippschwingungen induziert (horizontale Verschiebungen und Kippen sind stets gekoppelt, vergleiche Kapitel 6.1).

Mit den in der Praxis üblicherweise angewandten pseudo-statischen Methoden wird dieser Komplexität nicht Rechnung getragen. Im Extremfall muss das Fließen des Bodens um den Pfahl herum als maßgebende Belastung verwendet werden.

Finn (2005) gibt Resultate von umfangreichen Feld- und Laborversuchen und analytischen Studien über das Verhalten von Pfählen und Pfahlgruppen in geschichteten, zum Teil verflüssigungsanfälligen Böden. Die Untersuchungen lassen sich wie folgt für die Praxis zusammenfassen:

Einzelpfahl:

- Üblicherweise werden erdbebeninduzierte Momente, Querkräfte und Deformationen einer Pfahlfundation mittels pseudo-statischer Berechnung mit nichtlinearen p-y-Kennlinien ermittelt. Die Auswertung verschiedener Fallbeispiele zeigt, dass die Verwendung der Kurven des American Petroleum Institutes (API, 1993) nicht zu verlässlichen Resultaten führt, da diese nicht für seismische Belastungen kalibriert worden sind.
- Im Weiteren wird üblicherweise angenommen, dass die Fundation an der Kontaktstelle mit dem Überbau durch die aus dem Überbau resultierende Einspannmomente und Querkräfte belastet wird. Dieses übliche Vorgehen vernachlässigt im Wesentlichen die kinematisch gegenseitige Beeinflussung von Pfahl und Boden sowie den durch die Erdbebeneinwirkung induzierten Steifigkeitsabfall des Bodenmaterials.
- Kinematisch verursachte Momente treten vor allem bei starken Steifigkeitssprüngen benachbarter Bodenschichten auf, oder wenn Bodenverflüssigung in einzelnen Schichten auftritt. Beides führt zu sehr großen Momenten in den Pfählen. Diese Momente können dabei wesentlich tiefer liegen als in homogenen Böden. Wenn bei teilverflüssigten Böden zudem die oberste Schicht nicht verflüssigt, dann ist mit noch größeren Momenten zu rechnen. Der Eurocode 8 gibt Hinweise, wann das kinematische Zusammenwirken Boden/Pfahl berücksichtigt werden muss.
- Vor allem große Erdbeben führen zu einem starken Steifigkeitsabfall während der Erdbebeneinwirkung, was bei den üblichen pseudostatischen Analysen vernachlässigt wird. Resultate von Untersuchungen in Zentrifugen zeigen, dass die p-y-Kurven bis zu einem Faktor von über zwei modifiziert werden müssen, um die Versuchsresultate anzunähern. p-y-Kurven sind deshalb zu modifizieren, um die kinematische Interak-

tion besser zu erfassen. Eine Verbesserungsmöglichkeit besteht darin, eine approximative Verteilung der dynamischen Bodenverschiebungen als Eingabe für die Freifeldbedingungen zu wählen. Mittels einer SHAKE Berechnung kann zum Beispiel die Deformationsverteilung im Zeitpunkt der größten Verschiebung an der Oberfläche als Ausgangsgröße gewählt werden.
Wird ein dynamisches Winkler-Modell verwendet, so kann der Zeitverlauf an den Federstandorten als Eingabegröße verwendet werden. Dabei sind sowohl die kinematische Interaktion als auch das Verhalten des Bodenmaterials direkt berücksichtigt, und die Resultate hängen nur noch von der Zuverlässigkeit des Materialgesetzes ab.
- Die Abtragung horizontaler Erdbebenkräfte mit geneigten Pfählen ist problematisch und wird in einigen Normen ausdrücklich abgelehnt. Dies, weil schiefe Pfähle durch Bodensetzungen unkontrolliert starken Biegebeanspruchungen ausgesetzt werden. Werden dennoch geneigte Pfähle eingesetzt, so sind zusätzlich der Einfluss von Bodensetzungen infolge statischer Verhältnisse und Erdbeben zu berücksichtigen sowie die Verträglichkeit der Verformungen von Boden, Pfählen und Tragwerk zu überprüfen. Zur Dimensionierung wird auf den Eurocode 8 (Teil 5) verwiesen.

Pfahlgruppen:
Das Verhalten einer Pfahlgruppe wird in der Praxis aus dem Verhalten des Einzelpfahles abgeleitet. Hier wird auf die übliche bodenmechanische Literatur (z.B. Lang et al., 2007, Smoltczyk, 1999) verwiesen. Allerdings sind die entsprechenden Abminderungsfaktoren nicht auf dynamische Verhältnisse geeicht. Deshalb ist große Vorsicht bei deren Verwendung geboten. Hier besteht noch ein großer Forschungsbedarf. Es wird empfohlen, in einem Vergleich verschiedene Methoden zu verwenden.

7.5.4
Erdbebenbemessung von Stützwänden und Widerlagern von Brücken

Stützwände und Widerlager werden nach Art der Ableitung der statischen Lasten in den Untergrund und der konstruktiven Ausbildung in Gruppen eingeteilt. Typische Vertreter sind Schwergewichtsmauern, Winkelstützmauern, eingespannte Pfahlwände oder rückverankerte Wände.

Das Verhalten selbst der einfachsten Stützwand unter dynamischen Lasten ist komplex. Es ist einerseits von der dynamischen Anregung selbst abhängig, sowie vom Verhalten des Untergrundes, der Hinterfüllung, der Steifigkeit der Wand und deren Trägheitskräfte. Aus Modellversuchen und numerischen Analysen können folgende Hinweise über das Verhalten abgeleitet werden:

- Größe und Verteilung der dynamischen Drücke auf die Wand sind von der Wandbewegung (Translation, Rotation um Fuß oder Wandkopf) abhängig. Dies entspricht der Erfahrung bei statischen Lasten. Mit der Bewegung der Mauer ändert sich zeitlich die Spannungsverteilung auf der Rückwand und damit auch der Angriffspunkt der Resultierenden.

- Die dynamischen Wanddrücke hängen stark von der dynamischen Reaktion der Wand und der Hinterfüllung ab. Im Bereich der Eigenfrequenz des Wand-Hinterfüllung-Systems können die dynamischen Drücke stark anwachsen. Im Falle von Resonanzen nehmen auch die permanenten Wandverschiebungen stark zu.

Infolge der Komplexität des Zusammenwirkens von Wand-Hinterfüllung und Fundation ist eine umfassende Wandberechnung für praktische Bedürfnisse nur in Ausnahmefällen sinnvoll. Üblicherweise beschränkt man sich darauf, die dynamischen Kräfte, die auf die Wand wirken, abzuschätzen und die Wand so auszulegen, dass diese Kräfte aufgenommen werden können.

Mononobe-Okabe Methode (M-O Methode)

Okabe (1926) sowie Mononobe und Matsuo (1929) haben eine pseudo-statische Methode entwickelt, die für Wandtypen, die sich unter den Lasten so stark bewegen, dass sich ein aktiver bzw. passiver Erddruck ausbilden kann, anwendbar ist. Dabei wird die dynamische Erdbebenbelastung durch pseudostatische Beschleunigungen, die auf die aktiven und passiven Erdkeile entsprechend der Coulomb-Erddrucktheorie einwirken, ersetzt. Die pseudostatische Belastung der Wand wird aus der Gleichgewichtsbedingung im Kräftepolygon abgeleitet. Die M-O-Methode ist einfach in der Anwendung. Sie führt zu seismischen Lasten, die kritischer sind als diejenigen Lasten, die ohne Erdbeben wirken. Komplizierte Wandausbildungen können durch individuelle potenzielle Gleitebenen berücksichtigt werden. Da es sich um eine pseu-

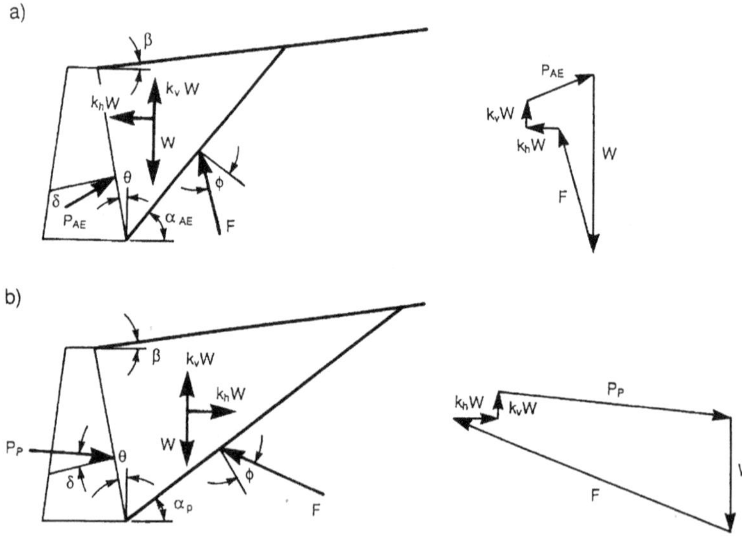

Bild 7.35. Berechnung einer Stützmauer nach Mononobe-Okabe: Kräfte bei a) aktivem und b) passivem Erddruck

dostatische Methode handelt, ist Vorsicht geboten. Der pseudostatische Koeffizient ist schwierig zuverlässig zu ermitteln; meist wird er zwischen einem Drittel bis zur Hälfte der maximalen Bodenbeschleunigung angenommen. In Böden, die unter Erdbebeneinwirkung zu einem Porenwasserdruckanstieg und damit zu einem Abfall der effektiven Scherfestigkeit neigen, ist die Methode nicht anwendbar. Bild 7.35 zeigt die am Erdkeil angreifenden Kräfte und die entsprechenden Kräftepolygone für den aktiven und passiven Fall.

Aktiver Erddruck. Bild 7.35a zeigt die angreifenden Kräfte für den Fall aktiven Erddrucks. Am Erdkeil wirkt die pseudo-statische Beschleunigung $a_h = k_h \cdot g$ und $a_v = k_v \cdot g$. Analog zur Herleitung des statischen Erddrucks kann der resultierende Erddruck unter Erdbebeneinwirkung wie folgt definiert werden:

$$P_{AE} = \frac{1}{2} K_{AE} \gamma H^2 (1 - k_v). \tag{7.27}$$

Der aktive dynamische Erddruckkoeffizient ist

$$K_{AE} = \frac{\cos^2(\Phi - \theta - \psi)}{\cos\psi \cos^2\theta \cos(\delta + \theta + \psi)\left[1 + \sqrt{\frac{\sin(\delta + \Phi)\sin(\Phi - \beta - \psi)}{\cos(\delta + \theta + \psi)\cos(\beta - \theta)}}\right]^2}, \tag{7.28}$$

wobei:

$$\Phi - \beta \geq \Psi$$
$$\Psi = \tan^{-1}(k_h/(1 - k_v))$$
$$\gamma = \gamma_d .$$

Der Winkel der kritischen Gleitebene α_{AE} ist kleiner als unter statischen Lasten allein. Er beträgt

$$\alpha_{AE} = \Phi - \psi + \tan^{-1}\left[\frac{-\tan(\Phi - \psi - \beta) + C_{1E}}{C_{2E}}\right], \tag{7.29}$$

wobei:

$$C_{1E} = \sqrt{\tan(\Phi - \psi - \beta)[\tan(\Phi - \psi - \beta) + \cot(\Phi - \psi - \theta)]} \cdot \sqrt{[1 + \tan(\delta + \psi + \theta)\cot(\Phi - \psi - \theta)]}$$

$$C_{2E} = 1 + \{\tan(\delta + \psi + \theta)[\tan(\Phi - \psi - \beta) + \cot(\Phi - \psi - \theta)]\}.$$

(7.27) kann in einen Anteil P_A, der nur Lasten ohne Erdbebenwirkung enthält, und einen Anteil ΔP_{AE}, der die Einwirkungen des Erdbebens enthält, aufgeteilt werden:

$$P_{AE} = P_A + \Delta P_{AE} . \tag{7.30}$$

Experimentelle Untersuchungen zeigen, dass der Angriffspunkt von P_{AE} höher liegen muss als der theoretisch erwartete Wert von H/3 (H: Wandhöhe) unter statischen Lasten. Seed und Whitmann (1970) empfehlen deshalb, den dynamischen Anteil auf 0,6-facher Wandhöhe angreifen zu lassen. Die Höhe des Gesamterddruckes ergibt sich somit zu

$$h = \frac{P_A H/3 + \Delta P_{AE}(0{,}6H)}{P_{AE}}. \tag{7.31}$$

Die resultierende Höhe des Angriffspunktes hängt also vom Verhältnis P_A/P_{AE} ab.

Passiver Erddruck. Analog zur Herleitung des statischen Erddrucks kann der resultierende passive Erddruck unter Erdbebeneinwirkung wie folgt definiert werden:

$$P_{PE} = \frac{1}{2} K_{PE} \gamma H^2 (1 - k_v). \tag{7.32}$$

Der dynamische passive Erddruckkoeffizient ist

$$K_{PE} = \frac{\cos^2(\Phi + \theta - \psi)}{\cos\psi \cos^2\theta \cos(\delta - \theta + \psi)\left[1 - \sqrt{\dfrac{\sin(\delta + \Phi)\sin(\Phi + \beta - \psi)}{\cos(\delta - \theta + \psi)\cos(\beta - \theta)}}\right]^2}, \tag{7.33}$$

wobei:

$$\Phi - \beta \geq \Psi$$
$$\Psi = \tan^{-1}(k_h/(1 - k_v))$$
$$\gamma = \gamma_d.$$

Der Winkel der kritischen Gleitebene α_{PE} ist größer als unter statischen Lasten allein. Er beträgt

$$\alpha_{PE} = \psi - \Phi + \tan^{-1}\left[\frac{\tan(\Phi + \psi + \beta) + C_{3E}}{C_{4E}}\right], \tag{7.34}$$

wobei:

$$C_{3E} = \sqrt{\tan(\Phi + \beta - \psi)[\tan(\Phi + \beta - \psi) + \cot(\Phi + \theta - \psi)]}$$
$$\cdot \sqrt{[1 + \tan(\delta + \psi - \theta)\cot(\Phi + \theta - \psi)]}$$

$$C_{4E} = 1 + \{\tan(\delta + \psi - \theta)[\tan(\Phi + \beta - \psi) + \cot(\Phi + \theta - \psi)]\}.$$

(7.32) kann in einen Anteil P_p, der nur Lasten ohne Erdbebenwirkung entspricht, und einen Anteil ΔP_{PE}, der die Einwirkung des Erdbebens darstellt, aufgeteilt werden:

$$P_{PE} = P_p + \Delta P_{PE} \tag{7.35}$$

Der Eurocode 8 gibt Hinweise zur Dimensionierung, wobei berücksichtigt werden muß, dass bei größeren Neigungen des Geländes hinter der Stützwand die M-O Methode ihre Grenzen erreicht.

7.5.5
Einfluss des Wassers

Wasser in der Hinterfüllung einer Stützwand hat folgenden Einfluss auf die Wandbelastung:

- zusätzlicher hydrodynamischer Druck,
- erdbebeninduzierter Porenwasserüberdruck,
- Änderung der trägen Masse.

Der zusätzliche hydrodynamische Druck wird in der Praxis nach der Theorie von Westergaard (1931) abgeschätzt:

$$p_w(z_w) = \frac{7}{8}\frac{\alpha_h}{g}\gamma_w\sqrt{z_w H} \tag{7.36}$$

Hierbei steht H für die gesamte Mauer- bzw. Wandhöhe und z_w für die Tiefe eines betrachteten Punktes unter dem Wasserspiegel.

Westergaard wies nach, dass für Anregungsfrequenzen, die unter der Grundeigenfrequenz des Wasserreservoirs liegen, die hydrodynamischen Wasserdrücke mit der Quadratwurzel der Wasserhöhe ansteigen. Die Grundfrequenz eines Wasserreservoirs errechnet sich zu $f_0 = v_p/4H$ (v_p: P-Wellen-Geschwindigkeit im Wasser = 1400 m/s). Für eine 10 m hohe Mauer beträgt f_0 35 Hz. Dies ist höher als die maßgebenden Frequenzen eines Erdbebens. Das heißt, dass für solche Verhältnisse (7.36) anwendbar ist.

Tritt in der Hinterfüllung Bodenverflüssigung auf, so steigt der Erddruck auf das Niveau des hydrostatischen Druckes der „schweren" Flüssigkeit und kann so leicht mehr als das Doppelte der statischen Verhältnisse betragen. Dies ist besonders bei Kaimauern zu berücksichtigen.

7.5.6
Deformationsberechnungen

Richards und Elms (1979) entwickelten, basierend auf der Newmark'schen Gleitblock-Analyse (siehe Kapitel 7.6), ein Verfahren zum Ermitteln der Gleitdeformationen einer Schwergewichtsmauer. Mittels einer Finiten Element Berechnung lassen sich die generellen Deformationen unter Erdbeben berechnen. Solche Berechnungen sind aus Aufwandgründen jedoch in der Praxis nur in Ausnahmefällen zu rechtfertigen.

7.6
Baugrundverbesserung

Die Erschütterungsverstärkung infolge Erdbeben ist beim Entwurf durch Dimensionierung und konstruktive Gestaltung des Oberbaues zu berücksichtigen. Erdbebeninduzierten Porenwasserdruckanstiegen und exzessiven Setzungen sind in der Praxis weitgehend nur durch Baugrundverbesserungen entgegenzuwirken. Verschiedene Arten der Baugrundverbesserung sind zur Vermeidung oder Verringerung der Verflüssigungsgefahr weltweit eingesetzt worden. Bei den Erdbeben Loma-Prieta 1989 in den USA und Kobe 1995 in Japan hat sich der Nutzen dieser Maßnahmen durch eine signifikante Reduktion der Verformungen und Schäden an Gebäuden und anderen Infrastruktureinrichtungen gezeigt. Bilder wie sie nach dem Niigata Erdbeben zu sehen waren (Bild 4.66), sind bei diesen Erdbeben nicht zu beobachten gewesen.

Eine Zusammenstellung von 35 verschiedenen Maßnahmen zur Baugrundverbesserung findet sich z. B. in Mitchell et al. (1995 und 1998). Eine Übersicht über die verschiedenen Anwendungsgebiete mit einer Vielzahl von Beispielen gibt Yasuda (2007). Die effizientesten Maßnahmen sind in Tabelle 7.3 zusammengestellt. Im Einzelnen soll nachfolgend auf den Einfluss der Verdichtung des Bodens, des Einmischens von Feinanteilen, der sich insbesondere bei künstlichen Schüttungen anbietet, und auf den Einsatz von Steinsäulen eingegangen werden. Diese Maßnahmen werden aktuell auch von Towhata (2007) diskutiert.

Verringerung der Verflüssigungsgefahr durch Bodenverdichtung

Der Nutzen der Bodenverdichtung als eine Maßnahme, die Gefahr der Bodenverflüssigung zu reduzieren, lässt sich sehr deutlich am Bild 7.36 erkennen. Dargestellt ist die Anzahl von Belastungszyklen, die bei unterschiedlichen Lagerungsdichten und Belastungsfunktionen benötigt werden, um Verflüssigung in einer Bodenprobe hervorzurufen. Der im Bild 7.36 verwendete Begriff „Cyclic Stress Ratio" bezieht sich dabei auf das Verhältnis von $\tau_m/\sigma_{v'}$ (mittlere Schubspannung zu effektivem Überlagerungsdruck).

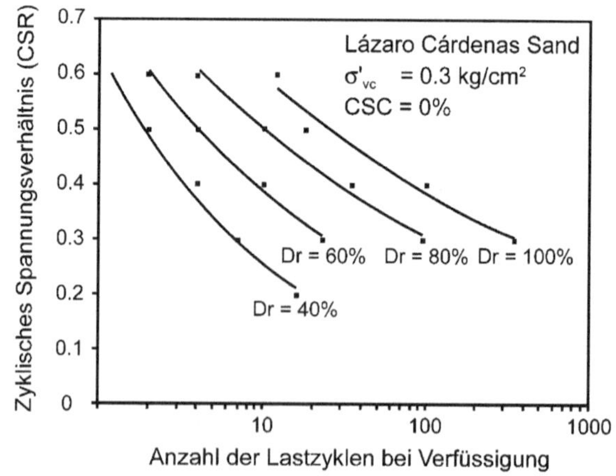

Bild 7.36. Einfluss der Lagerungsdichte auf die Verflüssigung von Sand (Rodriguez und Izarraras, 2004)

Tabelle 7.3. Maßnahmen zur Baugrundverbesserung

Methode	Material	Tiefe/Schichtung	Erwartungen	nötige Werkzeuge	Umgebung
Dynamische Tiefenverdichtung („Menard-Verdichtung")	am besten in granularem Material < 30% Silt, <2 % Ton; nicht geeignet für plastische Böden	generell geeignet bis zu 20m Tiefe; harte Schichten auf weicheren Schichten resp. weiche plastische Schichten hemmen die Verdichtung	75% D_r in granularem Material; Oberflächensetzung proportional zur behandelten Tiefe	spezieller Raupenkran, Gewichte von 5 bis 30 t und Basisfläche > 2 m^2	besondere Sorgfalt innerhalb 100 m von Bauwerken
Vibro-Verdichtung	sandiges Material mit < 12% Feinanteil; Absetzanlagen („Tailings"), eingeschwemmtes Material; nicht geeignet bei Tonanteilen >2%	bis 35 m Tiefe effektiv; vorgängige Bohrung evtl. nötig bei einer steifen plastischen Schicht an der Oberfläche	typischerweise 70–85% D_r; Oberflächensetzungen zu erwarten, falls keine Hinterfüllung benutzt wird	kleine Krane (Raupen oder hydraulisch)	Rückhaltung von Oberflächenwasser nötig
Vibro-Ersatzsteinsäulen	sandiges Material mit < 25% nicht-plastischen Silten; nicht geeignet bei Tonanteilen >2%	bis 30m Tiefe effektiv; typischerweise bis 15 m Tiefe; vorgängige Bohrung evtl. nötig bei einer steifen plastischen Schicht an der Oberfläche	typischerweise 80–90% D_r; dynamisch bedingte Setzungen werden reduziert	mittelgroße Krane (Raupen oder hydraulisch); Lader für Steinlieferung	Rückhaltung von Oberflächenwasser nötig
Drainage und Vorbelastung	möglich für siltige und tonige Böden	abhängig von der Belastungsfläche; bei sehr weichen Böden ist evtl. eine schrittweise Belastung nötig	50 bis 90% weniger Setzungen; Tragfähigkeit bis 2x höher	Tieflöffelbagger; übliche Ladefahrzeuge	logistische Aufgaben
Verdichtungsinjektion	am besten in granularem Material; geeignet für wenig sensitive Böden	kann in größeren Tiefen > 15 m effektiv sein (Überlagerungsdruck nötig); kann Zonen gezielt bearbeiten; steife Überlagerung ist kein Problem	65–80% D_r möglich; möglicher Anstieg der SPT-N Werte um 5–10; Hebungen sind möglich	Injektionspumpe; evtl. Dosieranlage	Zugang für Injektion muss bestehen

Bild 7.37. Dynamische Intensivverdichtung und Vergleich der gemessenen relativen Lagerungsdichte vor (linke Kurve) und nach einer Tiefenverdichtung (rechte Kurven) mit der berechneten Lagerungsdichte an einer Dammbaustelle in Malaysia (Nashed et al. 2004)

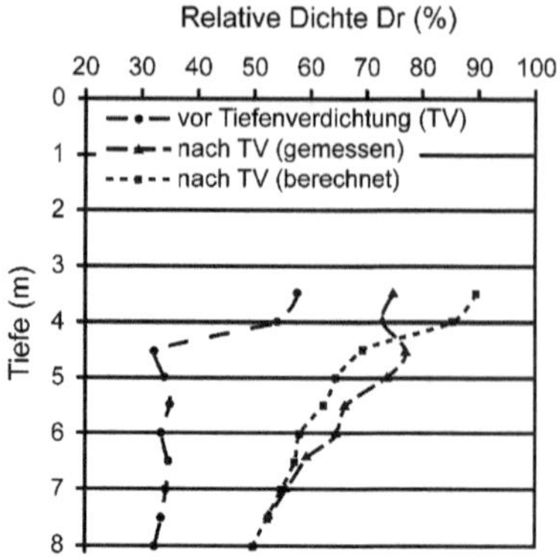

Zur Verdichtung kann zum Beispiel die dynamische Tiefenverdichtung eingesetzt werden, die in den ersten oberflächenahen Bodenschichten eine Erhöhung der Lagerungsdichte und damit auch eine Vergrößerung des Widerstandes gegen Verflüssigung erzeugt. Eine Möglichkeit der Abschätzung der Wirkung der dynamischen Tiefenverdichtung wird von Nashed et al. (2004) vorgestellt, die eine gute Übereinstimmung der gemessenen Verdichtungswirkung zum Beispiel an einer Dammbaustelle in Malaysia zeigt (Bild 7.37). In neuesten Untersuchungen stellt sich heraus, dass es günstig ist nur einen kleinen Bereich um die Gründung eines Bauwerkes herum zu verdichten (Coelho, 2007). Begleitet man diese Maßnahme mit einer hydraulischen Barriere stellen sich Verbesserungen der Verformungen um den Faktor 10 zum Freifeld ein.

Verringerung der Verflüssigungsgefahr durch Einmischen von Feinanteilen

Eine weitere Möglichkeit, die Gefahr der Verflüssigung von Böden zu reduzieren, ist das Beimischen von Feinanteilen z. B. in Aufschüttungen oder Dämmen. Der Nutzen dieser Methode wird bereits deutlich, wenn ein weiteres Kriterium zur Beurteilung der Verflüssigungsgefahr betrachtet wird, vgl. dazu Bild 4.82. Dargestellt sind drei Kurven, die für Rammsondierungsergebnisse eine Einstufung der Verflüssigungsgefährdung für ein vorher bestimmtes Erdbeben ermöglichen. Umso größer der Feinanteil eines Sandes, desto größer ist damit auch der Widerstand gegen Verflüssigung. Dies wird z. B. von Rodriguez und Izarras (2004) gezeigt, die einem Feinsand aus Mexiko City Kieselerde beigemengt haben. Für eine relative Lagerungsdichte von 40 % zeigen sich im Labor Widerstände gegen Verflüssigung mit einem Volumenanteil von 20 % Kieselerde und 80 % reinem Sand nahe an den Widerständen, die bei ca. 80 % Lagerungsdichte des reinen Sandes (vgl. Bild 7.36) zu erwarten wären (Bild 7.38). Dies wird durch die Verschiebung der Kornverteilungskurve und der damit verbundenen Reduktionen der Durchlässigkeit erreicht.

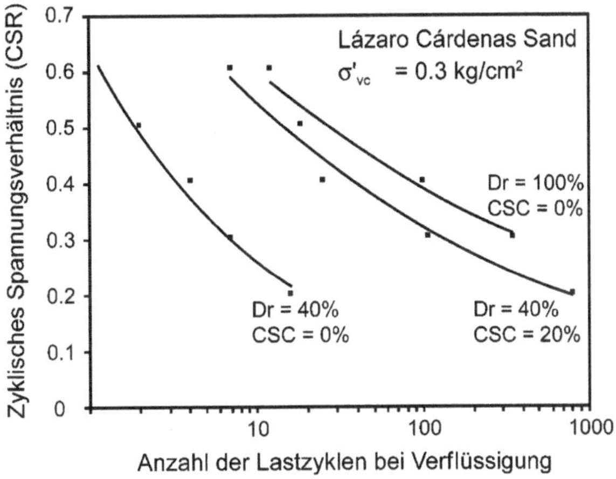

Bild 7.38. Anzahl der Belastungszyklen bis zum Erreichen von Verflüssigung für Sand und Sand mit 20% Anteilen von Kieselerde (CSC) (Rodriguez und Izarraras, 2004)

Einsatz von Steinsäulen zur Verringerung der Verflüssigungsgefahr

Steinsäulen sind eine anerkannte Technik, um die Verflüssigungsgefahr zu reduzieren und die Folgen der Verflüssigung (große Setzungen) abzumindern. Steinsäulen wirken dabei in mehrerer Hinsicht: Einerseits wird der Boden bereits beim Einbau der Steinsäulen verdichtet. Dies erzeugt, wie schon vorher beschrieben, einen größeren Widerstand im Boden gegen Verflüssigung. Andererseits erzeugen die Steinsäulen eine Bewehrung des Bodens, so dass sich die bei einem Erdbeben zu erwartenden Setzungen reduzieren. Schließlich erlaubt der Einsatz von Steinsäulen eine bessere Drainage der sich aufbauenden

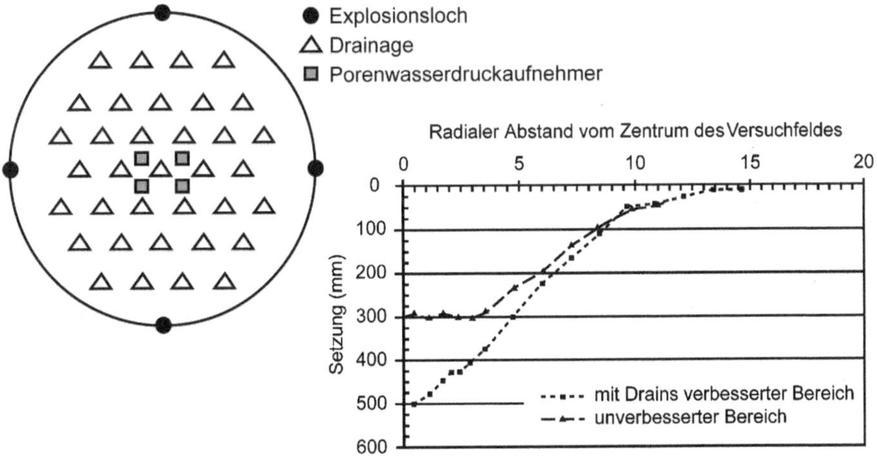

Bild 7.39. Feldversuch zur Untersuchung des Einflusses von Steinsäulen zur Verflüssigungsgefahr, Anordnung des Testfeldes aus Steinsäulen (Drainagen), Explosionslöchern und Messgebern (oben) und Beeinflussung der gemessenen Setzungen (unten) nach Rollins et al. (2004)

Erhöhung des Porenwasserdruckes und eine gezielte Entlastung dieses Wasserüberdruckes. Der Einsatz von Steinsäulen muss in weniger durchlässigen Böden mit Verflüssigungsgefahr durch Brunnenrohre („wick-drains") unterstützt werden, um die rechtzeitige Drainage während eines Ereignisses zu gewährleisten. Diese Brunnenrohre werden vor der Herstellung der Steinsäulen in den mittleren Bereich zwischen den Säulen eingebaut. Diese Technik wird in vielen aktuellen Untersuchungen, z. B. Okamura et al. (2004), Shentan et al. (2004), Yasuhara et al. (2004) oder auch Rollins et al. (2004) betrachtet. Letztere haben in mehreren Feldversuchen verschiedene Methoden gegenübergestellt, von denen ein Ergebnis hier exemplarisch wiedergegeben wird (Bild 7.39).

7.7 Böschungsstabilität bei Erdbeben

Unter Erdbebeneinwirkung sind Instabilitäten sowohl bei natürlichen wie auch bei künstlich erstellten Böschungen beobachtet worden. Erdbebeninduzierte Rutschungen haben zum Teil katastrophale Schäden verursacht. In vielen Erdbeben sind Rutschungen für über die Hälfte der Schäden verantwortlich. So ergaben sich beim Alaskabeben 1964 schätzungsweise 56% der Schadensumme aus Rutschungen (Youd, 1978), und nach Kobayashi (1981) sind in Japan zwischen 1964 und 1980 mehr als die Hälfte der Toten bei Erdbeben mit Magnitude größer 6,9 auf erdbebeninduzierte Rutschungen zurückzuführen.

Eine gute Übersicht bezüglich erdbebeninduzierter Rutschungen gibt Keefer (1984). Basierend auf 300 Erdbeben zwischen 1958 und 1977 hat Keefer die minimale Lokal-Magnitude ermittelt, ab der mit bestimmten Geländeinstabilitäten zu rechnen ist (Tabelle 7.4).

Ab einer EMS-Intensität VII ist mit vereinzelten Rutschungen an steilen Hängen, ab einer EMS-Intensität IX verbreitet mit Erdrutschen zu rechnen.

Grundsätzlich hängen Geländeinstabilitäten unter dynamischen Lasten von einer Vielzahl von geologischen und topographischen Parametern ab. Sind Böschungen bereits unter statischen Verhältnissen in labilem Gleichgewicht, so genügen oft schon kleinere Erdbebenerschütterungen, um großräumige Rutschungen zu verursachen. Besonders anfällig diesbezüglich sind z. B. Flyschgebiete.

Deformationen einer Böschung infolge eines Erdbebens können sowohl auf erdbebeninduzierte Trägheitskräfte, wie auch auf verminderte Festigkeit infolge Porenwasserdruckanstiegs zurückzuführen sein. Oft ist auch eine Kom-

Tabelle 7.4. Minimale Lokal-Magnituden, die Geländeinstabilitäten erzeugen (nach Keefer, 1984)

M_L	Typ der Geländestabilität
4,0	Felsblockstürze, Felsabbrüche, kleine Erdrutsche
4,5	Bodensackungen, Felsabbrüche
5,0	Felssackungen, größere Erdrutsche, Risse im Boden auch in flachem Gelände
6,0	Felslawinen
6,5	Lockergesteinslawinen

bination von beiden die Schadenursache. Pseudostatische Methoden zur Beurteilung einer Böschungsstabilität sind deshalb nur bei Böden anwendbar, bei denen ein erdbebeninduzierter Porenwasserdruck-Aufbau (vgl. Kapitel 4.8) oder ein Festigkeitsabbau infolge eines Strukturzusammenbruches ausgeschlossen werden kann. Hinweise für das Vorgehen in der Praxis gibt etwa der Eurocode 8. Zu beachten ist zudem, dass Hangrutschungen wesentlich länger andauern können als nur die unmittelbare Bebendauer. Eine während des Erdbebens begonnene Rutschung kann dazu führen, dass die ursprünglich vorhandene Kohäsion fast vollständig verloren geht. Dadurch ist es möglich, dass nach dem Erdbeben, auch nach Abklingen allfälliger bebeninduzierter Porenwasserüberdrücke, die statischen Kräfte allein ausreichen, um die instabile Situation aufrecht zu erhalten. Man spricht deshalb oft von einer ko- und einer postseismischen Phase. Wertvolle Hilfe für die Abschätzung der Größenordnung der in dieser Phase auftretenden bleibenden Hangdeformationen bieten Ambraseys und Srbulov (1995).

Während zur Beurteilung der Böschungsstabilität unter statischen Lasten ein Sicherheitsfaktor errechnet wird, ist für dynamische Lasten die unter der Erdbebeneinwirkung erzeugte Deformation zu beurteilen. Den Stand Mitte der 90er-Jahre diskutieren Seco e Pinto et al. (1995).

7.7.1 Berechnung der bleibenden Deformationen infolge von Trägheitskräften

Bei dieser Berechnung wird angenommen, dass ein Teil der Böschung, ähnlich wie beim statischen Böschungsbruch, entlang einer Gleitfläche rutscht. Dabei wird zur Vereinfachung die gleitende Masse als Block auf einer schiefen Ebene idealisiert. Zusätzlich zu den im statischen Fall wirkenden Kräfte ist die durch die Bodenbeschleunigung erzeugte, zeitlich variierende Trägheitskraft einzuführen. Überschreitet die Trägheitskraft einen bestimmten Grenzwert (nachfolgend kritische Beschleunigung a_c genannt), so gleitet der Block eine bestimmte Strecke abwärts. Die Summation dieser Verschiebungen gibt schließlich eine Abschätzung der zu erwartenden bleibenden Deformationen. Dieses Berechnungsverfahren berücksichtigt keine Veränderung der Scherfestigkeit infolge Erdbebenerschütterung und ist somit nicht anwendbar für Fälle, bei denen mit starkem Porenwasserdruckanstieg zu rechnen ist. Ist jedoch nur mit einer beschränkten Reduktion der Scherfestigkeit zu rechnen, so kann diese berücksichtigt werden, indem die Berechnung mit entsprechend reduzierten Scherfestigkeitswerten durchgeführt wird.

Im Folgenden wird ein praktisches Verfahren zur Bestimmung der bleibenden Deformation näher erläutert. Es setzt sich zusammen aus folgenden vier Berechnungsschritten:

- Berechnung der kritischen Beschleunigung,
- Berechnung des Schwingverhaltens der Böschung,
- Gleitblock-Berechnung,
- Berechnung der bleibenden Verschiebung.

Diese Methode ist eine Kombination von zwei bekannten Verfahren, der Gleitblock-Analyse von Newmark (1965) und der Berechnung des Schwingverhaltens eines Dammes von Sarma (1979).

Berechnung der kritischen Beschleunigung

Für eine potenzielle Gleitfläche wird die kritische Bodenbeschleunigung a_c berechnet, für welche die Sicherheit der Böschung gerade 1,0 wird. Dies entspricht der Beschleunigung, bei der das Abgleiten einsetzt oder unmittelbar bevorsteht. Den Wert für a_c erhält man mittels konventioneller Stabilitätsberechnung, wobei zusätzlich die Trägheitskraft I des Gleitkörpers einzuführen ist.

Wie in Bild 7.40a am Beispiel eines Dammes dargestellt, wird für eine größere Anzahl von Gleitkreisen eine konventionelle Stabilitätsberechnung durchgeführt. Allerdings wird dabei nicht der Sicherheitsfaktor bestimmt, sondern die kritische Trägheitskraft ($I = m a_c$), welche die Sicherheit F der Böschung zu 1,0 werden lässt. Die Scherfestigkeit ist in einem undrainierten Versuch zu bestimmen, wobei als Scherwiderstand diejenige Scherspannung gewählt wird, bei der die Probe sich auch bei einer größeren Anzahl Zyklen noch annähernd elastisch verhält.

Bei einem Damm mit symmetrischem Querschnitt hat der wasserseitige Teil eine kleinere kritische Beschleunigung als der luftseitige Teil. Dies des-

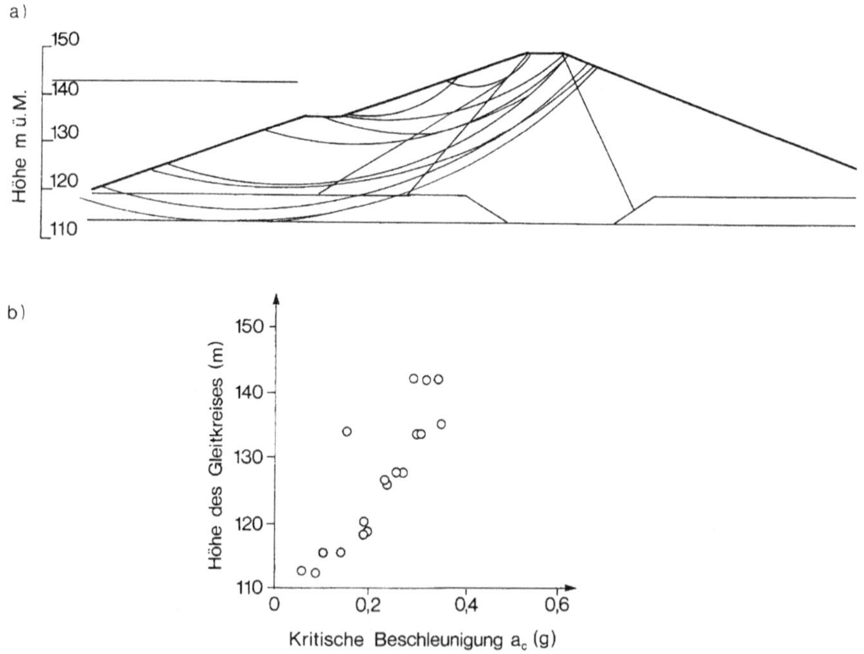

Bild 7.40. Beispiel einer Stabilitätsberechnung; **a** Kritische Gleitflächen und **b** kritische Beschleunigung als Funktion der Höhe des Fußpunktes der Gleitfläche (nach Franklin und Hynes-Griffin, 1979)

halb, weil der Schubwiderstand von den effektiven Normalspannungen auf die Gleitfläche abhängt, die ihrerseits durch das Gewicht unter Auftrieb gegeben sind. Für die Trägheitskräfte hingegen ist das totale Gewicht maßgebend. Die Resultate einer solchen Berechnung sind in Bild 7.40 b dargestellt.

Vereinfachte Analyse des Schwingverhaltens eines Dammes

Da ein Damm, ähnlich wie ein einseitig eingespannter Schubträger, ein schwingendes System darstellt, ist die maximale Beschleunigung auf der Dammkrone a_D größer als an der Basis, wo der Beschleunigungsverlauf etwa der Freifeld-Bewegung entspricht. Für die exakte Berechnung der bleibenden

Bild 7.41. Verlauf der Spitzenbeschleunigung des Gleitkörpers in Funktion der Lage der Gleitfläche (nach Makdisi und Seed, 1978)

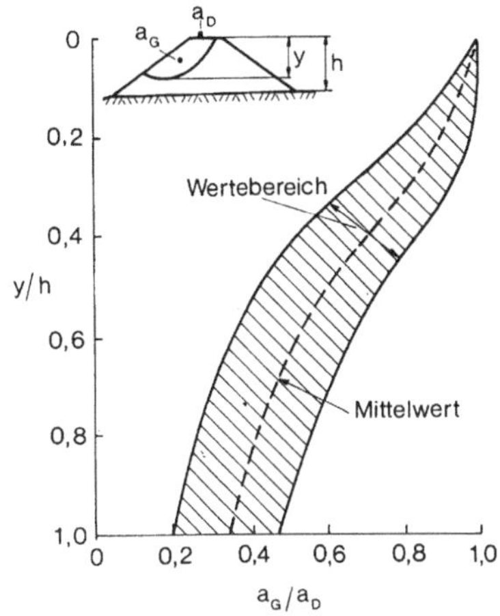

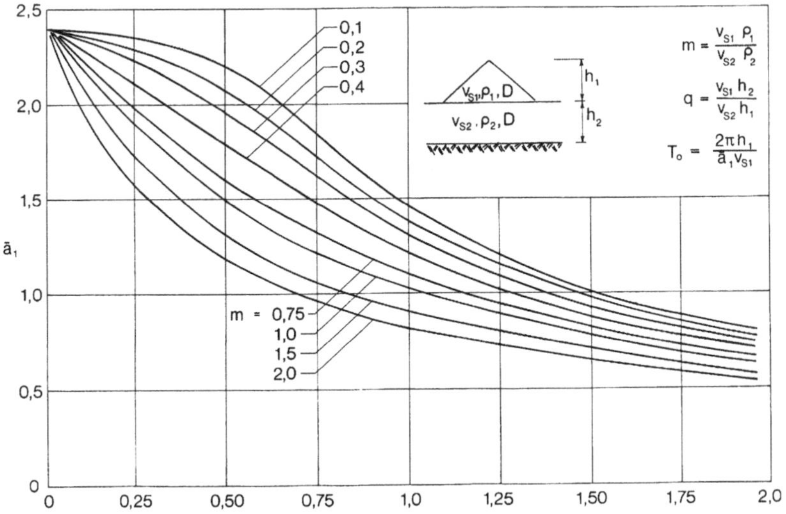

Bild 7.42. Grund-Schwingdauer T_0 eines Dammes auf einer elastischen Schicht

Deformation müsste deshalb für jede Höhenlage im Damm der Beschleunigungsverlauf mittels einer dynamischen Analyse bestimmt werden.

Für eine erste Abschätzung kann ein vereinfachtes, auf den Resultaten zahlreicher nummerischer und analytischer Berechnungen beruhendes Verfahren zur Bestimmung des Schwingverhaltens des Dammes verwendet werden. Solche Berechnungen haben gezeigt, dass die maximale Beschleunigung für eine potentielle Gleitfläche mit zunehmender Tiefe der Gleitfläche abnimmt. Die Werte für die über den Gleitkörper gemittelte maximale Beschleunigung a_G lassen sich wie in Bild 7.41 darstellen, wobei a_G bezüglich der maximalen Beschleunigung auf der Dammkrone, a_D, normiert ist.

Die maximale Beschleunigung auf der Dammkrone lässt sich z.B. anhand des Antwortspektrums des Bemessungsbebens bestimmen, wobei die Eigenfrequenz des Dammes mit dem von Sarma (1979) entwickelten Diagramm in Bild 7.42 abgeschätzt werden kann.

Gleitblock-Analyse

In Bild 7.43 sind die wichtigsten Elemente der Gleitblock-Berechnung dargestellt. Wir nehmen an, dass der Gleitkörper in Bild 7.43a unmittelbar vor

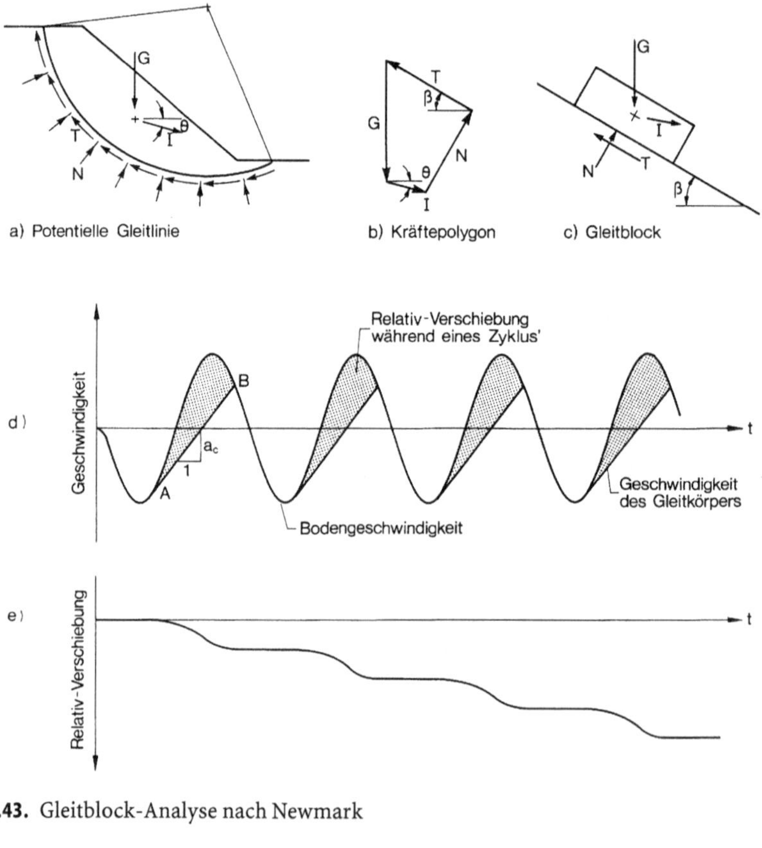

Bild 7.43. Gleitblock-Analyse nach Newmark

dem Abgleiten steht, d.h. die Sicherheit gleich 1,0 ist. Die am Gleitkörper angreifenden Kräfte sind das Gewicht G, die Normal- und Tangentialkräfte N und T entlang der Gleitlinie sowie die Trägheitskraft I. Das zugehörige Kräftepolygon für F = 1,0 ist in Bild 7.43b dargestellt. Die Trägheitskraft I entsteht dadurch, dass sich die Unterlage des Gleitkörpers und damit auch der Gleitkörper selbst nach links beschleunigt. Die Beschleunigung des Gleitkörpers ist beschränkt auf die im vorangegangenen Abschnitt berechnete kritische Beschleunigung a_c. Übersteigt die Beschleunigung der Unterlage diesen Wert, so verschiebt sich der Gleitkörper hangabwärts. Der Neigungswinkel θ der Trägheitskraft I ist so zu wählen, dass I minimal wird. Im Allgemeinen ist θ relativ klein und kann gleich null gesetzt werden. Der Winkel β ist die Neigung der resultierenden Tangentialkraft T und lässt sich aus der Stabilitätsberechnung bestimmen.

Das Kräftepolygon in Bild 7.43 b gilt auch für einen Block auf einer geneigten Unterlage gemäß Bild 7.43 c, so dass das Stabilitätsproblem in Bild 7.43 a auch mit einem einfachen Block approximiert werden kann. Allgemein wird angenommen, dass der Widerstand für eine Aufwärtsbewegung so groß ist, dass jeweils nur eine Abwärtsbewegung stattfinden kann.

Wird die Böschung, bzw. die geneigte Unterlage im Modell, einer Erschütterung $a_g(t)$ ausgesetzt, so gleitet der Block jedesmal, wenn die Beschleunigung a_g den kritischen Wert a_c überschreitet, ein Stück abwärts. Die Größe der Verschiebung erhält man durch zweifache Integration des Beschleunigungsverlaufes, wobei nur der Anteil während des Gleitens des Blockes zu berücksichtigen ist. Diese Integration kann man sich sehr gut anhand des Geschwindigkeitsverlaufs in Bild 7.43 d vorstellen. Die Steigung der Kurve entspricht der Beschleunigung des Bodens und die Steigung der Geraden zwischen Punkt A und B der kritischen Beschleunigung a_c des Blockes. Punkt A stellt den Punkt dar, bei dem die Bodenbeschleunigung das erste Mal die kritische Beschleunigung a_c überschreitet und ist somit der Zeitpunkt, bei dem die Relativbewegung einsetzt. Punkt B ist der Punkt, bei dem die Geschwindigkeit des Bodens und des Blockes wieder gleich groß sind und ist somit das Ende der Relativbewegung. Die Flächen zwischen den beiden Kurven entsprechen der Relativverschiebung. Durch Integration all dieser Flächen erhält man die gesamte Relativverschiebung (vgl. Bild 7.43 e).

Berechnung der bleibenden Verschiebung

Sobald die über den Gleitkörper gemittelte maximale Beschleunigung a_G bestimmt ist, lässt sich das Bemessungsbeben in grober Näherung mit a_G skalieren. Mit diesem skalierten Beschleunigungsverlauf und dem Wert für die kritische Beschleunigung a_c wird durch doppelte Integration die bleibende Verschiebung bestimmt. Berechnungen dieser Art haben für eine Vielzahl von Beben gezeigt, dass die Verschiebungen bei Dämmen mit gleicher Schwingdauer und für Erdbeben mit gleicher Magnitude in einem begrenzten Streubereich liegen. Bild 7.44 zeigt ein Diagramm, in dem die Bereiche für die so berechneten Verschiebungen dargestellt sind. Die auf der Ordinate aufgetragenen Verschiebun-

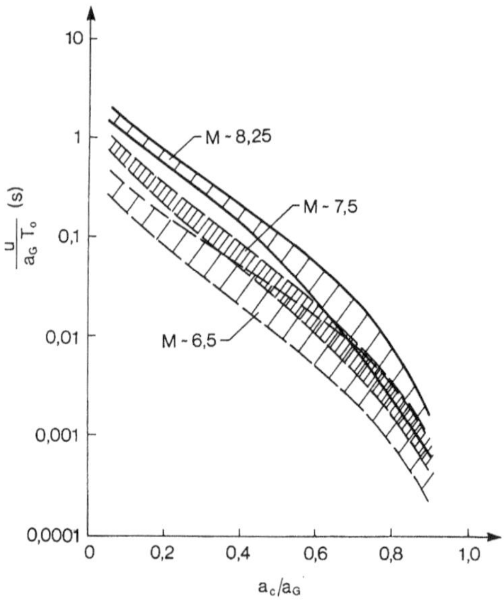

Bild 7.44. Bleibende Deformationen eines Dammes unter verschiedenen Erdbeben-Magnituden (nach Makdisi und Seed, 1978)
a_G: über den Gleitkörper gemittelte maximale Beschleunigung
a_C: kritische Beschleunigung
u: Gleitverschiebung
T_0: Grund-Schwingdauer
M: Magnitude Erdbeben

gen sind bezüglich a_G und bezüglich der Schwingdauer des Dammes, T_0, normiert. Mit Hilfe des Diagrammes in Bild 7.44 ist es relativ einfach, die zu erwartenden Verschiebungen u in einem Damm infolge eines Erdbebens abzuschätzen.

Die Ermittlung erdbebeninduzierter Deformationen von Böschungen erfordert ein sorgfältiges Erfassen der im Einzelfall vorhandenen Gegebenheiten und die Beurteilung der Zulässigkeit vereinfachter Annahmen. Wie verändert sich die Festigkeit der Gleitfläche in Folge der eingeleiteten Bewegung (Restscherfestigkeit, erhöhte Porenwasserdrücke etc.). Weiter muss geprüft werden, ob die Annahmen starrer Gleitkörper und der Beschleunigung im Schwerpunkt des Gleitkörper zulässig sind. In neuerer Zeit sind auch weitere auf der Grundlage der Newmark'schen Blockgleittheorie basierende Verfahren entwickelt worden. Interessant z.B. ist der Ansatz von Bray und Travasarou (2007), welcher in ein probabilistisches Konzept eingebaut werden kann.

7.8 Erdbebensicherheit von Erd- und Steinschüttdämmen

7.8.1 Einleitung

Betrachtet man Statistiken über Versagensursachen von Stauanlagen, so fällt auf, dass – wenn überhaupt Schäden infolge Erdbeben aufgeführt sind – Erdbeben nur bei etwa 1% der beschädigten Dämme als Schadenursache angegeben sind. Man könnte daher etwas voreilig den Schluss ziehen, daß die Erdbebengefährdung nicht von praktischem Interesse sei. Andererseits ist zu bedenken, dass die Erdbebeneinwirkung auf ein Bauwerk von zeitlich kurzer Dauer ist und die Wiederkehrperiode großer Beben für ein bestimmtes Gebiet mehrere Jahrzehnte, ja Jahrhunderte betragen kann. Die wachsende Zahl der benötigten Bauwerke zwingt in Zukunft, auch Dämme bei weniger günstigen Randbedingungen, d.h. in Gebieten mit hoher Seismizität oder schlechten Fundationsbedingungen, zu bauen. Man besitzt daher eine viel kleinere zeitliche Erfahrung in der Beurteilung der Wirkung von Erdbeben auf Stauanlagen, als man sie zur Beurteilung anderer Gefährdungen, wie z.B. der Beurteilung der Sickerströmung, besitzt. Bei Erdbebenschäden an Stauanlagen sind bis jetzt mehr oder weniger nur materielle Schäden aufgetreten. Das Glück hat uns vor Überschwemmungskatastrophen mit vielen Menschenopfern verschont. Zu erwähnen ist jedoch das Versagen der San Fernando Dämme während dem San Fernando Erdbeben 1971 in Los Angeles. Das Erdbeben der Magnitude 6,6 hat im Lower San Fernando Damm einen Rutsch in der oberwasserseitigen Böschung ausgelöst, der auch die obersten Teile der Unterwasserseite umfasste. Am Ende des Bebens blieb ein Freibord von etwa 1,5 m übrig. Vor dem Beben lag der Wasserspiegel außergewöhnlich niedrig, auf etwa 12 m unterhalb der Dammkrone. Der nicht vom Rutsch erfasste Teil des Dammes hatte mehrere tiefe longitudinal verlaufende Risse. Wäre der Wasserspiegel bei Beginn des Bebens höher gewesen oder hätte das Beben länger gedauert oder wäre es etwas stärker gewesen, so wären etwa 80 000 Menschen unmittelbar bedroht worden. Ein Bruch des Dammes hätte also eine wesentlich höhere Zahl von Opfern als die effektiven 129 Opfer des Bebens fordern können. Bei vielen Erdbeben konnte ein Versagen von „Tailingsdämmen" (Absperrbauwerke überwiegend mit Sedimentgut erstellt) bei Absetzbecken von Bergwerksbetrieben beobachtet werden.

Diese Ereignisse haben gezeigt, dass die Erdbebensicherheit von Erddämmen mit dem bis dahin üblichen Ersatzlastverfahren nicht zuverlässig ermittelt werden kann, vor allem dann nicht, wenn nicht nur Trägheitskräfte maßgebend sind, sondern während des Bebens infolge Veränderung der Porenwasserspannungen die Materialfestigkeit beeinflusst wird.

Die physikalisch exakte Berechnung des Verhaltens eines Dammes während eines Erdbebens ist praktisch eine unlösbare Aufgabe. Ein Erddamm ist ein kompliziertes, dreidimensionales Gebilde, das aus zahlreichen unterschiedlichen Materialien besteht. Die Eigenschaften dieser Materialien sind stark nicht-linear und variieren auch innerhalb eines einzelnen Materialtyps in Abhängigkeit des effektiven Überlagerungsdruckes. Der effektive Überlagerungsdruck seinerseits kann während des Erdbebens ebenfalls variieren, falls Porenwasserdrücke erzeugt werden. Dazu kommt die sehr komplexe mehrdimensionale Belastung durch das Erdbeben und die Wechselwirkung des Dammes mit dem umliegenden Baugrund und dem Wasser des Staubeckens.

Angesichts dieser komplexen Problemstellung führt nur eine ingenieurmäßige Betrachtungsweise zur Lösung des Problems. Es ist unumgänglich, dass Vereinfachungen und Idealisierungen eingeführt werden. Diese erfordern allerdings ein gutes Verständnis des generellen dynamischen Verhaltens eines Dammes, da eine zu starke Vereinfachung zu falschen Resultaten führen kann. Der vernünftige Weg ist sicherlich die Verwendung eines möglichst einfachen Berechnungsverfahrens, das aber alle wesentlichen Elemente des dynamischen Verhaltens berücksichtigt. Neben den rein analytischen Verfahren haben natürlich semi-empirische Verfahren, die das Verhalten von Staudämmen in früheren Erdbeben berücksichtigen, eine nicht zu unterschätzende Bedeutung.

7.8.2 Erdbebenverletzlichkeit von Erd- und Steinschüttdämmen und Maßnahmen zu deren Verringerung

Für eine erdbebengerechte Ausbildung eines Dammes ist es wichtig, das gesamte Gefährdungsspektrum zu erfassen. Viele dieser Gefährdungsarten können durch eine geeignete Standortwahl und konstruktive Maßnahmen (Materialwahl, Verdichtung, Querschnittsgestaltung etc.) ohne große Kosten berücksichtigt werden.

Erd- und Steinschüttdämme sind durch Erdbeben wie folgt gefährdet:

- Direkter Einfluss einer Verwerfung:
  - Zerreißen des Dammes, falls er auf einer aktiven Verwerfung liegt,
  - Verlust des Freibordes und damit Überspülen der Dammkrone infolge differenzieller tektonischer Setzungen zwischen der Sperrstelle und dem Reservoir.

  Dieser Gefährdung kann nur durch eine sorgfältige Standortwahl mit einer detaillierten Untersuchung von aktiven und nicht mehr aktiven Verwerfungen begegnet werden.

- Direkte Einwirkung des Bebens auf den Dammkörper und seine Fundation
  - Überspülen des Dammes infolge Setzungen und Sackungen in den Böschungen und in der Dammkrone,
  - Stabilitätsverlust der Böschungen,
  - Versagen der Fundation des Dammes als Folge der induzierten Porenwasserspannungen.

  Die analytische Behandlung dieser Gefährdungsarten ist in Kap. 7.7 beschrieben. Mittels günstiger Querschnittsgestaltung (z.B. Lage und Ausbildung des Kernes) kann die Erdbebenempfindlichkeit minimiert werden.
  - Durch das Beben in einem Dammkörper erzeugte Risse oder Deformationen können zu einer inneren Erosion führen.

  Diese Gefährdung kann durch genügend breite Kern- und Filterzonen aus „selbstheilendem" Material reduziert werden.
- Indirekte Gefährdung durch ungünstiges Verhalten von Reservoir und Reservoirböschungen.
  - Überspülen infolge von Rutschungen der Uferböschungen,
  - Überspülen durch von Fels-, Eis- und Schneelawinen erzeugte Wellen im Reservoir,
  - Überspülen durch vom Beben induzierte Wellen im Reservoir.

Dieser Gefährdung ist durch eine sorgfältige Untersuchung der Reservoirböschungen bei der Standortwahl Rechnung zu tragen. Da aber seismisch induzierte Wellen, sowie kleinere bis mittlere Fels-, Eis- und Schneerutsche bei einem Erdbeben nicht vermeidbar sind, ist in seismisch aktiven Gebieten ein größeres Freibord als üblich und eventuell ein zusätzlicher Erosionsschutz notwendig.

- Indirekte Gefährdung des Dammkörpers durch Versagen von Nebenanlagen.
  - Durch Zerstörung der Entnahmeorgane oder der Hochwasserentlastung kann der Dammkörper auch nach einem Beben bei hydrologisch ungünstigen Verhältnissen durch Überspülen gefährdet sein.

  Wichtige Nebenanlagen sind deshalb ebenfalls erdbebensicher zu dimensionieren, und zwar so, dass sie auch nach einem Erdbeben gebrauchsfähig bleiben.

Die Beurteilung der Erdbebensicherheit umfasst also wesentlich mehr Aspekte als nur die Überprüfung der Dammstabilität. Die meisten Untersuchungen können jedoch, wenn rechtzeitig daran gedacht wird, praktisch ohne Mehrkosten durchgeführt werden.

7.8.3 Erdbebenschäden bei Erd- und Steinschüttdämmen

Erd- und Steinschüttdämme haben sich in den vergangenen Erdbeben im Allgemeinen gut verhalten. Es hat sich gezeigt, dass Dämme, die eine genügende Sicherheit für statische Lasten aufweisen und bei denen ein geeignetes Fundations- und Dammaterial vorhanden ist, auch starke Erdbeben ohne Schaden überstehen können.

Die Erfahrung zeigt, dass vor allem Dämme aus relativ locker gelagertem kohäsionslosem Material gefährdet sind. Ein typisches Beispiel für solche Dämme sind die sogenannten „Hydraulic Fill“ Dämme. Bei starken Erdbebenerschütterungen treten wegen der Verdichtung des relativ locker gelagerten kohäsionslosen Materials starke Porenwasserüberdrücke auf, die die Scherfestigkeit reduzieren und unter Umständen zu Verflüssigung führen können. Zahlreiche „Hydraulic Fill“ Dämme haben aber auch Erdbeben mit Magnituden $M = 6{,}5$ und mit maximalen Bodenbeschleunigungen von 0,2 g ohne Schaden überstanden. Dämme aus tonigen Materialien auf Fels- oder Tonunterlagen haben sehr starke Erdbeben mit $M = 8$ und mit Bodenbeschleunigungen im Bereich von 0,35 bis 0,8 g ohne Schaden überstanden.

Es besteht ein großer Unterschied zwischen der Erdbebensicherheit von Dämmen aus tonigen Materialien und solchen aus gesättigten kohäsionslosen Materialien wie Sand und Silt. Tonige Böden weisen unter langdauernder zyklischer Belastung zwar ebenfalls Scherfestigkeitsverluste infolge Porenwasserdruckanstieges auf, doch sind diese Scherfestigkeitsverluste nach der relativ kurzen Dauer eines Erdbebens noch sehr klein (vergleiche auch Kapitel 4.9.4). Das Gleiche gilt auch für sehr dicht gelagerte kohäsionslose Böden. Bei locker bis mitteldicht gelagerten, gesättigten, sandigen oder siltigen Materialien hingegen kann der Porenwasserdruckanstieg infolge zyklischer

Belastung eine starke Reduktion des Deformationswiderstandes bewirken. Materialien mit dilatantem Verhalten erreichen nach dem Erdbeben weitgehend wieder ihre ursprüngliche Scherfestigkeit, doch können diese Deformationen unzulässig hohe Werte erreichen.

Bei der Bemessung eines Staudammes für Erdbeben sind somit zwei Bruchmechanismen zu berücksichtigen:

- Fundation: unzulässige Verformungen verursacht durch Porenwasserdruckanstieg bis zur Bodenverflüssigung
- Dammkörper:
  - Böschungsbruch infolge Trägheitskräften; tritt während der Phase stärkster Erschütterungen auf
  - Verringerung der Scherfestigkeit infolge Porenwasserdruckanstiegs, was in Kombination mit statischen und dynamischen Kräften zu unzulässigen Verformungen bis zum Bruch führen kann; tritt weitgehend gegen Ende des Erdbebens auf, da dann die Porenwasserüberdrücke am höchsten sind und deren Abbau durch Konsolidation noch nicht stattgefunden hat
  - weitere Deformationen nach dem Erdbeben, verursacht durch die Umverteilung der Porenwasserdrücke sowie durch die Reduktion der Scherfestigkeit auf die Restscherfestigkeit infolge Verschiebungen während dem Erdbeben

Bei beiden Bruchmechanismen ist der wasserseitige Teil des Dammes stärker gefährdet. Das Problem der Verflüssigung bzw. des Scherfestigkeitsverlustes durch Porenwasserdruckanstieg tritt nur im gesättigten Teil des Dammes auf, und auch bei der Böschungsstabilität ist der gesättigte Bereich stärker gefährdet, da hier die Scherfestigkeit durch das Gewicht unter Auftrieb bestimmt wird.

7.8.4 Wahl der Berechnungsmethode

Die Wahl des Berechnungsverfahrens richtet sich in erster Linie nach dem Grad der seismischen Gefährdung und nach der Art des Damm- und Fundationsmaterials. Zuerst ist abzuklären, ob beim vorhandenen Damm- oder Fundationsmaterial unter den zu erwartenden Erdbebenbeanspruchungen starke Scherfestigkeitsverluste als Folge des Porenwasserdruckanstiegs zu erwarten sind.

Die Entscheidung, ob im Damm- oder Fundationsmaterial Verflüssigungsphänomene oder eine Reduktion der Scherfestigkeit auftreten können, basiert einerseits auf den Feld- und Laboruntersuchungen, anderseits auf der Geometrie und Zonierung des Dammes sowie der Stratigraphie des Fundationsbereiches. Weisen die in zyklischen Triaxialversuchen untersuchten Materialien im Spannungsbereich, der dem zu erwartenden Erdbeben entspricht, starke Deformationen und hohe Porenwasserüberdrücke auf, so ist eine Analyse zur Bestimmung des Verflüssigungspotenzials durchzuführen. Treten nur geringe Deformationen und keine starke Reduktion des Scherwiderstandes auf, so ist eine Gleitblock-Berechnung zu wählen. Dies trifft im Allgemeinen bei tonigen Materialien, bei dichtgelagerten, kohäsionslosen Böden mit dilatantem Verhalten und bei grobkörnigen Böden zu.

Bei modernen, gut verdichteten Steinschüttdämmen kann dank der hohen Lagerungsdichte und der damit verbundenen Dilatanz des Materials unter Erdbebenbelastung ein Versagen infolge Bodenverflüssigung weitgehend ausgeschlossen werden. Allerdings sind, namentlich bei hohen Dämmen, größere Deformationen in den Böschungen und der Dammkrone möglich.

In den letzten Jahren sind beachtliche Fortschritte in der rechnerischen Analyse des Schwingungsverhaltens erzielt worden. Es ist heute möglich, nichtlineare dreidimensionale Berechnungen durchzuführen. Dies ist besonders wichtig für Dämme in engen Tälern unter starker Erdbebeneinwirkung (> 0,2 g). Weitere Hinweise geben unter anderem Gazetas und Dakoulas (1992), sowie zur Wahl der Rechenmethode Seco und Pinto (1993).

7.8.5 Untersuchung des Verflüssigungspotenzials

Es existieren verschiedene Methoden zur Bestimmung des Verflüssigungspotentials eines Dammes. Die einen beruhen hauptsächlich auf den Erfahrungen aus früheren Erdbeben. Bei diesen Verfahren wird im Allgemeinen eine Korrelation hergestellt zwischen den Werten des Standard-Penetrations-Versuchs von ausgeführten Dammbauten und dem beobachteten Verhalten während eines Erdbebens. Mit dieser Korrelation lässt sich in erster Näherung das Verhalten eines projektierten Dammes abschätzen. Andere Verfahren verwenden zwei- oder dreidimensionale Finite-Element-Berechnungen, in denen zum Teil nicht-lineares Verhalten und Porenwasserdruckveränderungen berücksichtigt werden können.

Im Folgenden soll ein Verfahren beschrieben werden, das eine äquivalent-lineare Finite-Element-Berechnung mit gezielten Materialuntersuchungen kombiniert. Dieses Verfahren wurde ursprünglich von Seed et al. (1973) vorgeschlagen.

Als Grundlage für diese Berechnung dienen Feld- und Laboruntersuchungen, aus denen Lagerungsdichte, Deformationsmoduli für den gesamten Dehnungsbereich sowie die Festigkeitswerte entnommen werden können.

In einem ersten Schritt wird der Spannungszustand im Damm vor dem Erdbeben berechnet. Dies ist eine Berechnung in effektiven Spannungen. Für diese Berechnungen existieren verschiedene Computerprogramme, die zum Teil auch das nicht-lineare Verhalten des Bodens berücksichtigen können.

Im zweiten Schritt wird eine dynamische, äquivalent-lineare Finite-Element-Berechnung an einem Damm-Querschnitt durchgeführt. Diese Berechnung wird in totalen Spannungen ausgeführt, da der Verlauf der Porenwasserdrücke sehr schwierig zu bestimmen ist. Das Resultat dieser Berechnung ist der zeitliche Verlauf der Spannungen in den einzelnen Elementen während des Erdbebens. Dieser ist mit den statischen Spannungen zu überlagern.

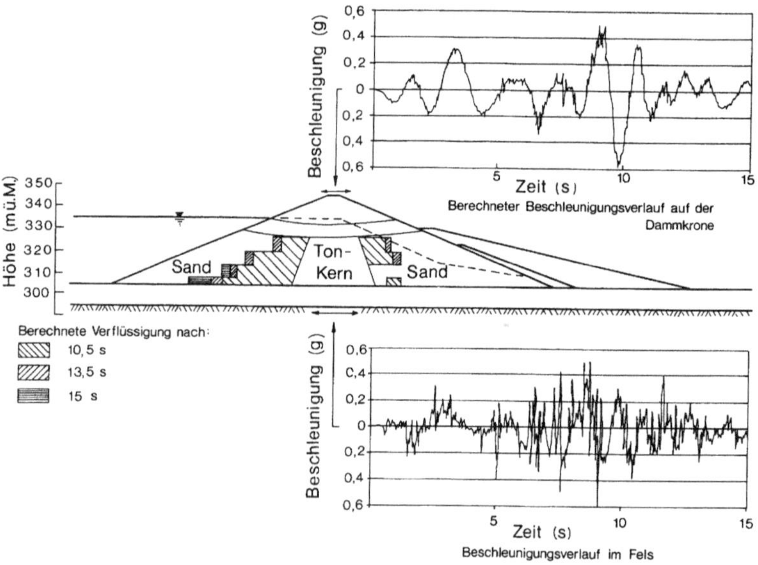

Bild 7.45. Verflüssigungsberechnung für den San Fernando Damm (nach Seed, 1979)

Im dritten Schritt sind in jeder Zone des Dammes die in der dynamischen Berechnung bestimmten Schubspannungs-Zeitverläufe mit den im Labor bestimmten Festigkeitskennwerten zu vergleichen, um die Sicherheit des Dammes zu bestimmen. Da die Bodenproben im Laborversuch einer konstanten sinusförmigen Belastung unterworfen werden und die Anregung in der dynamischen Berechnung der Wirklichkeit entsprechend aus Zyklen mit unterschiedlichen Amplituden und Frequenzen besteht, muss zur Auswertung der Schubspannungsverlauf aus der dynamischen Berechnung in eine äquivalente Anzahl konstanter sinusförmiger Zyklen umgerechnet werden. Das Verfahren zur Bestimmung der Anzahl äquivalenter Zyklen ist bei Seed et al. (1975a) beschrieben. Im Wesentlichen wird bei diesem Verfahren die Anzahl Zyklen, die einen bestimmten Schwellenwert überschreiten, bestimmt und durch geeignete Gewichtung in eine äquivalente Anzahl Zyklen mit konstanter Schubspannungsamplitude umgerechnet.

Die so ermittelte äquivalente Anzahl sinusförmiger Schubspannungszyklen wird mit der im Labor bestimmten Anzahl Zyklen, die notwendig ist, um 100% Porenwasserdruckanstieg oder eine bestimmte kritische Deformation zu erreichen, verglichen. Im Allgemeinen wird 5% zyklische Axialdehnung im Triaxialversuch als kritische Dehnung bezeichnet. Indem dieser Vergleich für jedes Element des Dammes durchgeführt wird, ist es möglich, diejenigen Zonen im Damm zu identifizieren, die eine erhöhte Verflüssigungsgefährdung aufweisen. Aufgrund der so ermittelten Daten kann mit einer statischen Stabilitätsanalyse mit entsprechend reduzierten Scherfestigkeitsparametern in den gefährdeten Zonen die Dammsicherheit nach dem

Erdbeben oder ein Deformationspotential für verschiedene Dammzonen bestimmt werden.

Das Resultat einer solchen Untersuchung am Lower San Fernando Damm zeigt Bild 7.45. Die schraffierten Flächen bezeichnen die Zonen mit erhöhter Verflüssigungsgefahr. Diese Zonen waren auch die Ursache für die Instabilität der oberwasserseitigen Böschung während des Erdbebens von San Fernando (1971), die zum Beinahe-Kollaps des Dammes geführt hat. Die beiden Beschleunigungsverläufe in Bild 7.45 zeigen, wie stark der Beschleunigungsverlauf und insbesondere der Frequenzgehalt auf der Dammkrone von demjenigen an der Basis abweichen kann.

In den letzten Jahren sind verschiedene Programme entwickelt worden, mit welchen der erdbebeninduzierte Porenwasserdruckanstieg ermittelt werden kann. Die meisten dieser Programme sind aber eher für wissenschaftliche Studien entwickelt worden. Wenige dieser Programme sind auf eine praxistaugliche Anwendung ausgelegt (z.B. PLAXIS, GEOSTUDIO etc.), aber auch diese erfordern bei der Anwendung Erfahrung insbesondere bei der Wahl und Eingabe der Materialparameter.

7.8.6 Berechnung der bleibenden Deformationen infolge von Trägheitskräften

Lässt sich das Auftreten von Bodenverflüssigung im Damm oder in dessen Fundation mit Sicherheit ausschließen, so ist immer noch der Nachweis zu erbringen, dass die Trägheitskräfte des Erdbebens keine unzulässigen bleibenden Deformationen verursachen.

Bei dieser Berechnung wird angenommen, dass ein Teil des Dammes, ähnlich wie beim statischen Böschungsbruch, entlang einer Gleitfläche rutscht. Hinweise zum Vorgehen gibt Kapitel 7.7.

7.9 Mikrozonierung

7.9.1 Einführung

Während die Erdbebengefährdung generell nicht beeinflusst werden kann, können Erdbebenrisiken durch eine erdbebengerechte Bauweise, das heißt mit einer Reduktion der Verletzlichkeit der Bausubstanz, sowie einer erdbebengerechten Zonenplanung urbaner Gebiete wesentlich reduziert werden. Eine Mikrozonierung als eine detaillierte Zonenplanung in einem eingeschränkten Gebiet, welche ungünstige Bodenverhältnisse (wie erhöhtes Potenzial für Bodenverflüssigung und Hangrutschungen), Erschütterungsverstärkung und eventuell auch Überschwemmungen infolge Dammbruchs, Seiches oder Tsunamis beinhaltet, bildet die Grundlage dazu.

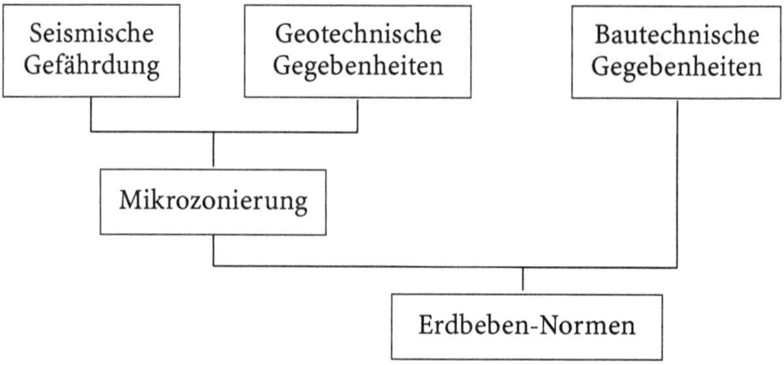

Bild 7.46. Die Rolle des geotechnischen Aspekts bei der Mikrozonierung

Der Einsatz der Mikrozonierung als Raumplanungsinstrument ist in der Praxis erst an wenigen Orten realisiert. Zwar bestehen in vielen Ländern wissenschaftliche Mikrozonierungsstudien, doch sind sie planerisch und baurechtlich meist nicht umgesetzt worden. Der technische Stand der Mikrozonierung ist gegenüber den rechtlichen und planerischen Aspekten weiter fortgeschritten. Schwierigkeiten bereiten vor allem die Zoneneinteilung und die Integration in bestehende Bau- und Planungsrichtlinien (vgl. Studer und Laue, 2003). Für das Gelingen eines Mikrozonierungsprojektes ist es deshalb unerlässlich, sämtliche betroffenen Fachstellen und Entscheidungsträger von Beginn an in den Projektablauf einzubeziehen. Dies kann über eine geeignete Zusammensetzung eines Projektausschusses erfolgen. Welche Dokumente eine Mikrozonierung umfasst und wie diese im Detail ausgestaltet sind, ist nicht festgelegt. Hinweise gibt z. B. die Richtlinie des BWG (2004).

Wie man anhand von Bild 7.46 sieht, basiert die Mikrozonierung einerseits auf der Auswertung der regionalen seismischen Gefährdung, welche die Erschütterungsintensität unabhängig von den jeweiligen Baugrundverhältnissen angibt, und andererseits auf der Auswertung der Baugrundverhältnisse und der topographischen Gegebenheiten.

Die durch den Baugrund bedingten Schäden an Gebäuden und anderen Infrastruktureinheiten (Lifelines) können folgende Ursachen haben:

- Erschütterungsverstärkung durch den Baugrund,
- Bodenverflüssigung,
- Hangrutschungen,
- Verwerfungen bzw. Risse an der Erdoberfläche

Der wichtigste Schritt bei einer Mikrozonierung ist, die notwendigen seismologischen, geologischen und geotechnischen Daten zu erheben, was einer sorgfältigen Planung bedarf. Bei der Wahl der zu verwendenden Rechenverfahren sind die meist bedeutenden „Unschärfen“ sowohl bei der Bewertung der regionalen seismischen Gefährdung wie auch bei der Kenntnis der maßgebenden Baugrundparameter im Auge zu behalten. Auch die raffiniertesten Berechnungsverfahren vermögen diese Unschärfen nicht zu beseitigen. Andererseits können geschickt gewählte Parameterstudien unter Umständen wertvolle qualitative oder gar „semi-quantitative“ Resultate liefern.

In den meisten Fällen ist es sinnvoll und wirtschaftlich, sich in einem ersten Schritt auf bereits existierende Daten abzustützen. Da die Mikrozonierung in erster Linie für städtische Agglomerationen verwendet wird, ist ein großer Teil der wichtigen Kenngrößen bis zu einer bestimmten Baugrundtiefe, wie Bodeneigenschaften der verschiedenen Schichten, Lage des Grundwasserspiegels usw., bereits aus früheren Bauprojekten bekannt. Daten können auch topographischen und geologischen Karten entnommen werden. Diese Kenngrößen, die in relativ kurzer Zeit und mit beschränkten Mitteln zusammengestellt werden können, bilden die Grundlage für eine provisorische Mikrozonierung. Aufgrund der Ergebnisse kann festgestellt werden, welche weiteren Daten und Berechnungen für eine vertieftere Mikrozonierung benötigt werden. Zusätzliche Untersuchungen werden vor allem in wenig überbautem Gebiet, bei sehr komplexen geotechnischen Verhältnissen und als Überprüfung bereits vorhandener Kenngrößen benötigt.

Das technische Komitee TC4-ISSMGE der Internationalen Gesellschaft für Bodenmechanik und Geotechnik entwickelte ein Mikrozonierungsverfahren basierend auf vier unterschiedlichen Detaillierungsgraden. Ziel war es, ein festes Vorgehen festzulegen, das aber flexibel einzelnen Bedürfnissen angepasst werden kann. Es berücksichtigt die drei Einwirkungen:

- seismische Erschütterungen
- Geländeinstabilitäten
- Bodenverflüssigung

Das Konzept basiert darauf, dass die Aussagekraft mit zunehmendem Detaillierungsgrad steigt. Jedoch ist zu berücksichtigen, dass mit zunehmendem Detaillierungsgrad zusätzliche und detailliertere Daten von höherer Qualität notwendig sind, was zusätzliche Feld- und Laboruntersuchungen notwendig macht. Dies führt wiederum zu höheren Kosten und einem höheren Personalaufwand, wobei das Untersuchungspersonal speziell ausgebildet und spezialisiert sein muss. Insbesondere letzteres bedingt, dass versucht werden sollte, die Daten von einer Gruppe erfassen zu lassen, so dass diese Daten dann in sich kongruent sind.

Im Folgenden werden die vier Detaillierungsgrade näher erläutert.

Grad 1: Zonierung gemäß Baugrundklassen. Sie basiert weitgehend auf dem Zusammenstellen und Interpretieren vorhandener Unterlagen (historische Dokumente, vorhandene geologische/geotechnische Publikationen, Berichte des nationalen Erdbebendienstes, etc.). Diese Zonierung ist sehr grob, und die Qualität wird je nach Menge und Qualität der vorhandenen Unterlagen sehr unterschiedlich sein. Typisches Beispiel einer solchen Mikrozonierungskarte sind die vom BWG (Bundesamt für Wasser und Geologie) der

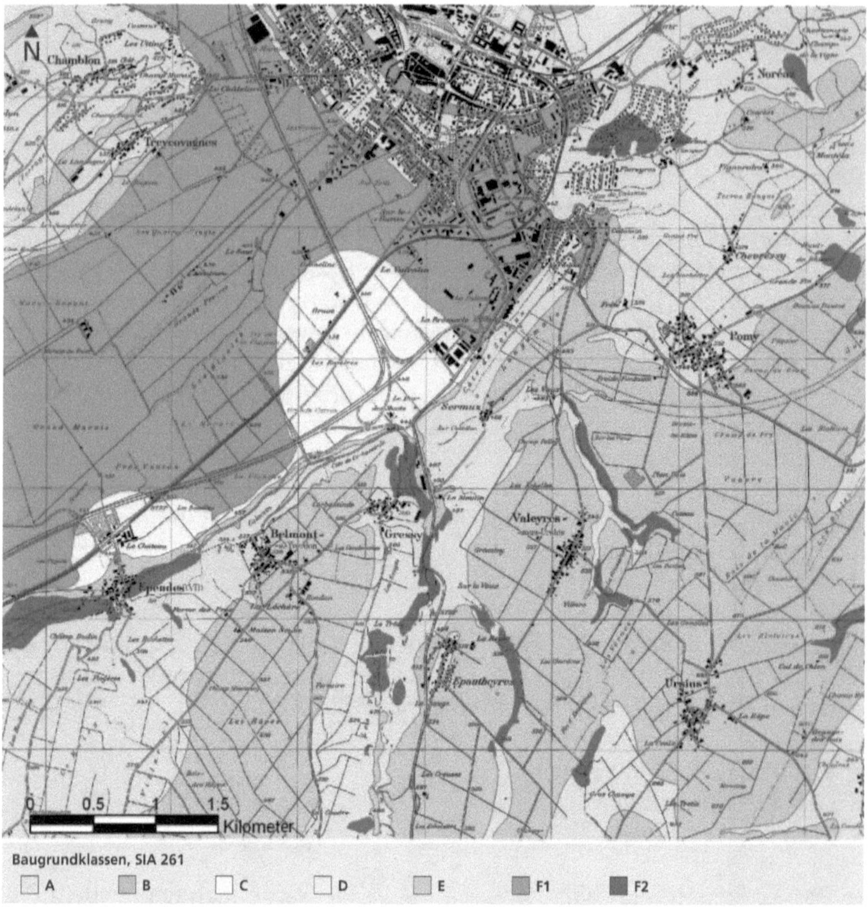

Figur 20: Ausschnitt aus der Karte der Baugrundklassen nach SIA 261 des Blatts Yverdon-les-Bains im Massstab 1: 25'000 (Widmer, 2002).

Bild 7.47. Ausschnitt aus einer Karte der Baugrundklassen (Mikrozonierungshinweiskarte, BWG 2004)

Schweiz erstellten Mikrozonierungshinweiskarten (Bild 7.47), eigentlich Baugrundkarten mit den Bodentypen der SIA Norm 261 (BWG 2004). Ähnliche Karten existieren auch in anderen Ländern. Typische Maßstäbe sind 1:50’000 und 1:25’000

Grad 2: Qualitative Zonierung mit Berücksichtigung von Sekundäreffekten. Die Aussagekraft einer Zonierung ersten Grades kann kostengünstig durch Luftbilder (zur besseren Identifikation möglicher Verwerfungen), durch Auswertung geotechnischer Untersuchungsberichte für Hoch- und Infrastrukturbauten großer und/oder öffentlicher Bauherren sowie durch Feldstudien zur Identifikation von bestehenden Geländeinstabilitäten und Zonen mit potenziellem Untergrundsversagen erweitert werden. Eine solche Zonierung zweiten Grades kann mit vernünftigen Kosten erstellt werden. Typische Maßstäbe sind 1:25’000 bis 1:10’000.

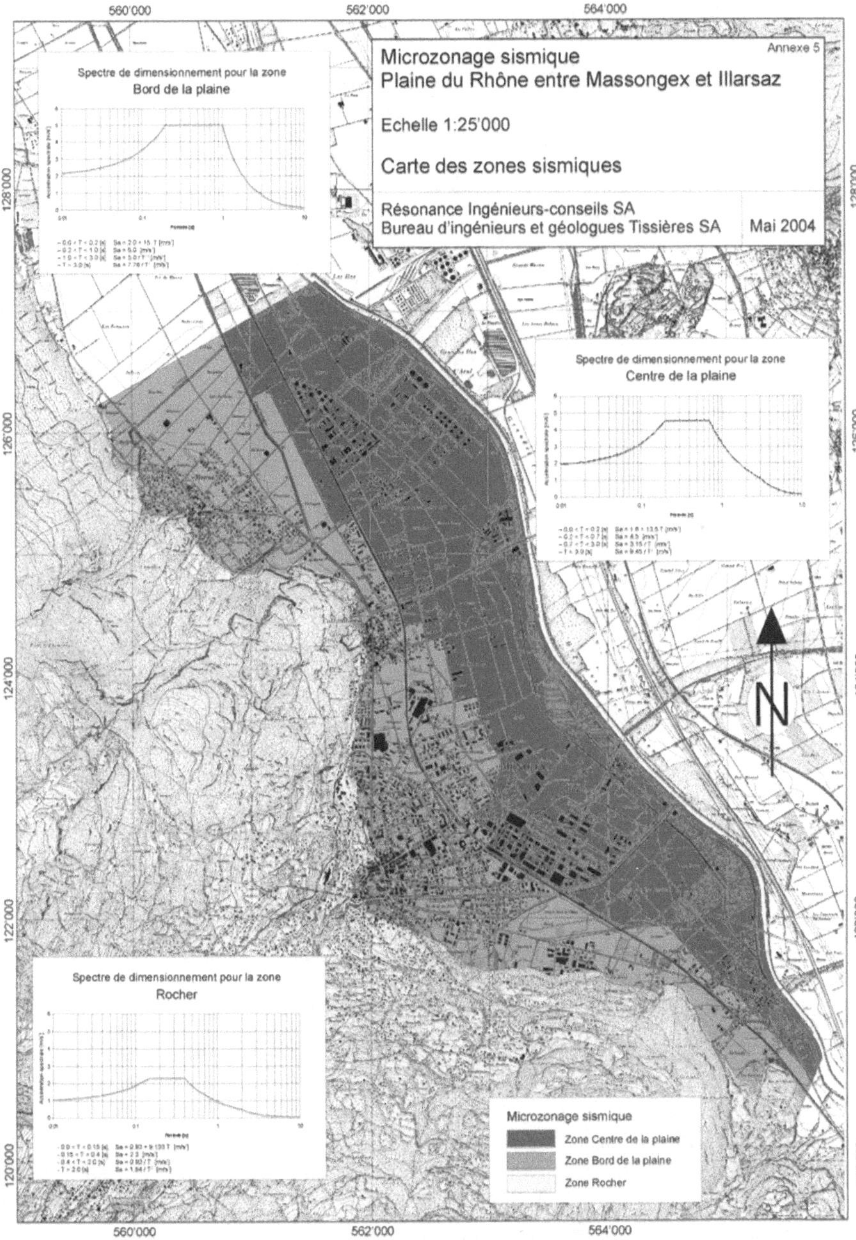

Bild 7.48. Ausschnitt aus einer Mikrozonierungskarte mit Bemessungsspektren (Crealp 2004)

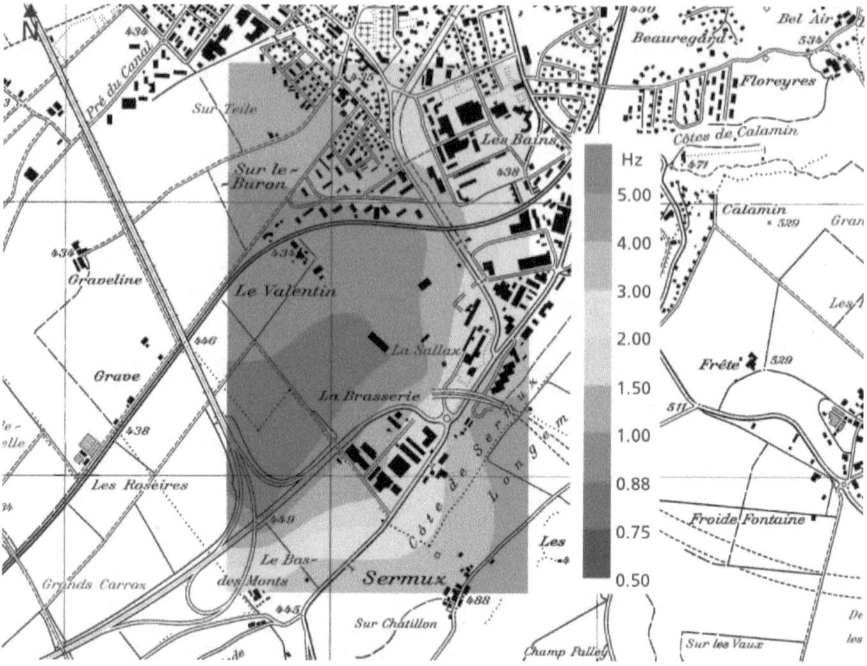

Bild 7.49. Karte von Fundamentalfrequenzen von Lockergestein in der Region von Yverdon (BWG 2004)

Grad 3: Spektrale Mikrozonierung. Eine Zonierung dritten Grades kann noch mit mittlerem Aufwand erstellt werden, wobei vorhandene geotechnische Aufschlüsse, ergänzt mit geophysikalischen Zusatzuntersuchungen wie z. B. Mikrotremormessungen, SASW und Hybridseismik, verwendet werden. Die Resultate der geophysikalischen Untersuchungen lassen sich mit den vorhandenen geotechnischen Daten kombinieren und flächenmäßig ergänzen. Hier sind Maßstäbe bis 1: 5'000 sinnvoll, größere jedoch kaum. Die zugrundegelegten Modelle sind dabei relativ einfach. Ein typisches Beispiel zeigt Bild 7.48. Wertvoll sind dabei auch Zwischenprodukte wie zum Beispiel Karten der Fundamentalfrequenzen des Baugrundes (Bild 7.49), welche zur Vermeidung von Resonanzkopplungen zwischen Baugrund und Bauwerk hilfreiche Anhaltspunkte geben. Da auch bei einem Kartenmaßstab von 1:5'000 zur Erfassung der geotechnischen Verhältnisse eine durchschnittliche Netzgröße kaum kleiner als 500 m x 500 m gewählt werden kann, ist Erfahrung im Aufbau der Netzstruktur und Interpretation der Resultate erforderlich.

Grad 4: Will man eine genauere Zonierung (vierten Grades), so ist mit einem wesentlich höheren Aufwand zu rechnen. Vor allem werden zusätzliche geotechnische Untersuchungen (Bohrungen) oder allenfalls Arraymessungen (d. h. synchrone Mikrotremormessungen mit mehreren Geräten) benötigt, so dass mit hohen Kosten für die Felduntersuchungen zu rechnen ist. Die Modellierung ist komplexer als bei einer Zonierung dritten Grades. Dies kann in Gebieten hoher Seismizität und dichter Bebauung gerechtfertigt sein.

Eine Übersicht über Mikrozonierungsbeispiele geben Mayer-Rosa & Jiménez (2000).

Bezüglich der Verwendung, den Genauigkeitsanforderungen und der Umsetzbarkeit von Mikrozonierungskarten können folgende Typen unterschieden werden:

Gefahrenkarte: Basis für Raumnutzung mit zonenkonformen Nutzungsarten (z.B. keine Industrie mit hohem Gefahrenpotenzial bei erhöhtem Verflüssigungspotenzial oder Erschütterungsverstärkung des Bodens) und zonenkonformen Bauvorschriften (z.B. zusätzliche Bodenuntersuchungen zur Ermittlung der Verflüssigungsgefährdung). Keine Dimensionierungsvorschriften.

Diese Gefahrenkarte ist verhältnismäßig leicht umzusetzen. Sie kann z. B. von Behörden zur Standortwahl der kritischen Infrastruktur (Akutspitäler, Feuerwehrzentren, etc.) oder im Baubewilligungsverfahren verwendet werden. (Beispiel: DRM/DEZA Projekt „Microzonation for Earthquake Risk Mitigation in Turkey“, DRM, 2004 und Ansal et al., 2004).

Gefährdungskarte: Raumnutzung mit zonenkonformen Bauvorschriften und Dimensionierungsvorschriften (z.B. zonenspezifische Bemessungsspektren).

Die Gefährdungskarte ist am wirksamsten, jedoch am schwierigsten umzusetzen. Neben rechtlichen Gesichtspunkten werden umfangreiche Untersuchungen zur Absicherungen der Dimensionierungsvorschriften verlangt.

Szenarien: Gefahrenkarten und Karte der Verletzlichkeit der Bausubstanz für spezifische Ereignisse.

Dient als Grundlage für Schwerpunkte der Katastrophenvorsorge, der Einsatzplanung sowie der Prävention. Typische Beispiele sind Szenariostudien in Istanbul oder Teheran, welche von der Japanischen Entwicklungsagentur JICA für die entsprechenden Regierungen erstellt worden sind.

Solche Karten sind am einfachsten umzusetzen, da sie im Allgemeinen nicht öffentlich sind.

Da die planerische und baurechtliche Umsetzung einer Mikrozonierung oft politisch heikel und damit langwierig ist, zudem meist nur sehr beschränkte Budgets zur Verfügung gestellt werden, kann sich ein schrittweises Vorgehen als sinnvoller und effizienter erweisen. In einem ersten Schritt werden punktuell nur die wichtigsten Bauten und Einrichtungen (mit „life-line“-Funktionen) bearbeitet. Damit lassen sich mit einem beschränkten Budget relevante Resultate früh erzielen und damit politische Widerstände umgehen. In späteren Schritten kann das Netz den Bedürfnissen entsprechend verdichtet werden.

7.9.2
Durch den Baugrund verursachte Versagensarten

Erschütterungsintensität

Die Erschütterungsintensität an einem Lockergesteinsstandort ist im Allgemeinen stärker als an Felsstandorten (vgl. Kap. 7.2). Es existieren verschiedene Methoden, um diese Verstärkung zu ermitteln. Grundsätzlich können diese Verfahren in drei Gruppen unterteilt werden:

- Empirische Methoden,
- Analytische Methoden,
- Experimentelle Methoden.

Die empirischen Methoden beruhen auf Aufzeichnungen aus früheren Erdbeben. Mögliche Vorgehensweisen sind in Kapitel 7.3 dargestellt.

Im Rahmen des Schweizerischen Nationalen Forschungsprogramms NFP 31 sind umfangreiche Untersuchungen namentlich über den Einfluss der lokalen Geologie auf die Bebensintensität durchgeführt worden (vgl. Schindler et al., 1996). Sie zeigten, dass in schweizerischen Verhältnissen mit Abweichungen von bis zu 1,5 Intensitätsstufen gegenüber „mittleren" Verhältnissen zu rechnen ist. „Mittlere" Verhältnisse werden aus Gefährdungsberechnungen mit regionalen Kenngrößen erhalten. Gemäß (7.11) ergibt sich somit ein Faktor für die Beschleunigungen von 0,4 bis 2,5 gegenüber „mittleren" Verhältnissen. Nur die maximalen Bodenbeschleunigungen anzupassen, kann jedoch nur ein erster Schritt sein. Maßgebend wären untergrundsspezifische Spektren.

Bei den analytischen Methoden kann der Boden als Schubträger (eindimensionale Analyse) oder mit einem 2D- bzw. 3D-Modell berechnet werden. Bei engen Tälern wird mindestens die Verwendung eines 2D-Modelles empfohlen. Ob ein nicht-lineares Bodenmodell oder linear-äquivalente Bodenkennziffern verwendet werden, hängt sehr stark von der Bedeutung des Standortes und der Verfügbarkeit der Bodenkennziffern ab. In Gebieten moderater Seismizität sind linear-äquivalente Methoden im Allgemeinen ausreichend. Für eine Mikrozonierung ist die Verwendung von komplizierten Bodenmodellen nicht gerechtfertigt, doch können solche Modelle zur Überprüfung der vereinfachten Berechnung beigezogen werden.

Zur Überprüfung der tiefsten Eigenfrequenz eines Depots „weicher" Ablagerungen hat sich die Methode von Nakamura (1989) (vgl. Kapitel 7.2) bewährt. Sie ermöglicht, berechnete Eigenfrequenzen zu überprüfen, und bei Diskrepanzen die Eingangsparameter geeignet anzupassen.

Experimentelle Methoden, wie die Auswertung von Sprengungen oder Schwachbeben, können ebenfalls eine Grundlage für die Bestimmung der Erschütterungsverstärkung durch den Baugrund geben, doch sind diese Versuche auf den kleinen Dehnungsbereich beschränkt. Sie können direkt verwendet werden für die Berechnung der Erschütterungsverstärkung im quasielastischen Bereich, also etwa bis zu maximalen Bodenbeschleunigungen in der Größenordnung von 5% bis 10% g (vgl. Kapitel 4.2). Für die Übertragung auf stärkere Erdbebenbeanspruchungen müssen die nicht-linearen Effekte des Baugrundes berücksichtigt werden.

Bodenverflüssigung

Eine semi-empirische Methode zur Bestimmung der Verflüssigungsgefährdung ist in Kap. 4. 9 näher beschrieben. Bei dieser Methode wird aufgrund der Resultate der SPT-Untersuchung und aufgrund der zu erwartenden Schubspannung im Baugrund während des Erdbebens das Verflüssigungsverhalten beurteilt. Laboruntersuchungen sind für Mikrozonierungen weniger geeignet. Die Schwierigkeiten bei der Probenentnahme, die Unsicherheiten bei der Auswertung der Versuche (Probenstörung, Variabilität der Bodeneigenschaften) und die relativ hohen Kosten rechtfertigen es normalerweise nicht, diese Methode zu verwenden. Häufig ist es jedoch möglich, durch Berücksichtigung bereits bestehender Untersuchungen weitere Informationen über den Bodenaufbau mit anderen Kriterien (z. B. „Modified Chinese Criteria", vgl. Kap. 4.9) in die Mikrozonierung einzubinden.

Erdrutsche

Tausende von Erdrutschen sind von Erdbeben ausgelöst worden und haben große Schäden angerichtet (vgl. auch Kapitel 7.7). Der Einbezug dieser Gefährdung in die Mikrozonierung ist deshalb zwingend notwendig. Allerdings lassen sich Erdrutsche rechnerisch nur schwer erfassen. Gegenwärtig wird man daher die Gefährdung durch erdbebenbedingte Erdrutsche aufgrund von empirischen Daten, d.h. aufgrund der Erfahrungen aus früheren Erdbeben, bestimmen.

Eine Untersuchung von 15 größeren Erdbeben (Keefer et al., 1978) hat gezeigt, welche Arten von Erdrutschungen durch Erdbeben ausgelöst werden, und unter welchen Bedingungen sie hauptsächlich auftreten:

- Sehr steile und hohe Böschungen aus verwittertem Fels, die durch Erosion bereits geschwächt sind,
- Steile Böschungen aus nur leicht zementiertem Material wie Löß oder vulkanischem Material,
- Steile Flanken von Felsvorsprüngen sowie steile Flussufer aus ungesättigtem, sandigem und siltigem Material.

Die von Keefer et al. (1978) und Keefer (1984) publizierte Liste von Erdrutschen kann als Grundlage für eine empirische Bestimmung der erdbebenbedingten Rutschgefährdung verwendet werden. Mit einer solchen Liste und einer detaillierten topographischen und geologischen Karte können Zonen mit erhöhter Erdrutschgefährdung bei Erdbeben ausgeschieden werden. Wertvolle Hilfe für die Abschätzung der Größenordnung der auftretenden bleibenden Hangdeformationen bieten Ambraseys und Srbulov (1995).

Auch in weniger steilen Hängen können Erdrutsche auftreten. Dies insbesondere, wenn Hänge aus Lockergestein bestehen, die zu Verflüssigung bzw. zu einem Anstieg des Porenwasserdruckes neigen. Wenn solche Hänge im betrachteten Gebiet vorhanden sind, müssen sie untersucht werden, wobei eine quasistatische Untersuchung unter Ansatz eines erhöhten Porenwasserdruckes ausreichen sollte wenn die kritische Scherfestigkeit angesetzt wird. Häufig versagen diese Hänge zeitlich versetzt zum Erdbebenereignis.

Aufwändigere Berechnungen, wie z. B. die Berechnung der bleibenden Deformationen nach Newmark, sind höchstens für künstliche Böschungen oder Hänge, bei denen die Materialkennwerte bekannt sind, gerechtfertigt.

Risse und Verwerfungen an der Bodenoberfläche

Risse und Verwerfungen an der Bodenoberfläche entstehen dann, wenn sich die Bruchfläche des Erdbebens bis an die Oberfläche ausdehnt. Dieses Phänomen ist somit weniger von der Art des Baugrundes als von der Stärke des Erdbebens und von der Tiefe und der Orientierung der Bruchfläche abhängig. Zur Bestimmung der Zonen, in denen Verwerfungen auftreten können, sind Daten über den Verlauf aktiver Verwerfungen erforderlich. Diese Daten sind im Allgemeinen erhältlich, doch sind die Zonen, in denen mit Verwerfungserscheinungen zu rechnen ist, relativ breit. Deshalb kann der Einbezug in die Mikrozonierung aus juristischen Gründen recht problematisch sein.

Sekundäre Effekte

Die in den vorangegangenen Abschnitten beschriebenen Versagensarten, insbesondere Erdrutsche und Verwerfungen, können indirekte Wirkungen hervorrufen, die zumindest qualitativ in der Mikrozonierung berücksichtigt werden sollten. Erdrutsche können große zerstörerische Flutwellen erzeugen, falls sich die Rutschmasse mit großer Geschwindigkeit in einen See oder ein Rückhaltebecken ergießt. Durch Erdrutsche können auch Flussläufe aufgestaut und damit große Überschwemmungen verursacht werden. Daher sind die Regionen außerhalb des eigentlichen Mikrozonierungsgebietes bezüglich Verursachern von sekundären Schäden zu überprüfen. In Küstengebieten ist die Gefährdung durch Tsunamis abzuklären.

Auswertung der existierenden geotechnischen Daten

In Tabelle 7.5 sind die geotechnischen Daten, die für eine Mikrozonierung erforderlich sind, zusammengestellt. Der obere Teil enthält diejenigen Parameter, welche für die empirischen Methoden notwendig sind. Daraus ist ersichtlich, dass die meisten Daten für die empirischen Methoden, zumindest soweit sie die obersten 10 bis 20 m betreffen, aus den Aufschlüssen und Bohrungen von früheren Bauprojekten entnommen werden können. Daten über die tieferen Bodenschichten und insbesondere eine zuverlässige Angabe über die Tiefe der Felsschicht müssen aus speziellen geologischen Untersuchungen entnommen werden. Die Höhe des Grundwasserspiegels ist, solange er tiefer als 15 m liegt, für die Verflüssigungsgefährdung im Allgemeinen nicht von Bedeutung. Für die Auswertung der topographischen Verhältnisse im Hinblick auf die Erdrutschgefährdung sind Begehungen notwendig. Für eine Anwendung be-

Tabelle 7.5. Erforderliche Daten für die Berechnung der verschiedenen, durch den Baugrund bedingten Versagensarten während eines Erdbebens. EV = Erschütterungsverstärkung, BV = Bodenverflüssigung, ER = Erdrutsch, V = Verwerfung an der Bodenoberfläche

Methode	Grundbauliche Daten	Verfügbarkeit[a]	EV	BV	ER	V
Empirische Methode	Baugrund Klassifikation	1)	x	x	x	x
	Tiefe bis zur Felsschicht	3)	x			
	Lage des Grundwasserspiegels	1)		x		
	Topographie	1)	x		x	
	Verlauf der aktiven Verwerfungen	1)				x
Analytische Methoden	Bodenprofil	1)	x	x	x	
	Tiefe bis zur Felsschicht	1)	x			
	Lage des Grundwasserspiegels	1)	x	x		
	Bodenkennwerte					
	• Scherwellengeschwindigkeit v_S	2)	x			
	• Schubmodul G	2)	x			
	• Raumgewicht γ	1)	x			
	• Lagerungsdichte D_r	2)		x		
	• SPT-Wert	1)		x		
	• Plastizitätsindex I_p	1)	x	x	x	
	• Reibungswinkel Φ'	2)			x	
	• Kohäsion c'	2)			x	

[a] 1) meist vorhanden.
2) kann auf Grund vorhandener geotechnischer Daten geschätzt werden.
3) oft unbekannt.

stehender Normen ist in der Regel die Kenntnis über die obersten 30 Meter bzw. 100 Fuß des Baugrundes erforderlich.

Es ist somit stets möglich, mit empirischen Methoden eine provisorische Mikrozonierung durchzuführen, die allein auf bereits vorhandenen Baugrunddaten beruht. Aufgrund einer solchen Auswertung wird es möglich sein, diejenigen Zonen zu identifizieren, welche zusätzliche Untersuchungen erfordern.

Sollen analytische Berechnungsmethoden angewendet werden, so müssen im Allgemeinen zusätzliche geotechnische Daten beschafft werden. Da bei der Mikrozonierung zumeist sehr große Gebiete beurteilt werden müssen, haben Feldversuche gegenüber Laborversuchen gewisse Vorteile. Tabelle 7.5 (unterer Teil) enthält eine Liste von Bodenkennwerten, die für die verschiedenen analytischen Berechnungen benötigt werden. Die wichtigsten Daten für die Berechnung der Erschütterungsverstärkung sind das Baugrundprofil für die Scherwellengeschwindigkeit der einzelnen Schichten, inklusive des Felsuntergrundes. Diese Daten lassen sich am besten mit seismischen Verfahren wie Refraktionsmessungen, SASW-Versuchen und Cross-Hole-Messungen bestimmen.

Schlussbemerkung

Die Mikrozonierung für Erdbebengefährdung ist ein Planungsinstrument für eine erdbebengerechte Nutzung des Bodens. In Anbetracht der großen Gebiete, die durch die Mikrozonierung erfasst werden müssen, wird es nie möglich sein, in der zur Verfügung stehenden Zeit genügend geotechnische Daten zusammenzustellen, um das Erdbebenverhalten des Baugrundes genau zu berechnen. Es werden immer gewisse Daten fehlen. Aber im Laufe der Zeit werden durch neue Bauprojekte wichtige neue Baugrunddaten zugänglich, die im Rahmen einer späteren Überarbeitung der bestehenden Mikrozonierung verwendet werden können.

KAPITEL 8

Literaturverzeichnis

Im Literaturverzeichnis werden verschiedene Publikations- und Organisationsbezeichnungen wiederholt verwendet, weshalb Abkürzungen eingesetzt werden. Die Abkürzungen bedeuten:

ASCE	American Society of Civil Engineers
BSSA	Bulletin of the Seismological Society of America
EERC	Earthquake Engineering Research Center, University of California, Berkeley
IGB/IGT	Institut für Geotechnik, ETH Zürich
NGI	Norges Geotekniske Institut
SN	Schweizer Norm
UCB	University of California, Berkeley
DIN	Deutsches Institut für Normung
EPRI	Electric Power Research Institute (US Firmenvereinigung)
KTA	Kerntechnischer Ausschuß (Deutsche Behörde)
NRC	Nuclear Regulatory Commission (US Behörde)
VDI	Verein Deutscher Ingenieure

Fachbücher

AIJ (Architectural Institute of Japan, Editor) (1993) Earthquake motion and ground conditions. Publikation des AIJ

Bachmann H, Ammann W (1987) Schwingungsprobleme bei Bauwerken. Structural Engineering Documents, IABSE-AIPC-IVBH, Zurich

Bachmann H (1995) Erdbebensicherung von Bauwerken. Birkhäuser, Basel

Bolt BA (1978) Earthquakes - A primer. WH Freeman u. Co, San Francisco

Cakmak AS (ed.) (1987) Soil dynamics and liquefaction. Elsevier, Amsterdam

Chopra AK (1995) Dynamics of structures - Theory and applications to earthquake engineering. Prentice Hall

Clough RW, Penzien J (1993) Dynamics of structures. 2. Ausgabe, McGraw-Hill International Editions, New York

Das BM (1993) Principles of soil dynamics. PWS-KENT Publ Co

Flesch R (1993) Baudynamik praxisgerecht. Band I, II, Bauverlag GmbH Wiesbaden und Berlin

Harris CM, Crede CE (Editors) (1976) Shock and vibration. Second Edition, McGraw-Hill Book Company, New York

Ishihara K (1996) Soil behavior in earthquake geotechnics. Oxford University Press

Kramer SL (1996) Geotechnical earthquake engineering. Prentice Hall

Krüger F (2001) Schall- und Erschütterungsschutz im Schienenverkehr. Kontakt & Studium, Band 565, Expert Verlag, Renningen

Lang HJ, Huder J, Amann P, Puzrin AM (2007) Bodenmechanik und Grundbau. Das Verhalten von Böden und Fels und die wichtigsten grundbaulichen Konzepte. Springer Verlag, Berlin

Madariaga R, Perrier G (1991) Les tremblements de terre. Presses du CNRS

Melke J (1995) Erschütterungen und Körperschall des landgebundenen Verkehrs - Prognose und Schutzmassnahmen. Materialien Nr. 22, Landesumweltamt Nordrhein-Westfalen, Essen

Müller G, Möser M (2004) Taschenbuch der technischen Akustik. 3. Auflage, Springer Verlag, Berlin

Newmark NM, Rosenblueth E (1971) Fundamentals of earthquake engineering. Prentice-Hall, Inc

Pecker A (1984) Dynamique des sols. Presses de l'école nationale des ponts et chaussees, Paris

Prakash S (1981) Soil dynamics. McGraw-Hill, New York

Richart FE Jr, Hall JR, Woods RD (1979) Vibrations of soils and foundations. Prentice-Hall, Englewood Cliffs, New Jersey

Sieffert JG, Cevaer F (1992) Handbook of impedance functions. Ouest Editions, Nantes

Wagner P (1990) Meerestechnik. Ernst und Sohn Verlag Berlin

Wolf JP (1994) Foundation vibration analysis using simple physical models. PTR Prentice Hall, Englewood Cliffs, New Jersey

Woo G (1999) The mathematics of natural catastrophes. Imperial College Press, ISBN: 1860941826

Literatur, auf die im Text verwiesen wird

Abbiss CP, Viggiani G (1994) Surface wave and damping measurements of the ground with a correlator. Proc XIII Int. Conf on Soil Mechanics and Foundation Engineering, New Dehli

Aki K (1988) Local site effects on strong ground motion. In JL Van Thun (ed.), Earthquake Engineering and Soil Dynamics II - Recent Advances in Ground Motion Evaluation, Park City, Utah, USA, pp 103–155

Allen CR (1979) Reservoir-induced earthquakes and engineering policy. Proceedings of Research Conference on Intro-Continental Earthquakes, Ohrid, Yugoslavia

Alonso-Marroquin, F, Garcia-Rojo R, Herrmann HJ (2004) Micro-mechanical investigation of the granular ratcheting. Cyclic Behaviour of Soils and Liquefaction Phenomena, Triantafyllidis, (ed.), Taylor & Francis, London, pp. 1-9

Ambraseys NN, Srbulov M (1995) Earthquake induced displacements of slopes. Soil Dynamics and Earthquake Engineering 14, pp 57–71

Ambraseys NN, Simpson KA, Bommer JJ (1996) Prediction of horizontal response spectra in Europe. Earthquake Engineering and Structural Dynamics, Vol 25, pp 371–400

Ambraseys NN, Douglas J (2003) Near-field horizontal and vertical earthquake ground motions. Soil Dynamics and Earthquake Engineering, Vol 23, No. 1, January 2003, pp. 1–18

Ambraseys NN, Douglas J, Sarma SK, Smit PM (2005a) Equations for the estimation of strong ground motions from shallow crustal earthquakes using data from Europe and the Middle East: Horizontal peak ground acceleration and spectral acceleration. Bulletin of Earthquake Engineering, 3:1–53

Ambraseys NN, Douglas J, Sarma SK, Smit PM (2005b) Equations for the estimation of strong ground motions from shallow crustal earthquakes using data from Europe and the Middle East: Vertical peak ground acceleration and spectral acceleration. Bulletin of Earthquake Engineering, 3:55–73

Anderson DG (1974) Dynamic modulus of cohesive soils. PhD Dissertation, University of Michigan

Andersen KH, Brown SF, Foss I, Pool JH (1976) Effect of cyclic loading on clay behaviour, NGI Publication No. 113, Oslo

Ansal A, Studer J, Erdik M, Springman SM, Laue J, Giardini D, Faeh D, Köksal D, Buchheister J (2004) Seismic Microzonation for Earthquake Risk Mitigation in Turkey. Paper No. 1428, 13th World Conference on Earthquake Engineering, August 1-6, 2004, Vancouver, B.C., Canada

Antes H, Jessberger HL, Schmid G, Chow N, Forchap E, Grundhoff T, Laue J, Le R, Siemer T (1996) Dynamic and Cyclic Soil Structure Interaction. Dynamic Behaviour of Material and Strucutural Components, Krätzig et al. (eds.), Balkema, Rotterdam, pp 451–531

API (1993) Recommended Practice for Planning, Designing, and Constructing Fixed Offshore Platforms. American Petroleum Institute

Arulmoli K, Arulanandan K (1994) Review of an electrical method for evaluation of stress ratio to cause liquefaction and dynamic moduls. Dynamic Geotechnical Testing II, ASTM STP 1213, RJ Ebelhar, VR Drnevich and BL Kutter, Eds., ASTM, Philadelphia

Bard PY (1994) Effects of surface geology on ground motion: Recent results and remaining issues. Proc 10th European Conf on Earthquake Engineering, 305–324

Bard PY, Riepl-TJ (1999) Wave propagation in complex geological structures and local effects on strong ground motion, Chapter 2 of the book „Wave motion in earthquake engineering", E. Kausel and G.D. Manolis (eds.), WIT Press, (Series „Advances in Earthquake Engineering"), ISBN 1-85312-744-2, pp 38–95

Bathe KJ, Wilson EL (1976) Numerical methods in finite element analysis. Prentice-Hall, Inc, Englewood Cliffs, New Jersey

Bea R (1980) Dynamic response of piles in offshore platforms. In Dynamic Response of Pile Foundations: Analytical Aspects, ASCE, pp. 80–109

Beaty MH, Byrne PM (1998) An effective stress model for predicting liquefaction behaviour of sand. Geotechnical Earthquake Engineering and Soil Dynamics III, P. Dakoulas, M. Yegian, and R Holtz (eds.), ASCE, Geotechnical Special Publication 75 (1): 766–777.

Beaty MH, Byrne PM (2002) A synthesized approach for modeling liquefaction and displacements. International FLAC Symposium in Numerical Modeling in Geomechanics, Minneapolis

Been K, Jefferies MG, Hochey JE (1991) The critical state of sands. Géotechnique, vol. 41, No. 3, pp 365–381

Biot MA (1956) Theory of propagation of elastic waves in a fluid-saturated porous solid. J Acoustic Society of America, Vol. 28, Mar, pp 168–191

Blake MP (1964) New vibrations standards for maintenance. Hydrocarbon Processing and Petroleum Refiner Vol 43, Gulf Publishing Company, Houston, Texas, pp 111–114

Bommer JJ (2002) Deterministic vs probabilistic seismic hazard assessment: an exaggerated and obstructive dichotomy. Journal of Earthquake Engineering, Vol. 6, Special Issue 1, 43–73

Boore DM, Joyner WB, Fumal TE (1997). Equations for estimating horizontal response spectra and peak acceleration from western North American earthquakes: A summary of recent work. Seism. Res. Letters, Vol. 68, p. 128–153

Bray JD, Travasarou T (2007) Simplified procedure for estimating earthquake induced deviatoric slope displacements. Journal of Geotechnical and Geoenvironmental Engineering, ASCE 133(4), pp 381-392

BWG (2004) Verfahren zur Erstellung und Verwendung von Mikrozonierungsstudien in der Schweiz. Richtlinie des Bundesamtes für Wasser und Geologie

Campanella RG, Kokan MA (1993) A new approach to measuring dilatancy in saturated sands. Geotechnical Testing Journal, ASTM, Vol. 16, pp 485–495

Campanella RG, Stewart WP, Roy D, Davies MP (1994) Low strain dynamic characteristics of soils with the downhole seismic piezocone penetrometer. Dynamic Geotechnical Testing II, ASTM STP 1213, RJ Ebelar, VP Drnevich and BL Kutter (eds.), ASTM, Philadelphia

Campbell KW, Bozorgnia Y (2003) Updated Near-Source Ground-Motion (Attenuation) Relations for the Horizontal and Vertical Components of Peak Ground Acceleration and Acceleration Response Spectra. Bulletin of the Seismological Society of America, Vol. 93, no. 1, pp 314–331

Chaney RC, Demars, KR (1991), Offshore Structure Foundation. in Foundation Engineering Fang, H.Y. ed., Van Nostrand Reinhold, New York

Charles JA, (1989) General Report: Geotechnical properties of coarse grained soils and Report of Technical Committee on Mechanics of Granular Material. Proc of XII Int. Conf on Soil Mechanics and Foundation Engineering, Rio de Janeiro, Brazil

Chávez-García FJ, Faccioli E (2000) Complex site effects and building codes: Making the leap. Journal of Seismology, Vol. 4, 23–40

Chikatamarla R (2006) Optimisation of cushion materials for rockfall protection galleries. Diss., Technische Wissenschaften Nr. 16315, Eidgenössische Technische Hochschule ETH Zürich

Coelho PALF (2007) In situ densification as a liquefaction resistance measure for bridge foundations. PhD Thesis Cambridge University Engineering Department, Churchill College, Cambridge, UK

Committee on soil dynamics of the geotechnical engineering division (1978). Journal of the Geotechnical Engineering Division, ASCE, Vol. 104, No. GT9

Cornell CA (1968) Engineering seismic risk analysis, BSSA 58 (5), pp 1583–1606

DFG (2007) Schwerpunktprogramm 1015. http://www.grundbau.tu-berlin.de/dfg/welcome.html.

Dobry R (1995) Liquefaction and deformation of soils and foundations under seismic conditions (state of the art paper). Proc 3rd Int. Conf on Recent Advances in Geotechnical Earthquake Engineering and Soil Dynamics, St Louis, MD, Vol. 3, pp 1465–1490

Dong-Soo K, Stokoe KH II (1994) Soil damping computed with Ramberg-Osgood masing model. Proc XIII Int. Conf on Soil Mechanics and Foundation Engineering, New Dehli, India

Dolling HJ (1970) Abschirmung der Erschütterungen durch Bodenschlitze. Die Bautechnik, Heft 4/5

Douglas J (2001) A comprehensive worldwide summary of strong-motion attenuation relationships for peak ground acceleration and spectral ordinates (1969 to 2000). ESEE Report No. 01-1

Douglas J (2002) Errata and additions to ESEE Report No. 01-1 'A comprehensive worldwide summary of strong-motion attenuation relationships for peak ground acceleration and spectral ordinates (1969 to 2000)'. Dept. Report, ESEE

DRM world institute for disaster risk management (2004) Seismic Microzonation for Municipalities, Executive Summary. Republic of Turkey. Ministry of Public Works and Settlement, General Directorate of Disaster Affairs (GDDA), Ankara

Drnevich VP (1972) Undrained cyclic shear of saturated sand. Journal of the Soil Mechanics and Foundation Division, ASCE, Vol. 98, pp 807–825

Duncan JM, Chang CY (1970) Nonlinear analysis of stress and strain in soils. Journal of the Soil Mechanics and Foundation Division, ASCE, Vol 96, pp 1629–1653

Duncan JM (1994) The role of advanced constitutive relations in practical applications. Proc XIII Int. Conf on Soil Mechanics and Foundation Engineering, New Dehli, India

Dungar R, Studer JA (1986) Numerical models in geotechnical engineering practice. AA Balkema, Rotterdam

Dyvik R, Madshus C (1985) Lab measurements of Gmax using bender element. Proc. ASCE Convention on Advances in the arte of testing soils under cyclic conditions. 186–196

Ebelhar RJ, Drnevich VP, Kutter BL (1994) Dynamic geotechnical testing II. Proc ASTM committee D-18 workshop, STP 1213, San Francisco

EMS (1992) European Macroseismic Scale 1992, up-dated MSK-Scale. European Seismological Commission, Conseils de l'Europe, Luxembourg

EMS (1998) European Macroseismic Scale 1998, European Seismological Commission, Conseils de l'Europe, Luxembourg

EPRI (Electric Power Research Institute) (1994) The earthquakes of stable continental regions. TR 102261

Finn WDL (1972) Soil dynamics and liquefaction of sand. Proc. of Int. Conf on Microzonation for safer Construction-Research and Application, Seattle, Washington

Finn WDL (1988) Dynamic analysis in geotechnical engineering. Earthquake Engineering and Soil Dynamics II, ASCE, 1988, pp 1833–1850

Finn WDL (1991) Assessment of liquefaction potential and post-liquefaction behaviour of earth structures: developments 1981–1991. S Prakash (ed.), Second Int. Conf on Recent Advances in Geotechnical Earthquake Engineering and Soil Dynamics, St Louis, pp 1833–1850

Finn WDL (2005) A Study of Piles during Earthquakes: Issues of Design and Analysis. Bulletin of Earthquake Engineering, Vol. 3 (94), pp 141–234

Franklin AG, Hynes-Griffin ME (1979) Dynamic analysis of embankment sections, Richard B Russel Dam. Report to US Army Engineer District, Savannah, US Army Engineer WES, Vicksburg

Frei W, Keller L (2000) Hybride Seismik – eine verbesserte Methode zur Verwertung des Aussagepotentials seismischer Daten. Bull. angew. Geol., Vol. 5, pp 229–236

Gazetas G (1983) Analysis of machine foundations: state of the art. Soil Dynamics and Earthquake Engineering, Vol. 2, No. 1

Gazetas G (1985) Seismic response of earth dams: some recent developments. Soil Dynamics and Earthquake Engineering, 6(1), State-of-the-Art issue, pp 1–47

Gazetas G (1989) Shear modulus of rock fill from lateral pile load tests. Proc XII Int. Conf on Soil Mechanics and Foundation Engineering, Rio de Janeiro, Brazil

Gazetas G (1991) Displacement and soil-structure interaction under dynamic and cyclic loading. Proc X European Conf on Soil Mechanics and Foundation Engineering, Firenze, Vol. 3, pp 1091–1104

Gazetas G, Anastasopoulos A, Apostolou A (2007) Shallow and deep foundations under fault rupture or strong seosmic shaking. In Earthquake Geotechnical Engineering, Pitilakis KD ed., Springer, Doordrecht, NL, pp 185-216

Gazetas G, Dakoulas P (1992) Seismic analysis and design of rock fill dams: state-of-the-art. Soil Dynamics and Earthquake Engineering 11 (1992), pp 27–61

Georgiannou VN, Rampello S, Silvestri F (1991) Static and dynamic measurements of undrained stiffness on natural overconsolidated clays. Proc X European Conf on Soil Mechanics and Foundation Engineering, Firenze, Italy

Gigawind, (2007) http://www.gigawind.de/

Glaser SD, Chung RM (1995) Estimation of liquefaction potential by in situ methods. Earthquake Spectra, Vol. 11, No. 3

Goldscheider M, Gudehus G (1976) Einige bodenmechanischen Probleme bei Küsten- und Offshore-Bauwerken. Baugrundtagung 1976, DGEG, Essen

Gutenberg B, Richter CF (1954) Seismicity of the Earth. Princeton University Press

Gutenberg B, Richter CF (1956) Earthquake magnitude, intensity, energy and acceleration. BSSA, Vol. 46, pp 105–145

Haigh SK, Madabhushi SPG (2002) Dynamic Centrifuge modelling of the destruction of Sodom and Gomorrah. Physical Modelling in Geotechnics: ICPMG '02, Phillips et al. eds., Taylor & Francis, Leiden

Handbuch der Waffenwirkungen fur die Bemessung von Schutzbauten, Ausgabe 1964, Bundesamt für Zivilschutz, Bern

Hanks TC, Kanamori H (1979) A moment magnitude scale. Journal of Geophysical Research, 84, pp 2348–2350

Hardin BO, Richart FE (1963) Elastic wave velocities in granular soils. Journal of the Soil Mechanics and Foundation Division. ASCE, Vol 89, pp 33–65

Hardin BO, Black WL (1968) Vibration modulus of normally consolidated clay. Journal of the Soil Mechanics and Foundation Division, ASCE, Vol 94, pp 353–369

Hardin BO, Drnevich VP (1970) Shear modulus and damping in soils; I. Measurements and parameter effects, II. Design equations and curves. Technical Reports UKY 27-70-Ce 2 and 3, College of Engineering, University of Kentucky, Lexington

Hartzell SH (1978) Earthquake aftershocks as Green's functions. Geophysical Research Letters, 53, 1425–1436

Haupt WA (1981) Model Tests on screening of surface waves. Proc X. ICSMFE, Stockholm, Sweden

Hays WW (1975) A note on the duration of earthquake and nuclear explosion ground motion. BSSA, Vol. 65, No. 4, pp 875–883

Heaton T, Tajima F, Mori AW (1986) Estimating ground motions using recorded accelerograms. Surveys in Geophysics, 8, pp 25–83

Heiland D, Beyer K (2005) Schwingungsanforderungen in der Nanotechnik, D-A-CH Tagung 2005, Köln, pp 117–122

Helm J, Laue J, Triantafyllidis T (2000) Verformungsentwicklung von Böden unter zyklischen Belastungen. Bautechnik, 77 (6), pp. 405–415

Hochgatterer B (1996) Numerische Untersuchungen von Erschütterungen im Bereich von Tunnelbauwerken bei Hochgeschwindigkeitseisenbahnen, Diplomarbeit, Institut für Geologie TU Wien

Hoeg K (1986) Geotechnical Issues in offshore Engineering, Marine Geotechnology and Near/Offshore Structures. Chanes R.C. and Fang H.Y. eds., ASTM STP 923, pp. 7–50

Hsieh TK (1962) Foundation vibrations. Proc. Institution of Civil Engineers, Vol. 22, pp 211–226

Hu Y (2000) Zum Verformungsverhalten von wassergesättigten, bindigen Böden unter zyklischer Belastung. Schriftenreihe Geotechnik, Universität GH Kassel, Heft 8

Hu Y (2003) Bewertung der dynamischen Stabilität von Erdbauwerken unter Eisenbahnverkehr. Geotechnik (26), 1, 42–56

Hutchings L, Wu F (1990) Empirical Green's functions from small earthquakes: A waveform study of locally recorded aftershocks of the 1971 San Fernando earthquake. Journal of Geophysical Research, Vol. 95 No. B2, pp. 1187–1214

Hutchings L (1991) Prediction of strong ground motion for the 1989 Loma Prieta earthquake using empirical Green's functions. BSSA, Vol. 81, No. 5, pp. 1813–1837

Hutchings L (1994) Kinematic earthquake models and synthesized ground motion using empirical Green's functions. BSSA, Vol. 84, No. 4, pp. 1028–1050

ICOLD (2004) Reservoirs and seismicity – state of knowledge. ICOLD Committee on Seismic Aspects of Dam Design, International Commission on Large Dams, Paris

Idriss IM (1990) Response of soft soil sites during earthquakes. Proc H Bolton Seed Memorial Symp, Berkeley, California

Ishibashi I (1992) Discussion to effect of soil plasticity on cyclic response, by M Vucetic and R Dobry, Journal of Geotechnical Engineering, ASCE, Vol. 118, No. 5, pp 830–832

Ishibashi I, Zhang X (1993) Unified dynamic shear moduli and damping ratios of sand and clay. Soils and Foundations, Vol 3, pp 1129–1143

Ishihara K, Yasuda S (1975) Sand liquefaction in hollow cylinder torsion under irregular excitation. Soils and Foundation, Vol 15, No. 1, pp 45–59

Iwasaki T, Tatsuoka F (1977) Effects of grain size and grading on dynamic shear moduli of sands. Soils and Foundation 17 (3), pp 19–35

Jamiolkowski M, Lo Presti DCF, Pallara O (1995) Role of in-situ testing in geotechnical earthquake engineering. Proc 3rd Int Conf on Recent Advances in Geo-technical Earthquake Engineering and Soil Dynamics, St Louis, MD, vol 3, pp 1523–1546

Jefferies MG, Davies MP (1993) Use of CPTU ot estimate equivalent SPT N60. Geotechnical Testing Journal, ASTM, Vol 16, No. 4, pp 458–468

Jimenez, M-J, Giardini D, Grünthal G (2003) The ESC-SESAME Unified Hazard Model for the European- Mediterranean region. csem-emsc Newsletter N° 19

Hadley D, Kanamori H (1977). Seismic structure of the Transverse Ranges. Geol. Soc. Am. Bull. 88, 1469–1478

Kayan RE, Mitchell JK, Seed RB, Lodge A, Nishio S, Coutinho R (1992) Evaluation of SPT-, CPT-, and shear wave-based methods for liquefaction potential assessment using Loma Prieta data. Proc 4th Japan-US Workshop on Earthquake Resistant Design of Lifeline Facilities and Countermeasures for Soil Liquefaction, Vol I, pp 177–204

Keefer DK, Wieczorek GF, Harp EL, Tuel DH (1978) Preliminary assessment of seismically induced landslide susceptibility. Proc 2nd Int. Conf on Microzonation for safer construction - research and application, San Francisco, Nov 1976, pp 279–290

Keefer DK (1984) Landslides caused by earthquakes. Geologic Society of America Bulletin, Vol 95, pp 406–421

Kimura T, Kusakabe O, Takemura J eds. (1998) Centrifuge 98. Balkema, Rotterdam

Knetsch T (2004) Unsicherheiten in der Ingenieurberechnung. Dissertation Otto-von-Guericke Universität Magdeburg

Ko HY, McLean FG eds. (1991) Centrifuge 91. Balkema, Rotterdam

Kobayashi Y (1981) Causes of fatalities in recent earthquakes in Japan. Journal of Disaster Science, Vol 3, pp 15–22

Kögler F, Scheidig A (1948) Baugrund und Bauwerk. 5. Auflage, Ernst & Sohn, Berlin

Kurzweil LG (1978) Ground borne noise and vibration from underground rail systems. 2nd Workshop on Railway and Tracked Transit System Noise, Lyon

Kysela Z, Firt V (1974) Shear failure on slip surfaces by dynamic loads. 4th Danube Conference, Bled

Lachet C, Bard P-Y (1994) Numerical and theoretical investigations on the possibilities and limitations of Nakamura's technique. J Phys Earth, Vol 42, pp 377–397

Lang H, Grande L (1991) Cyclic shear modulus of natural, marine clays. Proc X. European Conf on Soil Mechanics and Foundation Engineering, Firenze

Laue J (1996) Zur Setzung von Flachfundamenten auf Sand unter wiederholten Lastereignissen. Schriftenreihe des Institutes für Grundbau, Wasserwesen und Verkehrswesen, Serie Grundbau, Heft 25, Ruhr-Universität Bochum

Laue J, Siemer T, Grundhoff T, Jessberger HL (1996) Experimental Methods in Soil Mechanics. Dynamic Behaviour of Material and Strucutural Components, Krätzig et al eds., Section 10.5, Balkema, Rotterdam, pp 597–623

Laue, J (2002) Centrifuge Technology. In S.M. Springman ed., Workshop on constitutive and centrifuge modeling, two extremes, Monte Verita, Rotterdam, Balkema, pp 75–105, Discussion 105–112

Laue J, Buchheister J. (2004) Condition indicators for liquefaction susceptibility with focus on silty soils. Cyclic Behaviour of Soils and Liquefaction Phenomena, CBS 04, T. Triantafyllidis ed., Balkema Publishers, pp. 489–494

Laue J, Buchheister J (2005) Load path and loading velocity as potential condition indicator for liquefaction of silty soils. XVI International Conference on Soil Mechanics and Geotechnical Engineering, Osaka, Japan

Laue J, Springman SM, Buchheister J (2008) The double-way cyclic Hollow Cylinder Apparatus of ETH Zurich, in preparation for ASTM Geotechnical Testing Journal

Lee KL, Fitton JA (1969) Factors affecting the cyclic loading strength of soil. American Society for Testing and Materials, Special Technical Publication STP 450 (Vibration Effects of Earthquakes on Soils and Foundations), pp 71–95

Lee JS, Santamaria JC (2005) Bender Elements: Performance and signal interpretation. ASCE Journal of Geotechnical and Geoenvironmental Enineering. 131 (9), pp. 1063–1070

Leon JL, Jaime A, Rabago A (1974) Dynamic properties of soils. Institute of Engineering UNAM, Mexico (in Spanish)

Leung CF, Lee FH, Tan ETS eds. (1994) Centrifuge 94. Balkema, Rotterdam

Li XS (2004) Incorporation of a fabric tensor in sand model. Cyclic Behaviour of Soils and Liquefaction Phenomena, Triantafyllidis, ed. Balkema Publisher, Leiden, pp. 47–56

Lorenz H (1960) Grundbau-Dynamik. Springer, Berlin

Lysmer J (1965) Vertical motions of rigid footings. Dept of Civil Eng, Univ of Michigan Report to WES Contract Report No. 3-115 under Contract No. DA-22-079-eng-340, also PhD dissertation, Univ. of Michigan

Mallwitz K (1992) Verfahren zur Vorausermittlung der Setzung von Fundamenten aufgeständerter Strecken infolge zyklischer Beanspruchung. Berichte der Bundesanstalt für Materialforschung, Heft Nr. 188

Makdisi FI, Seed HB (1978) Simplified procedure for estimating dam and embankment earthquake-induced deformations. Journal of the Geotechnical Engineering Division, ASCE, Vol 104, pp 849–867

Manning JE, Cann RG, Fredberg JJ (1974) Prediction and control of rail transit noise and vibration. Report No. UMTA-MA-06-0025-74-5, US Department of Transportation, Cambridge

Mayer-Rosa D, Jiménez MJ (2000) Seismic Zoning, State-of-the-art and recommendations for Switzerland. Geological Reports Nr. 26, Landeshydrologie und -geologie, Bundesamt für Wasser und Geologie BWG, Bern, Schweiz

Miller GF, Pursey H (1954) The field and radiation impedance of mechanical radiators on the surface of a semi-infinite isotropic solid. Proc Royal Society, London, Vol 223, pp 521–541

Mok YJ, Sanchez-Salinero I, Stokoe KL, Roesset JM (1988) In-situ damping measurement by crosshole seismic method. Earthquake Engineering and Soil Dynamics II, ASCE Geotechnical Special Publ. No. 20, pp 304–320

Mononobe N, Matsuo H (1929) On the determination of earth pressures during earthquakes. Proc World Engineering Congress, 9 p

Nagra NTB 88-06 (1988) Felslabor Grimsel, Seismische Durchschallungstomographie. Westfälische Berggewerkschaftskasse, Wettingen, Schweiz

Nagra NTB 97-05 (1999) Grimsel Test Site, Further Development of Seismic Tomography, Wettingen, Schweiz

Nakamura Y (1989) A method for dynamic characteristics estimations of subsurface using micro-tremors on the ground surface. QR RTRI, Vol 30, pp 25–33

Nazarian S (1984) In situ determination of elastic moduli of soil deposits and pavement systems by spectral analysis of surface waves method. ihD-Thesis, University of Texas, Austin, Texas

Nazarian S, Yuan D, Baker MR (1994) Automation of SASW method. Dynamic Geotechnical Testing II, ASTMA STP 12/3, RJ Ebelhar, VP Drnevich, BL Kutter, Eds., ASTM

Newmark NM (1965) Effects of earthquakes on dams and embankments. Geotechnique 15, No. 2, pp 139–160

Ng CWW, Zhang LM, Wang YH eds. (2006) Physical Modelling in Geotechnics - 6th ICPMG '06, Proc Sixth Int Conf on Physical Modelling in Geotechnics, Taylor & Francis, London

Niemunis A (2002) Extended Hypoplastic Models for Soils. Schriftenreihe des Lehrstuhls für Grundbau und Bodenmechanik der Ruhr - Universität Bochum, Heft 34

Niemunis A, Wichtmann T, Triantafyllidis T (2005) A high-cycle accumulation model for sand. Computers and Geotechnics, Vol. 32, No. 4, pp. 245–263

NUREG/ CR -16372_V1, Recommendations for PSHA: Guidance on Uncertainity and use of experts, Lawrence Livermore National Lab. CA (2001), Senior Seismic Hazard Analysis Committeee (SSHAC)

Okabe S (1926) General theory of earth pressures. Journal of the Japan Society of Civil Engineering, Vol. 12, No. 1

Okur DV, Ansal A (2004) Stress-strain characteristics of fine grained soils under cyclic loading. Cyclic Behaviour of Soils and Liquefaction Phenomena, Triantafyllidis (ed.), Balkema Publisher, Leiden

Olson (2007) Olson Engineering, www.olsonengineering.com

Panduri R (2000) Auswertung von Drucksondierungen. Diplomarbeit Versuchsschüttung Nordwestumfahrung Zürich, Institut für Geotechnik, ETH Zürich

Paolucci R, Morstabilini L (2006) Non-dimensional site amplification functions for basin edge effects on seismic ground motion. Third International Symposium on the Effects of Surface geology on Seismic Motion, Grenoble, France, paper n° 041

Park SS, Byrne PM (2004) Practical constitutive model for soil liquefaction. 9th Intl. Sym. on Numerical Models in Geomechanics (NUMOG IX), pp 181–186

Peacock WH, Seed HB (1968) Sand liquefaction under cyclic loading simple shear conditions. Journal of the Soil Mechanics and Foundation Division, ASCE, Vol 94, pp 689–708

Pedersen H, Le Brun B, Hatzfeld D, Campillo M, Bard PY (1994) Ground-motion amplitude across ridges. Bulletin of the Seismological Society of America Vol 84, pp 1786–1800

Phillips R, Guo P, Popescu R eds. (2002) Physical Modelling in Geotechnics: ICPMG '02. Proc Int Conf on Physical Modelling in Geotechnics, ICPMG '02, St. John's, Newfoundland, Canada, Balkema, Rotterdam

Potts DM, Zdravkovic L (1999) Finite element analysis in geotechnical engineering. Thomas Telford, London

Poulos HG (1981) Cyclic axial response of piles. Journal of the geotechnical engineering division, ASCE 107, pp 41–58

Poulos HG, Lee CY (1988) Model tests on grouted piles in calcaereous sediments. International Conference on Calcaereous Settlements, Perth, pp 255–261

Press F, Siever R (1982) Earth. WH Freeman and Company, San Francisco
Raileigh L (1885) On waves propagated along the plane surface of an elastic soild. London mathematical Society, Proc. 17, pp 4–11
Rayleigh CB, Healy JH, Bredehoeft JD (1976) An experiment in earthquake control at Rangley, Colorado. Science, Vol 191, p. 1230–1237
Redpath BB, Ewards RB, Hale RJ, Kintzer FC (1982) Development of field techniques to measure damping values for near-surface rocks and soils. Report prepared for NSF Grant No. PFR-7900192, 85 pp
Richards R, Elms D (1979) Seismic behavior of gravity retaining walls. Journal of the Geotechnical Engineering Division, ASCE, Vol. 105, pp 449–464
Robertson D, Bolton MD (1997) Densification by successive crushing of grains. 6th International Conference on Numerical Models in Geomechanics - NUMOG VI, Montreal
Robertson PK, Campanella RG, Gillespie DG, Rice A (1986) Seismic CPT to measure in-situ shear wave velocity. Journal of Geotechnical Division, ASCE, Vol 112, pp 791–803
Roesset JM (1984) Dynamic stiffness of pile groups. In: J.R. Meyer, ed., Analysis and design of pile foundations, ASCE (1984), pp. 263–286
Rojaz-Gonzales LF, Ben-Khalyal HA, Lewis KH (1985) Dynamic properties and behaviour of copper tailings. Proc XI Int Conf on Soil Mechanics and Foundation Engineering, San Francisco
Romo M, Jaime P (1986) Dynamic characteristics of clays of the valley of Mexico and seismic response analyses of subsoil. Int Report, Institute of Engineering UNAM (in Spanish)
Rücker W (1978) Ausbreitung der durch Verkehr in Tunnel in Lockergestein erzeugten Erschütterungen und Maßnahmen zu ihrer Abminderung. Bundesanstalt fur Materialprüfung, Berlin
Rücker W, Said S (1994) Erschütterungsübertragung zwischen U-Bahn-Tunnel und dicht benachbarten Gebäuden. Forschungsbericht 199, Bundesanstalt für Materialprüfung, Berlin
Rutishauser G (2004) Verkehrserschütterungen von der Quelle zum Empfänger. Das Problem der Resonanzen. CFA/DAGA 2004, Strassburg
Rüttener E (1995) Earthquake hazard evaluation for Switzerland. Geophysique, No. 29. Diss. Schweizerischer Erdbebendienst, Zurich
Sabetta F, Pugliese A (1996) Estimation of response spectra and simulation of nonstationary earthquake ground motions. Bullettin of the Seismological Society of America BSSA, Vol. 86, pp 337–352
Sagaseta C, Cuellar, Pastor M (1991) Cyclic loading. Proc. X European Conf on Soil Mechanics and Foundation Engineering, Firenze, Italy
Sarma SK (1979) Response and stability of earth dams during strong earthquakes. Miscellaneous papers, GL-79-13, US Army Engineer WES, Vichsburg, Miss
Schindler C, Beer C, Mayer-Rosa D, Rüttener E, Wagner J-J, Jaquet J-M, Frischknecht C (1996) Integrierte Auswertung von seismischen und bodenspezifischen Parametern: Gefährdungskarten im Kanton Obwalden. Geologische Berichte Nr. 19, Landeshydrologie und -geologie, BUWAL, Bern
Schmidt HG, Laue J (2008) Praxisnahe Abschätzung bleibender Verformungen von Fundamenten unter zyklischer und dynamischer Belastung, Veröffentlichung in Vorbereitung, Bautechnik
Schnabel B, Lysmer J, Seed HB (1972) SHAKE - a computer program for earthquake response analysis of horizontal layered sites. Report EERC 72-12
Schofield AN (1980) Cambridge Geotechnical Centrifuge operations, 20th Rankine Lecture, Geotechnique, 30(3), 227–68
Schwarz SD, Musser JM, Jr (1972) Various techniques for making in situ shear wave velocity measurements - a description and evaluation. Proc Int Conf on Microzonation for safer Construction - Research and Application; Seattle, Wash
Seco e Pinto PS (1993) Dynamic analysis of embankment dams. Soil Dynamics and Geotechnical Earthquake Engineering, pp 159–277, Balkema, Rotterdam
Seco e Pinto PS, Dakoulas PC, Watanabe H, Harder L, Chugh A (1995) Stability of slopes and earthdams under earthquakes. Proc 3rd Int Conf on Recent Advances in Geotechnical Earthquake Engineering and Soil Dynamics, St Louis, MD, Vol 3, pp 1263–1272

Seed HB, Idriss IM (1970) Soil moduli and damping for dynamic response analysis. Report No. EERC 70-10, Berkeley, CA

Seed HB, Lee KL, Idriss IM, Makdisi FI (1973) Analysis of the slide in the San Fernando dams during the earthquake of 9 February 1971. Report No. EERC 73-2, Berkeley, CA

Seed HB, Alonso GJL (1974) Effects of soil structure interaction in the Caracas earthquake of 1967. Proc First Venezuelan Conf on Seismology and Earthquake Engineering

Seed HB, Arango I, Chan CK (1975) Evaluation of soil liquefaction potential during earthquakes. Report No. EERC 75-28, Berkeley, CA

Seed HB, Idriss IM, Makdisi F, Banerjee M (1975) Representation of irregular stress time histories by equivalent uniform stress series in liquefaction analysis. Report No. EERC 75-29, Berkeley, CA

Seed HB (1979) Soil liquefaction and cyclic mobility evaluation for level ground during earthquakes. Journal of the Geotechnical Engineering Division, ASCE, Vol 105, pp 201–255

Seed HB, Idriss IM (1982) Ground motions and soil liquefaction during earthquakes. Engineering monograph on earthquake criteria, structural design and strong motion records, Berkeley, CA

Seed HB, Wong RT, Idriss IM, Tokimatsu K (1986) Moduli and damping factors for dynamic analyses of cohesionless soils. Jounral of Geotechnical Engineering, ASCE, Vol. 112, No. 11, pp 1016–1032

Seed HB (1987) Design problems in soil liquefaction. Journal of Geotechnical Engineering Division, ASCE, Vol. 113, pp 827–845

Seed HB, Whitman RV (1970) Design of earth retaining structures for dynamic loads. ASCE Special Conference on lateral stresses in ground and design of earth retaining structures, pp.103–147

SESAME 2004, Guidelines for the implementation of the H/V spectral ratio technique on ambient vibrations: measurements, processing and interpretation. SESAME European research project WP12, Project No. EVG1-CT-2000-00026 SESAME, http://sesame-fp5.obs.ujf-grenoble.fr/ Delivrables/Del-D23-HV_User_Guidelines.pdf

SGPK (2007) Schweizerische Geophysikalische Kommission, www.sgpk.ethz.ch

Sharp RJ, Booker JR (1984) Shakedown of pavements under moving surface loads. Journal of Transportation Engineering 110, pp 1–14

Shedlock KM, Giardini D, Grünthal G, Zhang P (2000) The GSHAP Global Seismic Hazard Map. Seismolological Research Letters 71/6, 679–689

Shirley DJ (1978). An improved shear wave transducer. Journal of Acoustic Society Americas 63(5), 1643–1645

Sieffert J-G, Cevaer F (1992) Handbook of Impedance Functions – Surface Foundations. Ouest Editions, Nantes

Siemer T (1996) Zentrifugen-Modellversuche zur dynamischen Wechselwirkung zwischen Bauwerken und Baugrund infolge stossartiger Belastung. Schriftenreihe des Lehrstuhls für Grundbau und Bodenmechanik der Ruhr-Universität Bochum, Heft 28, Bochum

Slemmons DB, McKinney R (1977) Definition of "active" faults. US Army Corps of Engineers, Miscellaneous Papers S - 77–8

Stallebrass SE, Taylor RN (1997) The development and evaluation of a constitutive model for the prediction of ground movements in overconsolidated clay. Geotechnique, Vol. 47, No2, pp. 235–253

Staupe T (1998) Setzungsverhalten von Einzelpfählen unter zyklischer Belastung. Diplomarbeit am Lehrstuhl für Grundbau und Bodenmechanik der Ruhr-Universität Bochum, unveröffentlicht

Stokoe II KH (2007) Field seismic testing in geotechnical earthquake engineering In Earthquake Geotechnical Engineering, Pitilakis KD ed., Springer, Doordrecht, NL, pp 151–158

Studer J, Koller MG (1995) Design earthquake: The importance of engineering judgments. Proc X European Conf on Earthquake Engineering, Vienna, Duma ed., Balkema, Rotterdam

Studer J, Suesstrunk A (1981) Bases for Swiss guidelines to prevent building damages from vibrations. Proc X. Int. Conf of soil mechanics and foundation engineering, Stockholm

Studer JA, Ziegler A (1983) Grundlagen zur Bestimmung von Bemessungsbeben. IGB-Mitteilung No. 122, ETH-Zurich

STUVA (1981) Schwingungsmessung in der Umgebung innerstädtischer Bahn- und Straßentunnel. STUVA 14/81, Köln

Sun JI, Goleski R, Seed HB (1988) Dynamic moduli and damping ratios for cohesive soils. Report University of California Berkeley/EEBC 88/15

Tanaka Y, Fujii T, Sakaguchi S (2007) Liquefaction strength of coarse well graded fill under torsional simple shear. 4th Int conf on earthquake geotechnical engineering Paper No 1518, Thessaloniki

Tatsuoka F, Kohata Y, Lo Presti DCF (1995) Deformation characteristics of soil and soft rocks under monotonic and cyclic loads and their relationships. Proc 3rd Int Conf on Recent Advances in Geotechnical Earthquake Engineering and Soil Dynamics, St Louis, MD, Vol 2, pp 851–879

Taylor RN ed. (1995) Geotechnical centrifuge technology. Blackie Academic and Professional, London

Thielen A, Friedel S, Plötze M, Springman SM (2005) Combined approach for site investigation in terms of the analysis of rainfall induced landslides, Proc of the XVI Int. Conference on Soil Mechanics and Geotechnical Engineering ICSMGE, Osaka, Japan

Thompson RP, Leach BA (1985) Strain-stiffness relationship for weak sandstone rock. Proc XI Int Conf on Soil Mechanics and Foundation Engineering, San Francisco

Tokimatsu K, Yoshimi Y (1981) Field correlation of soil liquefaction with SPT and grain size. Proc Int Conf on recent advances in geotechnical earthquake engineering and soil dynamics, St Louis, MD

Towhata I (2007) Developments of soil improvement technologies for mitigation of liquefaction risks. In Earthquake Geotechnical Engineering, Pitilakis KD ed., Springer, Doordrecht, NL, pp 355–184

TRL Report 492, Groundborne vibration caused by mechanised construction works Prepared for Quality Services - Civil Engineering, Highways Agency, DM Hiller, GI Crabb, Transport Research Laboratory, Crowthorne, Berkshire, UK

Trommer B (1977) Labormethoden zur Untersuchung des Verflüssigungspotentials von kohäsionslosen Boden. Mitteilung der Schweizerischen Gesellschaft für Boden- und Felsmechanik, No.97, Zürich

Vaid YP (1994) Liquefaction of silty soils. Ground Failure under Seismic Conditions ASTM GSP (44), pp 1–16

Vaid Y P, Sayao A, Hou E, Negussey D (1990) Generalized stress-path-dependent soil behaviour with a new hollow cylinder torsional apparatus. Canadian Geotechnical Journal, Vol. 27, issue 5, 601–616

Vucetic M, Dobry R (1989) Degradation of marine clays under cyclic loading. Journal of Geotechnical Engineering, ASCE, Vol 114, No. 2, pp 133–149

Vucetic M (1994) Cyclic characterization for seismic regions based on PI. Proc XIII Int Conf on Soil Mechanics and Foundation Engineering, New Dehli, India

Vucetic M (1994) Cyclic Threshold Shear Strains in Soils, Journal of Geotechnical Engineering Division ASCE, Vol. 120, No. 12, 2208–2228

Vere-Jones D (1970) Stochastic models for earthquake occurrence. J Royal Stat Soc, 32:1–62

Wells DL, Coppersmith KJ (1994) New Empirical Relationships among Magnitude, Rupture, Length, Rupture Width, Rupture Area, and Surface Displacement. Bulletin of the Seismological Society of America, Vol. 84, No. 4, pp 974–1002

Westergaard HM (1931) Water pressure on dams during earthquakes. Transactions of ASCE, Paper No. 1835, pp 418–433

Whittle AJ (1993) Evaluation of a constitutive model for overconsolidated clays. Geotechnique 43, No. 2, pp 289-313

Wichtmann T, Niemunis A, Triantafyllidis T (2004) Setzungsakkumulation in nichtbindigen Böden unter hochzyklischer Belastung. Bautechnik (82), Nr.1, S. 18–27

Wichtmann T (2005) Explicit accumulation model for non-cohesive soils under cyclic loading. Schriftenreihe des Lehrstuhls für Grundbau und Bodenmechanik der Ruhr-Universität Bochum, Heft 38

Wichtmann T, Triantafyllidis T (2005) Dynamische Steifigkeit und Dämpfung von Sand bei kleinen Dehnungen, Bautechnik 82, Nr. 4, S. 236–246

Wolf JP (1994) Foundation vibration analysis using simple physical models. PTR Prentice Hall, Englewood Cliffs, NJ

Wolf, JP, Song CM (1996) Finite-element modeling of unbounded media., John Wiley & Sons, Chichester

Wong HL, Luco JE (1985) Tables of impedance functions for square foundations on layered media. Soil Dynamics and Earthquake Engineering, Vol 4, No. 2

Wood AB (1930) A textbook of Sound. B. Bell and Sons, London

Wood DM (1990) Soil Behaviour and Critical State Soil Mechanics. Cambridge University Press, Cambridge UK

Woods RD (1968) Screening of surface waves in soils. Journal of the Soil Mechanics and Foundation Division, ASCE, Vol 94, pp 951–979

Woods RD (1991) Field and laboratory determination of soil properties at low and high strains. Proc 2nd Int Conf on Recent Advances in Geotechnical Earthquake Engineering and Soil Dynamics, St Louis, MD, Vol 2, pp 1727–1742

Xenaki VC, Athanasopoulos (2004) Dynamic properties and liquefaction resistance of soil materials used in earthfill dams – results of laboratory tests. Cyclic Behaviour of Soils and Liquefaction Phenomena, Triantafyllidis (ed.), Balkema Publisher, Leiden

Yasuda S (2007) Remediation methods against liquefaction which can be applied to existing structures. In Earthquake Geotechnical Engineering, Pitilakis KD ed., Springer, Doordrecht, NL, pp 385–406

Yasuhara K, Andersen H (1991) Recompression of normally consolidated clay after cyclic loading. Soils and Foundations, Vol. 31, No. 1, 83–94, Mar. 1991

Youd TL, Idriss IM, Andrus RD, Arango I, Castro G, Christian JT, Dobry R, Finn WDL, Harder LFJ, Hynes ME, Ishihara K, Koester JP, Liao SSC, Marcuson III WF, Martin GR, Mitchell JK, Moriwaki Y, Power MS, Robertson PK, Seed RB, Stokoe II KH (2001) Liquefaction Resistance of Soils: Summary Report from the 1996 NCEER and 1998 NCEER/NSF Workshops on Evaluation of Liquefaction Resistance of Soils, Journal of Geotechnical and Geoenvironmental Engineering, 127, 10, 817–833

Youd TL (1978) Major cause of earthquake damage is ground failure. Civil Engineering, ASCE, Vol 48, No. 4, pp 47–51

Yucca Mountain Science and Engineering Report (2002), Technical Information Supporting Site Recommendation Consideration, Report Rev 1 DOE/RW-0539-1, U.S. Department of Energy, Office of Civilian Radioactive Waste Management, February 2002

Zavoral DZ, Campanella RG (1994) Frequency effects on damping-modulus of cohesive soil. Dynamic Geotechnical Testing II, ASTM STP 1213, Phil, PA

Normen

Normen im Text sind als Beispiele behandelt, bei Projekten sind stets die Originaltexte zu verwenden. Kopien der Normen sind bei den nationalen Normenvereinigungen erhältlich.

AFNOR E90-401-3 (1992) Vibrations et chocs mécaniques – Méthode de mesurage et d'évaluation des vibrations globales du corps humain dans les bâtiments et autres constructions terrestres, Association Française de Normalisation

AFPS (1995) Guidelines for seismic microzonation studies. The French Association for Earthquake Engineering, 1995

ANSI S2.47-1990 (R1997) Vibration of Buildings – Guidelines for the Measurement of Vibrations and Evaluation of Their Effects on Buildings

ANSI S3.29-1983 (R2001) American National Standard Guide to the Evaluation of Human Exposure to Vibration in Buildings

BEKS (1999), Weisung für die Beurteilung von Erschütterungen und Körperschall bei Schienenverkehrsanlagen (BEKS), Bundesamt für Umwelt, Land und Landschaft (BUWAL), 20. Dezember 1999

BS 6472 (1992) Evaluation of human exposure to vibration in buildings (1 to 80 Hz) British Standards Institutions

BS 6841 (1987) Measurement and evaluation of human exposure to whole-body mechanical vibration and repeated shocks. British Standards Institutions

BS 7385-1:1990, ISO 4866:1990 Evaluation and measurement for vibration in buildings. Guide for measurement of vibrations and evaluation of their effects on buildings

BS 7385-2:1993 Evaluation and measurement for vibration in buildings. Guide to damage levels from ground borne vibration

BWG (2004) Bestellnummer 804.803, Verfahren zur Erstellung und Verwendung von Mikrozonierungskarten in der Schweiz

DIN 4149, Teil 1 (1981) Bauten in deutschen Erdbebengebieten. Lastannahmen, Bemessung und Ausführung üblicher Hochbauten (E DIN 4149, 2005). DIN Deutsches Institut für Normung

DIN 4150-1 (2001) Erschütterungen im Bauwesen, Vorermittlung von Schwingungsgrößen, DIN Deutsches Institut für Normung

DIN 4150-2 (1999) Erschütterungen im Bauwesen, Einwirkungen auf Menschen in Gebäuden. DIN Deutsches Institut für Normung

DIN 4150-3 (1999) Erschütterungen im Bauwesen, Einwirkungen auf bauliche Anlagen. DIN Deutsches Institut für Normung

DIN 45669-1/2/3 (2004) Messung von Schwingungsimmissionen, DIN Deutsches Institut für Normung

DIN 45672-1/2 (1991/1995) Schwingungsmessungen in der Umgebung von Schienenverkehrswegen, DIN Deutsches Institut für Normung

EC 8 Eurocode 8 (2005) Auslegung von Bauwerken gegen Erdbeben, CEN, Europäisches Komitee für Normung, Brüssel

ISO 2631-1 (1997) Evaluation of human exposure to whole-body vibration; Part 1: General Requirements. International Standard Organization

ISO 2631-2 (2003) Evaluation of human exposure to whole-body vibration; Part 2: Continuous and shock-induced vibration in buildings (1 to 80 Hz). International Standard Organization

ISO 4866 (1990) Mechanical vibration and shock – Vibration of buildings – Guidelines for the measurement of vibrations and evaluation of their effects on buildings

ISO 8569 (1996) Mechanical vibration and shock – Measurement and evaluation of shock and vibration effects on sensitive equipment in buildings

ISO/TS 10811-1 (2000) Mechanical vibration and shock –Vibration and shock in buildings with sensitive equipment – Part 1: Measurement and evaluation

ISO/TS 10811-2 (2000) Mechanical vibration and shock – Vibration and shock in buildings with sensitive equipment – Part 2: Classification

ÖNORM S 9012 (1996) Beurteilung der Einwirkung von Schienenverkehrsimmissionen auf Menschen in Gebäuden; Schwingungen und sekundärer Luftschall

ÖNORM S 9020: Bauwerkserschütterungen; Sprengerschütterungen und vergleichbare impulsförmige Immissionen, 1986

ÖNORM S 9100 (1980) Schwingungslehre, Österreichisches Normungsinstitut, Wien

SIA 160 (1989) Einwirkungen auf Tragwerke. Schweiz. Ingenieur- und Architekten-Verein Zürich

SIA 181 (1988) Schallschutz im Wohnungsbau. Schweiz. Ingenieur- und Architekten-Verein Zürich

SN 640 312 a (1992) Erschütterungseinwirkungen auf Bauwerke. Schweizerische Normenvereinigung SNV, Zürich

VDI 2057 (2002) Einwirkung mechanischer Schwingungen auf den Menschen, Blatt 1, 2 und 3, VDI Verein Deutscher Ingenieure

VDI 2716 (2001/2003) Luft- und Körperschall bei Schienenbahnen des öffentlichen Personennahverkehrs, VDI Verein Deutscher Ingenieure

Sachverzeichnis

SPRINGER NATURE

GPSR Compliance

The European Union's (EU) General Product Safety Regulation (GPSR) is a set of rules that requires consumer products to be safe and our obligations to ensure this.

If you have any concerns about our products, you can contact us on ProductSafety@springernature.com

In case Publisher is established outside the EU, the EU authorized representative is:

Springer Nature Customer Service Center GmbH
Europaplatz 3
69115 Heidelberg, Germany

Kolibri 360 GmbH
Ferdinand-Jühlke-Straße 7
99095 Erfurt, Deutschland
produktsicherheit@kolibri360.de